# 🌲 危機的な雪氷圏の温暖化

流氷にのったホッキョクグマ。気候危機は北極圏の氷を溶かし、生態系の破壊や地球規模での海面上昇をもたらす(写真：Karolin Eichler：DeutscherWetterdienst)

フランス最大のメール・ド・グラース氷河。乾いた峡谷はかつて氷で満たされていたが、現在は数百メートルも後退している(写真：WMO)

# 世界で激甚化する気象災害

2022年に起きたパキスタンの大水害。国土の約3分の1が水没し、3300万人以上が被害を受けた（写真：Susannah George/The Washington Post）

米国の森林火災等による焼失面積の推移。2000年代以降、被害が急拡大している（出典：US EPA）

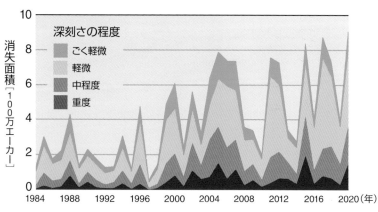

# 🌳 生態系への危機が迫る

世界各地のサンゴ礁で大規模な白化が起きている。写真はフランス領ポリネシアのソシエテ諸島の海（写真：Alexis Rosenfeld/Getty Images）

ソマリアでは2022年に数十年で最悪レベルの干ばつが発生。600万人が食料不安に陥っている（写真：Sally Hayden/SOPA Images）

# 加速する再生可能エネルギー

2023年1月、秋田県の秋田港と能代港で国内初となる大規模洋上風力発電（140MW）が商業運転を
開始（写真提供：秋田洋上風力発電株式会社）

欧州では太陽光だけでなく太陽熱の
利用も本格的に進む。集熱フィール
ド（下）と蓄熱槽（右）（写真提供：秋澤淳）

# 🌳 注目を集める営農型太陽光発電

農地の上に発電所を作る「営農型太陽光発電」の取り組みが各地で進む。写真は合同会社小田原かなごてファーム（代表：小山田大和氏）の田植えの様子

静岡・菊川市でお茶の生産・加工販売を手がける株式会社流通サービスは、茶畑にソーラーパネルを設置。電気を作りながら無農薬でお茶を栽培する

代表の服部吉明氏

#  過疎地域を変える脱炭素戦略

「上質な田舎」を目指す岡山県西粟倉村。林業の活性化、バイオマス、太陽光、小水力などの再エネ施設の充実など、総合的な脱炭素化を企画力にたけた役場と意欲的な村民の協働で推進している(写真提供：上山隆浩氏)

鳥取市別府地区では、2017年、63年間運用した小水力発電機を出力134kWの新設備に更新。長年の公正な地区運営で人口も漸増中。写真は運営主体の別府電化農業協同組合と小水力発電機(写真：堀尾正靱)

# 進む持続型交通・運輸への移行

国内でもバイオ燃料の活用が広がっている。2022年にはユーグレナ社のバイオジェット燃料を使ったジェット機がチャーター運航された(写真提供:株式会社ユーグレナ)

中国・四川省宜賓市で充電をするEVタクシー。中国ではEVの普及とともに充電ステーションの整備も進む(写真:Yan Yicheng/VCG)

# 脱炭素に残された時間は少ない

エジプトで開催されたCOP27（2022年11月）で、気候危機へのアピールをおこなう世界の若者たち（写真提供：国連）

ドイツは2023年4月15日に国内の全ての原発を停止。再生可能エネルギーの活用による脱炭素を加速させる（写真：Thomas Lohnes/Getty Images）

最 新 図 説

# 脱炭素の
# 論点 2023-2024

編著
## 共生エネルギー社会実装研究所
堀尾正靱／秋澤 淳／歌川 学／重藤さわ子

旬報社

# 刊行にあたって

　いま、私たちは、人新世と呼ばれる新たな地質時代に突入しています。圧倒的な科学技術の力を背景にした人類の活動が、地球全体を大きく変えようとしているのです。

　世界中の人びとが使っているスマートフォンは、わずか30年前に発明されたばかりです。60数年前にはまったくなかった人工衛星は、いまやおよそ1万3000個(UNOOSA国連宇宙部)も地球を回っていて、天気予報や位置情報提供から、戦争にまで使われています。しかし人間社会は、新型コロナ禍、ウクライナ戦争、それにともなうエネルギーと食料の不安の増大などで、未曽有の危機に直面しています。

　同時に、私たちは「地球温暖化」という、気候変動のただなかにいるのです。石油や石炭などの化石燃料の燃焼から発生する二酸化炭素($CO_2$)は温暖化と気候変動を引き起こす各種温室効果ガスの代表です。数十年から百年スケールで、慣性力をもって進行する気候変動は、大雨や干ばつなどの極端な気候現象を増加させ、極地や高山の氷を溶かし、海流を変え、生態系に大きな異変や滅亡の危機をもたらしつつあります。当然、人間社会も大きな困難に直面します。

　これは、産業革命以後、人類の長い歴史のなかでは一瞬に近いわずか200年ほどで、化石燃料の大量使用にもとづく現代文明がもたらした、「気候にからむ危機」(以下「気候危機」)です。これまで、環境問題といえば、局所的な公害や騒音やごみ問題でした。気候危機は、地球規模の環境危機であり長期の危機であるという点で、これまでの環境問題とはまったくスケールを異にし、人間や生物すべてを包み込んで進んでいるのです。

　危機に対する世界の闘いは、いま急展開しています。しかし多くの人びとが、まだこれまでの「対岸の火事」のイメージでこの問題をとらえているのではないでしょうか。

　1992年の気候変動枠組条約からはじまったこの闘いは、2015年のパリ

3

協定で、ほとんどすべての国を巻き込む本格的な動きになりました。そして、炭素を含む化石燃料からの脱却という意味での「脱炭素」という言葉や、「カーボン・ニュートラル」、「グリーン・トランスフォーメーション」といった言葉が、また、これまでの内燃機関自動車から、電気自動車(EV)への転換、あるいは太陽光発電や風力発電の話題が、ニュースをにぎわせています。

　産業界でも、再エネ100%への挑戦が始まっています。農業の電化、農業者による太陽光発電の試行が進んでいます。これらに関係した支援制度や規制政策の整備も進んでいます。また、研究者たちは、石炭を使わない鉄鋼生産、石油を使わないプラスチック生産、化石燃料を使わない船舶や航空機といった、技術を準備しています。

　2023年3月に統合版が発表された、気候変動に関する政府間パネル(IPCC)第6次評価報告書のポイントは、これからの10年が危機回避の勝負の時期になっているということです。

　これまで、地球環境問題を解説する本は多数出版されてきました。しかし、いま、わたしたちは、気候危機の進行についての科学的理解や技術的な$CO_2$削減方法の議論にとどまっていることはできません。必要なことは、地域・国・世界の全体を、活力に満ちた持続可能な社会に変革するための道筋を、言い換えれば「賢明な脱炭素の道」を、見通すことであり、さらに、その道を許された時間内に速やかに完走するための覚悟です。

　本書は、上述のような認識にもとづいて、脱炭素のための自然科学、工学、人文社会科学を網羅する総勢39名の執筆陣の協働で、最新の情報と、実践への総合的な見取り図をお届けする、これまでにない試みです。本書が、社会が元気になる脱炭素の展開に少しでもお役に立つことを期待しています。


編集主幹　堀尾正靭

## 本書のねらい

「脱炭素」をただ「温室効果ガスを削減すること」と定義するかぎり、そもそも気候変動を生み出し、気候危機を招いている現代の問題の本格的な解決は望めません。「脱炭素」を「持続力（サステナビリティ）とレジリエンスの高い社会構造への移行」ととらえてはじめて、世界のすべての人を、また国民一人ひとりを巻き込み、人びとの新たな活力を生み出しながら、気候危機とも闘っていくことができます。本書は、このような視点から、「脱炭素」にかかわる自然現象の理解から、対策技術、そして、社会制度や政策の設計まで、すべての側面に照明を当てます。

なお、それぞれの執筆者は、担当項目以外については、必ずしも同一の見解をお持ちではないことをお断りしておきます。

## 本書の構成

本書は5章から構成されています。

序章は、通して読んでいただくことを前提にした「脱炭素」全体の概説です。ときどき各章の各項に飛んで、より深く考えながら、序章を読むことも可能です。

これに対し、第1章から第4章は、項目ごとの読み切りを前提にして、関連性のある項目を束ねたかたちです。目次や索引から気になる項目を探し出し、項目ごとに読んでいただくことができます。もちろん、通して読むこともできるようなテーマの流れにしました。

第1章では、温暖化・気候変動そのもの、およびそれについての世界の認識の発展や対応の歴史を扱っています。

第2章では、温暖化緩和策における対策技術から、省エネと再エネ導入の重要性、それらを進めるための制度と政策、さらに温暖化への適応策まで、気候変動対策の全体像を示します。

第3、4章では、技術的対策と社会・政策的対策について、それぞれ深掘りします。

## 略称一覧

| 略号 | 英語表記 | 和訳・備考 |
|---|---|---|
| ARx | x-th Assessment Report | 第x次評価報告書 |
| BAU | Business as Usual | 特段の対策を行わないケース |
| BEI | Building Energy Index | 建築物省エネ法で、住宅・非住宅のいずれも省エネ性能はBEIで規定される。対象用途のエネルギー消費量合計の基準値に対する設計値の比率を表す。値が小さいほど省エネ |
| BEV | Battery Electric Vehicle | 蓄電池電気自動車 |
| BG | Balancing Group | バランシング・グループ；複数の小売電気事業者が1つのグループを形成し、地域の大手電力会社（一般送配電事業者）と1つの託送供給契約を結ぶ制度 |
| BIPV | Building Integrated Photovoltaic | 建材一体型太陽光発電設備 |
| BRP | Balance Responsible Party | 需給責任会社 |
| CAES | Compressed-air Energy Storage | 圧縮空気エネルギー貯蔵システム |
| CBA | Cost Benefit Analysis | 費用便益分析 |
| CCS | Carbon Capture and Storage | 二酸化炭素分離貯留（隔離） |
| CCU | Carbon Capture and Utilization | 二酸化炭素分離利用 |
| CCUS | Carbon Capture, Utilization and Storage | 二酸化炭素分離、利用、貯留（隔離） |
| CDM | Clean Development Mechanism | クリーン開発メカニズム |
| CER | Certified Emissions Reduction | 非附属書Ⅰ国における削減協力によって発生したクレジット |
| CHP | Combined Heat and Power | 熱電併給／コージェネレーション |
| CIGS | Copper Indium Gallium DiSelenide | 太陽電池などに利用される銅、インジウム、ガリウム、セレンの化合物を材料とする薄膜状物質 |
| CN | Carbon Neutral | カーボン・ニュートラル；$CO_2$ネットゼロ |
| COP | Coefficient of Performance | 成績係数；ヒートポンプの性能を表す係数で、COP＝冷房/暖房能力 (kW)÷冷房/暖房消費電力 (kW) |
| COPx | Conference of Party x | 気候変動枠組条約第x回締約国会議 |
| CORSIA | Carbon Offsetting and Reduction Scheme for International Aviation | 国際民間航空機関（ICAO）の総会決議文書により創設された国際航空のためのカーボンオフセットおよび削減スキーム |
| CRM | Capacity Remuneration Mechanisms | 容量報酬メカニズム |
| DAC | Direct Air Capture | 大気からの$CO_2$の直接回収 |
| DME | Dimethyl Ether | ジメチルエーテル |
| DOE | Department of Energy | 米国エネルギー省 |
| DER | Distributed Energy Resources | 分散型電源 |

| | | |
|---|---|---|
| DR | Demand Response | デマンド・リスポンス；消費者が電力使用量を制御することで、電力需給バランスを調整する仕組み |
| DSO | Distribution System Operator | 配電系統運用者 |
| DX | Digital Transformation | デジタルトランスフォーメーション |
| EBPM | Evidence-based Policy Making | 証拠に基づく政策立案 |
| EOM | Energy Only Market | エネルギーオンリー市場 |
| EPC | Engineering, Procurement and Construction | 設計（エンジニアリング）、調達、建設 |
| EPBT (EPT) | Energy Payback Time | エネルギー回収年数；特定のエネルギー生産設備からのエネルギーの生産によって、その設備に直接あるいは間接的に投入したのと同量のエネルギーを得るまでの運転期間 |
| ESG | Environment, Social and Governance | 環境、社会、ガバナンス；ESG投資（責任投資原則）は2006年、当時の国連事務総長コフィー・アナン氏が提案した原則 |
| ESS | Energy Storage System | エネルギー貯蔵システム |
| EU | European Union | ヨーロッパ共同体 |
| EV | Electric Vehicle | 電気自動車 |
| FC | Fuel Cell | 燃料電池 |
| FCV | Fuel Cell Vehicle | 燃料電池車 |
| FIP | Feed in Premium | フィードインプレミアム；再エネ電気を、プレミアムと呼ばれる補助を上乗せした金額で電力会社が買い取る制度 |
| FIT | Feed in Tariff | 固定価格買取制度 |
| FT | Fisher-Trapsh Synthesis | フィッシャー・トロップシュ合成；合成ガスから合成原油を製造する技術 |
| GDP | Gross Domenstic Product | 国内総生産 |
| GHG | Green House Gas | 温室効果ガス |
| GR | Green Recovery | グリーン・リカバリー；環境を重視した投資を通して、新型コロナウイルスの感染拡大で後退した経済を浮上させようとする手法 |
| GWP | Global Warming Potential | 地球温暖化係数；二酸化炭素を基準にして、ほかの温室効果ガスがどれだけ温暖化する能力があるか表した係数 |
| GX | Green Transformation | グリーン・トランスフォーメーション；化石燃料ではなくクリーンエネルギーを主軸とする産業構造、社会システムへの変革・移行の取組み |
| HEV (HV) | Hybrid Electric Vehicle | ハイブリッド自動車 |
| HFC | Hydro Fluoro Carbon | ハイドロフルオロカーボン；炭化水素化合物（ハイドロカーボン）を構成する水素の一部または全部をフッ素で置換した化合物 |

| HHV | High Heating Value | 高位発熱量；燃焼により生成した水分を凝縮状態で定義した発熱量 |
|---|---|---|
| HWP | Harvested Wood Products | 伐採木材製品 |
| IEA | International Energy Agency | 国際エネルギー機関；29の加盟国が、その国民に信頼できる、安価でクリーンなエネルギーを提供するための諮問機関 |
| IRENA | International Renewable Energy Agency | 国際再生可能エネルギー機関；再生可能エネルギーを世界規模で普及促進するための国際機関 |
| IPCC | Intergovernmental Panel for Climate Change | 気候変動に関する政府間パネル；地球温暖化について、国際的専門家による科学的な研究成果の収集・整理をおこなうための政府間機構 |
| JCM | Joint Crediting Mechanism | 二国間クレジット制度；日本政府が推進している「途上国と協力して温室効果ガスの削減に取り組み、削減の成果を両国で分け合う制度」 |
| LCA | Life Cycle Assessment | ライフサイクルアセスメント；「もの」をつくり使用する過程で生じる環境負荷を、その前後も含めて評価（アセスメント）すること |
| LNG | Liquified Natural Gas | 液化天然ガス |
| MISO | Midcontinent Independent System Operator | 米国大陸中部独立系統運用機関 |
| NASA | National Aeronautics and Space Administration | アメリカ航空宇宙局 |
| NDC | Nationally Determined Contribution | 国が決定する貢献；パリ協定4条で、すべての国が5年ごとに提出・更新することが義務付けられた |
| NEDO | New Energy and Industrial Technology Development Organization | 国立研究開発法人新エネルギー・産業技術総合開発機構 |
| OECD | Organization for Economic Co-operation and Development | 経済協力開発機構 |
| P2G | Power to Gas | 電力によるガス（水素等）製造 |
| P2X | Power to X | 電力からXへの変換 |
| PCI | Porjects of Common Interest | 共通利益プロジェクト |
| PFC | Perfluorocarbon | パーフルオロカーボン；フロン類に属する化学物質で、炭化水素の水素を全部フッ素で置換したもの |
| PHV (PHEV) | Plug-in Hybrid Vehicle | プラグインハイブリッド車 |
| PPA | Power Purchase Agreement | 電力購入既契約 |
| PV | Photovoltaic | 太陽光発電 |
| RE | Renewable Energy | 再生可能エネルギー |

| RITE | Research Institute of Innovative Technology for the Earth | 公益財団法人地球環境産業技術研究機構 |
|---|---|---|
| RPS | Renewable Portfolio Standard | 再生可能エネルギー・ポートフォリオ・スタンダード；電気事業者に一定量以上の再生可能エネルギーの利用を義務付ける制度 |
| SAF | Sustainable Aviation Fuel | 持続可能な航空燃料 |
| SBT | Science Based Targets | 科学的中長期目標 |
| SSPx | Shared Socio-economic Pathway x | 共有社会経済経路／共通社会経済経路；IPCC議長の呼びかけで開発された社会経済シナリオ。緩和策と適応策の困難性の2軸により5つのシナリオを設定した |
| TCFD | Task Force on Climate-related Financial Disclosures | 気候関連財務情報開示タスクフォース |
| TSO | Transmission System Operator | 送電系統運用事業者 |
| UNCED | United Nations Conference on Environment and Development | 国連環境開発会議；1992年6月にブラジルのリオデジャネイロで開催された環境と開発をテーマにした国連会議、「地球サミット」とも呼ぶ |
| UNEP | United Nations Environment Programme | 国連環境計画；環境問題に対する各国の活動を支援する国連の機関、1972年設立 |
| UNFCCC | United Nations Framework Convention on Climate Change | 国連気候変動枠組条約；1992年6月3日から14日にリオデジャネイロで開催された国連環境開発会議（地球サミット）で採択された条約 |
| V2B | Vehicle to Building | 自動車から建物への電力供給システム |
| V2G | Vehicle to Grid | 自動車から系統への電力供給システム |
| V2H | Vehicle to Home | 自動車から家への電力供給システム |
| VPP | Virtual Power Plant | 仮想発電所；散在するエネルギー源をIoT機器によって遠隔制御し、あたかも一つの発電所のように機能させるエネルギーサービス |
| VRE | Variable Renewable Energy | 変動性再生可能エネルギー/変動電源；太陽光および風力など出力が変動する再生可能エネルギー |
| WG | Working Group | 作業部会/作業グループ |
| WMO | World Meteorological Organization | 世界気象機関；気象、気候、水に関する権威のある科学情報を提供する国連の専門機関 |
| ZEB | Net Zero Energy Building | ゼロエネルギー建築；エネルギー消費を基準から50%以上削減し、さらに再エネを取り入れることによって正味の一次エネルギー消費量をゼロ以下にする建物 |
| ZEH | Net Zero Energy House | ゼロエネルギー・ハウス；エネルギー消費を基準から20%以上削減し、さらに再エネ等を取り入れることによって正味の一次エネルギー消費量をゼロ以下にする住宅 |

## 単位一覧

### 接頭語

| 記号 | 読み方 | 係数 |
|---|---|---|
| n | ナノ | 0.000000001 |
| $\mu$ | マイクロ | 0.000001 |
| m | ミリ | 0.001 |
| c | センチ | 0.01 |
| k | キロ | 1,000 |
| M | メガ | 1,000,000 |
| G | ギガ | 1,000,000,000 |
| T | テラ | 1,000,000,000,000 |
| P | ペタ | 1,000,000,000,000,000 |

### 割合／濃度

| | パーセント | ピーピーエム | ピーピービー |
|---|---|---|---|
| | （百分率） | （1万分率） | （10億分率） |
| 割合 | % | ppm | ppb |
| 1 | 100 | 1,000,000 | 1,000,000,000 |
| 0.01 | 1 | 10,000 | 10,000,000 |
| 0.000001 | 0.0001 | 1 | 1000 |
| 0.000000001 | 0.000001 | 0.001 | 1 |

### 長さ

| メートル | インチ | フィート |
|---|---|---|
| m | in | ft |
| 1 | 3.28 | 39.37 |
| 0.0254 | 1 | 0.0833 |
| 0.3048 | 12 | 1 |

| キロメートル | （国際）ヤード | （国際）マイル |
|---|---|---|
| km | yd | mile |
| 1 | 1.094 | 0.000621 |
| 0.9143 | 1 | 0.000568 |
| 1,609.3 | 1,760 | 1 |

### 体積

| 立方メートル（立米） | （立法センチ）ミリリットル | リットル | ガロン |
|---|---|---|---|
| m$^3$ | ml, cc | L | gal |
| 1 | 1,000,000 | 1,000 | 259.5 |
| 0.000001 | 1 | 0.001 | 0.0002595 |
| 0.001 | 1,000 | 1 | 0.2595 |
| 0.003785 | 3,785 | 3.785 | 1 |

| 立方メートル（立米） | バーレル |
|---|---|
| m$^3$ | bbl |
| 1 | 6.29 |
| 0.159 | 1 |

圧力

| パスカル | バール | 気圧 | キロ（略称） |
|---|---|---|---|
| Pa | bar | atm | kgf・cm$^{-2}$ |
| 1 | 0.00001 | 0.00000987 | 0.0000102 |
| 100,000 | 1 | 0.9869 | 1.02 |
| 101,325 | 1.013 | 1 | 1.033 |
| 98,067 | 0.9807 | 0.9678 | 1 |

温度 T

| 摂氏温度 | $T(℃) = (T(℉) - 32)/1.8$ |
|---|---|
| 華氏温度 | $T(℉) = T(℃) \times 1.8 + 32$ |
| 絶対温度 | $T(K) = T(℃) + 273.2$ |

エネルギー

| メガジュール | キロワット時 | キロカロリー | 石油換算トン | 英国熱量単位 |
|---|---|---|---|---|
| $MJ=10^6 J$ | kWh | kcal | toe | BTU |
| 1 | 0.278 | 239 | 0.0000239 | 948 |
| 3.5897 | 1 | 857.6 | 0.000086 | 3,403 |
| 0.004185727 | 0.001166 | 1 | 0.0000001 | 3.97 |
| 41,900 | 11,600 | 107 | 1 | 39,700,000 |
| 0.001054853 | 0.000293 | 0.252 | 0.0000000252 | 1 |

動力（仕事率）

| ワット | 馬力（英国） |
|---|---|
| W | HP |
| 1 | 0.00134 |
| 745.7 | 1 |

# 目次

# 序章「気候危機」と「脱炭素」総論
## ──明るい未来のために

# 第1章「地球温暖化」と「気候危機」

# 第2章　気候危機対策の全体像

# 第3章 「脱炭素」への技術的対策

# 第4章　元気な社会を創る脱炭素

＊本文中の色のついた丸数字は、各章の項目番号を示しています。

序章

# 「気候危機」と
# 「脱炭素」
# 総論

明るい未来のために

# 概要

　序章では、まず**序章①**「『脱炭素』とは」で、本書のタイトルである「脱炭素」という言葉の意味を考えることからはじめ、「脱炭素」といっても、主に2つの相異なる内容が存在し、それからの賢明な選択が求められていることを示します。

　もちろん、「脱炭素」は、大気中の二酸化炭素（二酸化炭素は炭酸ガスともいい、炭素1原子と酸素2原子が結合した物質であることを示す化学記号「$CO_2$」で表します。）に代表される温室効果ガスの存在量を減らして、これ以上の地球の温暖化を防ごうとすることに変わりはありません。温暖化のメカニズムや程度、あるいは温暖化がもたらす危機的効果、どのような速度で脱炭素を進めなければならないのかは、「カーボン・バジェット」という概念で議論されています。これらについては**第1章**をお読みください。また、二酸化炭素排出を削減する方法の全体像については**第2章**を、さらに踏みこんだ議論については**第3、4章**をお読みいただくことになります。

　**序章②**「社会を元気にするという視点から」では、社会を元気にする脱炭素かどうか、国や地域からのお金の流れに注目して考えます。より詳しくは**第4章⑯**、**⑰**を参照してください。

　そういったことを念頭においたうえで、**序章③**「『脱炭素』合意までの長い道のりとこれから」では、国際社会がどのように「脱炭素」という目標についての合意を実現してきたのかを振り返り、2015年のパリ協定や、その後のCOPにおける現在の世界の合意が、世界のガバナンスにおける重要な成果であることを示します。**第1章5節**により詳しい情報があります。

　1992年の気候変動枠組条約は、世界の取組みのスタート地点でし

た。**序章④**「世界と日本の取組みを比較する」では、その後の世界と日本の取組みを比較し、日本の取組みの遅れを指摘します。温室効果ガス排出の推移については**第1章3節**、対策の経緯や組織、あるいは対策の背景にある哲学的原理や懐疑論などの議論については、**第1章5節**を参照してください。

　**序章⑤**「日本の遅れとその原因 ― 電力制度改革とインフラ対策から見る」では、日本の遅れとその原因を、一般にはなじみの少ない電力改革の現状と電力自由化の課題を紹介するかたちで述べます。

　再エネ主力電源時代に向けたインフラ整備は、日本でも進んでいます。**序章⑤**では「系統」の広域化が着手されはじめていることを紹介します。(「系統」とは、発電所で発電された電気を利用者に届けるための変電、送電、配電からなる一連のシステム、つまり「電力系統」の略称です。再生可能エネルギーの変動状況は地域ごとに異なるので、系統の広域化・容量の増強などにより、平準化の効果が表れ、総体としての再生可能電源の変動性が抑えられます。)再エネ主力電源時代に向けて、電力システムの知識がますます重要になります。電力システムの課題や、消費者側の対応については**第3章5節**に詳しく述べます。

　**序章⑥**「国策の現状とエネルギー価格の高騰」では、国の「GX(グリーン・トランスフォーメーション)実現に向けた基本計画」に代表される脱炭素の方針を、現在の電力、ガス、燃料価格の高騰状況や、地球温暖化を1.5℃以内に抑えるためのカーボン・バジェットを意識しながら紹介します。国策の現状については**第1章⑲**、**第2章㊶**で扱います。

　最後に**序章⑦**「『社会を元気にする脱炭素』を進める」では、「2つの脱炭素」から社会を元気にする脱炭素を選択し、推進していく場合の課題を、地域、業務、家庭、運輸、産業、農林水産などの各セクターについて概観します。詳細は**第4章**で扱います。　　〈堀尾正靱〉

# ① 「脱炭素」とは？

「脱炭素」、「カーボンニュートラル」、「脱温暖化」などの意味を考えます。大切なことは、温室効果ガスの削減自体ではなく、化石燃料に依存している現代文明全体および地域社会を、元気で持続可能なかたちに作り直すことです。

### ●「脱炭素」って？　炭素が悪者なの？

　温室効果ガス（代表格は$CO_2$；二酸化炭素、炭酸ガス）が、化石燃料を利用した人類の活動で急増しています。それにより、地球温暖化と気候変動が進行しています。その被害を回避するためには、温室効果ガスの排出を2050年までに実質ゼロにする必要があります。「脱炭素」とは、その方針を象徴的に表した言葉で、「脱温暖化」、「ゼロカーボン」、「カーボンニュートラル」などと同義です。生物の体は炭素化合物からできています。炭素自体が悪者なのではありません。「実質ゼロ」の意味は、$CO_2$吸収（森林、海洋）や地下貯留分を差し引いた「総括排出量」をゼロにするという意味です。

### ●「脱炭素」が取り組もうとしている「気候変動」とは？

　そもそも「気候変動」はなぜおきていて、どこまで深刻なのでしょうか。まず、気候変動の原因となっている「温暖化」は、「大気中の温室効果ガスの濃度増加による地表や海水温度の上昇」という自然の因果関係として説明できます。しかし、$CO_2$などの濃度増加は、産業革命以後のもので、とくに近年急増しており、経済活動による人為的なものなのです。地球温暖化で、極地や高山の氷が融け、大気や水の循環が大きく変わり、海水も、炭酸の濃度上昇で、酸性化し、生態系の大きな変化が誘発されています。極端な気象現象も頻

発し、産業活動にも甚大な影響が表れはじめています。「脱炭素」は、いまや「気候危機」となった気候変動への対策なのです[→第1章]。

## ●「脱炭素」には2種類ある？

化石燃料の大量使用が気候危機の原因ですから、その解決のために、次の2つの戦略が考えられるのは当然です[※1]。

戦略① 化石燃料の使用をやめて$CO_2$が出ないようにする

戦略② 化石燃料の使用はやめずに、出た$CO_2$を回収し処分する

これらに対応して、図表1に示すように、次の2つの「脱炭素」のかたちが出現します。

脱炭素①「社会を元気にする脱炭素」

脱炭素②「社会を疲弊させかねない脱炭素」

## ●脱炭素①「社会を元気にする脱炭素」

①の脱炭素戦略では、化石燃料時代のエネルギー使用の仕方を改め、省エネ型に転換することで、大幅な需要削減を行います。さらに、太陽光、風力、水力、バイオマス、地熱などで化石燃料を代替します。これらは、化石燃料と違って、自然の循環の中で現れるので、「再生可能エネルギー」といい、略して「再エネ」とも呼びます。「自然エネルギー」と呼ばれることもあります。再エネは広い地域に分散した「分散型エネルギー」ですから、地域のエネルギー自給も可能になります。これまで外（最終的には外国）に支払っていた、光熱費や燃料代を削減でき、地域経済の大幅改善が可能になります[→序章③]。

## ●脱炭素②「社会を疲弊させかねない脱炭素」

②の脱炭素戦略では、化石燃料を輸入し、大規模な製油所や発電所などから供給する「集中型エネルギー」のビジネスを継承し、エネルギー輸入を続けます。$CO_2$を出さない燃料（水素やアンモニア）も、専用船を建造して外国から輸入します。内燃機関自動車もある程度残り、大気中への$CO_2$排出も許容されます。

**図表1　2つの脱炭素**

① 社会を元気にする脱炭素

地域帰属の再エネ

送電網の充実
EV充電インフラの充実
EV蓄電による需給調整

デマンド・レスポンス
セクター・カップリング

② 社会を疲弊させかねない脱炭素

￥￥ 燃料代

水素、アンモニア
化石燃料

CO₂

一例として

￥CO₂引取り代

化石燃料系アセット維持
産業の現状維持

出典：筆者作成。

　発電所などから排出される大量の$CO_2$は、CCS（$CO_2$を分離し隔離する技術）で、分離し、最終的には地下に貯留します[※2]。ただ、地震国日本では、$CO_2$を永続的に安全に貯留できる場所はほとんどないため、液化した$CO_2$は、お金を払って外国に引き取ってもらうことになります（逆有償輸出）[※3]。大気中に放出されてしまった$CO_2$は、空気中から直接吸着分離して回収・貯留するDACCS技術（開発途上）で処理し

ます※4なお、カーボンリサイクルについては**コラム1**および㉗を参照してください。(CCS等については㉕、㉖を参照してください。)

　消費者に供給されるエネルギーには、これらのコストが転嫁され、高価なものとなることが予想されます。これまで化石燃料を利用して事業を行ってきた産業は、現有の設備や技術や権益を長く使いたいので、戦略②へのインセンティブを持ちます。しかし、戦略②では、電気代が高くなり、産業の国際競争力の維持も困難になります。

### ●日本には再生可能エネルギーがある

　そうはいっても、日本にはエネルギーがあるのか、と心配される方も多いでしょう。しかし、「日本にはエネルギーがない」というのは、あくまでも化石エネルギー(石油、天然ガス)についての話なのです。

　**図表2**は、省エネやEV化を進めていくものとして、電力需要の推移を推定し、それを、全国各エリアについて再エネ電力供給量の推定値(設備投資後)と比較してみたものです。2050年に向けて適切な投資を続け、省エネと再エネ導入を図れば、全国の需要を再エネで十分まかなえることがわかります。ただし、九州と四国には太陽光が、また東北と北海道には風力資源が偏在しています。送電網の大幅強化により、需要地への輸送体制を作ること、供給力の高い北海道では道内の送電網を強化し、人口や産業の誘致力を高めること、などが求められます。(再エネ資源量については㉞、㉟、また省エネと再エネ導入の全体については第2章、第3章をお読みください。)

---

> **コラム**　「カーボンリサイクル」について
> 　分離回収した$CO_2$を水素などと反応させて炭化水素にする$CO_2$回収・再利用(CCU)の技術開発も進んでいます。しかし、生成した燃料を内燃機関自動車(ガソリン車、ディーゼル車)で使用すると、水素の製造や反応に投入したエネルギーの80%以上を熱として捨てることになります。再エネ電力で電気自動車を動かせば、そのような無駄はありません。カーボンリサイクルが必要な分野はプラスチックスです。プラスチックスの原料は主に炭化水素です。将来的には、CCUで廃プラスチックスのリサイクルを積極的に行うと考えられます。

## 図表2　省エネによる需要削減予測(上)と再エネ電力供給能力(下)[※5]

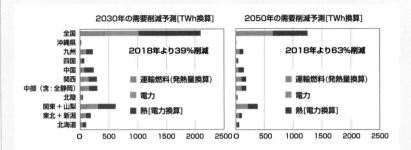

需要予測：2018年の各種エネルギー需要に、2030年までの需要見通し(総合資源エネルギー調査会 基本政策分科会第48回会合、2021年8月4日)を採用し、その先は、人口比で活動量が減少するものとした。

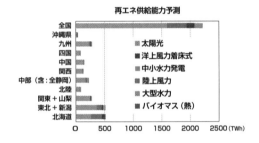

供給能力予測：環境省REPOSデータの太陽光、陸上風力および中小水力の導入ポテンシャル(2019)と、総務省緑の分権改革会議(2011)による、洋上風力着床式、および、木質から畜産糞尿までの全バイオマスの利用可能量を採用。大型水力には、2020年の実績データを採用。ただし、太陽光と風力については、上記データに対しファクター(太陽光：0.5、陸上風力：0.5、洋上風力着床式：1/6；風力発電協会のものと同じ)をかけ、2050年の実現が十分可能であると考えられる再エネ量を算出。洋上風力浮体式は除外。

出典：堀尾正靱

## ●2つの脱炭素からの賢明な選択を

　今まで、日本は、毎年15-20兆円のお金を化石燃料輸入に支払ってきました。これを「対外エネルギー支払い」といいます（序章③に後述）。脱炭素戦略①では、省エネと再エネに設備投資をすることで、対外エネルギー支払いの解消をめざします。地域でも、エネルギー自給や他地域へのエネルギー輸出により、これまで外に出ていたお金を地域の産業振興、社会福祉・教育の改善などにまわすことができるはずです。

　以上のような理解から、本書では、戦略①に軸足を置き、その実現のための情報を集約していきます。ただし、賢明な選択のために②についての解説も行います。　　　　　　　　　　　　　〈堀尾正靭〉

【注および参考文献】
※1　他に、地球工学という空中にダスト（エアロゾル）を散布し太陽からの熱を遮蔽する構想も提案されていますが、その副次効果も明らかではなく、きわめて危険だと考えられます。
※2　油田では、液化$CO_2$を注入して地下にある原油を最後まで採掘する手法が以前から使われており、$CO_2$の輸送や地下貯留自体は新技術ではありません。ただし、パイプラインから$CO_2$漏れの事故例（参照）もあります。$CO_2$は催眠性かつ窒息性の気体です。CCS用の新たなパイプライン建設には危惧の声も上がっています。
参照：2020年2月22日の$CO_2$パイプライン事故についての政府報告書。（https://www.phmsa.dot.gov/sites/phmsa.dot.gov/files/2022-05/Failure%20Investigation%20Report%20-%20Denbury%20Gulf%20Coast%20Pipeline.pdf）
※3　液体状態で貯留するのではなく固体岩石にして貯留する方法も研究されていますが、その場合も毎年多額の対外エネルギー支出を行うことが前提になると考えられます。
参照：NEDO、岩石と場の特性を活用した風化促進技術"A-ERW"の開発（代表：中垣隆雄）、（https://www.waseda.jp/top/news/84355）
※4　しかし、400ppm（0.04％）台の稀薄$CO_2$を分離濃縮するコストは、排ガス中の20％かそれ以上の濃度（空気中の濃度の500倍）の$CO_2$を分離するコストに比べ、かなり大きくなると考えられます。
※5　堀尾正靭［2021］「本気の『2050年$CO_2$実質ゼロ』へ―その5　国産再エネで100％エネルギー自立は可能！」『化学装置』10月号、97-106頁。

## ② 社会を元気にする という視点から

現在の産業経済の構造のもとで、私たちが化石燃料購入のためにどれだけのお金を支払っているかを見たうえで、社会を元気にする経済構造に移行するのに何が必要かを考えます。

### ●元気が出る脱炭素の展望

省エネと再エネ導入で、現在の生活の利便性を落とすことなく「脱炭素」システムに移行する場合、経済的にはどのような変化がおこるのでしょうか。国産の再エネを使用するようにして、輸入に頼っている化石燃料を代替すれば、燃料輸出国に毎年払っている「対外エネルギー支払い」がなくなります。地域の場合は、光熱費・燃料費の支払いを大きく削減できるようになります[→76]。

さらに、最近の燃料高騰のようなかたちで、国外の情勢によって左右されることがなくなるほか、災害時にも自前のエネルギー供給の体制ができ、国および地域の持続可能性が高まるのです。つまり、「脱炭素」による地球規模の気候変動対策は、国および地域の持続可能な経済構造への移行と一体のものにできるのです。

### ●必要な投資の対象

移行のためには、省エネと再エネ導入に大きな投資が必要ですが、それを大きく上回る対外エネルギー支払いの節約分が見込めます。

ただし、移行すべき未来は、単なる「エネルギーの地産地消」ではないのです。太陽光も風力も時間や季節とともに大きく変動します。また、需要地から遠いところにある自然エネルギーも多いほか、災害や事故で地域の再エネが使えなくなったりもします。ですから、

地域間の電力の融通は必須で、送電網(「系統」といいます)の大幅な増強が必要になります。これも、移行のための投資の重要な部分です。

　関連して、蓄電設備も必要になります。ただし、電気自動車(EV)の持っている蓄電池の活用も効果的と考えられています。

　必要な投資については、**序章⑤**で議論しますので、ここでは、そういった投資のための原資は本当にあるのかを、簡単にみていきます。

### ●国レベルでの対外エネルギー支払い

　**図表1、2**はこれまでの日本の対外支払いの推移と、品目・相手国別の貿易収支を示します。エネルギー支払いは全対外支払いの主要部分(30%弱；毎年15-25兆円)を占め、最近急増しています[→**図表1**]。日本が貿易赤字になっている品目は、燃料とブランド品だということが、**図表2**から読みとれます。「2030年までに46%の削減」(政府方針：2013年比)を行うための原資は、現状維持のときの10年分の対外エネルギー支払い積算額の半分としても、およそ50兆円になります。現在の円安が続けば、さらに大きな効果が見込めるでしょう。

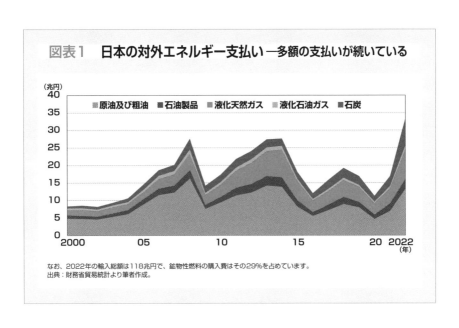

**図表1　日本の対外エネルギー支払い ─多額の支払いが続いている**

なお、2022年の輸入総額は118兆円で、鉱物性燃料の購入費はその29%を占めています。
出典：財務省貿易統計より筆者作成。

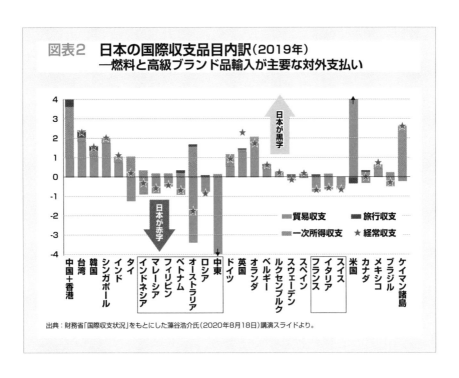

図表2 日本の国際収支品目内訳（2019年）
—燃料と高級ブランド品輸入が主要な対外支払い

日本が黒字

日本が赤字

■貿易収支　■旅行収支
■一次所得収支　★経常収支

中国＋香港／台湾／韓国／シンガポール／インド／タイ／インドネシア／マレーシア／フィリピン／ベトナム／オーストラリア／ロシア／中東／ドイツ／英国／オランダ／ベルギー／ルクセンブルク／スウェーデン／スペイン／フランス／イタリア／スイス／米国／カナダ／メキシコ／ブラジル／ケイマン諸島

出典：財務省「国際収支状況」をもとにした藻谷浩介氏（2020年8月18日）講演スライドより。

## ●地域レベルでの対外エネルギー支払い

　地域の燃料費の対外支払いの状況を、統計データにもとづいて、市、町、村それぞれについて試算した例を**図表3**に示します。国全体の場合と同様に、省エネと再エネ導入を進めることで多額のお金を節約できることがわかります。

　ただし、地域の再エネの実態には注意が必要です。2012年の固定価格買取制度の施行以来、多数のメガソーラーが全国に建設されました。制度上の配慮が不足し、地域からの取組みは大幅に遅れ、全国各地にある発電設備は東京や大阪など外部の設置者に帰属します[→**図表4**]。地域には、わずかな固定資産税収入があるだけです。風力発電の場合には、住居にきわめて近接した開発[→**図表5**]が、多くの場合地域外事業者により、行われてきました。地域経済に寄与せず、山林の乱開発による景観破壊や土砂災害などが発生しているた

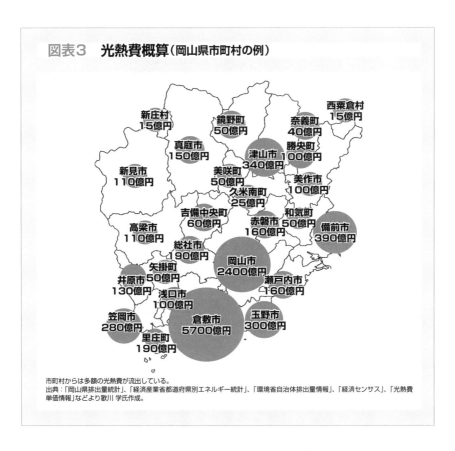

図表3　光熱費概算（岡山県市町村の例）

西粟倉村
15億円

新庄村
15億円

鏡野町
50億円

奈義町
40億円

勝央町
100億円

津山市
340億円

真庭市
150億円

美咲町
50億円

美作市
100億円

新見市
110億円

久米南町
25億円

和気町
50億円

吉備中央町
60億円

赤磐市
160億円

備前市
390億円

高梁市
110億円

総社市
190億円

岡山市
2400億円

矢掛町
50億円

瀬戸内市
160億円

井原市
130億円

浅口市
100億円

笠岡市
280億円

倉敷市
5700億円

玉野市
300億円

里庄町
190億円

市町村からは多額の光熱費が流出している。
出典：「岡山県排出量統計」、「経済産業省都道府県別エネルギー統計」、「環境省自治体排出量情報」、「経済センサス」、「光熱費
単価情報」などより歌川 学氏作成。

め、風力にもメガソーラーにも、反対運動が全国でおきています。どう考えたらよいでしょうか。

　次世代のためには、乱開発は止め、地域のレジリエンスと持続性を高めるエネルギー自給の道も開拓していかなければなりません。そのためには、再エネを、自治体、地域事業者および住民の参加のもとに計画し、地域の金融機関の支援も得て、地域に帰属する施設として導入することが肝要です[→⑦]。

### ●地域が地域のエネルギー資源に再び目を向ける時代

　第二次世界大戦後もしばらくは、薪や炭などのバイオマスや、動力源として地域の小水力が活用されていました。しかし、石油時代

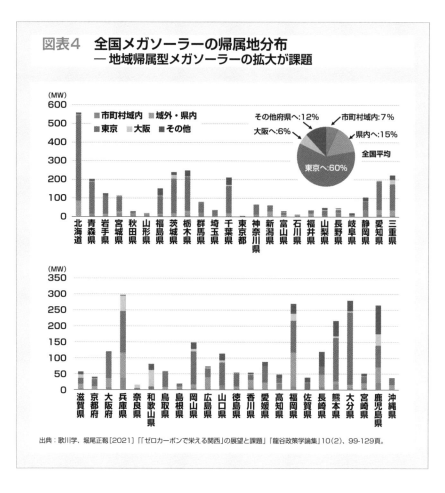

図表4 **全国メガソーラーの帰属地分布**
― 地域帰属型メガソーラーの拡大が課題

出典：歌川学、堀尾正靱［2021］「「ゼロカーボンで栄える関西」の展望と課題」『龍谷政策学論集』10（2）、99-129頁。

が始まり、1950年から70年の間に薪炭利用が急速に減って里山へ
の入山が減り、マツタケの収穫も急減します[→図表6]。また、戦後
の農村電化政策により、とくに中国地方で普及した集落ごとの小水
力発電も、老朽化や、大型火力発電所の増強とともに、廃れていき
ましたが、今になって、これらが見直されています。地域の資源を
地域の人びとが再発見し、地域の合意の中で利用することが「脱炭
素」への重要な手掛かりとなります[→⑧]。（より詳しくは第4章をお読みく
ださい。）

〈堀尾正靱〉

## 図表5　風力発電への苦情の有無と、出力および施設までの距離
### ― 適切な距離をとれば、風力発電は地域と共存可能

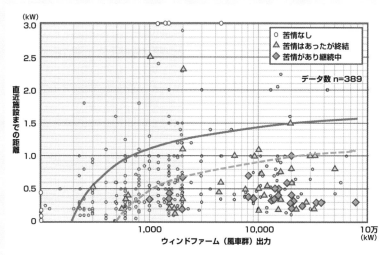

図の見方：ウインドファームの総出力（横軸）と最近接施設までの距離（縦軸）で苦情の出方が分かれる。500kW以上の場合、1
～1.5km以上離れれば苦情はほとんどない。
出典：堀尾正靱（2011）「被災地からの自然エネルギー社会づくりと風力発電の課題」、『環境経済・政策研究』4巻2号、90-94
頁。図は環境省「風力発電施設に係る騒音・低周波音の実態把握調査（平成22年10月7日）」よりJWPA（日本風力発電協会）が
作成したものに筆者が苦情のレベルを曲線で区分し作成。

## 図表6　戦後の燃料転換とマツタケの生産量の関係
### ― 里山に人が入らなくなったためマツタケが消滅した

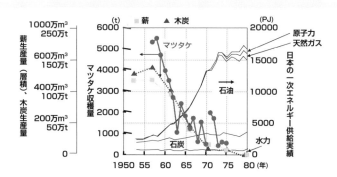

出典：堀尾正靱（2005）「地域の技術システムと心の再生」、龍谷大LORC編『暮らしに根差した心地よいまち』公人の友社、80-
104頁。

# ③ 「脱炭素」合意までの長い道のりとこれから

1970年代以降、世界は、人間活動による地球温暖化の可能性と危険性に気づき、長い道のりをへて、国際協力で対処する体制を形成してきましたが、いまや、「環境」問題は「文明の作り直し」という人類史上の大テーマとなりました。

## ●世界はギクシャク

　世界には196の国（日本および日本が承認している国）がありますが、文化の相違や経済の発展段階、歴史的事情などから、簡単には一枚岩にはなれず、ギクシャクしています。しかし、安全保障や災害など、世界に共通する課題について国際的に協力して対処するための体制が、およそ100年をかけて作られてきました。まず、第一次世界大戦のあと1920年に国際連盟（League of Nations）が作られました（63ヵ国が加盟）。しかし、第二次世界大戦を防ぐことはできませんでした。当時は、まだ植民地が多数存在し、人種差別撤廃の原則も未確立でした。大戦後、多くの植民地が独立しました。1945年に設立された国際連合（United Nations；国連）には、現在193ヵ国が加盟しています。その国連も、第二世界次大戦の戦勝国からなる安全保障理事会の常任理事国に拒否権があることもあり、ウクライナ戦争のような非道な侵略を止めることができていません。

## ●気候変動対策への世界的合意に国連が果たした役割

　しかし、気候変動問題では、国連を軸として、世界の認識の共有と合意の形成が進んできました。

　1970年代に入り、戦後の経済成長により地球規模の環境破壊と資源の枯渇が進みはじめました。これを危惧したカナダの鉱山事業

家・国連活動家のモーリス・ストロング（1929-2015）のリーダーシップで、1972年に110ヵ国以上の参加で開かれた国連人間環境会議では、58ヵ国152人の専門家の知見をまとめた報告書「かけがえのない地球」[※1]が発表されました[→図表1]。同会議では国連として初めての環境関係の宣言、「国連人間環境宣言」が採択され、これにもとづいて新組織「UNEP（国連環境計画）」が設立されました。これと並行して国際シンクタンクのローマクラブがMIT（マサチューセッツ工科大）のデニス・メドウズ助教授らに依頼していた研究結果が、1974年、『成長の限界』と題して、日本でも同時出版され、世界中に議論を巻き起こしました。

　1970年代以後の大気中のGHG（温室効果ガス）濃度の急上昇は、80年代も続き、理論的に危惧されていた気温上昇が顕著になってきました。そこで1988年、UNEPとWMO（世界気象機関）が設立したのが「IPCC（気候変動に関する政府間パネル）」です。

**図表1　国連人間環境会議（1972年6月）**

(UN Photo/Yutaka Nagata)

IPCCは政府間組織で、2022年3月現在195の国と地域が参加し、各国政府職員と各国推薦の多数の専門家により、定期的に報告書が出されます。ちなみに、自然科学的知見に関する第1作業部会の第6次報告書（AR6；2021）は64ヵ国234名の専門家が執筆しています（うち63％が新規の執筆者、41％が途上国民、28％が女性；日本国推薦は10人）。報告書原案は、2ヵ月間のレビュー（査読）にまわされ、資格審査を通過した専門家（第1段）と、政府関係者（第2段）のレビューを経て、最終報告書が公開されます。

IPCCは、上述のようなシステムで、「政策的に中立で、特定の政策の提案を行わない」という科学的中立性を追求しています。科学的知見を集約・共有し世界の政策に反映させるこのような仕組みは、人類の歴史上画期的な財産ではないでしょうか[→⑭、⑮]。

### ●紆余曲折をへて、温暖化の危険が広く認識されてきた

1992年のリオサミットから、気候変動枠組条約（UNFCCC）にもとづく締約国会議（COP）が始まります。その後30年以上かけ、紆余曲折[→図表2]をへて、温暖化の主原因が化石燃料の使用であり、その被害は甚大になるという科学的将来予測が共有され、対策が始められてきました。そして、その回避のために、世界共通の長期目標として、気温上昇の上限を2℃にするという目標を設定し、さらに1.5℃に抑える努力を追求し、すべての国が削減目標を5年ごとに提出・更新し、共通かつ柔軟な方法で実施状況を報告し、レビューを受けるなどの、パリ協定（COP21；2015）の合意、「かけがえのない地球」の未来にとって重要な合意、が実現したのです[→⑯]。

このような流れのなかで、日本は、2020年10月に2050年までにカーボンニュートラルにすること、2021年4月に2030年までにGHGを46％削減（2013年度比）することを当時の菅総理が表明しています。

### ●「2050年排出ゼロ」の重み

少し長くなりましたが、あえてこれまでの地球環境問題の経緯を

## 図表2　IPCCの設立から第6次評価報告書までの経緯

| | |
|---|---|
| 1988年 | IPCC設立（UNEPとWMOによる）。第43回国連総会（12月）リオサミット開催を決定。 |
| 1992年 | 5月政府間交渉委員会、気候変動枠組条約（UNFCCC）条文作成。6月リオサミット（環境と開発に関する国連会議）初の各国元首級の出席で開催、154ヵ国がUNFCCCに署名（1994年発効；198締約国・機関）。第1回締約国会議（COP1：Conference of Parties）となる。 |
| 1997年 | COP3（京都）、世界初の温暖化対策国際条約「京都議定書」を採択。参加先進国全体が温室効果ガス（GHG）を第1約束期間（2008-2012年）に1990年比で約5%削減、先進国は国ごとの比率で削減する（EU8%、アメリカ7%、日本6%）。ただし、「先行して排出してきた先進国の対策が先」とし、中国を含む途上国には義務づけなかった。それを理由に、アメリカは議定書を批准せず、日本も、上記第1約束期間の目標達成後、第2約束期間（2013-2020年）は不参加。 |
| 2006年 | ニコラス・スターン卿（元世界銀行チーフエコノミスト）、英国財務省に「スターン・レビュー」を提出（対策を行わない場合、毎年GDPの5-20%の被害になるが、対策のコストはGDP1%程度とした）。 |
| 2007年 | IPCC第4次評価報告書（略称AR4）、人類による化石燃料使用が温暖化の主要因と考えられる。$CO_2$濃度が倍になった場合、平均気温上昇幅は2-4.5℃、干ばつ、豪雨増加、洪水危険性の増大。1.5-2.5℃の平均気温上昇で、約20-30%の種の動植物が絶滅の可能性。世界のGHG排出量を2050年までに50-85%削減（2000年比）することが効果的など。先進各国は、長期の大幅削減の目標設定に向かった。 |
| 2008年 | 福田内閣、2050年までに60-80%削減する行動計画を閣議決定。 |
| 2013-14年 | IPCC第5次評価報告書（AR5）、観測事実から温暖化の進行を再確認し、人間活動がその要因（95%以上確実）、気温上昇2℃未満を目指す道筋では大気中の濃度を450ppm（$CO_2$換算）に抑える必要があり、温室効果ガス排出量の抜本的かつ持続的な削減が必要である。 |
| 2015年 | COP21、パリ協定。協定の実施のために、工業化以前の水準から1.5℃の気温上昇の影響や関連するGHG排出経路に関する特別報告書を2018年に完成させることをIPCCに要請。 |
| 2018年 | IPCC1.5℃特別報告、1.5℃未満に抑えるためのGHG削減経路について、経済成長や技術の進歩、生活様式などを幅広く想定して検討し、排出経路によっては、$CO_2$排出量を2030年までに2010年比約45%削減、2050年前後には正味ゼロに達する必要があると示唆。 |
| 2021-23年 | IPCC第6次評価報告書（AR6）、残余カーボン・バジェットを明示。 |
| 2021年 | COP26、1.5℃未満に抑える努力、2050年正味ゼロ目標に加え、この10年（2030年頃まで）の排出削減が決定的に重要という認識を共有。 |

出典：筆者作成。

概観してみました。当初は「環境」の問題であり、まずは6％あたりから削減しようという話であったものが、年をへるにつれ、急速に大きな話になったことがわかります。とくに、2000年代に入ってからは、化石燃料由来の$CO_2$排出の大半をやめなければならないことが判明しました。当初の「環境問題」が、いまや、現代文明の根幹の「産業経済構造自体の問題」になったのです。それまで、GDPの成長にともない、化石燃料の使用量つまり$CO_2$の排出量は、増加する傾向がありました。しかし、$CO_2$の排出量を減らしながらGDPの成長を図る時代が来たのです。また、対策は、効果の定量的な裏づけが必要で、「地球にやさしい」という方向性だけの「気分のエコ」では済まなくなりました。つまり、対策は、政府や自治体であれば全省・全部署に関係し、企業にとっては、中長期戦略に直結することになったのです。

## ●1.5℃目標の重要性と、この10年の重要性

COP26（英国、グラスゴー）では、地球表面の平均温度の上昇を1.5℃以内に収める努力が決定的に重要だと判断し、そのためには、2050年までに温室効果ガスの排出を実質（正味）ゼロにするだけでなく、2030年頃までの排出削減の重要性の認識を共有しました。これは、温室効果は累積の$CO_2$排出量によって決まるため、許容累積排出量（残余カーボンバジェット[→⑰]）の管理が必要だからです。

2022年11月のCOP27（エジプト、シャルム・エル・シェイク：Sharm el-Sheikh）では、1.5℃目標を再確認し、「緩和」（温暖化の抑制）については、計画期間（2026年まで）の毎年の進捗確認と対話の継続、「適応」（温暖化による災害等への対策）については、途上国が強く求めた適応資金の倍増に関する報告書の作成、「損失と損害」（同上参照）については、「とくに脆弱な途上国」に対する支援基金と資金支援運用のための委員会の設置、が決定されています。

では、1.5℃を超えた場合、どのようなことが考えられるのでし

ょうか。干ばつの増加、生態系変化、海面上昇、嵐などが激化し、「1.5℃温暖化すれば、グリーンランドの氷床が不安定化する臨界点を超える可能性があり、2℃ならばその可能性はさらに高くなる。これが起きると数百年から数千年かけて海面は数メートル上昇する。（直近の研究なので報告書の評価には含まれていないが、同様な臨界点現象の連鎖によって気温上昇が4-5℃上昇する引き金を引いてしまう「ホットハウス・アース」の可能性も、2℃に近づくほど高まる）。他にも、生態系の一部にはすでに大きな被害が出ており、1.5℃、2℃と行くにつれてさらに深刻化する。温水域のサンゴ礁は、1.5℃で今よりさらに70-90%が失われ、2℃で99%以上が失われると評価されている。一度失ってしまうと元に戻せないような生態系の損失が温暖化により進行し、生態系の恩恵が失われる」と、江守正多氏（国立環境研／東京大学）は述べます[2]。

## ●辺境の人びとと未来世代への責任

ただし、1.5℃目標の意味は、単に経済的損失の大きさだけで語るべきではないのです。産業革命以来の先進国および経済活動を活発化している中進国は、温室効果ガスを排出しつつ蓄積した富と技術力で、気候変動にともなう経済危機を回避できるかもしれません。しかし、ほとんど責任のない途上国、乾燥地域・北極域・沿岸域の諸国、小さい島国など、辺境の人びとの多くは、生活基盤を失い、生命の危機に直面するのです。IPCC1.5℃特別報告書は、2℃の温暖化に比べて1.5℃以下では、海面上昇も2100年時点で10cmほど抑えられ、上記のような困難に直面する人口を2050年時点で数億人減らすことができると評価しています。

それだけではなく、大幅な生態系の劣化を許してしまった場合、私たちの後の世代は、気候の極端現象による困難に直面する一方、現在までの世代が享受してきた自然や文化的環境を享受できなくなってしまいます。

気候変動が深刻化している背景には、産業革命以後約200年かけ

て蓄積された現代技術が、人類の「行為の対象」の規模や副次的作用のおよぶ範囲を巨大なものにしたことがあります。産業革命以前の倫理原則(つまり、行為の対象とその結果が行為する人びとの近くに存在していた時代の倫理原則)は機能しなくなったと、1979年にハンス・ヨナス(1903-1993)は指摘しています[※3][→㉑]。私たちは、自分たちの世代や近隣の空間を超えた想像力をもって、「宇宙船地球号」の全体と未来に責任を持たなければいけない時代、新しい地質時代「人新世」に生きているのです。

### ●IPCC 統合報告書の発表

IPCCでは、2015年から第6次評価報告書(AR6)作成の体制が整えられ、検討が始まりました。2015-2023年の期間はAR6サイクルとも呼ばれます。この期間には、図表3に示す6つの報告書が提出され、2023年3月それらを統合した統合報告書が発表されました(各報告書の特徴も図表3に簡単に記載しました)。

グテーレス国連事務総長は、2023年3月23日のAR6統合報告書の記者発表会に以下に引用するようなビデオメッセージを寄せ、G20の先進国に具体的な取り組みの加速を求めました。

「今こそ、すべてのG20諸国が共同の取り組みの下に結集し、2050年までにカーボンニュートラルを実現するため、官民セクターを通じて各国の資源や科学技術力、安価で確かなテクノロジーを集約させる時です。……他国に先に行動を起こすよう求めていては、人類(の利益)が置き去りにされることを確実にするだけです。」

そして、以下のように具体的行動を呼びかけました。すなわち、「経済協力開発機構(OECD)加盟国は2030年までに、その他すべての国々は2040年までに、新たな石炭使用を停止して段階的に廃止すること。全世界で、官民による石炭に向けたあらゆる資金拠出に終止符を打つこと。すべての先進国は2035年までに、その他すべての国々は2040年までに、排出量正味ゼロの発電を確保すること。

## 図表3　IPCC　AR6サイクルにおける6つの報告書

| AR6報告書 | 発表時期 | テーマ | URL |
|---|---|---|---|
| 特別<br>報告書1<br>(1.5℃<br>特別報告書) | 2018年10月 | 1.5℃温暖化 | www.ipcc.ch/report/sr15 |
| | 2015年のCOP21(パリ)終了後の各国の要請により、産業革命前より1.5℃の温暖化の意味とそれを超えた場合の結果の検討を引き受け、1.5℃超の場合の壊滅的な影響を示した。また、1.5℃未満に抑制するには、2030年までに45%削減(2010年比)、2050年以降ゼロにする必要があるとした。 | | |
| 特別<br>報告書2<br>(土地関係<br>特別報告書) | 2018年8月 | 気候変動と土地 | www.ipcc.ch/report/srccl |
| | 陸地の気温は世界平均よりも上昇しており、この温暖化によって山火事や熱波が増え、その影響で農業の収量が減少しているなど、すでに陸上の人々や生態系に影響が及んでいることを明らかにした。 | | |
| 特別<br>報告書3<br>(海洋・雪<br>氷圏特別報<br>告書) | 2019年9月 | 気候変動と海洋および雪氷圏 | www.ipcc.ch/report/srocc |
| | 1)地球温暖化による熱の大部分を海洋が吸収していること、2)地球の最も寒い地域が最も速く温暖化していること；海洋の温暖化は、陸上での気候変動の経験を鈍らせる一方で、海洋の酸性化や脱酸素化を引き起こし、その結果、サンゴ礁の破壊や沿岸生態系の劣化を招いていること；氷河、氷、永久凍土の減少速度の増大は、生態系だけでなく、特に北極圏に住む数百万人の人々の生活も脅かしていることなどを明らかにした。 | | |
| 第1作業<br>部会報告書 | 2021年8月 | 気候変動の自然科学的根拠 | www.ipcc.ch/report/ar6/wg1 |
| | 地球は20年以内に1.5℃の温暖化に達する可能性が高いこと、1.5℃目標を下回るためのカーボン・バジェット(現状のままでは残り10年分)を示した。さらに、人間活動と、ますます頻発する異常気象との間には、強い相関があり、平均気温の1.5℃以上の上昇でさらに悪化することを示し、人類史上前例のない温暖化・気候変動が広範囲に急速に激化しつつある現在、その抑制のために、分野、社会、国を超えた変革が必要であることを示唆。 | | |
| 第2作業<br>部会報告書 | 2023年2月 | 気候変動の影響・適応・脆弱性 | www.ipcc.ch/report/ar6/wg2 |
| | 気候変動の影響が予想以上に深刻かつ広範囲に及んでおり、何十億人もの人々に影響を与え、自然に対して危険な影響を及ぼしていること；世界は、気候変動の影響に的確に適応するために必要なペースや規模で行動していないこと；　適応と排出削減の両方が必要であることを示し、気候変動の影響に最もさらされている人々が、適応の取り組みの中心にいなければならないことを示唆。 | | |
| 第3作業<br>部会報告書 | 2022年4月 | 気候変動の緩和 | www.ipcc.ch/report/ar6/wg3 |
| | 温暖化を1.5℃に抑えるには、もう時間がないこと；過去10年間、温室効果ガス排出量は過去最高の伸びを示しており、世界は持続可能な未来を確保するために十分な速さで行動していないこと；GHG排出量が2025年までにピークに達するようにし、2030年までに半減させれば、1.5℃未満に抑制し、気候変動がもたらす最も有害な結果を回避できる可能性があること、ただし、現在の各国目標では不十分なことを示した。 | | |
| 統合報告書 | 2023年3月 | 統合報告 | https://www.ipcc.ch/report/<br>sixth-assessment-report-cycle/ |
| | 対策なしでは10年で1.5℃上昇の累積排出量に至る。過去の予測異常の気候変動の悪影響が想定される。1.5℃抑制には2030年にCO$_2$を48%(2013年比)、2035年には65%、2050年頃ほぼゼロにすべき。 | | |

出典：各報告書の暫定訳等(https://www.env.go.jp/earth/ipcc/6th/index.html)、統合報告書の暫定訳(https://www.env.go.jp/press/press_01347.html)

国際エネルギー機関(IEA)の調査結果と一貫性を持ち、新たな石油・ガスに向けたあらゆる認可や資金拠出を停止すること。既存の石油・ガス備蓄の増加を止めること。補助金の対象を、化石燃料から公正なエネルギー移行に変更すること。2050年に世界の排出量を正味ゼロにするという目標に沿って、既存の石油・ガス生産の世界的な段階的削減を達成すること。

　私は、これらの行動と一貫性を持ち、投資家を呼び込めるエネルギー移行計画を策定するよう、各国政府に要請します。

　私はまた、すべての石油・ガス企業が解決策の一部となるよう、それらすべての企業の最高経営責任者(CEO)たちに呼びかけます。彼らは、私が設置した「非国家主体の排出量正味ゼロ・コミットメントに関するハイレベル専門家グループ」による提言に沿った、信頼できる、包括的で詳細な移行計画を提示すべきです。これらの計画では、2025年と2030年における実際の排出削減量と、化石燃料を段階的に削減して再生可能エネルギーを拡大するビジネスモデル変革の取り組みを明確に説明しなければなりません。

　こうした加速化は一部の部門ですでに始まっているものの、投資家たちは今、非常に明確なシグナルを必要としています。

　そして各国政府は、その一層の取り組みをビジネスリーダーたちが支援する確証を必要としていますが、各国政府もまた、それを可能にする政策・規制環境を整備しなければなりません。

　海運、航空、鉄鋼、セメント、アルミニウム、農業などのあらゆる部門が、2050年までの排出量正味ゼロについて、その実現に至るまでの中間目標を含めた明確な計画を定め、それに向かっていかなければなりません。」[※4]

（地球温暖化の現状、メカニズム、生態系への影響、経済との関係、将来見通し、懐疑論等については、第1章で詳述しています。また、移行過程の課題については、第4章をお読みください。）

〈堀尾正靱〉

［参考文献］
※1　バーバラ・ウォード、ルネ・デュボス［1972］『かけがえのない地球』日本総合出版機構。
※2　江守正多［2008］「地球温暖化対策　なぜ1.5℃未満を目指すのか－IPCC特別報告書を読む」
（https://news.yahoo.co.jp/byline/emoriseita/20181104-00102886）
※3　ハンス・ヨナス著、加藤尚武訳［2000］『責任という原理』東信堂。
※4　アントニオ・グテーレス、IPCC AR6統合報告書発表に寄せたメッセージ（2023年3月20日）
https://www.unic.or.jp/news_press/messages_speeches/sg/47706/

## ④ 世界と日本の取り組みを比較する

「脱炭素」は、世界で、また日本で、どのように進んでいるのでしょうか。脱炭素は「外圧」でしょうか。日本は1990年代まで先進的でしたが、その後取組みが遅れました。情報公開や規制改革の状況にも注意が必要です。

### ●世界は大きく舵を切ってきたが日本は?

化石燃料依存の経済では、GDPと$CO_2$排出量は比例する傾向にありました。化石燃料経済からの離脱が進むにつれて、両者の比例関係は解消されます。これはGDPと$CO_2$のデカップリング（両者の関係が切り離された状態）と呼ばれています。1992年のUNFCCC（気候変動枠組条約）締結のあとのわが国のデカップリングの様子を**図表1**に示します。日本は、京都議定書のあと、わずかな分離傾向をみせはじめたものの、ようやく固定価格買取制度がスタートした2012年以降デカップリングの傾向を明確にしています。GDPの伸びも思わしくなく、1980年代のバブル経済が崩壊したあとの社会の低迷も影響していると考えられます。これに対し、多くの国で、**図表2**に示すように、UNFCCC条約締結後、あるいは京都議定書批准後（ロシアの場合）直ちにデカップリングが始まってきたのです[→⑬]。

### ●再エネ、蓄電池、電気自動車は急速に低価格化

太陽光発電、風力発電など再エネ利用のほか、蓄電池や電気自動車の普及と価格の低下が世界的に進んでいます。

1973年のオイルショックのあと、日本では「新エネルギー総合開発機構（当時の名称）」（NEDO）が設立され、太陽光発電や風力発電の技術開発を世界に先駆けて行っていました。しかし、その勢いはそ

## 図表1　日本のGDP成長とCO₂排出量の推移（1990年を1とする）

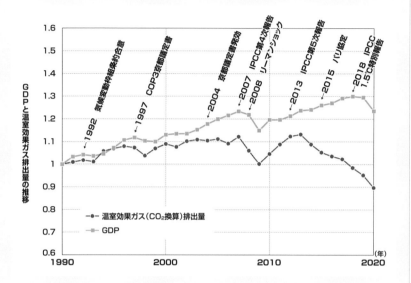

縦軸: GDPと温室効果ガス排出量の推移

凡例:
- ●― 温室効果ガス（CO₂換算）排出量
- ■― GDP

注記（グラフ内）:
- 1992 気候変動枠組条約合意
- 1997 COP3京都議定書
- 2004
- 京都議定書発効
- 2007 IPCC第4次報告
- 2008 リーマンショック
- 2013 IPCC第5次報告
- 2015 パリ協定
- 2018 IPCC 1.5℃特別報告

## 図表2　各国のGDPとCO₂排出量のデカップリング（1990年を1とする）

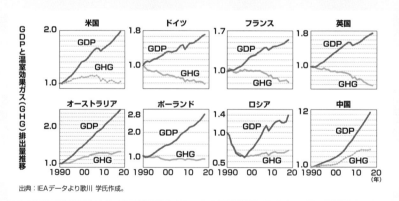

縦軸: GDPと温室効果ガス（GHG）排出量推移

各グラフ: 米国、ドイツ、フランス、英国、オーストラリア、ポーランド、ロシア、中国（GDP、GHG）

出典：IEAデータより歌川 学氏作成。

の後海外勢にとってかわられてしまいました。バイオマスボイラーやガス化炉なども、ほとんどが海外製品の輸入に頼っています。日本では全体に工事費が高止まりしているほか、官需と民需の価格差が大きいことなど、課題が山積しています。それらの背景には構造的な課題があるという見方もあります[※1]。

## ●再エネ比率の上昇

　世界の先進地域では、再エネ電力が50％を超えるような時間帯も現れています。**図表3**はドイツの例で、風力が50％を超える日も続いていますし、広域送電網により、エネルギー輸出も頻繁に行われていることがわかります。ドイツの電力の総発電量に占める再エネ比率は2021年40.5％、2022年は44.6％に達しています[※2][→㊱]。

　日本の2021年(暦年)、自家用を含む全発電電力量中の再エネ比率は22.4％[※3]でした。**図表4**は、2019年の世界各国と日本の、再エネ電力比率です。2021年に公表された第6期エネルギー基本計画では、2030年までに再エネ比率を36-38％にするとしています。これらは、日本にある再生可能エネルギー[→序章①]の利用の取組みが、諸外国に比べ、なおかなり遅れていることを示しています。もちろん、日本の状況も変わりつつあります。**図表5**は九州の例で、太陽光発電量が50％を超える時間も発生しています。

　日本の取組みの遅れは、石炭火力削減の遅れにも見てとれます。**図表6**は、世界各国において、石炭依存状態がどのように変化してきたかを示します。日本だけが、この間に石炭火力をさらに増強してきたのです。エネルギー安全保障のためには石炭火力の設備や石炭の備蓄は必要かもしれませんが、電力の脱炭素に最も効果のある石炭火力の休止は喫緊の課題といえます。

## ●国境を超えた有志連合の活動で世界はさらに変わる

　気候変動対策にむけ、グラスゴー金融同盟(GFANZ;2050年までに温室効果ガス排出実質ゼロを目指す金融機関の有志連合)やRE100(事業用の電力消

## 図表3　2011年以後のドイツのエネルギー供給状況の変化

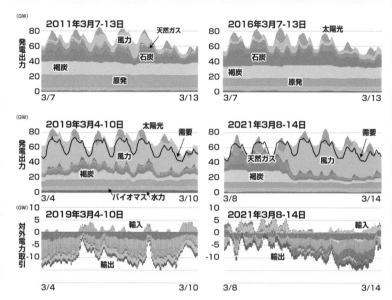

最下段は、広域電力網を通じた電力の輸出入状況。
出典：フラウンホーファー研究所のサイトEnergy Charts のデータより筆者作成。
https://energy-charts.info/charts/power/chart.htm?l=de&c=DE

## 図表4　各国の電力消費量に占める再エネ電力割合（2019年）

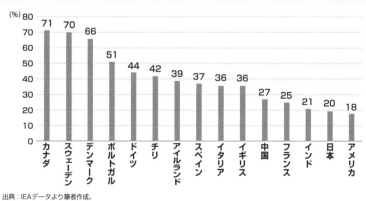

出典：IEAデータより筆者作成。

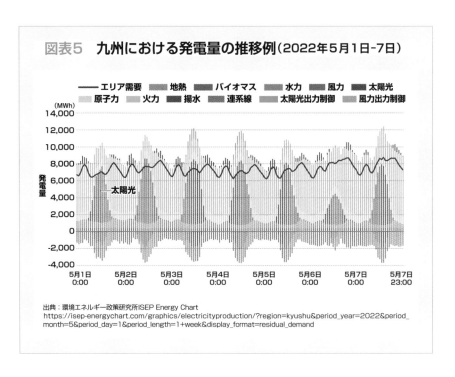

**図表5　九州における発電量の推移例（2022年5月1日-7日）**

凡例：エリア需要　地熱　バイオマス　水力　風力　太陽光　原子力　火力　揚水　連系線　太陽光出力制御　風力出力制御

（MWh）

発電量

太陽光

5月1日
0:00　5月2日
0:00　5月3日
0:00　5月4日
0:00　5月5日
0:00　5月6日
0:00　5月7日
0:00　5月7日
23:00

出典：環境エネルギー政策研究所ISEP Energy Chart
https://isep-energychart.com/graphics/electricityproduction/?region=kyushu&period_year=2022&period_
month=5&period_day=1&period_length=1+week&display_format=residual_demand

費を100％再エネで賄うことを目指す国際的企業連合）など、多様な有志連合が世界中で結成され活動しています。GFANZの構成メンバーの概略を図表7に示します。RE100の場合、2022年7月時点で、72の日本企業が、地域パートナーJCLP（日本気候リーダーズ・パートナーシップ）を窓口に加盟しており、アメリカ企業に次ぐ数になっています。

　いま、世界のESG投資が日本を注視しています。$CO_2$排出企業に圧力をかける投資家団体CA100+（クライメート・アクション100+）は、世界全体の温室効果ガス排出量の80％を占める166社（日本の主要企業10社を含む）に対し、温室効果ガス排出量削減を求めています（2022年）[※4]
[→⑨⑤]。

　（日本と世界の政策の対比については、㉒㊱㊶㊷㊸�554㊺⑦⑧⑨⑥⑨⑦などを参照してください。）　〈堀尾正靫〉

## 図表6　1990年以降の各国の一次エネルギーのうち石炭比率の変化

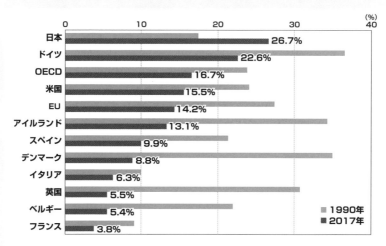

出典：IEA；World Energy Balances 2018より歌川 学氏作成。

## 図表7　気候変動対策有志連合GFANZの構成（2022年現在）

| 団体名 | 主な加盟機関 | 加盟機関数 |
|---|---|---|
| ネットゼロ・バンキング・アライアンス | 銀行 | 113 |
| ネットゼロ・アセットマネージャーズ・イニシアチブ | 資産運用会社 | 273 |
| ネットゼロ・アセットオーナー・アライアンス | 年金・生保 | 73 |
| ネットゼロ・インシュランス・アライアンス | 保険 | 25 |

注：上記以外に3つの構成団体がある。日本からは3メガバンク、4大生保が参加。
出典：日本経済新聞2022年6月9日より。

［参考文献］
※1　松本三和夫［2012］『構造災　科学技術社会に潜む危機』岩波書店。
※2　JETRO［2022］「ビジネス短信電力消費量に占める再生可能エネルギーの割合が増加（ドイツ）」。
（https://www.jetro.go.jp/biznews/2022/12/a8f91685d1ebdd11.html）
※3　ISEP［2022］「2021年の自然エネルギー電力の割合（暦年・速報）　国内の変動性自然エネルギーVREが10％超、急がれる化石燃料への依存度低減」。
（https://www.isep.or.jp/archives/library/13774）
※4　Climate Action 100+　*HOW WE GOT HERE.*（https://www.climateaction100.org/approach/how-we-got-here/）

# 5

# 日本の遅れとその原因
## 電力制度改革とインフラ対策から見る

一般市民や一般企業が、関心を持つことが少なかった電気事業の世界が、電力自由化を機に、身近なものになってきました。日本の電力制度改革は、日本の遅れを象徴しています。その問題や課題と始まっている変化を紹介します。

## ●電気事業の規制改革の遅れ

　国家的な電力の規制改革においても、先進諸国の中で日本の遅れと混乱が目立ちます。

　電力の自由化は、中小規模事業者の参入を促進し、分散型エネルギー（再エネ）の普及で、脱炭素促進効果をもたらすと考えられます。競争原理により価格を下げる効果も指摘されますが、制度設計や規制の不備があれば価格上昇もありえます。

　自由化には2つの段階があります。1番目は、発電と送電を別々の法人で行うようにし、新規参入を可能にする「法的分離」の段階です。そのあと、第2段階では、発電会社と送配電会社のあいだの資本関係を断つ「所有権分離」が求められます[→図表1]。後者は、発電と送電を別会社にすることで、大容量発電所と送電網を持っている旧一般電力が有利になりすぎて市場を支配することを防ぎます。

　英国では、1989年電力法改正の翌1990年、発送電分離が行われました。その後、大手企業による市場操作を排し、市場の公正性を担保する新電力取引制度に、2002年に移行しています。また、アメリカでは1992年のエネルギー政策法の成立以後、1990年代後半から州ごとの判断で電力自由化が導入されています。

　EUは1996年の第1次自由化指令で、法的分離を指示し、小売部

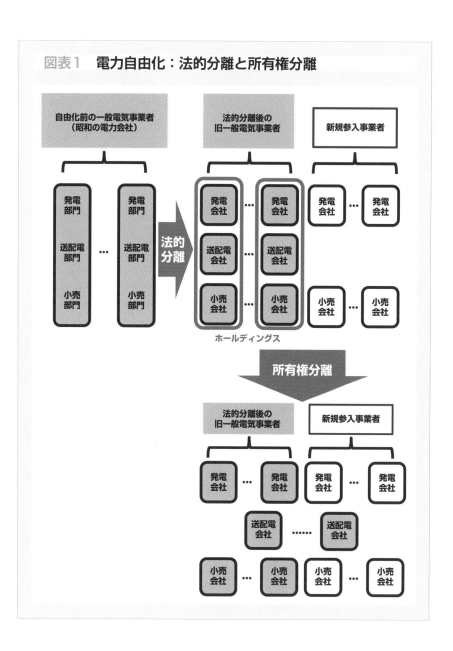

図表1 電力自由化：法的分離と所有権分離

分に自由化義務を、また送電部門に独立性確保を課しました。2003年の第2次自由化指令では、法的分離の徹底と家庭用を含む全需要家向けの小売販売の自由化を指示し、さらに、2009年の第3次自由化指令では所有権分離を指示しています。

　日本では、2013年から3年がかりで電気事業法の改正が進み、2015年にはOCCTO（電力広域的運営推進機関）が設立されて、系統の広域運用体制ができ、翌2016年には、時間前市場が設立され、発電と電力小売りへの新規参入が自由化されました（EUから20年の遅れ）。そして、2020年、発電事業者が送配電事業者や小売事業を営むことを原則禁止する「発送電分離」（法的分離）が実施され、全国各地で「新電力」会社が立ち上げられました。

●制度不全と不正が日本の改革を困難にしている

　各国の電力自由化においては、これまでに、制度設計の不備、諸制度の不整合、異常気象などにともなうトラブルから、多くの経験が積まれてきています。イギリス（90年代；「強制プール制」の不具合）やカリフォルニア（2000-01年；供給力の増強が需要に追いつかず停電）、テキサス（2021年2月；大寒波による高騰）などの事例は、制度設計の重要性を示しています。

　しかし、日本では、諸外国の20年間の事例から十分学べるにもかかわらず、初歩的なトラブルが相次いでいます。

　日本では、発電容量の約8割が旧一般電気事業者（旧一電）9社の発電部門で占められ、なお強い寡占状態にあります。旧一電とその他の発電事業者との競争が「非対称的な」（公平でない）市場は、「未成熟な市場」です。そこでは、少数のプレーヤーの不合理な行動が、悪意がなくとも市場全体に大きな影響を与えやすくなります。そして、市場に異常が発生した際、市場取引に充分習熟していない小規模プレーヤーにそのリスクが背負わされます[1]。周知のように、2020年12月以降、卸電力市場における異常な高騰で、多くの新電

力会社が倒産・撤退するにいたっています。

さらに、2022年、大手電力（中部、関西、中国、四国、九州、沖縄電力の7社）営業部門の社員による、子会社（送配電会社）の顧客管理システムの新電力情報の不正閲覧が75万件にのぼっていました。小売部門との情報遮断の不徹底状態も旧一電のほぼ全社にみられたといいます[※2, 3]。これらは、法的分離が不徹底であることの、つまり所有権分離の必要性の、一端を示すものです[※4]。

制度設計の不備とこれらの不正により、いま日本の電力自由化は重大な局面に来ており、国民の監視を必要としています。

情報公開の面でも、EUと日本では、図表2に示すように、大きな差があります。フラウンホーファー研究所のウェブサイト「エネルギー・チャート」では、ドイツの電力供給量の15分ごとのデータ[→序章④-図表6]をはじめ、各国の情報が公開されています[※5]。日本では、まだ公開されていない情報が多く、公開されても、PDF化

### 図表2　日本では電力需給に関する情報公開が遅れている

| 情報の種類 | EUの公表のタイミング | 日本 |
|---|---|---|
| インバランス価格（通貨/MWh） | できるだけ速やかに（コマ毎） | 約1時間遅れでCSVを提供（2022年4月より） |
| 発生しているインバランスの総量（MWh） | 各コマの30分後まで（コマ毎） | 同上 |
| 稼働した調整力の量（MW） | 各コマの30分後まで（コマ毎、種別毎、上げ・下げ別） | 約1か月半後に公表（各週の合計値のみ） |
| 稼働した調整力に支払う価格（通貨/MWh） | 各コマの1時間後まで（コマ毎、種別毎、上げ・下げ別） | 約1か月半後（各週の平均値及び最高値・最低値のみ） |
| 系統の総需要（実績）（MW） | 各コマの1時間後まで（コマ毎、エリア毎） | 実需給の概ね30分後にエリアの総需要が各一般送配電事業者の「でんき予報」等で示される |
| 系統の総需要（翌日の予測）（MW） | 前日市場の2時間前まで（その後大きな変化があるごとに更新）（コマ毎、エリア毎） | 実需給の概ね30分後にエリアの総需要が各一般送配電事業者の「でんき予報」等で示される |
| 電源種ごとの発電量（MW） | 各コマの1時間後まで（コマ毎、電源種別） | |
| 電源種ごとの発電量（MW） | 各コマの1時間後まで（コマ毎、電源種別） | |

注：インバランス：電力供給量と需要量の差分。
出典：EU規則543/2013、日本：経産省「電力ガス取引監視等委員会2018.7.20」（資料7）

されていて、すぐに活用できないなど、遅れが目立ちます [→⑱、⑭]。

## ●系統の広域化では日本も動きはじめた

しかし、時代は展開しています。日本でも2022年度からインバランスのデータが1時間遅れで公開されています。また、偏在する再生可能エネルギーを利用するための、系統の広域化が検討されています。とくに、北海道と東北エリアおよび九州の再エネ電力を大消費地に結びつける送電系統の強化の検討が始まっています。

**図表3**は、海底送電ケーブル敷設を含むこれからの送電系統の強化のコスト見積もりです。**序章④**でみた対外エネルギー支払いの額と比較すれば、この程度の投資で、対外支払い額を大きく削減できることが推察されます。（電力系統の課題については第3章5節の詳しい解説を参照してください。）

〈堀尾正靭〉

［参考文献］

※1　安田 陽「電力価格高騰問題の構造と本質的原因」　京都大学再生可能エネルギー経済学講座公開研究会、2021年7月26日。

※2　岡田広行「大手電力、値上げの裏で噴出する「不正」の数々」東洋経済ONLINE、2023年2月16日。（https://toyokeizai.net/articles/-/651578）

※3　「電力大手の顧客情報不正閲覧、7社で75万件超……経産省が罰則強化検討」読売新聞オンライン、2023年3月5日。
（https://news.yahoo.co.jp/articles/48cd24caf0d642c6693a0c1f5bf5edfdc9a01593）

※4　大林ミカ他「大手電力会社による新電力の顧客情報の情報漏洩及び不正閲覧に関する提言」内閣府・第25回再生可能エネルギー等に関する規制等の総点検タスクフォース会議資料（資料3-1）、2023年3月2日。
（https://www8.cao.go.jp/kisei-kaikaku/kisei/conference/energy/20230302/230302energy08.pdf）

※5　Fraunhofer-Gesellschaft　*Energy-Charts*.（https://energy-charts.info/?l=en&c=DE）

## 図表3　再エネの偏在を補う送電網の強化案とコスト

**再エネ偏在シナリオ（30GW）**　　**再エネ比率37%**

①北海道〜東京ルート新設
（北海道地内増強含む）
約0.8〜1.2兆円
（400万kW）

⑥中地域増強
中部関西間第二連系線新設
中地域交流ループ構成
約500億円

④九州〜中国ルート増強
（九州・中国地内増強含む）
約3,500億円
（278⇒556万kW）

②東北東京間の運用容量対策
約4,000億円
（電源立地が明確になった
時点で詳細検討）

③東京地内増強
約3,800〜5,300億円
（送電容量確保策）

⑤九州〜四国ルート新設
（九州・四国地内増強含む）
約1,700〜1,900億円
（70万kW）

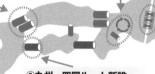

出典：電力広域的運営推進機関（OCCTO）「マスタープランに関する議論の中間整理について〜連系線を中心とした増強の可能性〜」2021年4月28日。
（https://www.occto.or.jp/iinkai/masutapuran/2021/files/masuta_9_01_01.pdf）

# 6

# 国策の現状と
# エネルギー価格の高騰

国の「脱炭素」と「GX（グリーン・トランスフォーメーション）」への方針を紹介し、エネルギー価格高騰の中におかれている私たちの課題を考えます。

## ●国策の方向

脱炭素社会への移行は、化石燃料依存型の産業・社会構造（生産と消費の仕組み）から気候危機を回避できるような社会構造に移行するプロセスです。この「移行」をグリーン・トランスフォーメーションといいGXと表すこともあります。そこでは、当然、政策についての多様な議論や、既存の権益をめぐる政治的プロセスが展開します。

わが国は、2030年までにGHG（温室効果ガス）を46％以上（2013年比）削減し、2050年には実質ゼロ（発生と吸収を相殺したときにネットでゼロになる状態）を目標に掲げています[※1]。

その実現のための計画としては、第6次エネルギー基本計画（2021年閣議決定）が基本になりますが、さらなる具体化は、昨2022年7月末からGX実行会議で審議され、12月23日から1ヵ月間のパブリックコメント受付をへて2023年2月10日に閣議決定された「GX実現に向けた基本方針」に沿って行われることになります。GX実行会議は、内閣総理大臣を議長とし、GX実行推進担当大臣（経済産業大臣が兼務）と内閣官房長官を副議長に、外務大臣、財務大臣、環境大臣、および、産業界と関連研究機関から9名、消費者団体代表と労働組合代表各1名、学識者2名、合計13名の有識者を構成員とした会議でした。

現在の国のGX推進方針は、①省エネ、②再エネ導入（2030年までに再エネ比率36-38％を目標、系統整備の加速、北海道からの海底直流送電、地域と共生した再エネ導入のための事業規律強化）、③原子力発電の再稼働と「国主導での国民理解の促進や自治体等への主体的な働きかけの抜本強化」、④その他重要事項（水素・アンモニア燃料の生産・供給網構築、電力容量市場の運用、サハリン1、2権益維持、LNG確保、メタンハイドレート技術開発支援、最後に、カーボンリサイクル技術、蓄電池、次世代航空機・船舶、住宅・建築物、港湾等インフラ、食料・農林水産業、地域・暮らしなどの各分野における研究開発、設備投資、需要創出など）の取組みと、「成長志向型カーボンプライシング」構想の実現です。これらのために、今後10年間にかなりの資金が重点的に投入される計画になっています[→図表1]。

　国の中長期の大計画に関わるGX計画が、産業界と経産省の意向を中心とし、短期間の議論で「閣議決定」され、トップダウンで実施されるプロセスは、国全体の産業社会構造を持続的なものに移行させるというGXの歴史的な課題を推進するには、なおほど遠い感があります。内容的には、第6次エネルギー基本計画と同じく、CCS、CCU、アンモニア、メタンハイドレートなど、技術的・経済的実現可能性が不確かなものと、確実に実行可能なものとの仕分けができていないこと、日本のエネルギー自立への志向が明示されていないことから、「社会を疲弊させかねない脱炭素」[→序章①]の要素を強く含む内容となっています。また、制度設計（ソフト）の要であるカーボンプライシング構想が不十分なままであることも、技術・設備（ハード）至上主義的なこれまでの政策を踏襲しています。

　以上のように、2030年に46％以上の削減を実現するという大事業の具体的計画になっていないだけでなく、座礁資産となりかねない投資で、環境団体や再エネ関係団体からは、削減計画達成の障害となる可能性があるという懸念が表明されています[※2]。

## 図表1　GXへの投資

| | 「今後の道行き」事例 | GX投資 | 内容 |
|---|---|---|---|
| 1 | 水素・アンモニア | 約7兆円～ | 大規模かつ強靭なサプライチェーン構築　約5兆円～<br>インフラ整備・既存設備改修　約1兆円～<br>日本の技術的優位性確保に向けた研究開発、国内先進研究拠点の整備　約1兆円～ |
| 2 | 蓄電池産業 | 約7兆円～ | 蓄電池・材料の製造工場投資　約4兆円～<br>研究開発（次世代蓄電池・材料・リサイクル技術）　約3兆円～<br>・全固体電池技術開発（電池設計・材料技術等）<br>・蓄電池リサイクルに向けた分離・回収技術開発 |
| 3 | 鉄鋼業 | 3兆円～ | 高炉から電炉への生産体制の転換投資（電炉設備、電力インフラ、スクラップヤード等）水素還元製鉄の技術の導入（COURSE50設備等）<br>エネルギー転換・低減投資（自家発電所等の燃料転換製鉄プロセスの効率化・非化石化、省エネ設備等） |
| 4 | 化学産業 | 約3兆円～ | 構造転換（R&D含む）投資CO2由来化学品製造設備、ケミカルリサイクルプラント、アンモニア燃焼型ナフサクラッカー等）<br>エネルギー転換・低減（R&D含む）投資（石炭自家発電所等の燃料転換、その他製造設備の非化石化、省エネ設備等 |
| 5 | セメント産業 | 約1兆円 | 構造転換（R&D含む）投資CO2回収型セメント製造設備等）<br>エネルギー転換・低減（R&D含む）投資（石炭自家発電所等の燃料転換、その他製造設備の非化石化、省エネ設備等） |
| 6 | 紙パルプ産業 | 約1兆円 | 構造転換（R&D含む）投資（バイオリファイナリー転換投資、化石由来樹脂の使用量削減に資するCNF製造設備投資等）<br>エネルギー転換・低減（R&D含む）投資（石炭自家発電所等の燃料転換、黒液回収ボイラーの更新によるエネルギー需給構造の高度化、省エネ設備等） |
| 7 | 自動車産業 | 約34兆円～ | 電動車：電動乗用車普及に必要な投資　約12兆円;電動商用車普及に必要な投資約3兆円<br>研究開発（次世代自動車CN関連）　約9兆円;蓄電池製造・開発関連投資（別掲）約7兆円<br>インフラ:電動車関連インフラ投資　約1兆円;カーボンリサイクル燃料　約0.4兆円製造:製造工程の脱炭素化　約1兆円 |
| 8 | 資源循環産業 | 約2兆円～ | 資源循環加速のための投資<br>動脈：低炭素・脱炭素な循環資源（再生材・バイオ材）導入製品の製造設備等導入；省マテリアル製品の製造設備等導入；リース・シェアリング等のサービス化のための設備等導入等<br>静脈：金属・Lib・PV リサイクル設備等導入；プラスチックリサイクル設備等導入；バイオマス廃棄物等を原料とした持続可能な航空燃料（SAFの製造・供給に向けた取組等 |
| 9 | 住宅・建築物 | 約14兆円～ | 新築：ZEH・ZEB 水準の省エネ性能を有した住宅・建築物に必要な投資<br>既築：省エネ性能の低い住宅・建築物の省エネ改修に必要な投資<br>（建材トップランナー目標値を大きく上回る 断熱窓の開発・普及に必要な投資を含む）<br>非住宅・中高層の建築物等木材利用に必要な投資 |
| 10 | 脱炭素目的のデジタル投資 | 約12兆円～ | 先端半導体や不可欠性の高い半導体及び関連SCの強靭化　約5兆円～<br>次世代半導体や光電融合等の研究開発や社会実装約6兆円～省エネ性能の高いDCの普及　約1兆円 |
| 11 | 航空機産業 | 約5兆円～ | 次世代航空機の実現に向けた官民投資　約4兆円<br>SAFの製造技術開発、大規模実証、製造設備等への官民投資　約1兆円 |
| 12 | ゼロエミッション船舶 | 約3兆円～ | ゼロエミッション船等の導入約2.9兆円 |
| 13 | バイオものづくり | 約3兆円～ | バイオプロセスへの転換に向けた設備投資　約2兆円<br>高機能化、低コスト化、原料の多様化等に向けた研究開発　約1兆円～ |
| 14 | 再生可能エネルギー | 約20兆円～ | FIT・FIP制度の適切な執行、地域主導の再エネ導入等によるGX投資の加速（約2兆円/年） |
| 15 | 次世代ネットワーク（系統・調整力） | 約11兆円～ | 調整力として活用可能な定置用蓄電池の導入加速化<br>調整力としての水素の活用、余剰再エネ等を活用した水電解装置による国産水素の製造<br>ディマンドリスポンスに必要な制御システムの導入促進 |

| 16 | 次世代革新炉 | 約1兆円 | 高温ガス炉・高速炉の実証炉の開発・建設・運転等 |
|---|---|---|---|
| 17 | 運輸分野 | | |
| 18 | インフラ分野 | | |
| 19 | カーボンリサイクル燃料（SAF、合成燃料、合成メタン） | 約3兆円〜 | SAFの製造技術開発、大規模実証、製造設備等への官民投資　約0.6兆円<br>合成燃料の製造技術開発、製造設備等への官民投資　約0.4兆円<br>合成メタンの製造技術開発、製造設備等への官民投資　約2兆円 |
| 20 | CCS | 約4兆円〜 | 先進的なCCUS バリューチェーンの早期構築<br>• $CO_2$分離・回収事業（多排出産業の能力構築）・輸送事業（港湾・パイプライン等の構築）<br>• 貯留事業（適地開発、貯留場開発）・CCU／カーボンリサイクル事業者への$CO_2$の安定供給メカニズム構築 |
| 21 | 食料・農林水産 | | 構造転換投資（省エネ 農機、ヒートポンプ、地産地消型再エネ発電施設、航空レーザー計測による高度森林資源情報等）<br>研究開発（ゼロエミッション型園芸施設、VEMS（農山漁村の地域に合わせたエネルギーマネジメントシステム）、改質リグニンによる高機能プラスチック代替技術等） |
| 22 | 地域・くらし | | • 再エネ・定置用蓄電池・電動車<br>• 自営線・次世代型太陽電池（ペロブスカイト太陽電池等）・住宅・建築物（ZEB/ZEH・断熱改修）<br>• グリーン水素製造・利用等 |

注：CN: カーボン・ニュートラル、CNF:カーボンナノファイバー、DC:データセンター、Lib:リチウムイオン電池、PV:太陽電池、R&D:研究開発、SAF:持続可能な航空燃料
出典：経済産業省「GX実現に向けた基本方針——今後10年を見据えたロードマップ」（2023年2月）をもとに筆者作成。

## 図表2　近年のエネルギー価格の高騰（2021年1月比）

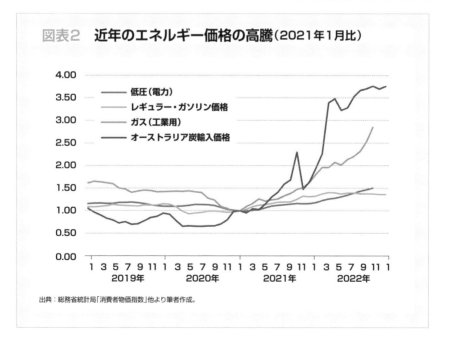

出典：総務省統計局「消費者物価指数」他より筆者作成。

## ●電力、ガス、燃料価格の高騰と「原子力の復権」

ウクライナ戦争による国際的な燃料価格の高騰と、円安の影響でエネルギー価格は高騰し、日本経済に大きな負荷を与えています[→図表2]。石炭価格も急騰し、石炭火力の利点も失われています。

岸田内閣（2021年10月発足）は、当初から、脱炭素には再エネだけでは不十分で原子力発電所（以下「原発」と略）の再稼働はもちろん新増設や稼働期間の延長が必要であるとし、3.11東日本大震災以後の基本方針であった緩やかな脱原発路線（第4次エネルギー基本計画(2014)「原発依存度については（中略）可能な限り低減させる」22頁）からの明白な離脱を表明していました。その後、原発の60年超運転を可能にするエネルギー関連五法案を閣議決定（2023年2月28日）しています。再稼働や次世代炉については、「規制委が求めるテロ対策工事費用は1基当たり数百億円かかるとされる。稼働する数十年にわたってかかる関連費用も見えづらくなった。原発をめぐる不確実性は増している」[※2]、「国際原子力機関（IAEA）によると、60年を超えて運転を続けている原発はない。60年超の原発は「未知の領域」、「電力会社の多くは次世代革新炉の開発、建設には冷淡かつ消極的」、「1基の建設費が1兆円前後と高額」、「さらに次世代革新炉の多くはまだ欧米でも実用化されていないため、稼働時期も明らかになっていない」[※3]などを含む多くの指摘がなされてきました。東京電力福島第一原発の炉心溶融事故によって原発の「制御安全」（本質的に暴走する要素を制御によって安定化）のリスクの大きさが実証されたあと、各電力会社にとっては、いまや多額の負担がかかる重荷となっています。核軍縮政策、テロ対策とも絡み、さらに左右の政治対立の焦点の一つとなってきた原発問題は、本書の範囲を超えるものですが、脱炭素の視点からは、次のような指摘ができます。

①現在停止中の原発をすべて再稼働させても、たかだか3000万kWですが、風力発電の可能性はそれを上回るものです。再エネ資

源量は決して少なくなく［→序章①図表3］、原発は絶対になくてはならないものとはいえないのです。（原発については⑱を参照。）

　②再エネに比べて計画期間・建設期間が大幅に長い原発は、2030年までに早期に求められている脱炭素化に間に合いません。

　③さらに、原発は、機器の劣化防止のため、需給調整のための負荷変動には不向きだとされていて、ベースロード運転が基本となります。再エネ主力電源時代には、変動性（自然条件で変動）の再エネにあわせた需給調整のための柔軟性が必要ですが、原発にはそれを期待できないのです。需給調整のためには、送電網の充実、揚水発電、水力、バイオマス火力による調整、EVを含む蓄電、電力供給に消費をあわせるデマンドレスポンスへの投資が必要です。

　燃料価格の不確実性に一喜一憂するのではなく、国内の再エネ開発を推進し，エネルギー確保の確実性を高めることが肝要でしょう。各方面への配慮から、よくいえば玉虫色になっている国策は国策として、国内の多様な主体に期待されることは、「社会を元気にする脱炭素」への取組みを、自分ごととして賢明に進めることではないでしょうか。（制度・政策については第2章3節を参照。）　　　　〈堀尾正靱〉

［注および参考文献］
※1　46％削減という数値は、2013年を基準（100％）として、2050年に0になるよう直線を引いたとき、2030年の排出量は、100：(2050-2013)=X：(2050-2030)の比から、X=2000/37=54、すなわち削減率=100-54=46％としたものと推察されます。気候変動対策としての2030年の吟味から必要な、カーボンバジェットについての本来的検討を行うと、2030年にはさらに大きな削減目標が望まれます。
※2　中山玲子「岸田首相が原発政策の転換検討を表明　電力会社は「静観」のなぜ」日経ビジネス、2022年9月2日。
〈https://business.nikkei.com/atcl/seminar/19/00030/090100415/〉
※3　三橋規宏「岸田首相の原発回帰は準備不足の「絵に描いた餅」」News Socra、2023年2月1日。
〈https://socra.net/society/〉

# 7 「社会を元気にする脱炭素」を進める

2つの脱炭素路線の確執の中で、「社会を元気にする脱炭素」を進めるためには何をすればよいかを考え、各分野で賢明な脱炭素を設計していくための課題を考えます。

## ●地域、業務部門、家庭部門の元気になる脱炭素化

2つの脱炭素[→序章①]から賢明な選択を行い、元気になるための課題は、地域、業務部門の各主体、あるいは、各家庭にかなり共通していて、**図表1**のように表せます。

照明器具、冷暖房用エアコン、冷蔵庫などは、省エネ型の機器に変えることで、LED照明：40-50％、高性能ヒートポンプ式機器：30-40％の省エネが可能です。給湯には太陽熱温水器が、低コストで、化石燃料から再エネへの転換に効果的です[→㉜、(63)]。

また、内燃機関自動車（ガソリン/ディーゼル車）をEVに変えると80％程度の省エネになります。このようにしてエネルギー需要を縮小する一方、自家用再エネの増強、購入エネルギーのグリーン化（バイオ燃料、再エネ電力）を進めます。EVの蓄電能力を利用（車両から家へ送電；V-to-HやV２Hと表す）したり、蓄電池を設置したりして、昼間の太陽光等による発電を夜使うことで、購入電力をさらに少なくすることもできます。

V2H機器は現在ようやく普及が始まった段階で、今後は価格も低下するものと考えます。運輸・配送業を除けば、自動車の大半は駐車場に置かれているので、家庭でも企業でもEVの蓄電能力の運用が可能です[→(55)、(74)]。

## 図表1　地域、業務、家庭部門の脱炭素化

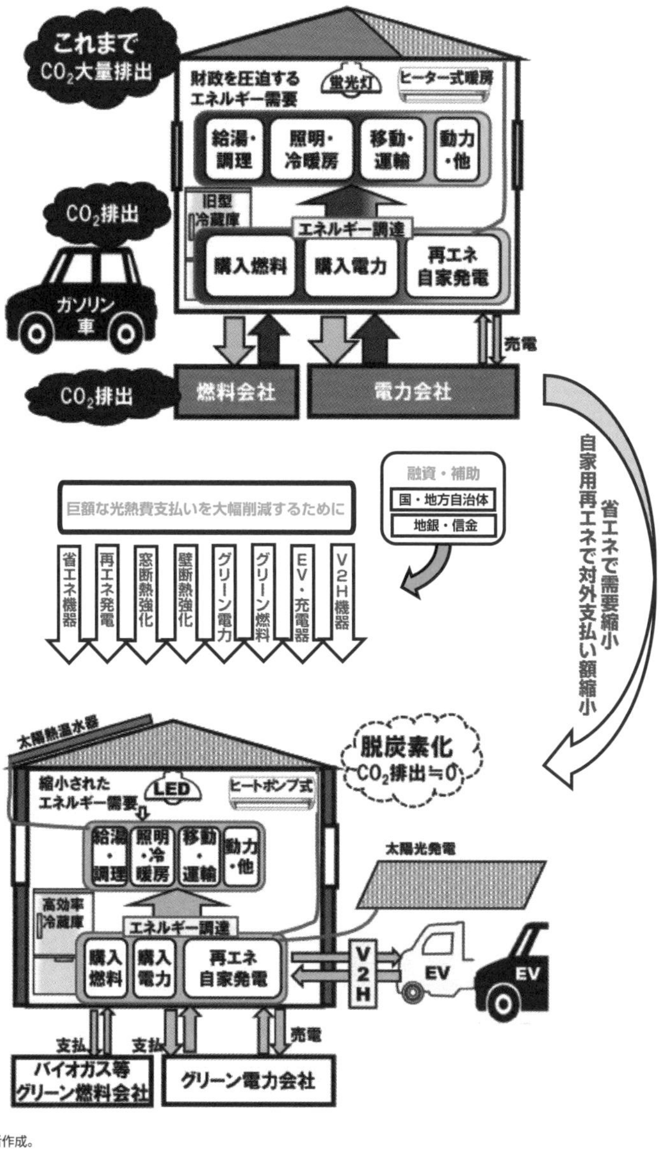

これまで
CO₂大量排出

財政を圧迫する
エネルギー需要

蛍光灯　ヒーター式暖房

給湯・調理　照明・冷暖房　移動・運輸　動力・他

旧型冷蔵庫

エネルギー調達

購入燃料　購入電力　再エネ自家発電

CO₂排出

ガソリン車

CO₂排出

燃料会社　電力会社

売電

融資・補助
国・地方自治体
地銀・信金

巨額な光熱費支払いを大幅削減するために

省エネ機器　再エネ発電　窓断熱強化　壁断熱強化　グリーン電力　グリーン燃料　EV・充電器　V2H機器

省エネで需要縮小

自家用再エネで対外支払い額縮小

脱炭素化
CO₂排出≒0

太陽熱温水器

縮小されたエネルギー需要

LED　ヒートポンプ式

給湯・調理　照明・冷暖房　移動・運輸　動力・他

高効率冷蔵庫

エネルギー調達

購入燃料　購入電力　再エネ自家発電

太陽光発電

V2H　EV　EV

支払　支払　売電

バイオガス等
グリーン燃料会社　グリーン電力会社

出典：筆者作成。

業務部門の事業所や役所、公共施設などでは、導入年数の異なる多数の機器が混在しています。台帳に基づいて、あるいは必要な調査を行って、更新の時期を確認し、順次更新していく、脱炭素に向けた計画的なファシリティマネジメントが求められます。

　さらに大きな課題は、建物の断熱です。これは窓のペアガラス、2重窓、樹脂サッシ化と、壁の十分な断熱ですが、新築の場合は別として、壁の断熱改修には断熱材、工費共にコストがかかるという課題があります。

　日本では2022年6月「建築物省エネ法」が改正され、オフィスビルなど非住宅の新築建物のみに義務付けられてきた断熱性などの省エネ基準を、2025年度から住宅を含むすべての建物に適用し、さらに2030年にはZEH・ZEB（ゼロ・エネルギー・ハウス／ビル）水準を目指すことになっています。EUでは、2022年の長期ビジョンの改正の中で、欧州全域の既存建築物（住宅、公共施設、病院、オフィス、その他）の改修の促進、そのための財政支援を強化しています[→⑤②、⑨⓪]。

　建物についても、更新時期や、窓や壁の面積を具体的に把握し、断熱改修を計画的に行っていく必要があります。

## ●融資の体制と適正技術の視点の重要性

　図表1に示す脱炭素のための投資は、対外エネルギー支払いの削減によって回収できますが、照明器具等の機器、太陽光発電、太陽熱温水器などの回収年数は10年以下、窓の断熱強化は10年程度、EV、V2H、壁の断熱補修などは、機種や使用条件次第ではあるものの、20年以上になると考えられています。　したがって、それぞれの課題にあった融資や支援の充実が求められます。

　なお、これらについては、適正技術の視点から機種や材料および工法の提供が行われるようになることが期待されます。例えば、3輪の2-3人乗りEVトライクル（三輪自動車）、1人乗りの原付相当のEV、リサイクル材による壁断熱などを、消費者側も積極的に検討

していく必要があります。

　図表2には地域適合性と公正性が適正技術の要件であることを示します。具体的な一例としては、低速のグリーン・スローモビリティがあります[→図表3]。最高速度を20km/hとすることで、歩行者の死亡事故率や衝突事故率が大幅に減ることから、最高速度を抑えた車両にすれば、開発費を抑えることができます。1人乗りEV用

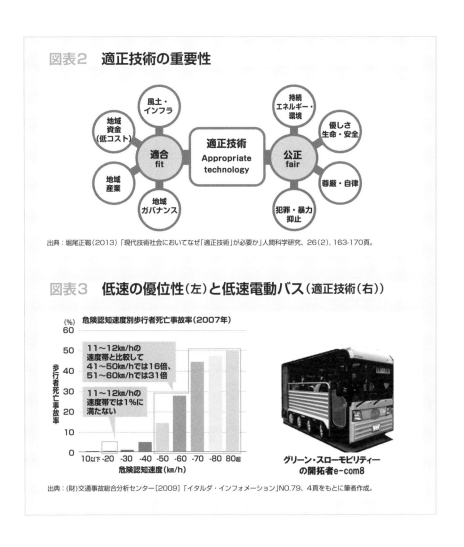

図表2　**適正技術の重要性**

適正技術
Appropriate
technology

適合
fit

風土・インフラ
地域資金（低コスト）
地域産業
地域ガバナンス

公正
fair

持続エネルギー・環境
優しさ生命・安全
尊厳・自律
犯罪・暴力抑止

出典：堀尾正靱（2013）「現代技術社会においてなぜ「適正技術」が必要か」人間科学研究、26（2）, 163-170頁。

図表3　**低速の優位性**（左）**と低速電動バス**（適正技術（右））

（%）**危険認知速度別歩行者死亡事故率（2007年）**

11～12km/hの速度帯と比較して41～50km/hでは16倍、51～60km/hでは31倍

11～12km/hの速度帯では1%に満たない

歩行者死亡事故率

危険認知速度（km/h）
10以下 -20 -30 -40 -50 -60 -70 -80 80超

**グリーン・スローモビリティー
の開拓者e-com8**

出典：(財)交通事故総合分析センター[2009]「イタルダ・インフォメーション」NO.79、4頁をもとに筆者作成。

に開発されたインホイルモータを8個装備することで9人乗りの低速コミュニティバス（e-com8）が群馬県桐生市の中小メーカーにより開発されました。いま、全国各地で走っています。ただし、本格的な普及のためには、自動車製造工場のラインをシェアした生産や、途上国での生産など、さらなるコストダウン対策が必要だと考えられます。

### ●国土全域に広がる脱炭素の課題

脱炭素のためには、**図表4**に示すように、①製造業の自家発電や電力事業者の石炭火力の休止、②再エネ供給地とエネルギー需要地をつなぐ広域送電網の強化（**序章⑤**に紹介した海底送電網を含む）、③再エネ過剰地域での起業や移住、④長距離のEV走行に必要な充電インフラの整備、駐車中の充電のための駐車場への低圧充電設備の装備、⑤営農型太陽光発電、⑥適正な森林管理など、総合的な施策が必要です。

### ●農林水産分野での脱炭素の取り組みと課題

農林水産省は、太陽光発電を農地で行うための制度の整備を行っていますが、農業の持続性や融資条件との整合性になお課題があり、2022年には有識者検討会を開催しています。現状では、なお基本理念や制度設計に課題を残しています。ハウス農業、農機や加工施設を含む農業の電化はこれからの趨勢であり、営農型太陽光発電を農業政策の主軸の上に位置づけていくことが期待されます[→⑤⑧、㊈㊉]。

林業に関しては、日本の森林の持つ$CO_2$吸収能力についてのより科学的な評価の重要性が指摘[1]されてきました。従来データ不足のために60年生以上の森林には割り振られていなかった吸収能力が、実は100年生になっても維持されるとの知見も得られています[2]。一方、FIT（固定価格買取制度）によるバイオマス利用に伴い、粗い施業や伐採後の植林・造林の放棄などが見られ、土砂災害や森林喪失の危険が増しているという見方もあります。なお、地方のゼロカー

図表4　国土全域でのインフラ整備と資源管理

⑥荒い施業による山林消失と土砂災害

⑤後継者に悩む日本農業

④充電施設不足でEV普及停滞

①先進国中トップの石炭利用

②送電容量不足で再エネ普及が停滞

③都市部への人口集中

脱炭素社会を元気にする

⑥適正な施業による美林

③再エネの多い地域への移住

⑤景観に配慮し、農業電化を支える営農型太陽光発電

②日本海側と太平洋側に海底送電線(島嶼も連系)

④高速道路SAに十分な数の急速充電施設

①地域とのコラボによる自主再エネ電源で脱石炭

④家庭および事業所駐車場に200V充電設備

ボン戦略では、化石燃料からの$CO_2$を森林吸収で帳消しにできるとして、具体的な対策を行わないという傾向もみられます。これまでの$CO_2$濃度増加は、森林があっても進んでいるので、発生の絶対量の削減を回避することはできません。森林吸収については、基本理念と科学的知見それぞれの精査に基づくより合理的な政策の構築が求められるでしょう。近年注目されている海草による$CO_2$固定(ブルーカーボン)についても同様です[→⑥、㉘、㉝]。

　漁業に関しては、近海漁船の電動化および漁船係留時の蓄電設備

としての活用などはこれからの課題です。

## ●産業界の脱炭素

　脱炭素は世界の経済活動と連動しており、部品や製品の輸出のために、再エネ100％の製造ラインを構築することも進んでいます。そのような企業への移行を宣言した世界的企業グループRE100への参加企業も増えています。また、コンビナートなどのレベルでの企業間協力により、脱石炭、再エネで導入推進などの取り組みも進んでいます。遅ればせながら、自動車産業もEVについての体制を整えようとしています。独自の設計による小型EVを途上国で安価に製造し輸入するなどの中小企業による試みも見られます。自家用EVの多くは大半の時間を駐車場で過ごすため、V2H機器の市場への投入も始まっています。

　再エネ導入の促進のための「再エネ特別措置法」により2012年に発足したFIT（固定価格買取制度）は、2022年度より上乗せ分を一定にして買取価格を市場価格と連動させるFIP（フィード・イン・プレミアム）に移行をはじめ、FIT開始時のような売電収入は見込まれなくなります。このような変化に対応し、大幅な価格高騰傾向にある電力の購入を避ける自給型再エネの取り組み、そのための電源線や自営線の自主敷設なども試みられています。

　大幅省エネ、再エネ導入、EV導入、地域エネルギー会社設立などは、地域を顧客とした新しい産業（地域産業の場合も多い）の必要性・可能性を高めています。事業家には、未来世代への責任を自覚し、新たなサービス、製品、マーケットの開拓に意欲的に取り組み、また、相互に助け合ってリスクの低減を図ることが期待されます。

　金属の還元や素材産業の高温炉、あるいはセメント製造などでは燃料転換のための技術開発の必要性があり、ここでは立ち入りませんが、各種の研究開発が進められています。

## ●自治体の脱炭素の取り組みと課題

　環境省は、2020年より、2050年実質排出ゼロ宣言を全国の自治体に呼びかけ、2023年1月31日現在、都道府県のうち、茨城県と埼玉県を除くすべて、1718市町村のうち766市町村及び20特別区が宣言をするに至っています。さらに、2022年より、脱炭素先行地域の登録制度が始まり、2022年4月に第1回選考の結果26件が、また11月に第2回として20件が認定され、取り組みを強めています。しかし、現状では、これら先行地域を含め、まだほとんどの自治体の取り組みは部分的か初歩的であり、2030年46％削減に向けた包括的・具体的な展開という点で、大きな課題が残されています。

　2つの脱炭素 [→序章①] からの賢明な選択のためには、自治体におけるこれまでの地方創生とゼロカーボンの発想を連携させていく必要があります。内閣府の「ゼロカーボン地方創生推進業務」はそのような視点からの新しい試みといえます。しかし、脱炭素やGXに向けた取り組みを行う体制ができていないまま、日常業務に追われて取り組めないでいる自治体も多いのが現状です。また、脱炭素は、全産業の持続性にかかわる課題であり、従来の公害対策や生活環境保全を主務としてきた環境行政の中にはなじまないので、総合戦略・計画の課題と位置づけ、その実施に責任を持つ新たな部署と、全部署の協力のためのプラットフォームの構築が必要です [→㊷]。

　図表5には、地域の自治体（市町村）、地域の市民、企業、地域にある大口排出事業者、地域外から地域にかかわる事業者のそれぞれ個別の、また、相互協力による、課題を図示しました。

　これまで、地域に大口排出事業者がある場合、事業者と地域自治体の環境部署との関係は決して良いものではなかった例も多いでしょう。しかし、脱炭素は、両者が共有し連携できる課題であり、これまでとは全く異なる協働関係の構築が可能だと思われます。

　地域の事業者には、脱炭素に伴う各種新事業に向けた業態改革を

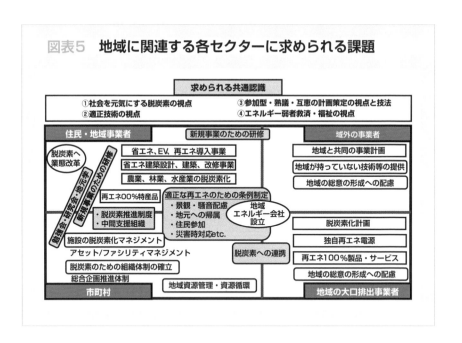

図表5　地域に関連する各セクターに求められる課題

**求められる共通認識**
①社会を元気にする脱炭素の視点
②適正技術の視点
③参加型・熟議・互恵の計画策定の視点と技法
④エネルギー弱者救済・福祉の視点

**住民・地域事業者**
脱炭素へ業態改革
省エネ、EV、再エネ導入事業
省エネ建築設計、建築、改修事業
農業、林業、水産業の脱炭素化
再エネ00%特産品
**新規事業のための研修**
勉強会・研究会・地元学／新規事業のための研修
・脱炭素推進制度
・中間支援組織
適正な再エネのための条例制定
・景観・騒音配慮
・地元への帰属
・住民参加
・災害時対応etc.
地域エネルギー会社設立
施設の脱炭素化マネジメント
アセット/ファシリティマネジメント
脱炭素への連携
脱炭素のための組織体制の確立
総合企画推進体制
**市町村**
地域資源管理・資源循環

**域外の事業者**
地域と共同の事業計画
地域が持っていない技術等の提供
地域の総意の形成への配慮
脱炭素化計画
独自再エネ電源
再エネ100%製品・サービス
地域の総意の形成への配慮
**地域の大口排出事業者**

自治体の支援の下に進めていくことが望まれます。

　地域外の脱炭素関係事業者には、地域との持続可能な新たな関係の構築の視点が求められます。事業計画を地域の実情に合った適正技術の視点から検討し、地域の総意の形成、地域事業者の育成といった配慮の下に共同事業を進めることが期待されます。

　さらに、これら関与者の共同で地域エネルギー会社のような社会的企業を設立し、地域の省エネと再エネ転換を総合的に支援していくことが効果的だと考えられます[→96、97]。（上記の課題に加え、温暖化にともなう気候被害の予防や対策、すなわち適応策も必要です。これらについては44 45 46をお読みください。）

〈堀尾正靫〉

【参考文献】
※1　Egusa, T., Kumagai, T. & Shiraishi, N. Carbon stock in Japanese forests has been greatly underestimated. Sci Rep 10, 7895［2020］.
※2　藏治光一郎［2022］「演習林のGXへの挑戦」東京大学農学部広報誌「弥生」、No.74、2-3頁。

# 第1章

# 「地球温暖化」と
# 「気候危機」

# 概要

第1章では地球温暖化の問題と現状、今後に向けてどのような対応がとられているかについて解説します。

## ●「地球温暖化」の現状

様々な観測から大気の温度が上昇していることが確認され、地球温暖化が進みつつあると認識されています。近年、その原因は大気中の二酸化炭素濃度が高まっていることにあるとされ、近現代に大きく増進した化石燃料利用が原因になっていると理解されています。

## ●地球温暖化と「気候危機」

気温上昇によって南極の氷が溶けて海面が上昇するといわれてきましたが、その影響はもっと多面的です。降雨など農作物の成育環境が変化して生産量に影響が出る、干ばつや洪水などが頻発するなど、様々な社会的・経済的なダメージが懸念されています。言い換えれば、地球温暖化が気候を変化させて人類にとって危機的状況をもたらし、さらに経済的な危機を引き起こしているといえます。

## ●温室効果ガス排出の現状

世界の$CO_2$総排出量は1950年代以降大きく増加しています。社会や産業の発展にともなうエネルギー消費量の増加に起因していると理解されます。日本でも高度経済成長期以降エネルギー消費量・$CO_2$排出量が増加してきましたが、2000年代に入って減少傾向に転じました。また、経済成長と$CO_2$排出量の増加が必ずしも一致しない状況に移行しつつあり、これは経済成長と環境対策が両立できることを示唆しています。環境に配慮した企業を金融面で支援するグリーンファイナンスが広まりつつあり、このような投資を通じて温暖化対策技術の導入や経済成長が見込まれます。

## ●気候危機の科学的理解と対策の経緯

　世界的にはIPCC（気候変動に関する政府間パネル）によって、地球温暖化やその対応に関する科学的知見が整理され、国際的にとるべき対策について定期的に議論が進められています。これまで6回にわたって報告書が出されました。IPCCは①地球温暖化の科学的理解、②地球温暖化の適応策、③地球温暖化の緩和策の3つの観点から議論をまとめています。2021年に出された第6次統合報告書では地球温暖化に対する人的要因は疑う余地がないことが述べられました。また、2021年10月までに各国から発表されたGHG削減では温暖化が1.5℃を超える可能性が高く、2℃より低く抑えることが困難と予想されることが指摘されています。

　一方、各国政府が気候変動対策に関して合意形成する場がCOP（気候変動枠組条約締約国会議）です。2015年に開かれたCOP21においてパリ協定が締結されました。先進国も発展途上国もそれぞれがやることを自分で定義し、具体的な実行に移すことにより、すべての参加国が温室効果ガス排出を実質的に削減する自主的な枠組みとなっています。パリ協定によって気温上昇を2℃あるいは1.5℃に抑えることが目標となりました。世界的に排出可能な$CO_2$の上限（カーボン・バジェット）が制約されたことにほかなりません。

## ●気候危機の将来見通し

　複数のシナリオに対する$CO_2$排出量の予測結果によると、気温上昇を低く抑えるには野心的な温暖化対策が必要であることが示されました。現状の排出量が続くと12.5年でカーボン・バジェットを使い尽くします。日本の2030年46%削減目標でもカーボン・バジェットより大幅に排出超過すると指摘されています。パリ協定の目標を達成するには非常に強力な政策が求められます。また、未来世代に対する責任や正義の観点からも議論がなされています。　〈秋澤　淳〉

#  地球温暖化とは

人間活動により大気中の温室効果ガスが増加すると、地表付近の平均気温が上昇します。これが地球温暖化です。地球の気候は様々な時間スケールで自然に変動していますが、人間活動による温暖化はこれらと明確に区別されます。

## ●地球のエネルギーバランスと地球温暖化

　地球は太陽から降り注ぐ日射のエネルギーのうち約3割を反射し、約7割を吸収します。一方、地球は宇宙に向けて赤外線というかたちでエネルギーを放出しています。地球が吸収する日射のエネルギーと宇宙に放出する赤外線のエネルギーは、ほぼバランスしています。また、地表面の温度が高いほど放出される赤外線のエネルギーは大きくなります。

　もしも地球に温室効果がなく、地表面から放出される赤外線がそのまま宇宙に抜けていくとすると、それが吸収される日射とバランスするという条件から、地表面の平均温度は約 − 19℃になると考えられます[→図表1a]。

　実際の地球には大気があり、大気中には温室効果ガスが含まれています。日射は温室効果ガスをほぼ素通りしますが、赤外線は温室効果ガスにより吸収され、再び放出されます。放出されたものの一部は地表面に向かって戻っていきます。これにより、地表面の平均温度は約14℃と高く保たれます[→図表1b]。地球の温度は約1万年前に今の「間氷期」が始まってから、ほぼこの温度に保たれてきました。

　18世紀の産業革命以降、人間活動により大気中の温室効果ガスが増加してきています。とくにそのうちで影響が最大のものは、化石

## 図表1　地球温暖化のメカニズム

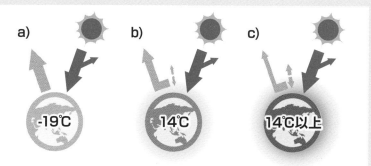

a）仮に温室効果が無かった場合の地球のエネルギーバランス。　b）産業革命以前の実際のエネルギーバランス。　C）産業革命以後、温室効果ガスの増加により温暖化が進んでいる。（いずれも模式図）

## 図表2　二酸化炭素濃度と地球表面温度の推移

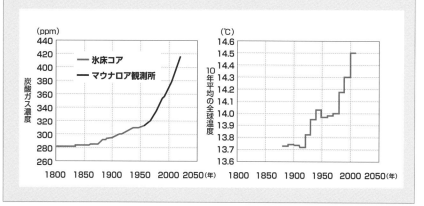

### 1　$CO_2$濃度増加を止めるために必要な排出削減量

**コラム**

人間活動による$CO_2$排出量を減らしていくと、大気中$CO_2$濃度増加速度が弱まり、海洋と陸上生態系の吸収量も弱まると考えられます。したがって、現在の吸収量とバランスするように排出を現在の半分にしても、$CO_2$濃度増加は止まりません。それでも、人間活動による$CO_2$の排出量を正味ゼロまで減らすことができれば、海洋と陸上生態系の吸収が弱まりつつもしばらくは続いてくれるので、大気中の$CO_2$濃度は緩やかに減少していくはずです。パリ協定の長期目標がめざしているのはそのような状態です。

燃料(石炭、石油、天然ガス)の燃焼や森林伐採により排出される二酸化炭素($CO_2$)です。これによって、地表面から放出される赤外線がより多く大気中の温室効果ガスに吸収され、より多く地表面に向かって戻ってくるため、地表面温度が上昇しています[→図表1c、図表2]。これが地球温暖化です。もう少し詳しい説明は⑳を参照してください。

## ●人間活動により排出された二酸化炭素の行方

　地球の海洋表面では大気とのあいだで二酸化炭素($CO_2$)の吸収・放出による交換が行われており、また、陸上の生態系は光合成と呼吸により、やはり大気とのあいだで$CO_2$の交換を行っています。産業革命前には、これらのあいだの$CO_2$の交換はバランスしており、大気中の$CO_2$濃度はほぼ一定の約280ppmに保たれてきました。

　人間が森林伐採と化石燃料の燃焼により大気中に$CO_2$を排出するようになると、このバランスが崩れました。大気中の$CO_2$濃度の増加に伴い、海洋も陸上生態系も$CO_2$を正味で大気から吸収しています。人間活動により大気中に排出される$CO_2$の3割弱が海洋に、約3割が陸上生態系に吸収され、残りの5割弱が大気中濃度を増加させています[→図表3]。

　大気中の$CO_2$濃度は、北半球の夏に陸上生態系の活発な光合成により減少し、北半球の冬には増加するという顕著な季節変化を繰り返しています。しかし、長期的には、2-3ppm/年のペースで増加を続けており、現在は産業革命前の1.5倍の420ppmに達しようとしています。

〈江守正多〉

## 図表3　地球の炭素循環と二酸化炭素の行方

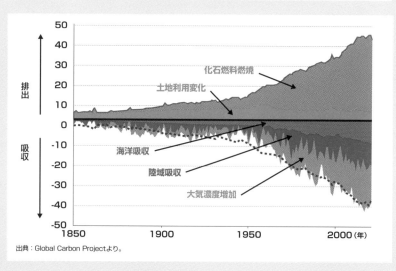

出典：Global Carbon Projectより。

---

### 2　地球温暖化の大きさを決めるフィードバック

コラム

　図表1bの状態で、大気中にもともと存在している温室効果ガスのうち影響が最大のものは水蒸気です。しかし、大気中の平均的な水蒸気量は基本的に自然の条件（主に気温）で決まっており、人間の排出によって増えるわけではないため、地球温暖化の原因となる温室効果ガスに水蒸気は含まれません。

　一方、水蒸気は「フィードバック」として重要な役割を果たします。つまり、人間活動による$CO_2$などの増加により気温が上昇すると、その結果として大気中の水蒸気が増加し、水蒸気の温室効果によりさらに気温が上昇するという、温暖化を増幅する「水蒸気フィードバック」が働きます。

　同様に、気温が上昇すると雪氷が減少することにより日射の反射率（アルベド）が減少し、日射の吸収が増加することにより、さらに気温が上昇するという「雪氷アルベドフィードバック」も温暖化を増幅します。

　さらに、温暖化にともなう雲の変化がフィードバックをもたらします。雲は日射を反射すると同時に赤外線に対して温室効果をもつため、雲のフィードバックは複雑です。その正味の効果は評価が難しいですが、温暖化を増幅する可能性が高いと考えられています。

---

［参考文献］

IPCC［2022］「第6次評価報告書　第1作業部会報告書　気候変動　2021：自然科学的根拠　政策決定者向け要約（SPM）暫定訳（2022年 5月 12日版）」（https://www.data.jma.go.jp/cpdinfo/ipcc/ar6/index.html#SPM）

## ② CO₂濃度と気温の関係

過去の気候は、様々な時間スケールで、自然の原因で変動しています。気温変動が生じた結果として$CO_2$濃度が変化した場合もありますが、それは近年の温暖化が人間活動による$CO_2$濃度増加などの結果であることと矛盾しません。

### ●10万年スケールの変動（氷期-間氷期サイクル）

　地球の気候は、過去数10万年の間、およそ10万年の周期で寒い氷期と暖かい間氷期を繰り返してきたことがわかっています。その原因は、木星などの重力の影響による、地球の公転軌道と自転軸の周期的な変動（ミランコビッチ・サイクル）です。これにより、地球が受けとる日射が変動し、その影響で氷床が拡大して氷期が訪れたり、逆に氷期が終わって間氷期が訪れます。

　この気温変動にあわせて、主に海洋の$CO_2$放出・吸収により、大気中の$CO_2$濃度も変動します[→図表1]。このサイクルでは、まず気温が変化して、結果として$CO_2$濃度が変化しますが、この$CO_2$濃度変化がさらに気温変化を増幅するフィードバックとして働きます。

　つまり、自然界には、気温変化→$CO_2$濃度変化と、$CO_2$濃度変化→気温変化という両方のメカニズムが存在しています。したがって、氷期-間氷期において気温変化→$CO_2$濃度変化の関係があることと、近年の温暖化が人間活動による$CO_2$濃度増加→気温上昇の関係であることとは矛盾しません。

　なお、このサイクルでの$CO_2$濃度は氷期に約180pm、間氷期に約280ppmと、約100ppmの幅で変動します。これに対して、人間活動は産業革命前の280ppmから現在の410ppm超まで、すでに130

図表1 過去80万年のCO₂濃度と世界平均気温の変化

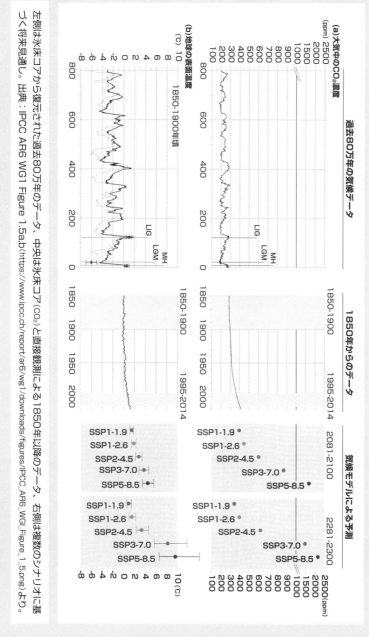

(a)大気中のCO₂濃度

過去80万年の気候データ

1850年からのデータ

気候モデルによる予測

(b)地球の表面温度

1850-1900年頃

左側は氷床コアから復元された過去80万年のデータ、中央は氷床コア（CO₂）と直接観測による1850年以降のデータ、右側は複数のシナリオに基づく将来見通し。出典：IPCC AR6 WG1 Figure 1.5a,b（https://www.ipcc.ch/report/ar6/wg1/downloads/figures/IPCC_AR6_WGI_Figure_1_5.png）より。

ppm以上の上昇をもたらしています。このように、人間活動の影響は既に自然の要因を凌駕しています。

　また、現在の間氷期が始まり1万2000年ほど経っていますが、次の氷期が訪れうるタイミングをミランコビッチ・サイクルから計算すると、約5万年後であることがわかっています。

## ●数百年スケールの変動

　過去2000年程度の気候変動は、木の年輪などの間接的なデータを用いて調べられています。産業革命がおきるまでは、大気中$CO_2$濃度は安定していましたが、太陽活動の変動や火山噴火が原因と考えられる、数百年スケールの変動がおきていたと考えられています。とくに、300年前頃を中心に「小氷期」とよばれる寒冷期がありました。この間、太陽活動が極めて不活発（マウンダー極小期）であったことがわかっていますが、火山噴火も寒冷化の原因と考えられます。

　小氷期の世界平均気温の低下は大きく見積もっても0.5℃程度ですが、産業革命以降の人間活動による温暖化は1℃を超えています[→図表2]。このことからも、人間活動の影響が自然の要因を凌駕していることがわかります。

## ●数年スケールの変動

　$CO_2$濃度のデータから長期的な変化傾向を取り除いて、数年の時間スケールの変動を取り出して気温変動と比較すると、気温変動に数ヵ月遅れて$CO_2$濃度が変動する様子がわかります[→図表3]。これは、たとえばエルニーニョ現象により気温が上昇すると、陸上生態系が高温による呼吸の増加、乾燥による光合成の抑制、森林火災の増加などにより$CO_2$を放出するためと考えられます。この時間スケールでは気温変化→$CO_2$濃度変化のメカニズムが強く現れますが、前にも述べたように、このことは$CO_2$濃度増加→気温上昇と両立することであり、人間活動による温暖化の因果関係とは矛盾しません。

〈江守正多〉

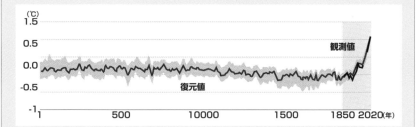

## 図表2　西暦1年からの世界平均気温の変化

1850-1900年の平均を基準とした変化。過去は氷床のデータに基づく復元値。近年（1850年以降）については直接観測値。出典：IPCC WG1 AR6 政策決定者向要約（https://www.ipcc.ch/report/ar6/wg1/downloads/figures/IPCC_AR6_WGI_SPM_Figure_1.png）。

## 図表3　数年スケールの世界平均気温とCO₂濃度の変動

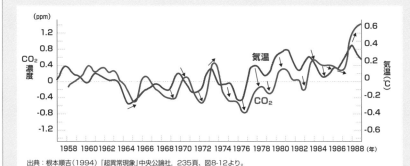

出典：根本順吉（1994）『超異常現象』中央公論社，235頁、図8-12より。

$CO_2$濃度変化のうち長期傾向を取り除いて、数年スケールの変動を取り出して世界平均気温の変動と比較したもの。

［参考文献等］

IPCC［2022］「第6次評価報告書　第1作業部会報告書　気候変動　2021：自然科学的根拠　政策決定者向け要約（SPM）暫定訳（2022年5月12日版）」（https://www.data.jma.go.jp/cpdinfo/ipcc/ar6/index.html#SPM）

伊藤孝士・阿部彩子［2007］「第四紀の氷期サイクルと日射量変動」『地学雑誌』116（6）、798-782頁。

河宮未知生［2005］「気温の変化が二酸化炭素の変化に先行するのはなぜ？」『天気』52（6）。

# ③ 近年の気候変動の原因

産業革命以降の世界平均気温の上昇は、人間活動による温室効果ガスの増加の影響によるものであることがしだいに明確になってきました。2021年のIPCC第6次報告書は「人間活動による地球温暖化には疑う余地がない」と結論づけました。

## ●人間活動による地球温暖化には疑う余地がない

　世界平均気温は産業革命以降1.1℃程度上昇しました。この原因を調べるために、気候のコンピュータシミュレーション（気候モデル）が用いられます。気候モデルは、地球の大気と海洋の運動や温度変化などを物理法則に従った計算によりコンピュータ上で再現するものです。そこで様々な条件を変えて実験を行うことができます。

　1850年からの世界平均気温の変化を、2種類の条件でシミュレーションします。1つは、地球の温度に影響を及ぼす人為要因と自然要因を考慮したものです。人為要因は、人間活動により大気中の温室効果ガス濃度が増加したこと、その他の大気汚染物質が排出されたことなどです。自然要因は、太陽活動の変動と火山噴火です。もう1つは、現実の条件から人為要因を取り除いて、自然要因のみを考慮したものです。これは、もしも人間活動の影響がなかったら過去の地球の温度はどう変化していたかを調べる実験に相当します。

　**図表1**に示すように、人為要因と自然要因の両方を考慮したシミュレーション結果では、近年の観測された気温上昇と傾向が一致しました。一方で、自然要因のみを考慮したシミュレーション結果では、観測された上昇傾向が再現されませんでした。

　さらに、近年の気温上昇傾向は過去数千年に前例がないものであ

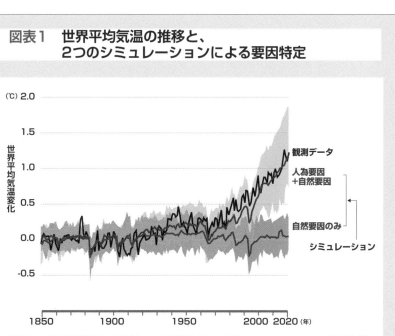

**図表1　世界平均気温の推移と、2つのシミュレーションによる要因特定**

観測あるいは人為起源と自然起源の要因を考慮、または自然起源の要因のみを考慮してシミュレーションされた世界平均気温（年平均）の変化（いずれも1850〜2020年）。
出典：IPCC第6次評価報告書第1作業部会政策決定者向け要約より。

ることや、気温上昇だけでなく海水温の上昇や海面上昇も人間活動の影響と整合することが確認されました。

これらの結果にもとづき、2021年8月に発表された、IPCCの第6次評価報告書第1作業部会は、「人間活動による地球温暖化には疑う余地がない」と結論しました。これまでの報告書では、「人間活動が主な原因である可能性がきわめて高い」などの不確かさを含む表現が用いられていましたが、個々の科学的な知見が精緻になったこと、総合的な評価が行われたことに加えて、実際の気温上昇が進んで明瞭になったことが、断定的な結論に結びつきました。

### ●近年の気温変化に対する諸要因の寄与

同じIPCCの報告書では、産業革命前から現在までの世界平均気温上昇に対する各要因の寄与の評価が示されています[→図表2]。気温上昇量1.1℃に対して、人間活動による寄与の合計が約1.1℃と、これに一致します。太陽活動の変動および火山噴火による寄与と、大気海洋の内部的なメカニズムによる変動の寄与は、いずれも最良推定値が±0℃となっています。また、人間活動による寄与のうち、よく混合された温室効果ガス（$CO_2$など）は世界平均気温を1.5℃上昇させる効果をもたらしましたが、その他の人間活動の寄与（エアロゾルによる冷却効果など）が、その一部を打ち消していたと考えられます。

人間活動による寄与をさらに詳しく分解してみると、**図表3**に示すように、$CO_2$の増加による寄与が約0.8℃と最大ですが、メタンの増加による寄与も0.5℃と大きいことがわかります。メタンは、化石燃料の採掘などにおける漏出、水田や家畜、ごみの埋め立てなどが主な発生源です。また、冷却要因では、化石燃料燃焼などによって生じる大気汚染物質である二酸化硫黄を起源とする硫酸エアロゾルの微粒子が日射を遮る効果が、－0.5℃と大きいです。　〈江守正多〉

## 図表2 （a）2010-19年に観測された産業革命前からの気温上昇と（b）その要因の特定

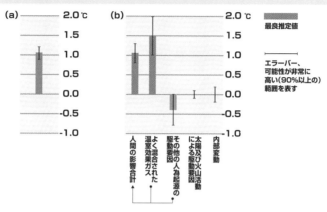

出典：IPCC第6次評価報告書第1作業部会 政策決定者向け要約より。

（a）1850-1900年を基準とした2010-2019年に観測された昇温。
（b）要因特定の研究から評価された1850-1900年を基準とした2010-2019年の昇温における項目別に集約された寄与。

## 図表3 2010-19年に観測された産業革命前からの気温上昇への各物質の寄与

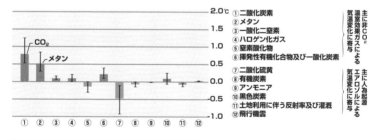

出典：IPCC第6次評価報告書第1作業部会 政策決定者向け要約より。

放射強制力の研究から評価された1850-1900年を基準とした2010-2019年の昇温における寄与。

# ④ 化石燃料が CO₂濃度増加の主原因

①で、化石燃料の燃焼が近年のCO₂の増加の大きな原因であることを見ました。本当にそうなのか、2つの期間に消費された炭素の総質量（石炭、石油、天然ガス中の炭素の総和）から濃度増加幅を計算し、実測された値と比較してみます。

## ●CO₂濃度の上昇が化石燃料の燃焼によることを計算で確認

　世界の一次エネルギー消費量のなかでは、再生可能エネルギーが増加している一方、化石燃料の使用量もなお増加傾向にあります。化石燃料のデータを取り出してみたのが**図表1**です。それぞれの燃料から出る$CO_2$の量については、**図表2**のような平均的なデータがあります。**図表1**の数値に**図表2**の排出係数をかければ、化石燃料の使用によって世界で発生した$CO_2$の総質量が求まります。それを0℃・1気圧の気体の体積に換算します。その体積を、地球大気の全体積で割ると、化石燃料の燃焼によって、その年に大気中の$CO_2$濃度がどれだけ上昇するか（1年ごとの上昇幅）が計算できます。これを実測値と比較して**図表3**に示します。

　$CO_2$濃度の上昇幅の計算結果 **[→図表3の4列目]** は、実測の濃度上昇幅（5列目）よりもかなり大きくなります。その差額は、①-**図表3**にあるように、海洋への溶解や森林により吸収されるためです。

　大切なことは、化石燃料の燃焼で大気中の$CO_2$濃度の上昇が十分説明できることです。もちろん他の人為的温室効果ガスも重要です。

〈堀尾正靭〉

## 図表1　世界の化石燃料の消費量

単位：億t（石油換算）

| 年 | 石炭 | 石油 | 天然ガス |
|---|---|---|---|
| 2000 | 24 | 36 | 24 |
| 2010 | 36 | 40 | 32 |
| 2020 | 38 | 44 | 35 |

出典：BP Statistical Review.

## 図表2　各燃料の排出係数

| 燃料 | 石炭 | 石油 | 天然ガス |
|---|---|---|---|
| $CO_2$排出係数* | 4.070 | 3.081 | 2.224 |

＊原油換算質量t 当たり$CO_2$排出量[t]

## 図表3　化石燃料からの$CO_2$排出と大気中$CO_2$濃度増加

| 年 | 1年間に化石燃料から出た$CO_2$ | | 大気中$CO_2$濃度上昇幅Δ[ppm/年] | |
|---|---|---|---|---|
| | 総質量<br>[億t] | 総体積<br>[立方キロメートル] | 化石燃料からの効果<br>（計算値） | 実測された濃度増加<br>（3年間平均） |
| 2000 | 261 | 13305 | 3.33 | 1.47 |
| 2010 | 339 | 17274 | 4.32 | 2.09 |
| 2020 | 368 | 18752 | 4.69 | 2.53 |

**コラム**　計算の仕方

1tの$CO_2$は0℃・1気圧という標準状態で、509㎥の体積を持ちますから体積に換算できます。

一方、大気は大気の厚み（0℃、1気圧換算）約7.8kmに地球（半径は約6370km）の表面積をかけて、$4.0×10^9 km^3$となります。

そこで、各年の$CO_2$排出量（総体積）を大気の容積で割れば、各年の濃度上昇幅が計算できます。濃度の単位は、ppm（parts per million、つまり百万分の一）で表します。

注：1000[kg/t]÷44[$CO_2$の分子量：kmol/kg]×22.4[標準状態の気体の体積：㎥/kmol]≒509 [㎥/t-$CO_2$]

#  地球温暖化のメカニズム
## 保存則と簡易モデルで考える

人為的に発生した$CO_2$によって地表温度が上がるという因果関係を、宇宙と地球表面のあいだのエネルギー収支（出入りの積算）にもとづいて概算し、確認します。

### ●地球温暖化を理解するためには

人為的に発生した$CO_2$のために地表温度が上がる、という因果関係を理解するには、次の2点の確認が必要です：

①人為的$CO_2$で大気中$CO_2$濃度上昇が説明可能[→①、④]。

②温室効果ガスの効果で地表温度の上昇が説明できる。

ここでは②を確認します。

### ●地球エネルギー収支 （エネルギーの単位は㊼を参照）

熱の伝わり方には、伝導、対流、放射（ふく射）がありますが、温暖化を支配しているのは、赤外線による放射伝熱です。以下では、太陽光のエネルギーがどれだけ地上に到達し、どのように宇宙に反射されているか、大気を単一の層と近似する簡易モデルで、収支を行い、大気の平均温度$T_a$と地球表面の平均温度$T_p$を未知数とし、連立方程式を導いて、これを解きます。

（1）赤外線の吸収・放射の基礎[→**コラム1**]

放射伝熱の速度は、次のステファン・ボルツマンの法則[→**コラム2**]で表されます： 「物質が吸収・放射するエネルギーの量は絶対温度の4乗に比例する」

大気層の全体を赤外線が通るときに吸収されたり、吸収されたエネルギーが放射されたりする割合を、「吸収・放射率」と呼び記号：

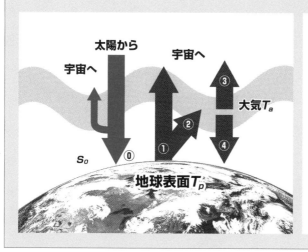

コラム **1　光エネルギーの強度と大気による吸収・放射**

光の方向に直角の面の単位面積を、単位時間に通るエネルギー[W/㎡]で光エネルギーの強度を表します。光には紫外線から赤外線まで幅広いスペクトルがあります。赤外線は完全に黒い物質（黒体）の表面には100％吸収されます。地球表面は黒体で近似できます。通常の物体は灰色体と呼びます。

　気体の場合、窒素や水素などは、「透明」な気体で、赤外線を吸収しません。温室効果ガス：$CO_2$、$H_2O$、$N_2O$（一酸化二窒素）、$CH_4$（メタン）などは、気体でも赤外線を吸収・放射する灰色気体です。灰色気体の吸収・放射能力は気体の中を光が通る距離に比例して大きくなります。今は、大気の厚さは一定とします。

コラム **2　温度の高い表面からは温度の低い表面への放射伝熱**

吸収や放射は、分子の振動のレベル変化で行われます。分子振動のレベルが「温度」です。分子の振動がなくなる温度を基準温度0度にした温度目盛りが「絶対温度」で、単位はケルビン[K]で表します。0[℃]は273[K]になります。

絶対温度T1の状態にある灰色体（吸収・放射率＝ε1）から放射されるエネルギーQ1は、ステファン・ボルツマンの法則により次のように書けます：

$$Q1 = \varepsilon 1 \times \sigma \times T1^4 \qquad 単位は \; [W/㎡]$$

シグマはステファン・ボルツマン定数で：

$$\sigma \approx 5.67 \times 10^{-8} [W \cdot m^{-2} \cdot K^{-4}]$$

次に、エネルギーQを持つ赤外線が、吸収・放射率εの灰色気体を通過すると、εの部分が吸収され、残りの$(1-\varepsilon)$の部分は透過します。

## 図表1　大気単層モデル: 地球表面-大気-宇宙の間のエネルギー収支

$S_0$は太陽からの放射をそれに垂直な面で受ける量から、雲や氷に反射される分（アルビードという）31％を差し引き、残りを地球表面に平均的に配分して求めます。類似の収支は、すでに1896年に化学者のアレニウスが論文で発表しています（⑭参照）。

$\varepsilon$（イプシロン）で表します。黒体の場合 $\varepsilon = 1$ です。吸収・放射率は、温室効果ガスの濃度とともに増加し、大気はよく赤外線のエネルギーを吸収するようになります。以上で準備が整いました。

(2)地球のエネルギー収支

地球表面と大気および宇宙の間のエネルギー収支を**図表1**のように考えます。

**図表1**の⓪、①-④は、以下のようなエネルギーの流れ（地球表面1㎡あたり）を表します。地球表面（添字p）の平均温度 $T_p$ [K] と大気（添字a）の平均温度 $T_a$ [K] が未知数です。

⓪太陽から地球表面への入射 $= S_0 = 1366 \times (1 - 0.31)$

$= 943 [W/㎡]$

（雲や氷によって反射される率＝アルビードを0.31とした）

①地表面（p）から大気（a）への熱放射 $= S(p{\rightarrow}a) = \sigma \times T_p^4$

②大気による吸収 $= \varepsilon \times S(p{\rightarrow}a) = \varepsilon \times \sigma \times T_p^4$

　（残りの $(1-\varepsilon) \times S(p{\rightarrow}a)$ は大気を透過）

③大気から宇宙空間への放射 $= \varepsilon \times \sigma \times T_p^4$

　（宇宙は0 [K]に近いので、すべてを吸収）

④大気から地球表面に向かう放射 $= \varepsilon \times \sigma \times T_p^4$

　（地球表面は黒体に近くすべてを吸収）

　定常状態を仮定すると、以下の収支式が書けます：

地表に入る量：⓪＋④＝地表から出る量：①　　　　　　　　　(1)

大気に入る量：　②＝大気から出る量：③＋④　　　　　　　(2)

**コラム3**に、この方程式の解き方を示します。

$S_0$、$\sigma$、および次式から求めた $\varepsilon$ の値を(4)式に代入すると $T_p$ が求められます。

　$\varepsilon = 0.716 + 0.000176 \times [ppm(CO_2)]$

上式は、1970-2000年代までの10年平均の全球温度と $CO_2$ 濃度から求めた相関式です。結果を、**図表2**に示します。このように、簡

**3 地球熱収支の解法**

②、③、④を式（2）に代入し、整理すると：

$$2T_a^4 = T_p^4 \qquad (2)'$$

式（1）に、⓪、①、④を代入し、さらに（2）'の関係を代入すると、$T_a^4$について、次のように解くことができます：

$$T_a^4 = S_0/\{4\sigma(2-\varepsilon)\} \qquad (1)'$$

以上より、$T_a$と$T_p$について、それぞれ次の結果（解）を得ます：

全球年平均大気温度：$T_a = [S_0/\{4\sigma(2-\varepsilon)\}]^{1/4}$ （3）

全球年平均表面温度：$T_p = [S_0/\{2\sigma(2-\varepsilon)\}]^{1/4}$ （4）

### 図表２　年平均地球表面温度の初歩的推定

| 年 | $CO_2$濃度[ppm] | $\varepsilon$相関式より | 年平均地球表面温度$T_p$ | | | 1800年以来の温度上昇幅Δ | |
| | | | 実測値[K] | 推定値 | | Δ実測値[℃] | Δ推定値[℃] |
| | | | | [K] | [℃] | | |
|---|---|---|---|---|---|---|---|
| 1880～89 | 283.4 | 0.7666 | 286.7 | 286.5 | 13.5 | 0.000 | -0.215 |
| 1960～69 | 320.3 | 0.7732 | 287.0 | 286.9 | 13.9 | 0.260 | 0.168 |
| 1970～79 | 330.9 | 0.7751 | 287.0 | 287.0 | 14.0 | 0.270 | 0.279 |
| 1980～89 | 345.5 | 0.7777 | 287.2 | 287.2 | 14.2 | 0.450 | 0.432 |
| 1990～99 | 360.5 | 0.7804 | 287.3 | 287.3 | 14.3 | 0.580 | 0.589 |
| 2000～09 | 378.6 | 0.7836 | 287.5 | 287.5 | 14.5 | 0.780 | 0.780 |
| 2022 | 420.0 | 0.7910 | | 287.9 | 14.9 | | 1.218 |
| 2030 | 437.0 | 0.7940 | | 288.1 | 15.1 | | 1.399 |
| 2050 | 485.0 | 0.8026 | | 288.6 | 15.6 | | 1.913 |

注：グレーの部分は上記パラメータに基づく推定値。

単なモデルで地球温暖化の基本的なメカニズムを理解できます。

実際には、①-**コラム2**のフィードバック効果が温暖化を加速します。

〈堀尾正靱〉

# ⑥ 森林・海洋による CO₂吸収

人類の二酸化炭素排出量は増加し続けていますが、それらの3割強を森林、2割強を海洋が吸収しています。海洋に比較すると森林の吸収や排出は人為の影響を受けやすく、しっかりとした管理が求められています。

## ●人為的な炭素排出と森林・海洋吸収

IPCC第6次評価報告書（「技術要約」編）によれば、最近の人為的な炭素排出量（2010-2019年の平均）は、残念ながら史上最高の$109 \pm 9$億炭素トンに達しています。この排出量のうち、化石燃料の燃焼が86％$\pm 14$％を占め、残りの0％＋14％が土地利用変化（森林伐採、森林火災など）によるものです。他方で、この膨大な炭素排出量は、森林を中心とする陸上生態系により年間$34 \pm 9$億炭素トン（31％）、海洋によって年間$25 \pm 6$億炭素トン（23％）が吸収されています。このように、森林や海洋の存在によって、地球温暖化は大きく緩和されているのですが、化石燃料の燃焼による二酸化炭素排出量の増加スピードが速いため、森林や海洋による吸収がまったく追いついていないのが現状です[→①-図表3]。

なお、海洋吸収では人為の果たす役割はきわめて限定されているのに対して、森林では人為（植林や森林管理など）によって吸収量を増加させたり、逆に人為（伐採や燃焼）で排出量を増加させることができます。人為が大きな役割を果たすのが森林吸収の特徴です。

## ●森林吸収の仕組み

陸上生態系による二酸化炭素の吸収量は、森林を中心とする植物の光合成量と呼吸量の差で表されます。IPCC第5次報告書によれ

## 図表1 樹木のCO₂吸収量、炭素量、バイオマス量の関係

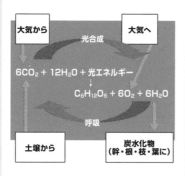

樹体の炭素量(バイオマスの1/2)は、吸収(固定)したCO₂量に換算可能

したがって、樹体の炭素量を吸収(固定)したCO₂相当量に換算して表現することができます

大気から 　　光合成　　 大気へ

$$6CO_2 + 12H_2O + 光エネルギー$$
$$\downarrow$$
$$C_6H_{12}O_6 + 6O_2 + 6H_2O$$

　　呼吸　　

土壌から 　　炭水化物(幹・根・枝・葉に)

出典:国立研究開発法人森林研究・整備機構 森林総合研究所「森林による炭素吸収量をどのように捉えるか」

## 図表3 土壌、生体バイオマス等の総炭素蓄積量

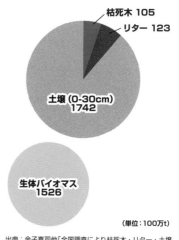

枯死木 105
リター 123
土壌(0-30cm) 1742
生体バイオマス 1526

(単位:100万t)

出典:金子真司他「全国調査により枯死木・リター・土壌の炭素蓄積の状況を探る」森林総合研究所、平成25年版研究成果選集、2013年。
注:リターとは落葉落枝のこと。土壌・枯死木・リターの炭素蓄積量は樹体の約1.3倍である。

## 図表2 森林に含まれる炭素の所在について

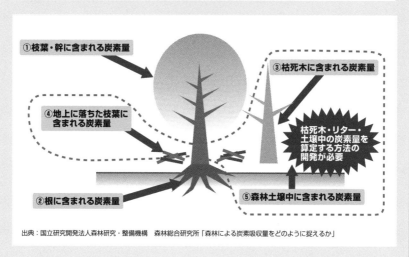

①枝葉・幹に含まれる炭素量

③枯死木に含まれる炭素量

④地上に落ちた枝葉に含まれる炭素量

枯死木・リター・土壌中の炭素量を算定する方法の開発が必要

②根に含まれる炭素量

⑤森林土壌中に含まれる炭素量

出典:国立研究開発法人森林研究・整備機構 森林総合研究所「森林による炭素吸収量をどのように捉えるか」

ば、全世界の光合成量(吸収)は年に141億炭素トン、呼吸量(排出)116億炭素トンとなっています。この差の25億炭素トンが森林を中心とする植物の年吸収量ということになります。

　同じ植物でも草本植物の場合は、数年以内に微生物などに分解され、光合成で吸収した二酸化炭素($CO_2$)は、大気中に戻ります(カーボンニュートラル)。このような草本植物に対して、木本植物(樹木)は、二酸化炭素を吸収し、幹、枝葉、根などに貯蔵(炭素固定)することができます[→図表1、図表2]。現在、日本全国の森林吸収量は、年間約1500万炭素トンであり、森林および森林土壌が貯蔵している炭素の総量は約35億炭素トンです[→図表3]。

## ●木材の有効活用の効果

　森林から伐り出された木材は、重量の約半分が炭素であり、木材として建築物などに長期に利活用される場合は、「炭素貯蔵効果」を発揮します。また、化石燃料多消費型の鉄、アルミ、セメントなどの「資材代替効果」をもちます。さらに、廃木材や枝などを発電、ボイラー、ストーブなどで燃焼させると、化石燃料を節約する「省エネ効果」を発揮します。なお、木材を燃焼させても、元の二酸化炭素に戻るだけで増加するわけではありません(カーボンニュートラル)。このように木材を利活用することは地球温暖化防止に直結しており、近年では木材の各方面での利活用が進んでいます[→図表4]。

## ●土地利用変化による二酸化炭素の排出

　図表5に、2019年度の日本の森林吸収量、農地排出量などを示しました。

　森林伐採、森林火災などによる土地利用変化は二酸化炭素の大量排出に結果するだけでなく、森林土壌に貯蔵されている炭素の排出にも直結します。森林や木材利用による炭素蓄積の増加を図り、森林からの排出をできるだけ少なくする「持続可能な森林管理」はきわめて重要な課題となっています。

〈泉　英二〉

## 図表4　伐採木材製品（HWP）の取扱い（COP17）

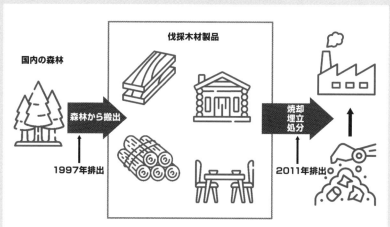

出典：林野庁（2012）「森林吸収源対策について」
注：これまでは、森林は伐採されたら排出と見なされていたが、2011年に開催されたCOP17（ダーバン）において、伐採搬出後の「伐採木材製品（HWP）」（製材、合板、紙）については炭素を固定しているとみなし、その増減量を吸収量または排出量として計上することが決定された。

## 図表5　日本の森林・農地等の炭素排出量と吸収量（2019年度）

単位：1000炭素トン

|  | 吸収量 | 排出量 |
|---|---|---|
| 森林 | 13744 |  |
| 伐採木材製品 | 511 |  |
| 農地 |  | 1403 |
| 草地 |  | 262 |
| 湿地 |  | 6 |
| 開発地（転用無） | 371 |  |
| 開発地（転用有） |  | 459 |

出典：環境省（2022）「土地利用、土地利用変化及び林業（LULUCF）分野における排出量の算定方法について（案）」令和3年度環境省温室効果ガス排出量算定方法検討会（第1回）配付資料。

［参考文献］

IPCC［2021］「IPCC第6次報告書（技術要約編）」

IPCC［2013］「IPCC第5次報告書」

国立研究開発法人森林研究・整備機構森林総合研究所webサイト「森林による炭素吸収量をどのように捉えるか」

（https://www.ffpri.affrc.go.jp/research/dept/22climate/kyuushuuryou/）

# ⑦ 極端現象が増加

世界各地で極端な高温や大雨の増加が観測されています。2022年6月、東京では35℃以上の気温が9日間続き、観測史上最長を記録しました。このような、地球温暖化の影響を受けたとされる極端現象は頻発しています。

## ●世界各地で観測された極端な高温および大雨の変化について

　IPCC　第6次評価報告書(AR6)第1作業部会(WG1)報告書に、1950年代から現在までを対象に、世界の地域(六角形)ごとに観測された極端な高温および大雨の変化と、それに対する人間の寄与に関する確信度が示されています。**図表1**(a)には熱波を含む極端な高温が増加している(確信度中程度以上)地域を赤色、(b)には大雨が増加している(確信度中程度以上)地域を黒で示しています。極端な高温も大雨も、長期的な観測データがある陸域のほとんどで増加しており、その変化を引き起こしている主要因が人間活動であることの確信度が高いとされる地域も多いことがわかります。

　気候変動は人間が居住する世界中の地域にすでに影響を及ぼしており、極端な高温や大雨などの極端現象を増加させています。

## ●累積CO₂排出量と世界平均気温上昇の関係について

　IPCC　AR6　WG1報告書によると、産業革命前(1850-1900年)に比べて、その後の世界の平均気温の上昇は過去の累積$CO_2$排出量とほぼ比例関係にあることが示されていることから[→⑰]、人間活動による累積$CO_2$排出量とそれが引き起こす将来の気温上昇とはほぼ比例関係と言えますので、将来の気温上昇を一定の水準に抑えるには、累積$CO_2$排出量を今すぐ制限することが必要です。　　　〈三枝信子〉

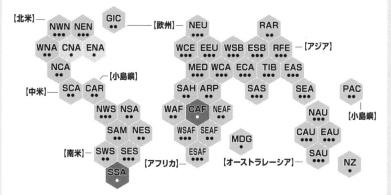

(a)世界中の地域で観測された極端な高温の変化と、その変化に対する人間の寄与に関する確信度の統合的評価
　　1950年代以降に観測された変化

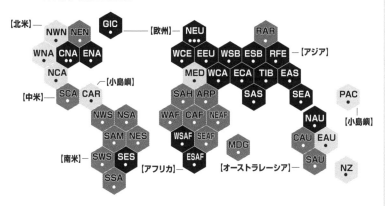

(b)世界中の地域で観測された大雨の変化と、その変化に対する人間の寄与に関する確信度の統合的評価
　　1950年代以降に観測された変化

出典：IPCC AR6 WG1 図SPM.3

世界の各居住地域（六角形）に対して極端な高温（a）と大雨（b）が増加している地域を赤または黒に色付けしています。灰色はデータまたは文献が少なく見解が一致しない地域を示します。六角形の中の点が多いほど、極端な高温や大雨の変化に対する人間の寄与の確信度が高いことを表します。

# ⑧ 人類や生態系にも悪影響

人間活動が引きおこす気候変動は、極端な大雨や干ばつなどの現象の頻度と強度を増加させ、自然と人間に対して、広範囲にわたる悪影響と、それに関連した損失と損害を引きおこしています。

## ●気候変動や世界の生態系と人類に与える影響について

　IPCC第6次評価報告書第2作業部会報告書によると、人間活動が引きおこす気候変動は、極端な大雨や干ばつなどの現象の頻度と強度を増加させ、自然と人間に対して、広範囲にわたる悪影響と、それに関連した損失と損害を引きおこしていると述べられています。たとえば、現在、世界人口の4割を超える約33-36億人が気候変動に対して非常に脆弱な状況で生活していると示されています。また、陸上および淡水にすむ全生物種のうち、絶滅のリスクが非常に高い種の割合は、産業革命前と比べた気温上昇が1.5℃の場合に9％（最大14%）、2℃の上昇では10%（最大18%）、3℃では12%（最大29%）に達する可能性が高いとされています。

　**図表1**に気候変動が生態系と人間システムに及ぼす地球規模および地域的な影響がまとめられています。　　　　　　　〈三枝信子〉

## 図表1　気候変動が生態系と人間システムに及ぼす地球規模および地域的な影響

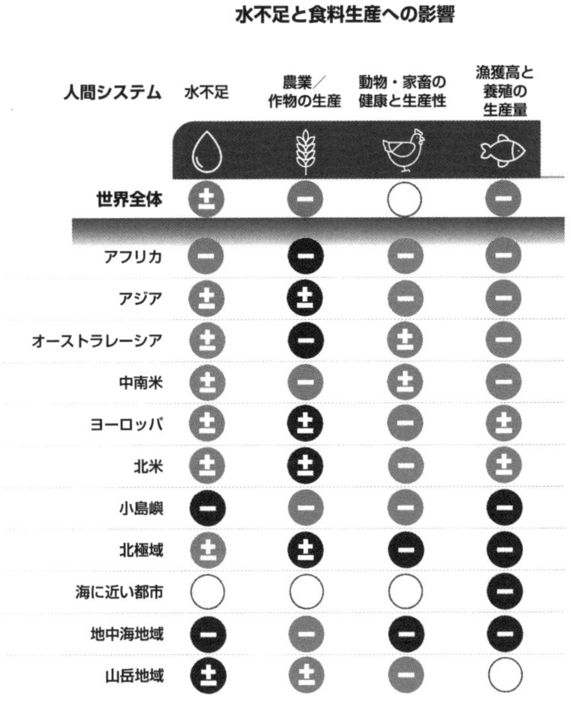

### 水不足と食料生産への影響

| 人間システム | 水不足 | 農業／作物の生産 | 動物・家畜の健康と生産性 | 漁獲高と養殖の生産量 |
|---|---|---|---|---|
| 世界全体 | ± | − | ○ | − |
| アフリカ | − | − | − | − |
| アジア | ± | ± | − | − |
| オーストラレーシア | ± | − | ± | − |
| 中南米 | ± | − | ± | − |
| ヨーロッパ | ± | ± | − | ± |
| 北米 | ± | ± | − | ± |
| 小島嶼 | − | − | − | − |
| 北極域 | ± | ± | − | − |
| 海に近い都市 | ○ | ○ | ○ | − |
| 地中海地域 | − | − | − | − |
| 山岳地域 | ± | ± | − | ○ |

出典：IPCC AR6 WG1図SPM.2

気候変動が水の安全保障と食料生産（作物生産、家畜の健康と生産性、漁業収量と養殖生産量）に及ぼす影響を示します。マイナス（−）は悪影響が増大していること、プラスマイナス（±）は悪影響と好影響の両方が観測されていることを表し、黒は影響の程度が高い、色付きは中程度、灰色は低いことを表します。

# ⑨ 「気候危機」は 「経済危機」

世界的に、気象災害による経済的損失が急増し、企業、金融・投資家など非国家アクターの気候変動と生物多様性損失に対する危機意識が急速に高まっています。

　WMO（世界気象機関）は、1970-2019年の50年間に気候変動や異常気象による気象災害が5倍に増えており、この間におきた1万1000件を超える気象災害で200万人以上が死亡し、経済的な損失は3兆6400億ドルであったと報告しています[→図表1]。とくに、2010-2019年の気候変動や異常気象による経済的損失額は総額1兆3810億ドルで、1970-1979年当時損失額1754億ドルに比べ、8倍近くに跳ね上がっています[→図表2]。

　このことは、とくに金融・保険業界に、災害の頻発とその甚大さに耐えきれず、金融システムそのものが崩壊し、世界的金融危機につながりかねない、今日の前に見えているリスクとして認識されています。このような経済活動における環境関連リスクを受け、近年では、企業、金融・投資家などの非国家アクターが気候変動対策をリードする動きも顕著になってきました。

　企業へのESG（Environment Social Governance：環境・社会・ガバナンス）投資や気候変動対応などに関する開示の充実など、金融アプローチから変革を促す、サスティナブル金融も急拡大しており、今後は各国の金融当局からも、気候変動・環境に関する企業経営管理状況への監視が強化されていくことが予想されます。　　　　　　　〈重藤さわ子〉

## 図表1　世界で報告された気象災害件数（10年ごと）

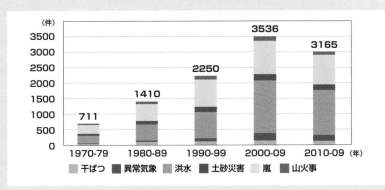

気象災害件数は、1970年代2000年代にかけて急増しており、とくに洪水と嵐の増加が顕著です。1970-2019年では計1万1072件の災害が発生しています。

## 図表2　災害による経済損失（10年ごと）

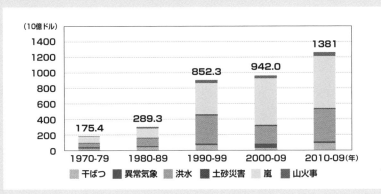

経済損失額は、1970年代に比べ、2010年代には8倍近くに跳ね上がり、このまま増加傾向が続くと、災害頻発地域での深刻な経済ダメージと災害保険システムの破綻につながり、グローバルな金融危機を招きかねません。

図表1、2出典：WMO（2021）, Atlas of Mortality and Economic Losses from Weather, Climate and Water Extremes（1970-2019）, WMO-No. 1267.

# ⑩ 温室効果ガスの排出源と排出量

温室効果ガスの世界の排出は、エネルギー用途の排出が4分の3を占めます。一人あたりの$CO_2$排出量は先進国と途上国で大きな差があります。日本では温室効果ガス排出量のうちエネルギー起源$CO_2$排出量が84%を占めています。

## ●世界の温室効果ガス別割合

世界の温室効果ガス排出量は、2019年に約590億t-$CO_2$と推計されています（IPCC第6次評価報告書第3作業部会報告）。

温室効果ガス別の排出内訳は、二酸化炭素（$CO_2$）が4分の3を占め、64%はエネルギー起源の$CO_2$排出、11%は工業プロセスの$CO_2$排出です。残り4分の1は$CO_2$以外の温室効果ガスで、メタン、一酸化二窒素、フロン類です[→図表1(a)]。

用途別にはエネルギー起源（化石燃料の燃焼など）と工業プロセス（化石燃料ではなく、工場での化学反応による排出をさします。たとえばセメント製造時の石灰石からの$CO_2$排出などです）が78%を占めています。その内訳をみると、電力と熱供給（発電所の排出と熱供給施設の排出）が23%、産業（主に製造業）が24%、運輸（自動車、鉄道、船舶、航空など）が15%などです。エネルギー以外の農業・土地利用・土地利用変化による温室効果ガス排出量は全体の22%を占めています[図表1(b)]。

## ●日本の温室効果ガス排出量

日本の温室効果ガス排出量は2020年に11.5億t-$CO_2$でした。

内訳は、エネルギー起源$CO_2$が84%、非エネルギー（工業プロセスと廃棄物）が7%、その他ガスが9%を占めます。

$CO_2$排出量の内訳は日本では2通りの表し方があります。火力発

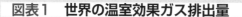
## 図表1　世界の温室効果ガス排出量

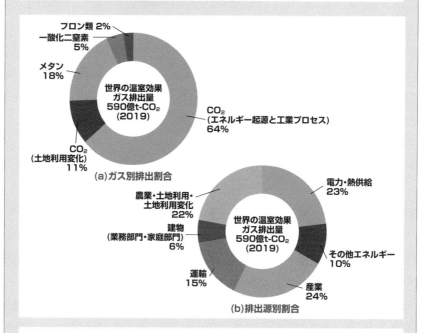

**(a)ガス別排出割合**

世界の温室効果
ガス排出量
590億t-$CO_2$
(2019)

フロン類 2%
一酸化二窒素 5%
メタン 18%
$CO_2$（土地利用変化）11%
$CO_2$（エネルギー起源と工業プロセス）64%

**(b)排出源別割合**

世界の温室効果
ガス排出量
590億t-$CO_2$
(2019)

農業・土地利用・土地利用変化 22%
建物（業務部門・家庭部門）6%
運輸 15%
電力・熱供給 23%
その他エネルギー 10%
産業 24%

エネルギー起源$CO_2$とは化石燃料燃焼などの$CO_2$排出、工業プロセスは化石燃料以外の化学反応などによる$CO_2$排出です。土地利用変化の$CO_2$は、農業、森林、および森林開発などによる$CO_2$です。

電力・熱供給は発電所や熱供給施設の温室効果ガス排出です。その他エネルギーは製油所など電力・熱供給施設以外のエネルギー産業の排出です。産業は主に製造業の排出です。

電力・熱供給から産業までがエネルギー産業と製造業などの排出、これで世界の排出の半分を占めます。また電力・熱供給から建物までがエネルギーからの排出で、世界の排出の8割近くを占めます。

電所などで発電するときに発生する$CO_2$を発電所の排出としてまとめると約7割が発電所と工場の排出です[→**図表2**]。

　火力発電所の中で石炭火力発電所の$CO_2$割合が半分以上を占めます。これは燃料消費量あたりの$CO_2$排出量が石炭は天然ガスの約1.8倍であること、石炭火力は発電効率が低く排熱ロスが新しい天然ガス火力の約1.3倍あることの2つの要因で、発電電力量あたりの$CO_2$排出量が石炭火力発電所は天然ガス火力発電所の2-3倍になることが影響しています。

　産業部門は大半が製造業の排出です。その中で材料をつくる時に大量のエネルギーを消費する鉄鋼業、化学工業、セメント製造業、製紙業の$CO_2$排出割合が7-8割と多くを占めます。

　これらの排出量は大規模発電所と特定の業種の工場に集中しています。2018年度には6業種135の発電所・工場で日本の排出量の半分、6業種約580事業所で日本の温室効果ガス排出量の56%を占めました[→**図表3**]。　　　　　　　　　　　　　　　　　　〈歌川　学〉

［参考文献］
IPCC［2022］「IPCC第6次評価報告書第3作業部会報告」
IEA［2022］「エネルギー起源$CO_2$排出量統計」
国立研究開発法人国立環境研究所［2022］「日本の温室効果ガス排出量データ（1990〜2020年度確報値）」
経済産業省資源エネルギー庁［2022］「総合エネルギー統計」
気候ネットワーク［2022］「日本の大口排出源の温室効果ガス排出の実態 温室効果ガス排出量算定・報告・公表制度による 2018年度データ分析」

## 図表2　日本のCO₂排出割合

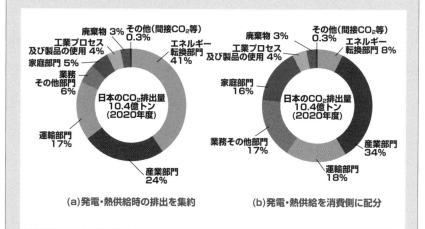

**(a)発電・熱供給時の排出を集約**

廃棄物 3%　その他(間接CO₂等) 0.3%
工業プロセス及び製品の使用 4%
家庭部門 5%
業務その他部門 6%
運輸部門 17%
産業部門 24%
エネルギー転換部門 41%

日本のCO₂排出量
10.4億トン
(2020年度)

**(b)発電・熱供給を消費側に配分**

廃棄物 3%　その他(間接CO₂等) 0.3%
工業プロセス及び製品の使用 4%
家庭部門 16%
業務その他部門 17%
運輸部門 18%
産業部門 34%
エネルギー転換部門 8%

日本のCO₂排出量
10.4億トン
(2020年度)

日本のCO₂排出内訳は2通りの表し方があります。電力を火力発電所などで発電するときに発生するCO₂を「発電所の排出」としてまとめると、発電所を含むエネルギー転換部門の排出が40%、これに工場などの産業部門の25%、エネルギー以外の工業プロセスのCO₂（工場から排出）の4%を加えると約7割が発電所と工場の排出、業務部門（オフィスなど）、家庭部門、運輸部門はあわせて約3割です（左側）。発電時の排出を電力消費量に応じて配分するとエネルギー転換部門は8%に減り、産業部門が購入電力分のCO₂を含め34%、運輸、業務、家庭の各部門も16-18%となります（右図）。

## 図表3　日本の温室効果ガス排出量に占める大口排出事業所

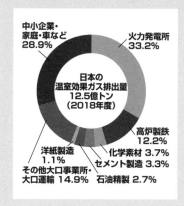

中小企業・家庭・車など 28.9%
火力発電所 33.2%
高炉製鉄 12.2%
化学素材 3.7%
セメント製造 3.3%
石油精製 2.7%
その他大口事業所・大口運輸 14.9%
洋紙製造 1.1%

日本の
温室効果ガス排出量
12.5億トン
(2018年度)

日本の温室効果ガス排出量は排出量の大きい6業種の大規模事業所に集中しており、火力発電所、鉄鋼業の中の高炉製鉄所、化学工業の中の無機化学および有機化学の素材工場、セメント製造、石油精製、製紙の中の洋紙製造の580の事業所で日本の排出の56%を占めています。またその他の年間1500kL以上または温室効果ガス3000t以上を排出する事業所や運輸事業者が約15%を占め、大口事業者・事業所（約15000事業所と運輸約510事業者）はあわせて日本の温室効果ガス排出量の7割を占めます。その他の中小企業・家庭・車の排出は3割です。

# ⑪ 世界の温室効果ガス 排出量の推移

世界の人為的CO₂排出量は産業革命以降大きく増加、2010年代から増加率は小さくなりました。先進国では1990年以降2020年まで平均で2割削減、欧州諸国は平均で3割削減しました。

## ●世界のCO₂排出量の推移

世界の人間活動による$CO_2$排出量は、産業革命以降に化石燃料を大量に消費するようになり、戦後の工業化で大きく増加、1990年代に新興国の工業化でさらに増加しました。2010年以降は増加率は小さくなっています[→図表1]。温室効果ガスの排出量も増加を続けています。

## ●地域別の排出割合、人口あたり排出

世界の2019年のエネルギー起源$CO_2$排出量は、先進国が約4割を占め、新興国と産油国が約5割、その他の開発途上国が約5%を占めます[→図表2(a)]。1990年はエネルギー起源$CO_2$の4分の3を先進国が占めましたが、その後新興国の排出増でこのように変化しています。

2019年の1人あたりエネルギー起源$CO_2$排出量は、先進国が約8t/人で、世界平均の約2倍、途上国の約3倍です。日本は先進国平均よりやや多くなっています。先進国の中でも排出の多い米国などの1人あたり排出量は、後発途上国のエチオピアの100倍以上になっています[→図表2(b)]。

## ●先進国のCO₂排出削減

先進国は1990-2020年に$CO_2$排出量を平均21%削減しました。こ

## 図表1　世界のCO₂排出量の推移

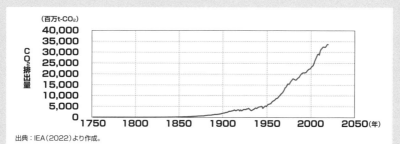

出典：IEA（2022）より作成。

産業革命後に化石燃料を大量消費し、人間活動によるCO₂排出量が増加しました。1950年頃からの工業化で増加、1990年頃からの新興国の工業化でさらに増加、2010年代も排出増加が続いています。

## 図表2　世界のエネルギー起源CO₂排出量

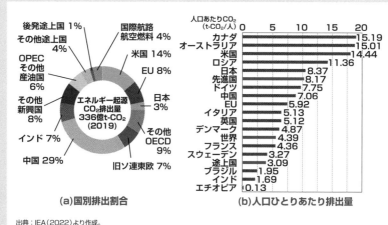

(a)国別排出割合　　(b)人口ひとりあたり排出量

出典：IEA（2022）より作成。

世界の国別のエネルギー起源CO₂排出割合は、先進国などで40%、新興国と産油国で50%と、この2つで大半を占めます。日本は3%ですが世界5位の排出量です。人口では4分の1を占めるその他途上国と後発途上国はあわせて5%です。

各国の1人あたりCO₂排出量は先進国が世界平均の2倍、途上国平均の3倍で大きな格差です。米国と、後発途上国のエチオピアの間には100倍以上の格差があります。

の削減のうちには数%の新型コロナ感染拡大による経済活動影響が含まれます。欧州はEUが30%以上の排出削減、英国やデンマークで45%削減、工業国のドイツも40%の削減実績がありました。日本は2020年に1990年比10%削減しました[→**図表3**]。

### ●排出削減への寄与

1990-2020年の先進国の$CO_2$排出量削減は省エネとともに、エネルギー構成の変化があります。エネルギー構成変化について、変化の大きい電力について見ます。先進国で再生可能エネルギー割合が増加、OECD諸国は30%で1990年の約2倍に、EUは約40%と1990年の約3倍に割合を増加させました。ドイツや英国などで40%を超え、デンマークのように再生可能エネルギー割合を1990年の数%から8割に増やした国もあります。

先進国の多くは発電電力量あたりの$CO_2$排出量の大きい石炭火力発電所の発電電力量比率を大きく減らしています。産炭国であるドイツや米国は、1990年には石炭火力の割合が50%を超えていましたが、2020年には米国は20%、ドイツは約26%に減らしました。EUも石炭火力の割合を1990年の約40%から2020年に13%に減らしました。1990年に石炭火力の割合が約90%だったデンマークは2020年には10%に、65%だった英国は2%に下げました。

こうした対策が$CO_2$排出削減に寄与しています。多くの国はこの対策をさらに進め、G7では2035年に電力の大半を再生可能エネルギーでまかなうことに合意、西欧の大半の国とカナダは石炭火力をゼロにする目標をたてています。　　　　　　　　　　〈歌川　学〉

［参考文献］
気候変動枠組条約［2022］「先進国の温室効果ガス排出量報告」
IEA［2022］Greenhouse Gas Emissions from Energy

## 図表3　先進国のCO₂排出削減（1990-2020年）

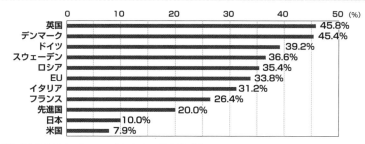

| 国 | 削減率 |
|---|---|
| 英国 | 45.8% |
| デンマーク | 45.4% |
| ドイツ | 39.2% |
| スウェーデン | 36.6% |
| ロシア | 35.4% |
| EU | 33.8% |
| イタリア | 31.2% |
| フランス | 26.4% |
| 先進国 | 20.0% |
| 日本 | 10.0% |
| 米国 | 7.9% |

出典：UNFCCC: National Inventory Submissions 2022より作成。

1990-2020年に先進国平均で$CO_2$排出量を20%削減しました。欧州ではEUで34%削減、個別には英国で約46%削減、ドイツで約39%削減しました。

## 図表4　エネルギー構成の変化

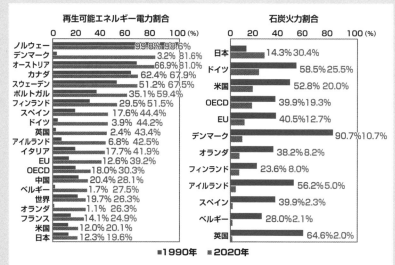

**再生可能エネルギー電力割合**

| 国 | 1990年 | 2020年 |
|---|---|---|
| ノルウェー | 99.8% | 98.6% |
| デンマーク | 3.2% | 81.6% |
| オーストリア | 66.9% | 81.0% |
| カナダ | 62.4% | 67.9% |
| スウェーデン | 51.2% | 67.5% |
| ポルトガル | 35.1% | 59.4% |
| フィンランド | 29.5% | 51.5% |
| スペイン | 17.6% | 44.4% |
| ドイツ | 3.9% | 44.2% |
| 英国 | 2.4% | 43.4% |
| アイルランド | 6.8% | 42.5% |
| イタリア | 17.7% | 41.9% |
| EU | 12.6% | 39.2% |
| OECD | 18.0% | 30.3% |
| 中国 | 20.4% | 28.1% |
| ベルギー | 1.7% | 27.5% |
| 世界 | 19.7% | 26.3% |
| オランダ | 1.1% | 26.3% |
| フランス | 14.1% | 24.9% |
| 米国 | 12.0% | 20.1% |
| 日本 | 12.3% | 19.6% |

**石炭火力割合**

| 国 | 1990年 | 2020年 |
|---|---|---|
| 日本 | 14.3% | 30.4% |
| ドイツ | 58.5% | 25.5% |
| 米国 | 52.8% | 20.0% |
| OECD | 39.9% | 19.3% |
| EU | 40.5% | 12.7% |
| デンマーク | 90.7% | 10.7% |
| オランダ | 38.2% | 8.2% |
| フィンランド | 23.6% | 8.0% |
| アイルランド | 56.2% | 5.0% |
| スペイン | 39.9% | 2.3% |
| ベルギー | 28.0% | 2.1% |
| 英国 | 64.6% | 2.0% |

■1990年　■2020年

出典：IEA Greenhouse Gas Emissions from Energyより作成。

排出削減の背景にエネルギー構成の変化があります。先進国で再生可能エネルギー割合が増加、逆に、発電電力量あたりの$CO_2$排出量の大きい石炭火力を大きく減らしています。

# ⑫ 日本の温室効果ガス 排出量の推移

日本のエネルギー消費量と$CO_2$排出量は2011年の原発事故以降、減少傾向になりました。発電電力量あたり$CO_2$排出の大きい石炭火力が増加、2012年以降は再生可能エネルギー電力が増加しています。

## ●日本の排出推移とエネルギーの推移

　日本の温室効果ガス排出量は2020年に11.5億tで1990年比10%減少しました。$CO_2$排出量は2020年に10.4億tで1990年比10%減少しました[→図表1]。削減率は他の先進国平均の約20%削減より小さくなっています。

　エネルギー消費量は、発電ロスなどを含む一次エネルギーが2010年までは増加基調でしたが、2011年の東京電力福島第一原発事故以降減少に転じ、2020年までに2010年比18%減少しました。また、発電ロスなどを含まない最終エネルギー消費（産業、業務、家庭、運輸のエネルギー消費量）も2011年以降減少、2020年には2010年比18%減少しました。電力消費量も2010年までは大きく増加しましたが2011年以降減少し、2020年には2010年比12%減少しました[→図表1]。経済の停滞ではなく、省エネ対策と再生可能エネルギー対策のためと考えられます。

　$CO_2$排出量を部門別にみると、発電時の排出量を発電所の排出としてまとめると、発電所を含むエネルギー転換部門が1990-2020年に21%増加、産業部門（工場など）、運輸部門、業務部門（オフィスなど）、家庭部門は排出が減少しました[→図表2]。

## 図表1　日本のエネルギー・電力消費・CO₂排出量の推移

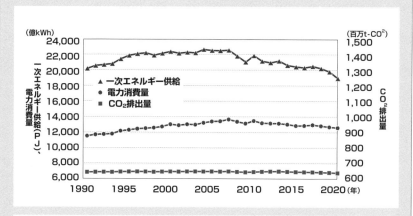

日本のエネルギー（一次エネルギーは発電ロスなども含むエネルギー全体）と電力消費は2010年までは世界同時不況以外は増加を続けてきたが、2011年の原発事故以降は減少に転じました。CO₂排出量も、2013年以降減少に転じました。

## 図表2　日本のエネルギー起源CO₂の部門別推移

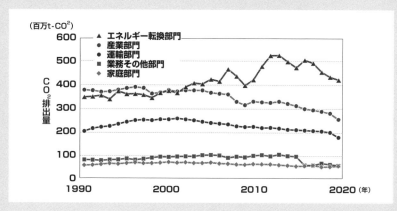

発電時の排出を発電所を含むエネルギー転換部門に集めた「直接排出」の推移を示します。エネルギー転換部門が増加、他は減少しました。エネルギー転換部門は2007年まで増加、その後世界同時不況で減少、2011年の原発事故後いったん原発停止・火力増加で排出も増加しましたがその後省エネ・再エネにより減少に転じました。

## ●日本のエネルギーロス

　日本のエネルギーロスを点検すると、一次エネルギーの約3分の1しか有効利用できておらず、残り3分の2は排熱などとして捨てています。これを**図表3**に示します。

　ロスが最も大きいのは発電所で、発電用燃料のエネルギーの約4割しか電力になりません。また自動車ではガソリンなど自動車用燃料の約2割しか自動車を動かすのに使いません。残りの大半は排熱として捨てています。エネルギーロスは今の技術でゼロにはできませんが、日本における大きな省エネの可能性を示唆しています。

## ●日本における各部門のエネルギー効率の推移

　1990年以降のエネルギー効率は、1990年代には悪化を続けていました。**図表4**にこの様子を示します。2000年頃から各部門で改善に転じたものの、2010年頃になってようやく1990年の水準に戻りました。一方、運輸旅客は効率が大きく悪化したままです。この間に省エネ技術の大きな進展がありましたが、1990-2010年にエネルギー効率が変わらず、20年間日本はいったい何をしてきたのかと言われても仕方がない状況といえます。2011年以降は効率改善が進みました。1990年比で最も改善したのは家庭部門です。家庭と類似の改善をした業務部門を含め、対策可能性を十分実現したとは言いがたく、家庭や業務よりエネルギー効率改善率の劣る産業、運輸旅客、運輸貨物は課題もいっそう大きいといえます。　　　〈歌川　学〉

［参考文献］
歌川学[2022]「エネルギーの状況、温室効果ガス」『日本エネルギー学会誌』
国立研究開発法人国立環境研究所[2020]「日本の温室効果ガス排出量データ（1990〜2018年度確報値）」
経済産業省資源エネルギー庁[2022]「総合エネルギー統計」
平田賢[2002]「21世紀:水素の時代を担う分散型エネルギーシステム」『機械の研究』54（4）

## 図表3　日本のエネルギーロス

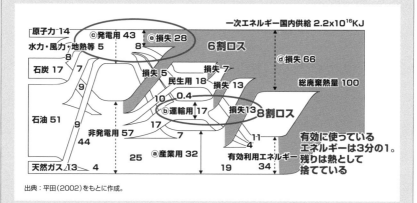

出典：平田（2002）をもとに作成。

日本ではエネルギーの3分の1しか有効利用できず、3分の2は排熱などとして捨てています。

## 図表4　活動量あたりエネルギーの推移

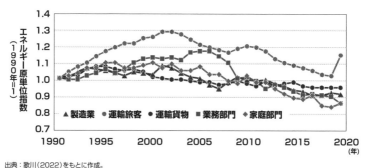

出典：歌川（2022）をもとに作成。

活動量あたりエネルギー（エネルギー効率）の推移で、製造業は生産量あたりエネルギー消費、運輸旅客と運輸貨物は輸送量あたりエネルギー消費、業務部門は床面積あたりエネルギー消費、家庭部門は世帯数あたりエネルギー消費です。縦軸は、1990年のエネルギー効率と比較して効率が上がっているか下がっているかを示し、1より小さければ改善、1より大きければ悪化です。1990年代はどの部門も効率が悪化していたことが示されています。2020年は新型コロナの感染拡大により、運輸旅客で再び効率が悪化しました。

# ⑬ 世界で経済発展との デカップリングが進む

先進国の多くは、化石燃料由来のエネルギー供給により経済発展を遂げてきたため、経済成長とエネルギー消費は切り離せないと考えられてきました。しかし近年は両者を切り離すことを前提とした経済成長戦略への転換が図られています。

## ●進む、経済成長と$CO_2$デカップリング

IPCCが、気候変動への危機と、温室効果ガス（GHG）削減の必要性を初めて示した1990年以来、先進諸国は、$CO_2$排出量を削減するための様々な対策を行ってきました。**図表1**は、先進諸国の1990-2020年のGDPとGHG排出量、$CO_2$排出量、一次エネルギー供給量の変動推移を表しています。GDPの成長に対し、一次エネルギー供給量はほぼ横ばいであるにもかかわらず、GHG排出量、$CO_2$排出量はわずかですが削減傾向にあります。さらに興味深いのが、EU諸国（英国も含む）のデータです。**図表2**からは、GDPを成長させつつも、GHGや$CO_2$排出の削減に成功している状況がうかがえます。

これらのデータは、経済成長と、化石燃料由来のエネルギー供給量と切り離せる（デカップリング）こと、すなわち、経済成長と環境対策の両立は不可能ではないことを示すものです。

## ●グリーンリカバリーとグリーンディール

そもそも、英国やEU加盟諸国は、$CO_2$排出量削減を経済成長に結びつけようとする、グリーン経済成長にいち早く動いてきました。さらにコロナ禍をへて、環境へ配慮した経済復興をめざすグリーンリカバリー政策として、新たな経済成長戦略「欧州グリーンディール」が示されました。本戦略は、「2050年の温室効果ガスの排出量

**図表1　附属書Ⅰ国のGDPと温室効果ガス・CO₂・一次エネルギー供給量の推移（1990-2020年）**

出典：UNFCCC"National Inventory Submissions 2022",IEA"Greenhouse Gas Emissions from Energy"より歌川 学作成。
注：附属書Ⅰ国とは、気候変動枠組条約（FCCC）で規定される先進国および旧ソ連、東欧諸国を指す。

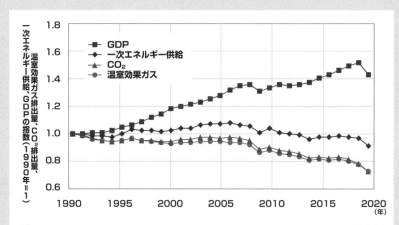

**図表2　EU27ヵ国＋英国のGDPと温室効果ガス・CO₂・一次エネルギー供給量の推移（1990-2020年）**

出典：UNFCCC"National Inventory Submissions 2022",IEA"Greenhouse Gas Emissions from Energy"より歌川 学作成。
注：附属書Ⅰ国とは、気候変動枠組条約（FCCC）で規定される先進国および旧ソ連、東欧諸国を指す。

実質ゼロ」を明確な目標とし、そのために欧州経済社会を持続可能な構造へと転換を図り、雇用創出やイノベーション創出を通じ経済成長につなげようとするものです。

## ●エネルギー効率化が進んでこなかった日本

多くの先進諸国では、経済成長と$CO_2$のデカップリングを、省エネなどによるエネルギー効率と、エネルギーにおける再生可能エネルギー比率を高めることで、達成してきました。日本は未だに環境技術先進国であると思われがちですが、省エネの推進も、エネルギー供給あるいは消費あたり$CO_2$排出量の削減も、他の先進諸国と比べ、とても誇れる状況ではありません。

国別の「GDPあたりの$CO_2$排出量」の1990-2019年の削減率を見てみると、日本は先進国40ヵ国中40位[→**図表3**]、「GDPあたり一次エネルギー供給」の削減率は、日本は40ヵ国中32位[→**図表4**]と、この20年間で、先進諸国のなかでも、大きな後れをとってきたことは明らかです。ただし、今後の$CO_2$削減対策を考えるうえでは、エネルギー効率を高めるだけで、大幅な削減ができる余地がある、ということでもあるので、これからの巻き返しが期待されます。

## ●グリーンディールと南北問題

なお、先進諸国で経済成長と$CO_2$のデカップリングが進んでいたとしても、途上国ではそのような傾向はなく、結局先進国の排出を途上国に転嫁しているだけではないか、といった議論もあります。

ただし現在、投資や融資を通じて環境に影響を与えようとするグリーンファイナンスが急増しており、先進諸国のグリーンリカバリーによる政策投資は、その動きをさらに加速させるものと期待されます。そのようなファイナンスアプローチの変革が、途上国へのクリーン技術とデカップリング経済成長戦略移転を一気に推し進める原動力になるかもしれません。　　　　　　　　　　〈重藤さわ子〉

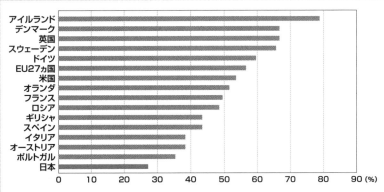

## 図表3　GDPあたりCO₂排出量削減率（1990-2019年）

注：「GDPあたりCO₂排出量」の1990年値と2020年値の比較：（GDPあたりCO₂排出量の2020年値）÷（GDPあたりCO₂排出量の1990年値）。
出典：歌川 学作成。

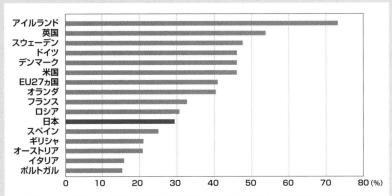

## 図表4　GDPあたり一次エネルギー削減率（1990-2020年）

注：「GDPあたり一次エネルギー供給量」の1990年値と2019年値の比較：（GDPあたり一次エネルギー供給の2019年値）÷（GDPあたり一次エネルギー供給の1990年値）。
出典：歌川 学作成。

# ⑭ 気候危機の科学的理解は どう形成・共有されてきたか

気候危機についての科学的知識は、多くの科学者の粘り強い研究はもちろん、国連のIPCCのもとでの研究成果の吟味と共有という、史上初めての大規模な取組みにより積み上げられてきた確度の高い知識なのです。

## ●前史

　化石燃料の燃焼により大気中の炭酸ガス($CO_2$)の濃度が上昇すると、温室効果が現れ地球の温暖化が進むという知見が、1869年スウェーデンの科学者スヴァンテ・アレニウスの論文[→図表1]で初めて示されました。大気中$CO_2$による温室効果は、1932年に発表された宮沢賢治の童話「グスコーブドリの伝記」の最終章のブドリとクーボー博士の会話でも紹介されている知識でした[→図表2]。

## ●IPCCの設置

　しかし、第二次世界大戦後の世界の燃料革命にともない、1957年の国際地球観測年のころから、急速なGHG(温室効果ガス)濃度の上昇による深刻な気候変動が心配されはじめました。

　一般人にとってはまだ半信半疑であった人間活動による地球温暖化は、1988年米国議会委員会でのJ.ハンセン博士[→図表3]の、「温暖化は99％人為的原因による」との証言により、市民、政治家、財界人に広く知られることになります。同年、WMO(世界気象機関)およびUNEP(国際連合環境計画)の共同主導で、「IPCC(気候変動に関する政府間パネル)」が設置されます[→⑮]。1992年にUNFCCC(国連気候変動枠組条約)が締結され1994年に発効後、1995年から毎年COP(締約国会議)が開かれてきました。

## 図表1　アレニウスと1896年論文の表紙

THE
LONDON, EDINBURGH, AND DUBLIN
PHILOSOPHICAL MAGAZINE
AND
JOURNAL OF SCIENCE.
[FIFTH SERIES.]
APRIL 1896.

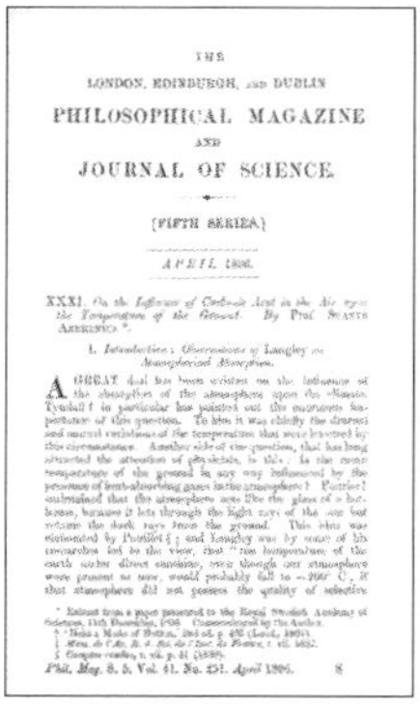

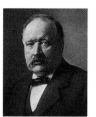

## 図表2　宮沢賢治の童話「グスコーブドリの伝記」より

ブドリはまるで物も食べずに幾晩も幾晩も考えました。ある晩ブドリは、クーボー大博士のうちをたずねました。
「先生、気層のなかに炭酸ガスがふえて来れば暖かくなるのですか。」
「それはなるだろう。地球ができてからいままでの気温は、たいてい空気中の炭酸ガスの量できまっていたと言われるくらいだからね。」

## 図表3　米議会で証言するハンセン博士（1988年6月23日）

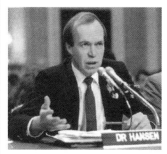

**ジェームズ・ハンセン**(1941- )
1981年よりNASAゴーダード宇宙研究所ディレクター。気候変動分析リーダーとして、地球の温暖化傾向を指摘。1965-66年惑星大気に関する研究のため、京都大、東京大にも滞在。

IPCCはこれまで6回の報告書を提出しています。各期の冒頭には「スコーピング・ワークショップ」が開かれ、それぞれの時点で集約すべき重要知見がなにかを検討したうえで、科学者が分担して数万の査読済み学術論文を読み解き、それを集約し第一次案にまとめます。その後、科学界はもちろん政策担当者や企業・NPOなどによる数回の査読を経て作成されているのがIPCCの各期最終報告書です [→図表4]。これを、各国政府やメディアにとどけてきました。これは、人類の歴史上初めての、大量の科学的知識の組織的な集約と開示のシステムであり、ジグソーパズルのような、総合知に向けた人智の集約作業だといえます [→図表5]。

### ●懐疑と責任

　科学は疑うことからはじまり「懐疑論」 [→㉓] の議論も許容されます。実際1990年IPCCは、「観測データから、人為的要因による温室効果の寄与分を明確に検出することは、今後10年程度の期間では難しい」としていました。しかし、気候科学の進展、衛星・海洋での観測集積、計算機能力高速化、そして現実の温度上昇観測により、人為要因の有無を組み込んだ気候モデルで人為寄与であることが明確に示され [→③-図表1、→図表5]、2021年IPCC第6次評価報告書で「人為要因は疑う余地はない」とされました。こうして集約された科学的知見は、現在得られる情報のなかで最も信頼できる科学的情報です。

　そのような情報から、将来的な危機が予測される場合、「予防原則」 [→㉑] にもとづいて、リスクを最小にするようにすることが理性的な行動です。もちろん人間の行動は、理性だけではなく、各種の利害や欲望や信条に支配されます。しかし、現在の気候危機は、将来の世代や、地球上の多様な生物種の存続にかかわるものです。未来世代への責任を世界が一丸となって果たすという倫理的判断も重要になります。

〈西岡秀三、堀尾正靭〉

## 図表4　IPCC報告書の著者たち

注：正式には、第6次評価報告書第1作業部会第3回主著者会議の出席者たち。
出典：IPCC第6次評価報告書より転載。（https://www.ipcc.ch/report/ar6/wg1/about/authors/）。

## 図表5　地球環境研究は総合知に向けた人智の集約チームワーク

出典：国立環境研究所地球環境研究センター、1990年。

地球環境研究はジグソーパズルの作業である。地域的・専門分野的にも広く散らばった研究者たちが、解決に向けてそれぞれの最新知見を持ち寄って、互いに論議し、合意を得たところからはめ込んでゆくと、だんだん一つの総合知がパネルに浮かび上がってくる。人類の持続可能性をかけての共同作業による世界規模の自立分散ネットワーク型巨大科学がつくられつつあり、科学の新たな役目が革新的科学手法を生んでいる。

# ⑮ 気候変動に関する政府間パネル（IPCC）とは

IPCCは、政府と専門家の協働作業により、気候変動問題に関する科学的、技術的、社会経済的な知見を評価して報告書として発表する組織です。IPCCの評価報告書は、包括性、厳密性、透明性の高いプロセスをへて作成されています。

## ●IPCCとは

IPCC（気候変動に関する政府間パネル）は、1988年にWMO（世界気象機関）とUNEP（国連環境計画）により設立された政府間組織です。気候変動問題に関わる科学的、技術的、社会経済的な知見の評価を行い、主要な評価報告書を5-8年おきに発表しています。

3つの作業部会があり、WG1（第1作業部会）は気候変動の自然科学的基礎、WG2（第2作業部会）は気候変動の影響、適応、脆弱性、WG3（第3作業部会）は気候変動の緩和策を担当します。その他に、各国が国連に提出する排出目録（インベントリ）の算定方法を策定するインベントリタスクフォースがあります[→**図表1**]。

報告書の原稿の作成は、各国政府より推薦された専門家のなかから選出される執筆者チームが行います。執筆者チームは、独自の研究を行うのではなく、世界中の専門家が発表した学術論文などにもとづいて評価を行います。また、IPCCは政策提言を行いません。あくまで、利用可能な専門的知見にもとづいて、政策に関連する事項の評価を行うのが役割です。

IPCCの評価報告書は、第1次が1990年、第2次が1995年、第3次が2001年、第4次が2007年、第5次が2013-2014年に発表され、最新のAR6（第6次評価報告書）が2021-2022年に発表されています。その合

## 図表1　気候変動に関する政府間パネル（IPCC）

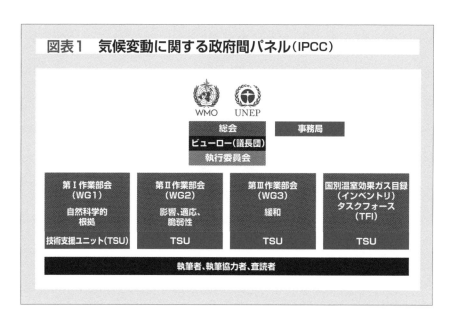

間に、特定のテーマに焦点を当てた特別報告書も数多く発表されています。

## ●IPCC評価報告書の作成過程

IPCC評価報告書の要約は各国政府の出席する総会の合意をへて決まります。次に、執筆者チームの選出が行われます。執筆者チームの構成には、専門分野以外にも、国、性別、世代などのバランスが考慮されます。例として、WG1のAR6では、64ヵ国からの234人の専門家により執筆者チームが構成されました。執筆者チームは4回の執筆者会合をへて原稿を作成します。

原稿は3回の査読（レビュー）を受けます。1回目は専門家、2回目は専門家と政府、3回目は政府によるレビューです。専門家レビューでは世界中の専門家が誰でも報告書の原稿を入手し、コメントを送ることができます。WG1のAR6では、専門家と政府からの合計で7万8000件を超えるコメントが寄せられました。執筆者チームは、そうして集まったコメントの一つひとつすべてに対応し、コメントと対応は報告書発表後にすべて公開されます。

最後に、報告書の要約が再び各国政府の出席する総会で一文ずつ承認され、発表に至ります。このように、IPCCの評価報告書は、政府と専門家の協働作業により、包括性、厳密性、透明性が非常に高い手続きで作成されることが特徴です。

## ●IPCC報告書における不確実性の表現

IPCC報告書では、科学的知見の不確実性を表すために、決まった表現が用いられます。各執筆者がそれぞれの判断で「可能性が高い」などの表現を使うと、統一的な評価を行えないためです。

まず、証拠の量などと見解の一致度にもとづき、「確信度（confidence）」を評価します【→図表2】。次に、原則として確信度が「高い」以上であり、可能性の定量的な評価が可能な場合に、「可能性（likelihood）」の評価を行います【→図表3】　　　　　　〈江守正多〉

## 図表2　IPCCにおける確信度の表現

| 見解の一致度 ↑ | | | | 確信度に対応する語句<br>（色が濃いほど高い） |
|---|---|---|---|---|
| 「見解一致度は<br>**高い**」<br>「証拠は<br>**限定的**」 | 「見解一致度は<br>**高い**」<br>「証拠は<br>**中程度**」 | 「見解一致度は<br>**高い**」<br>「証拠は<br>**確実**」 | | 「非常に高い」 |
| 「見解一致度は<br>**中程度**」<br>「証拠は<br>**限定的**」 | 「見解一致度は<br>**中程度**」<br>「証拠は<br>**中程度**」 | 「見解一致度は<br>**中程度**」<br>「証拠は<br>**確実**」 | | 「高い」<br><br>「中程度」 |
| 「見解一致度は<br>**低い**」<br>「証拠は<br>**限定的**」 | 「見解一致度は<br>**低い**」<br>「証拠は<br>**中程度**」 | 「見解一致度は<br>**低い**」<br>「証拠は<br>**確実**」 | | 「低い」<br><br>「非常に低い」 |

証拠（種類、量、質、整合性）→

出典：IPCC報告書をもとに環境省が作成。

## 図表3　IPCCにおける可能性の表現

| 発生確率 | 対応する表現 | |
|---|---|---|
| 99〜100% | 「ほぼ確実」 | 高 |
| 90〜100% | 「可能性が非常に高い」 | |
| 66〜100% | 「可能性が高い」 | |
| 33〜66% | 「どちらも同程度」 | 可能性 |
| 0〜33% | 「可能性が低い」 | |
| 0〜10% | 「可能性が非常に低い」 | |
| 0〜1% | 「ほぼあり得ない」 | 低 |

出典：IPCC報告書をもとに環境省が作成。

# ⑯ パリ協定の歴史的意義

この項では、気候変動枠組条約成立以後の国際交渉等をふり
かえり、パリ協定の意義、主要な論点や課題について説明し
ます。

## ●パリ協定の採択と発効

　現地時間2015年12月12日19時29分（日本時間12月13日3時29分）、のちに
COP27（第27回国連気候変動枠組条約締約国会議）の議長を務めたローラン・
ファビウス仏外務・国際開発大臣が木槌を下ろし、COP21におい
てパリ協定は採択されました。

　パリ協定が効力を持つには、世界の温室効果ガス総排出量の55％
を占める55ヵ国による締結という要件がありましたが、採択から
1年にも満たない2016年11月4日にパリ協定は正式に発効しました。
日本も同年11月8日に締結しています。

　1992年にリオで開催された「環境と開発に関する国際連合会議（地
球サミット）」において「気候変動枠組条約」が締結され（ほかに「生物多様
性条約」「砂漠化防止条約」も締結）、1997年に京都で行われたCOP3で「京
都議定書」が採択され、先進国を中心に2008年から2012年までの5
年間平均の温室効果ガス排出量の削減目標値が合意されました（日
本は1990年比6％削減）。

　じつは、2009年にコペンハーゲンで行われたCOP15において、「京
都議定書」の次の枠組みについて世界的な議論が行われましたが、
残念ながら合意にいたらず、それからさらに6年間の交渉を重ねて、
パリ協定が採択されることになりました。

## 図表1 パリ協定が採択された瞬間

出典：Webcastの映像を見ながら筆者撮影。

## 図表2 パリ協定に至る経緯とその後の動き

| 1992年 | 気候変動枠組条約採択（1994年発効） |
| --- | --- |
| 1997年（COP3） | 京都議定書採択（2005年発効）<br>（注）米国は未締結 |
| 2009年（COP15） | 「コペンハーゲン合意」（COPとして留意）<br>先進国は2020年までの削減目標、途上国は削減行動を提出すること等を含む文書が作成されましたが、COPとしての決定には至りませんでした。 |
| 2015年（COP21） | パリ協定（Paris Agreement）採択（2016年発効）<br>2020年以降の枠組みとして、全ての国が参加する制度の構築に合意しました。 |
| 2021年（COP26） | 「グラスゴー気候合意」（COP/CMP/CMA決定）<br>1.5℃努力目標追求の決意を確認しつつ、今世紀半ばのカーボン・ニュートラル及びその経過点である2030年に向けて野心的な気候変動対策を締約国に求めることに合意しました。 |

出典：外務省「気候変動に関する国際枠組み」ホームページより筆者抜粋。

## ●パリ協定の意義

　「京都議定書」自体、歴史的な合意でしたが、削減義務が課されたのは日本を含む一部の国に限られ、さらに削減目標値達成に法的拘束力があるなどの不公平感が表明されており、「すべての国が参加する新たな枠組み」の必要性が指摘されていました。

　そこで、パリ協定では、①「世界の平均気温上昇を工業化以前から2℃以内に抑える」という「2℃目標」、さらに努力目標として「1.5℃目標」を設定し、②すべての国が削減計画を5年ごとに提出することを義務づけ、③各国の実施状況についてレビューを行い、④5年ごとに世界全体での実施状況を検討する、ことになりました。また、途上国への支援について実施に必要な資金をどのように集めるのか、すでに温暖化しており今後さらなる気候変動の影響が予想されるなかでの「適応」への対応なども含まれています。その後、パリ協定を実施するための「パリ・ルールブック」が整備されました。

## ●主要な論点や課題

　パリ協定をはじめ、気候変動の政策議論を行ううえで、とくにIPCCの報告書は重要な役割を果たしました。2013年から2014年に報告された第5次評価報告書での知見をベースに、パリ協定で「2℃目標」（努力目標として1.5℃）を合意できたことは画期的でした。

　その後2018年に報告された「1.5℃特別報告書」の知見を受けて、世界全体の$CO_2$排出量を2050年頃にゼロにすることに焦点があたり（2℃目標では2100年頃にゼロ）、2021年にグラスゴーで行われたCOP26で「1.5℃目標」を追及することの決意が確認されました。

　国連環境計画によると、現状の削減努力では今世紀末に2.8℃、各国が掲げている2030年までの削減目標を達成しても2.5℃の温度上昇になると予測されており、国に限らず、個人や企業、自治体などあらゆる主体の変革的な取組みが求められています。

〈藤野純一〉

128

## 図表3　パリ協定の構成

| | |
|---|---|
| 第1条〜第3条 | 定義・条約の目的 |
| 第4〜5条 | 緩和、吸収源 |
| 第6条 | 市場メカニズム等 |
| 第7〜8条 | 適応、損失と損害 |
| 第9条 | 資金援助 |
| 第10〜12条 | 技術開発・移転、能力開発、協力 |
| 第13条 | 透明性 |
| 第14条 | グローバル・ストックテイク |
| 第15条 | 実施及び遵守の促進 |
| 第16〜29条 | 組織的・手続的事項 |

出典：UNFCCC「Paris Agreement」(2015年12月12日)より筆者作成。
https://unfccc.int/process-and-meetings/the-paris-agreement/the-paris-agreement

## 図表4　パリ協定+COP21

### COP21で合意された内容
❖**国際レベルでは何をするのか？**
 * 適応:世界目標の設定（7条1）
 * 損失と損害への対処のための仕組みづくり（8）
 * 資金（9条）
 ・先進国が携出するが、その他の国（新興国等）にも拠出を奨励
 ・毎年1000億ドルを上回る資金動員目標を2025年までに決定（パラ54）
 * グローバル・ストックテイク（14条）
 ・長期目標遠成に関する世界全体の進捗状況の確認
 ・初回は2023年。5年ごとに実施
❖**各国はどのような責任を負うのか？**
 ・5年ごとの約束草案の見直し・提出（4条9）。前の期よりも進展させた目標を揚げること（4条3）。
 ☆次の約束草案の提出時期:
 ・2025年目標提出国:2030年目標を提出（パラ23）
 ・2030年目標提出国:2030年目標の再提出/アップデート（パラ24）

**長期目標の実現に向けた温暖化対策**
**長期目標（気温）（2条1）:**
 ・産業革命前からの平均気温上昇を2℃未満に抑える（1.5℃にも言及）
**長期目標（排出量）（4条1）:**
 ・できるだけ早くピークアウト
 ・今世紀後半に、人為起源のGHG排出を正味ゼロにする

出典：久保田泉「パリ協定、採択！その内容とは？」(2015年12月12日)。
https://www.nies.go.jp/event/cop/cop21/20151212.html

# ⑰ カーボン・バジェット
## 「残された」CO₂排出量

> 産業革命前から1.5℃の上昇で地球温暖化を止めるためには、2020年以降の世界のCO₂排出量を累積で500Gt-CO₂か、さらに低く抑える必要があります。仮に現在の排出量が続くと、この値は12.5年で超過してしまいます。

### ●残余カーボン・バジェット

　世界平均気温の上昇量は、人間活動により排出される$CO_2$の累積値（累積排出量）に概ね比例することがわかっています。この関係を用いると、たとえば産業革命前から1.5℃上昇で温暖化を止めるための、人間活動による$CO_2$累積排出量の上限が決まることになります。この上限を「予算（バジェット）」と見立てて、排出を行うたびにその予算が減っていき、予算を使い切る前に世界の脱炭素化を実現する必要があるという考え方を、「炭素予算」の意味で「カーボン・バジェット」といいます。また、現時点で残されたカーボン・バジェットを「残余カーボン・バジェット」といいます。

　ただし、気温上昇量と$CO_2$累積排出量の比例係数の推定には不確かさがあるため、厳密にはこの関係は確率的な表現で表されることに注意が必要です。また、メタンなどの$CO_2$以外の温室効果ガスはこの比例関係に含めて考えることができないため、別途評価して、その分の気温上昇量を差し引いて考える必要があります。

### ●1.5℃で温暖化を止めるための残余カーボン・バジェット

　このようにして見積もられた残余カーボン・バジェットは、IPCC第6次評価報告書第1作業部会によれば、50%の可能性で1.5℃に留まるためには、2020年を起点として500Gt-CO₂です。現在、世

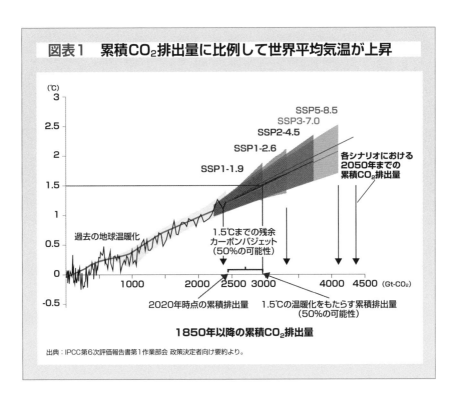

図表1 累積CO₂排出量に比例して世界平均気温が上昇

(℃)

SSP5-8.5
SSP3-7.0
SSP2-4.5
SSP1-2.6
SSP1-1.9

各シナリオにおける
2050年までの
累積CO₂排出量

過去の地球温暖化

1.5℃までの残余
カーボンバジェット
(50%の可能性)

(Gt-CO₂)

2020年時点の累積排出量　1.5℃の温暖化をもたらす累積排出量
(50%の可能性)

1850年以降の累積CO₂排出量

出典：IPCC第6次評価報告書第1作業部会 政策決定者向け要約より。

界のCO₂排出量は約40Gt-CO₂/年ですから、仮に現在の排出量が続くならば、12.5年で残余カーボン・バジェットを使いつくす計算になります。仮に排出量を現在から直線的にゼロに減らしていくことができたとすれば、その倍の25年です。また、67%の可能性で1.5℃に留まるには、この値はさらに厳しく400Gt-CO₂となります。

〈江守正多〉

［参考文献等］
IPCC［2022］「第6次評価報告書　第1作業部会報告書　気候変動　2021：自然科学的根拠　政策決定者向け要約（SPM）暫定訳（2022年5月12日版）」（https://www.data.jma.go.jp/cpdinfo/ipcc/ar6/index.html#SPM）

# ⑱「気候変動」はなぜ「危機」になったのか

気候変動が人類の持続可能性を脅かしており、危機レベル到達までさわめて少しの時間しか残されていません。みずからおこした気候変動への対応の遅れがいま、みずからへの「危機」をもたらしています。

## ●対応遅れの原因

　遅れの原因は、気候変動の持つ性質と人類社会の現状維持バイアスと慣性にあります。気候安定化に向けては**図表1**のような世界的フレームが形成されています。気候変動がどのようなものか科学的探索が続けられているあいだにも二酸化炭素は排出され続け、被害が目に見えるまでになりました。国連主導での削減合意がようやくできましたが、各国はなかなか排出量を減らそうとはしていません。

## ●炭素予算（カーボン・バジェット）が示す緊急性

　気候安定化対応に必要な知見は、IPCC第6次評価報告書（AR6）でほぼ出揃いました【→⑭】が、ここまで来るのに30年もかかってしまいました。その間にも科学界はことの重要性を政府や社会に発信し続けましたが、それが制御する側の政府や産業界を動かせずにいるあいだに、気候変動に追い越され、今の危機を招いています。ことの緊急性に関しては、2013年IPCCが「炭素予算」【→⑰】の考えを用いて1.5℃あるいは2℃までの残り時間の少なさを示し、今すぐ10年での大幅削減が必須であることを示していますが、2021年提出の各国排出計画では2030年までには世界は削減に向かえません。

　結局、責任の押しつけあいの交渉に時間を費やしたUNFCCC、それをいいことに今のうちに稼いでおこうと未来世代を思いやるこ

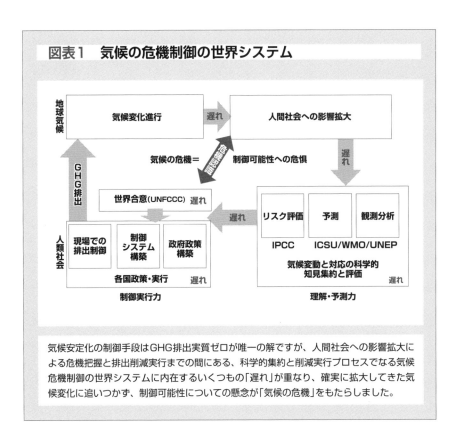

図表1　気候の危機制御の世界システム

気候安定化の制御手段はGHG排出実質ゼロが唯一の解ですが、人間社会への影響拡大による危機把握と排出削減実行までの間にある、科学的集約と削減実行プロセスでなる気候危機制御の世界システムに内在するいくつもの「遅れ」が重なり、確実に拡大してきた気候変化に追いつかず、制御可能性についての懸念が「気候の危機」をもたらしました。

となく二酸化炭素を出し続け、「炭素予算」と時間を無駄に消費し続けた現世代が、今の酷暑、山火事、干ばつと洪水、など科学が予測したとおりの災害多発に直面して狼狽しているのが、「危機」なのです。

　対応が遅れた原因のひとつには、「温暖化」というのが他の自然災害と比較【→図表2】しても、まことに制御の難しい対象であることです。近代人類はもともと、いくらかはぶれながらもほぼ安定した気候のもとで暮らしてきましたから、それが変わるというのは初めての経験です。ですからその解明に時間がかかるのは致し方ないので

す。また、気候は地球上でつながっており、世界のだれもが自由に使っている共有物であるとともに、だれか一人でも排出していると温度が上がってしまうという性質を持っており、制御には国際的な合意が不可欠です。しかし、場所場所で気候の価値が違いますから合意はどうしても難しくなります。さらにいちど温度が目標以上に上がったら（オーバーシュート）、元に戻すのが困難になるという不可逆性があることも対応をむずかしくしています。

　危機はどうすれば乗り越えられるでしょうか。もうすでに大幅に手遅れなのですが、これまでの科学的知見が結論したことは、できようができなかろうが、脱炭素を実現するまでこの危機は解消しないということです。そして「炭素予算」の概念が、未来技術をあてにしたりして今すぐの排出削減をしないことは、危機をあと延ばしするだけでなく今後の対応をますます困難に陥れることを示しています。

　科学的解明が脱炭素へのとりうる道筋を示し、国際約束も取り付けたいま、「削減実行」の一点に集中しなければなりません。これはもちろん各国の排出当事者である、市民・企業、公的組織すべてが責任をもってやらねばならないことです。IPCC AR6は、実行時においては「技術」や「社会的受容」でなく、「経済（コストと雇用効果、経済成長）」や「制度（政治的受容性、実行機関の能力・分野横断性、法制度や管理能力）」が実現可能性へのポイントであるとしています。

　科学の示す道筋を理解し覚悟を決めた挑戦者たちによって、新しい世界が開拓されつつあります。10年後には「危機」脱出の光明がみられると期待できるでしょう。　　　　　　　　　〈西岡秀三〉

## 図表2　人類持続可能性*への自然リスク事象の性質とその終息方法

| | 東日本大震災 | 人為的気候変動<br>（地球温暖化） | COVID-19 |
|---|---|---|---|
| 近世人類の経験 | 多数 | 初めて | 数回/人生 |
| 範囲 | 物理地球と人間 | 物理地球と人類 | 生態系内 |
| 被害者・深刻度 | 地域住民被災、<br>地域社会の崩壊 | 日常生活不安から始まり生態系・人類生存持続危機までの可能性<br>不可逆の可能性あり | 人類健康とウイルス生存のバランス |
| 原因 | 個体地球の自然変化 | 人間活動からのGHG排出<br>化石エネルギー利用経済 | ウイルスによる<br>生態系変化 |
| 対応なしの場合 | ＊＊（対応不能） | 確実に拡大進行し続け、人類生存への危機の可能性も除外できない。遅れるほど対応困難。 | 人類とウイルスが共生点でバランスするまで進行 |
| 時間のスパン | 瞬時：<br>いつ起こるか不明 | 数10年～数世紀 | 数年間 |
| 空間的規模 | 地域的被害<br>国規模対応と<br>国際支援 | 地球表面でつながっている世界公共財→世界一致行動での対応が不可欠 | 世界規模（パンデミック）での蔓延では世界協力が不可欠 |
| 終息の形 | 天災：手の打ちようがない。防災備えと避難、復興 | 自然の理に則った対応がいる（排出をやめることしかない） | ウイルスとの共存ポイントを模索して手打ち（with Corona） |
| 科学の役目 | ＊＊予知努力・インフラ強靭化・事後対応準備 | 気候変化メカニズム解明・リスク予測・対応策構築：制御に必要となる不確実性はほとんど解明済 | 仕舞い方は既知。事象ごとのメカニズム解明と対応策構築 |

＊持続可能性　Sustainability：　地球環境分野では主に自然との関係で論じられる。
＊＊寺田寅彦「天災ばかりは科学の力でも襲来を中止させるわけには行かない。」

気候変動は、近世人類初めての経験であること、人類の持続可能性にまで影響、数世紀にわたる転換、気候が地球公共財であることなど、制御を難しくする要因が多い難題です。半世紀にわたる世界をあげての研究で、制御にかかる科学的知見はほぼ得られてきました。しかし、脱炭素に向かうには、これから人間社会にある経済や制度的障壁をこえねばなりません。

# ⑲ 日本の気候変動対策

日本でも国際条約などを受けて削減目標や対策計画が策定されてきましたが、脱化石燃料・再生可能エネルギーへの転換は世界に遅れをとっています。日本の気候変動対策はどこに、どのような問題があるのでしょうか。

　日本の気候変動問題への取組みは1990年10月の「行動計画」に始まります。**図表1**は、その後のIPCC評価報告書や国際条約の採択・締結を受けての国内対策の経緯をまとめたものです。日本のGHG（温室効果ガス）の9割以上が$CO_2$で、その9割以上がエネルギー起源であるため、気候変動対策も経済産業省が所管するエネルギー政策が基本とされ、原子力と石炭火力に大きく依拠し、再生可能エネルギー（再エネ）は他の主要国に大きく後れをとってきました。

　このような日本の気候変動対策の問題は第1に、削減目標が低く抑えられてきたことです。京都議定書では、2008-2012年に1990年比6％削減との法的拘束力のある義務を負ったのですが、実際には、森林吸収や京都メカニズムで目標達成を見込み、$CO_2$は＋0.6％とされました。2020年目標については、2009年に1990年比25％削減が掲げられましたが、2011年の福島原子力発電所事故後の第二次安倍政権で2005年比3.8％削減に引き下げられました。1998年に成立した「地球温暖化対策推進法（温対法）」でも、目的は2021年まで排出の抑制とされてきました。パリ協定の採択に向けて、2015年7月に2050年80％削減、2030年2013年比26％削減との目標を国連に提出し、パリ協定の採択・発効後も引上げませんでした。2020年10月に菅首相（当時）が2050年カーボンニュートラルを宣言し、2021年5月に

| | 世界の動き | 地球温暖化政策 | エネルギー関連政策 |
|---|---|---|---|
| 1990 | IPCC第1次評価報告書 | 地球温暖化防止行動計画策定 | |
| 1992 | 気候変動枠組条約 | | |
| 1993 | | 環境基本法制定 | |
| 1997 | 京都議定書採択 | | 経団連環境自主行動計画 |
| 1998 | | 温対法制定<br>推進大綱策定 | 省エネ法改正<br>（トップランナー制度） |
| 2002 | | 温対法改正<br>京都議定書目標達成計画策定 | エネルギー基本法制定 エネルギー供給構造高度化法制定 |
| 2005 | | | 省エネ法改正<br>（運輸・建築物対策） |
| 2006 | | 温対法改正（算定報告公表制度） | |
| 2007 | IPCC第4次評価報告書 | | |
| 2008 | | | 省エネ法改正（事業者単位に） |
| 2009 | | 政権交代2020年：<br>1990年比25%削減 | 太陽光発電余剰電力買取制度 |
| 2011 | | | 福島原発事故・原発全停止 |
| 2011 | | | 再エネ特措法制定 |
| 2012 | | 政権交代2020年：<br>2005年比3.4%削減 | |
| 2013 | | 温対法改正　SF$_6$を追加 | 経団連低炭素社会実行計画 |
| 2013〜14 | IPCC第5次評価報告書 | | |
| 2014 | | | 第4次エネルギー基本計画 |
| 2015 | | 2030年：<br>2013年比26%削減 | |
| 2015 | パリ協定採択 | | |
| 2016 | | 地球温暖化対策計画。<br>NDC提出 | |
| 2018 | | | 第5次エネルギー基本計画 |
| 2018 | IPCC1.5℃特別報告書 | | |
| 2019 | | 長期戦略提出 | |
| 2020 | | 2050年<br>カーボンニュートラル宣言 | |
| 2021 | | 温対計画・NDC・<br>長期戦略改定 2030年：<br>2013年比46%削減（50%） | 第6次エネルギー基本計画 |
| 2021〜22 | IPCC第6次評価報告書 | | |
| 2021 | グラスゴー気候合意 | | |
| 2022 | | | 省エネ法など改正、<br>建築省エネ法改正 |

温対法：地球温暖化対策推進法　政策大綱：地球温暖化対策政策大綱
出典：筆者作成。

は2030年目標が2013年比46％削減に引き上げられました【→図表1、2】が、1.5℃目標と整合する日本の削減経路としては不十分です。

　第2に、第4次（2014）および第5次（2018）エネルギー基本計画で原子力と石炭火力をベースロード電源と位置づけ、世界が脱石炭に動くなか、日本では大規模石炭火力の新設が相次ぎ、今も建設中です。第6次（2021）でも石炭を重要なエネルギー源とし、目標改定後の2030年の電源構成でも19％を占めています【→図表3】。さらに、火力由来の水素やアンモニア混焼を「排出削減対策」に当たると定義し、官民で「火力の脱エミッション化」を掲げ、法改正と国債等で支援するとしています。他方で再エネは、2011年8月に「FIT法（再生可能エネルギー電気の調達に関する特別措置法）」が成立し（2012年7月施行）、太陽光・風力が増加し、2020年には約20％になりましたが、2030年目標は36-38％にとどまり、再エネの主力電源化に必要な再エネの系統への優先接続や送電網の整備など電力システム改革も進んでいません。政府は原子力を2030年に20-22％と見込み【→図表3】、再稼働を促し、2023年に新増設にも踏み込みました。

　第3に、本来の排出削減対策の導入の遅れです。2006年に温対法に大規模排出事業者の排出量の算定・報告制度が導入されたものの、排出量の6割以上を占める発電・産業分野では経団連環境自主行動計画とこれを政府がフォローアップするという自主的取組みに委ねてきました。2005年に省エネ法に運輸、建築部門を追加しましたが、2022年には化石由来の水素・アンモニアを非化石エネルギーとし、その推進が目的に加えられました。建築物の断熱規制の強化も遅れ、2022年改正でようやく住宅の建築規制に断熱基準が取り入れられました。EUや米国の州・中国・韓国などで排出量取引制度が導入されるなか、日本では取り入れられず、炭素税も$t-CO_2$あたり289円にとどまっています。GX基本方針（2023年）のカーボンプライジングも導入時期が先送りされ、その水準も低いものです。　〈浅岡美恵〉

## 図表2　日本の温室効果ガスの排出量と削減目標の推移

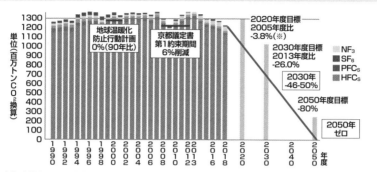

出典：気候ネットワーク作成。

2013年までCO$_2$排出量がむしろ増加した(リーマンショック時を除く)のは、削減目標が高いのではなく、逆に増加を容認していたことの反映である。福島原発事故後、省エネと再エネ特措法による削減傾向が現れているが、2050年実質ゼロには政策措置の拡充が不可欠となる。

## 図表3　2030年の電源構成

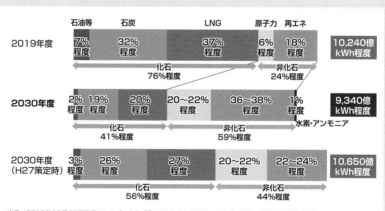

出典：2019年10月22日資源エネルギー庁作成「2030年度におけるエネルギー需給の見通し(関連資料)」から。

2030年までにほぼ半減させるために、IEAでも、CO$_2$の約40%を占める発電部門での脱火力を最優先に位置づけている。世界的には再エネは既に最も安い発電であるが、日本では福島原発事故後に新設された石炭火力の利用継続を優先し、アンモニア混焼を推進している。

# ⑳ 地球温暖化・気候変動の将来見通し

> IPCCの報告書では、5つのシナリオに沿って将来の見通しを示しています。パリ協定の1.5℃で温暖化を止めるには、今世紀半ばに世界の$CO_2$排出量をネットゼロにする、排出量が「非常に低い」シナリオを実現する必要があります。

## ●2100年までの二酸化炭素排出シナリオ

　IPCCの第6次評価報告書第1作業部会では、地球温暖化の将来見通しを行うために、5つのシナリオを設定しています[→**図表1**]。ここでいうシナリオとは、将来ありうる社会経済の発展パターンと温暖化対策のレベルを様々に想定し、その想定に沿って温室効果ガスの将来の排出量などの変化を見積もったものです。

　排出量が「非常に低い」シナリオ（SSP1-1.9）は、持続可能な社会経済発展と非常に野心的な温暖化対策が実現した場合です。今世紀の半ばごろに$CO_2$の排出量が正味ゼロになり、その後は正味で吸収になります。その他のシナリオの概要をコラムに示します。

## ●2100年までの気温変化見通し

　これらのシナリオに対応して、世界平均気温の変化の見通しをみていきます[→**図表2**]。排出量が「非常に低い」シナリオは、産業革命前を基準に1.5℃前後で温暖化が止まります。「低い」シナリオでは、1.8℃程度で温暖化が止まります。「中間」のシナリオでは2050年ごろに2℃を超えてしまい、今世紀末には3℃近く上昇します。「高い」シナリオでは4℃近く、「非常に高い」シナリオでは5℃近くまで世界平均気温が上昇します。ただし、これらは中央値的な見通しで、実際には気温の見通しには科学的な不確かさの幅があります。

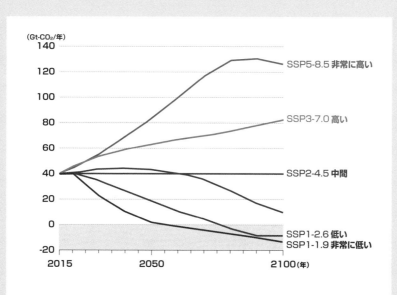

## 図表1　世界のCO₂排出量の将来シナリオ（Gt-CO₂/年）

(Gt-CO₂/年)
140
120　SSP5-8.5 **非常に高い**
100
80　SSP3-7.0 **高い**
60
40　SSP2-4.5 **中間**
20
0　SSP1-2.6 **低い**
-20　SSP1-1.9 **非常に低い**

2015　　2050　　2100(年)

出典：IPCC第6次評価報告書第1作業部会 政策決定者向け要約より。

●排出量が「非常に低い」シナリオ（SSP1-1.9）：
コラム　持続可能な社会経済発展と非常に野心的な温暖化対策が実現した場合。
●排出量が「低い」シナリオ（SSP1-2.6）：
持続可能な社会経済発展とある程度野心的な温暖化対策が実現した場合。2070年代にCO₂の
排出量が正味ゼロになります。
●排出量が「中間」のシナリオ（SSP2-4.5）：
中庸な（現在の延長に近い）社会経済発展が続き、中程度の温暖化対策が行われた場合。2050
年頃にようやくCO₂排出量が減少し始め、今世紀中に正味ゼロに到達しません。
●排出量が「高い」シナリオ（SSP3-7.0）：
地域対立が激化する社会経済発展で、温暖化対策が行われなかった場合。今後もCO₂排出量が
増加し続けます。
●排出量が「非常に高い」シナリオ（SSP5-8.5）：
化石燃料に依存した社会経済発展で、温暖化対策が行われなかった場合。今後もCO₂排出量が
大幅に増加し続け、2080年頃に化石燃料の枯渇により頭打ちになります。
CO₂以外の温室効果ガスなどについても対応するシナリオがありますが、ここでは最も重要な
CO₂のシナリオのみを示しています。

2021年末に英国のグラスゴーで国連気候変動枠組条約の締約国会合COP26が開催されました。その開催前の時点で世界各国が宣言していた対策目標がすべて達成された場合の削減ペースは、「中間」シナリオに近いと考えられていました。しかし、COP26期間中に新たな野心的な目標の宣言があり、それらがすべて達成された場合には「低い」シナリオの削減ペースに近づくといわれています。しかし、各国の宣言した目標が本当に達成されるかは、まだこれからの話です。また、1.5℃で温暖化を止めるためには「非常に低い」シナリオの削減ペースが必要ですが、世界の削減ペースはまだそれに遠く及びません。

　また、いずれのシナリオでも、今後20年間（2021-2040年）で平均した気温上昇が1.5℃に達してしまう可能性が50%以上あると考えられます。つまり、1.5℃の温暖化は目前に迫ってきています。

## ●2100年とその先の海面上昇見通し

　気温上昇にともない、海水の熱膨張と陸上の氷河・氷床の減少により、海面上昇がおきています。世界平均の海面水位は、1900年を基準に、すでに20cm程度上昇しています。この上昇がさらに続き、2100年には「非常に低い」シナリオでも50cm程度、「非常に高い」シナリオでは1m程度の上昇がおきる見通しです。

　ただし、南極氷床の不安定化がおきた場合には海面上昇がさらに加速し、2100年に2m近くに達するおそれがあります。それが本当におきるかはまだわかりませんが、IPCC報告書は「その可能性を排除できない」としています。

　海面上昇はさらにその後も続き、2300年には「低い」シナリオで0.5-3m、「非常に高い」シナリオで2-7m、さらに南極氷床の不安定化がおきれば15m程度の海面上昇の可能性を排除できません。

〈江守正多〉

## 図表2　産業革命前からの世界平均気温の変化見通し

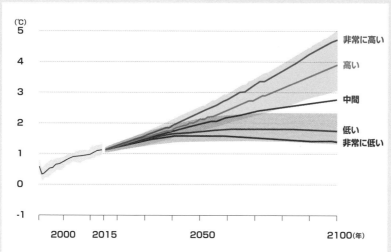

注：「高い」と「低い」のシナリオについては、見通しの科学的な不確かさの幅として可能性が非常に高い（90％以上の）範囲が示されている。
出典：IPCC第6次評価報告書第1作業部会 政策決定者向け要約より。

## 図表3　1900年を基準とした世界平均海面水位の変化

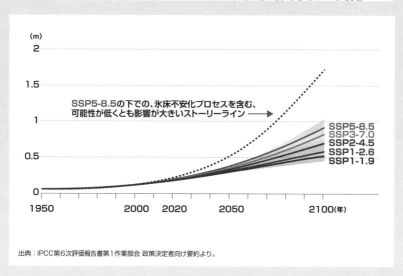

出典：IPCC第6次評価報告書第1作業部会 政策決定者向け要約より。

# ㉑「責任」と「正義」

気候変動のような時空スケールの大きな人為的災害により、その負の遺産や被害が、社会的弱者に偏って出現することが多くなり、これまでの社会契約や倫理の考え方を超えた「責任」や「正義」の理解が求められています。

　気候変動の問題に限らず、環境危機の問題については、現世代の人間活動の結果、未来世代に禍根を残す問題であり、環境倫理学では、「世代間倫理」の問題として議論されてきました。

　近代の倫理学では対面の人間間の倫理が基本であり、何らかの倫理的配慮をする場合、相手も同様な倫理的配慮をするということが前提で考えられてきました（相互性、互恵関係）。そのため、地球環境問題が出現し、未来世代への倫理に関しては十分な対応ができませんでした。ダニエル・キャラハンのように親子関係のような明確な社会契約がなくても親への恩義や子どもへの義務を例にとって、あくまで倫理的事務について議論するやり方でしのぐ議論もあります※1。

　一方で、未来世代を現世代と同一の原理でとらえることに対して疑問を投げかけるデレク・パーフィットは、その倫理的配慮の根拠を問題にしました※2。しかし、現世代には負の遺産と思われることが、科学技術の進歩などによって未来世代にとっては必ずしも負の遺産を残すことにはならないという議論は、人間の生命としての基本的な存立要件は世代を超えて大きく変わることはないことを考えると、この議論は結果的に現世代の利己的行為の正当化になってしまいます。

## 図表1　ハンス・ヨナスの「責任という原理」（日本語訳・新装版）

出典：東信堂（2010年）

**コラム**

### 1　予防原則（Precaution Principle）

特定の新技術などが人びとの健康や環境に重大で不可逆的な影響を及ぼすおそれがある場合、科学的因果関係が十分証明されない状況でも、規制措置を可能にするという考え方および制度。予防原則は、因果関係が科学的に証明されているリスクについて、それを未然に防止するために規制を行う「未然防止」（Prevention）とは性格を異にする。ヨーロッパでは守るべき原則と「予防原則」が使われることが多いが、アメリカや日本では「原則」が厳しすぎるとして「予防的アプローチ」という言い方が好まれる。

1992年の国連環境開発会議（UNCED）リオ宣言より：「環境を保護するため、予防的方策（Precautionary Approach）は、各国により、その能力に応じて広く適用されなければならない。深刻な、あるいは不可逆的な被害のおそれがある場合には、完全な科学的確実性の欠如が、環境悪化を防止するための費用対効果の大きい対策を延期する理由として使われてはならない」。（第15原則）

これは、地球温暖化対策などで、科学的な不確実性を口実に対策を拒否または遅らせる動きの牽制とする意味合いもある。

このように近代的倫理学の枠組みで捉えようとしたとき、人間が科学技術の大きな力を有するようになり、しかも、地球環境問題のような今までにないような状況の中ではその問題をうまく捉えきれないということになります。近代の社会において当然のように前提されていた、近代の倫理学や社会契約での議論を超えた新しい原理が必要になってきます。それは「責任」であり「正義」なのです。

　ハンス・ヨナスは、親の子どもに対する関係を自覚的義務ではなく自然的な願望ととらえ、相互的ではなく親からの一方的なかたちの「責任」という倫理があると論じます[※3]。人間が科学技術によって自然に対して大きな力を持ったことで別のかたちの行為の倫理を立てるべきではないかと考えたのです。

　このことは、科学的な不確実性が問題の解決の遅延を正当化してはいけないという予防原則[→コラム1]とも通じることで、後述するリオ宣言(第15原則)でも明記されています。

　ジョン・ロールズは、自分がどのような社会的階層などに属しているかわからないとき(無知のヴェール)、合理的人間であれば、リスクや資源、財などの平等で公正な配分原理を受け入れることを「正義」として主張しました[※4]が、1980年代の後半頃からそのことが環境問題の本質であるという理解が深まり、環境のリスクや資源の社会的不公正を是正することが「環境正義」としてとらえられました。

　1989年から先進国主導で始まった地球環境問題の時代では、南北問題や先住民などマイノリティの権利の問題も中心的テーマとして議論されるようになり、1992年のリオ・デ・ジャネイロでの地球サミットにおいては、そのことが大きく反映されたアジェンダ21(リオ宣言)が採択され、そのことを基底として国際的な議論が継続的に議論され、それが2015年のアジェンダ2030や2015年のパリ協定につながっています。

〈鬼頭秀一〉

## 図表2　ニューヨーク市における気候マーチ（2014年）

出典：気候ネットワーク（同団体撮影）

**コラム**

### 2　気候正義（Climate Justice）

気候変動問題における不公正の問題は1992年に締結された気候変動枠組条約の条文3原則1から、「衡平の原則」として認識されてきました。1991年の「環境正義の原則」の問題提起を受けて、環境正義にもとづいて気候変動問題をとらえるべきだとする動きがありました。2000年のハーグで開催されたCOP6に合わせて最初の気候正義サミットが開催されました。明確なかたちで気候正義の概念が明確化されたのは、2002年であり、「パリの気候正義の原則」と言われています。そして、2014年9月に、各地で多くの若者が中心に、「気候マーチ（People's Climate March　September 2014）」（写真）というかたちで、大規模なデモ行進などの抗議行動が行われましたが、「気候正義」のプラカードを持った参加者も多く、気候変動による被害が、社会的弱者や未来世代により強くあらわれるので、「気候正義」にもとづく理解が必要だということを強く印象づけました。

［引用文献］
※1　Callahan, Daniel［1971］"What Obligations Do We Have to Future Generations?", *The American Ecclesiastical Review*, 164（4）, April, pp.265-280.
※2　デレク・パーフィット［1998］『理由と人格──非人格性の倫理へ』、森村進訳、勁草書房。
※3　ハンス・ヨナス［2000］『責任という原理──科学技術文明のための倫理学の試み』、加藤尚武監訳、東信堂。
※4　ジョン・ロールズ［2010］『正義論』川本隆史 他訳、紀伊国屋書店。
※5　アジェンダ21（「環境と開発に関するリオ宣言」）、1992年。（https://www.env.go.jp/council/21kankyo-k/y210-02/ref_05_1.pdf）
※6　「我々の世界を変革する：持続可能な開発のための2030アジェンダ」、2015年。（https://www.mofa.go.jp/mofaj/files/000101402.pdf）

# ㉒ 気候危機回避の課題

　国の温暖化対策数値目標が十分かどうかを比較するには複数の指標があります。しかし、どの指標を用いても、今の日本政府の目標は、産業革命以降の温度上昇を1.5℃以下に抑制というパリ協定目標の達成には不十分です。

　地球温暖化対策の策定や各国の数値目標をめぐる国際交渉は、正義や公平性に関する対立の歴史そのものだといっても過言ではありません。そして途上国の人びとは、「豊かになるために二酸化炭素（$CO_2$）などのGHG（温室効果ガス）排出は必要不可欠」「歴史的な排出責任は小さいのにより大きな温暖化の被害を受けるのは不公平」などの理由で、自分たちにはGHG排出のより大きな分配（小さい排出削減）、すなわち先進国により大きな削減を求めてきました。一方、先進国は、基本的には歴史的責任の議論を受け入れていません。

　各国のGHG排出削減量が十分かどうかは、世界全体の目標をどのレベルに設定し、国ごとの差異化指標として何を採用するか、の2つによって決まります[→図表1]。その数値目標差異化の指標としては、以下の5つが代表的な指標と考えられます[→図表2]。

・平等（equality）：本来、人間は平等なので、排出量も平等であるべきという考えにもとづいており、「1人あたりGHG排出量」などが対応されます。

・責任（responsibility）：1人あたりの過去および現在の排出量の大きさを基準とします。責任を考える際には、過去の排出をどこまで考慮するかが常に問題になります。なお、この「責任」は前出の「平等」と同じ「1人あたりGHG排出量」を示す場合もあります。

## 図表1　各国に必要とされるGHG排出削減量の考え方

| | |
|---|---|
| 世界全体での気候安定化の目標(℃) | 国際社会で2℃あるいは1.5℃で合意されている |
| 世界全体での排出削減量(t-CO₂) | 仮に2℃という気候安定化目標が決まれば、世界全体の排出許容量(カーボン・バジェット)は、現在の科学的知識で比較的容易に計算できる |
| 各国の排出削減量(t-CO₂) | 何らかルールのもとで世界全体のカーボン・バジェットを各国のカーボン・バジェット(排出量)に分配するのは価値観の問題が入ってくる(国家間だけではなく、現世代と次世代との間の分担も問題) |

出典：明日香壽川(2015)『クライメート・ジャスティス──温暖化対策と国際交渉の政治・経済・哲学』日本評論社。

温暖化目標が決まれば、カーボン・バジェットは決まります。したがって、そのバジェットを、どのような基準でどのように分配するかが、各国の排出削減の「妥当性」を決めることになります。

## 図表2　各国のGHG排出削減量の妥当性を考える指標

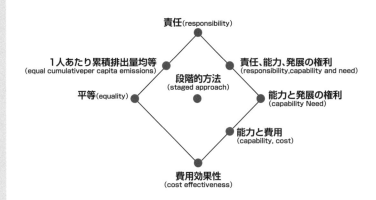

出典：Höhne et al.(2014)をもとに筆者作成。

図表2 は、これまで多くの研究者から提案されてきた指標を整理したものです。実際には、複数の指標を組み合わせて各国の排出削減量の妥当性を考えるような提案が多くなされてきました。

・能力（capacity）：排出削減の経済的な可能性を示すもので、「1人あたりGDP（国内総生産）および所得」などが対応されます。

・削減ポテンシャル（reduction potential）：各セクターにおけるGHG排出量を一定のレベルまでに引き上げる際に削減される排出量を排出削減量とする考え方です。なお、IPCC第5次評価報告書では、この削減ポテンシャルは明示的な公平性指標とは位置づけられてはいません。

・費用効果性（cost effectiveness）：「世界共通のある一定のGHG排出限界削減費用までの対策を行った場合のGHG排出削減量」が各国の排出削減量となる考え方で、「排出削減費用は世界全体で最小化されるべき」という経済的な効率性を重視する考え方にもとづいています。なお、削減ポテンシャルと同様に、IPCC第5次評価報告書では、この費用効果性は明示的な公平性の指標とはしていません。

### ●日本政府の数値目標の評価

　では、今の日本政府の目標数値はどのように評価できるでしょうか。前述のように、2021年に決めた日本政府の「GHG排出量46％削減（2013年比）」とパリ協定の1.5℃目標との整合性の検証は、1.5℃目標の達成に必要なカーボン・バジェット（許容累積排出量）との比較が必要となります。2021年8月9日に発表されたIPCC第6次評価報告書（AR6）は、67％以上の確率で1.5℃目標を達成する$CO_2$のカーボン・バジェットを約400Gt（4000億t）としました。

　**図表3**は、この世界全体のカーボン・バジェットをグラフ化したものです。1.5℃目標達成に関しては、おそらく多くの人が「今から直線的に2050年に向けて排出量を減らしていけばよい」と誤解していると思われます（実際に、日本の46％削減というのは、現状から2050年ゼロに向けて直線的に線を引いたものとなっています）。しかし、世界全体で考えた場合、この**図表3**からわかるように、2020年から直線的に減少させるような排出シナリオ（経路）では、大幅に1.5℃目標のカーボン・

## 図表3　1.5℃のカーボン・バジェットに整合する排出シナリオ

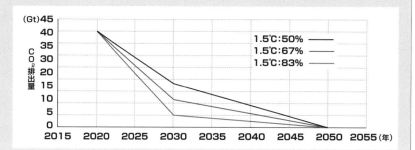

IPCC AR6にある1.5℃度目標達成に関する世界全体に与えられたカーボン・バジェット（確率50%で目標を達成する場合は500Gt、確率67%で目標を達成する場合は400Gt、確率83%で達成する場合は300Gt）にもとづいて作成しました。この図は、どの確率で1.5℃目標を達成する場合も、1.5℃目標達成のカーボン・バジェットでは、2030年まで急激に（傾きがマイナス1以下で）削減する必要があることを示しています。

## 図表4　1.5℃のカーボン・バジェットと日本の46%削減目標との関係

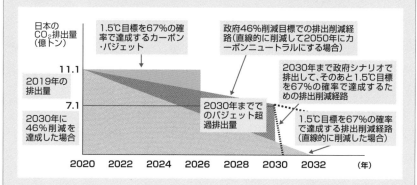

IPCC AR6のカーボン・バジェット400Gt（1.5度目標を67%の確率で達成）を現人口割で日本に割り当てた場合のカーボン・バジェット（6.6Gt）と日本の年間$CO_2$排出量（1.1Gt）を用いて計算。図で斜線の部分が、2032年まで直線的に削減するシナリオと比較した場合の2030年まででのバジェット超過量となります。このバジェット超過量をキャンセルするためには、図で示したように2030年から急激に削減する必要があります。

バジェットを超えてしまいます。それくらい、カーボン・バジェットは小さく、急激で大幅な排出削減が求められています。

　では、400Gtのうち日本に分配されうるカーボン・バジェットの量はいくらでしょうか。まずは歴史的な排出責任や途上国の経済発展にともなう1人あたり排出量の増加をあまり考慮しないという意味で先進国にとって有利な現存人口割にしても、世界人口が約76.8億人、日本の人口が約1.27億人なので約6.6Gt（66億t）となります。最近の日本の年間$CO_2$排出量は約1.1Gtなので、同じレベルの排出が続くとすると、2020年から数えて約6年でバジェットはなくなります。また、2020年から直線的に削減する場合は2032年にゼロとする必要があります。すなわち、2050年ネットゼロまで直線的に削減するという政府の「2030年46％削減目標（2013年比）」では、与えられたカーボン・バジェットと比較して大幅な排出超過となります[→図表4]。

　では、国際社会に対して、ある程度は責任あるコミットメントといいうるような日本の2030年の排出削減目標数値として、どのような数値が考えられるでしょうか。各国目標を比較評価しているシンクタンクにClimate Action Trackerがあります。最新の日本の目標に対する評価であるClimate Action Tracker（2021）では、前述の「費用効果性」という基準を考えた場合、日本は2013年比で62％削減を必要としています[→図表5]。実際に、この「62％削減」というのが、政府に対する日本のNGOなどの共通の要求になっています。

　ただし、この62％は、途上国に対する公平性、すなわち先進国側の歴史的排出を考慮していません。前出のClimate Action Tracker（2021）は、公平性を考慮した場合には、日本は2030年までに2℃目標達成には約90％、1.5℃目標達成には約120％の削減がそれぞれ必要だとしています[→図表5]。また、公平性のなかでも歴史的排出量をとくに重視するClimate Equity Reference Calculator（Eco equity

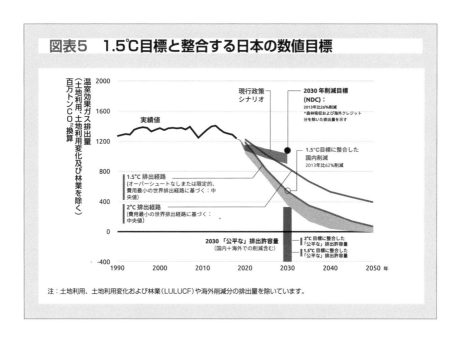

**図表5　1.5℃目標と整合する日本の数値目標**

温室効果ガス排出量（土地利用、土地利用変化及び林業を除く）
百万トンCO₂換算

実績値

現行政策シナリオ

2030年削減目標（NDC）：
2013年比26%削減
*森林吸収および海外クレジット
分を除いた排出量を示す

1.5℃目標に整合した国内削減
2013年比62%削減

1.5℃排出経路
（オーバーシュートなしまたは限定的、
費用最小の世界排出経路に基づく：中
央値）

2℃排出経路
（費用最小の世界排出経路に基づく：
中央値）

2030「公平な」排出許容量
（国内＋海外での削減含む）

2℃目標に整合した
「公平な」排出許容量
1.5℃目標に整合した
「公平な」排出許容量

注：土地利用、土地利用変化および林業（LULUCF）や海外削減分の排出量を除いています。

and SEI 2018）という計算ツールを用いると、たとえば1850年からの歴史的排出を考慮した場合、1.5℃目標達成に必要な日本の排出削減数値目標は167％となります。繰り返しになりますが、それくらい私たちには急激で大幅な排出削減が求められています。

〈明日香壽川〉

［参考文献］
明日香壽川［2015］『クライメート・ジャスティス──温暖化対策と国際交渉の政治・経済・哲学』日本評論社。
未来のためのエネルギー転換研究グループ［2021］「日本政府の2030年温室効果ガス46%削減目標は脱原発と脱石炭で十分に実現可能だ──より大きな削減も技術的・経済的に可能であり、公平性の観点からは求められている」（https://green-recovery-japan.org/pdf/greenhousegas_2030.pdf）
Climate Action Tracker［2021］「日本の1.5℃ベンチマーク～2030年温暖化対策目標改定への示唆～」（https://climateactiontracker.org/documents/849/2021_03_CAT_1.5C-consistent_benchmarks_Japan_NDC-Translation.pdf）
Eco Equity and SEI［2018］*Climate Equity Reference Calculator.*
Höhne, Nicklas, Michel Den Elzen, Donovan Escalan［2014］*Regional GHG reduction targets based on effort sharing: a comparison of studies* , Climate Policy, Vol. 14, No. 1, pp.122-147.

# ㉓ 温暖化懐疑論を のり越える

温暖化していない、二酸化炭素（$CO_2$）は関係ない、温暖化して何が悪い、というような温暖化懐疑論が存在しています。しかし、これは、もはや科学や良識にもとづいた議論ではありません。

　下記は、典型的な懐疑論者の主張と、それに対する反証論です。

　懐疑論1：ある場所では温度が低下している。昔もこのようなことはあった。だから温暖化は怪しい。

　反証論：部分で全体は議論できません。観測地点の大部分では温暖化しており、平均気温は確実に上がっています〔→①〕。

　懐疑論2：二酸化炭素ではなくて、太陽活動（宇宙線）や水蒸気のほうが温暖化に影響する。

　反証論：実際には、太陽活動の強さも宇宙線のトレンドも、最近の温暖化のトレンドとは一致していません〔→②〕。水蒸気は、たしかに最大の温室効果ガスであるものの、そのことは気候モデルでも十分に考慮されています。水蒸気濃度も水蒸気の温室効果の大きさも長期間バランスしており、人為的に制御することは困難です。一方、急速に濃度が増加していて、全体のバランスを壊そうとしているのが二酸化炭素やメタンなどの温室効果ガスです。

　懐疑論3：気候モデルは信用できない。

　反証論：気候変動を予測する気候モデルは、経済モデルと同様に、まず過去および現在の事象を事後的にうまく再現できるかどうかによって検証されています。世界中で独立に開発された多くのモデルがこのような不断の検証を受け続けており、現時点でそのすべてが

コラム　科学的には終わった温暖化懐疑論はなぜ続くのか

温暖化対策の阻害要因となっているのが温暖化懐疑論です。いわゆる、温暖化していない、$CO_2$は温暖化とは関係ない、といった温暖化そのものについての定説への懐疑論と、温暖化して何が悪い、日本はほとんど責任がない、といった温暖化対策への懐疑論の3つの議論で、①化石燃料会社ベースの産業形態を維持することで当面の利益を守りたい関係者、②情報リテラシー（正しい情報を収集し、整理し、そして発信する能力）が不十分な人、③天邪鬼（他の人と違うことを言うこと）がかっこいいと思っている人、④天邪鬼になることで経済的利益を得る人、などが存在する限り、消えることはないでしょう。

## 図表1　筆者も関わった『地球温暖化懐疑論批判』（2009年）

温暖化懐疑論を詳細に批判した書物としては、筆者も関わった東京大学サステイナビリティ学連携研究機構(IR3S)という組織から出版された『地球温暖化懐疑論批判』という報告書（写真）があります。(https://energytransition.jp/archives/144からダウンロード可)。じつは、2013年頃の米国の研究で、「科学者の97％は今起きている急激な温暖化が人為的なものと考えている。しかし、一般の人の55％は、科学者の間で意見が分かれていると考えている」と結論づけたものがあります。今の日本での数字は不明なものの、あくまでも筆者の感覚だと、一般の人々の数十パーセントは、科学者の間で意見が分かれているとまだ考えているように思われます。

将来の温暖化傾向を予測しています。

　懐疑論4：CO$_2$濃度の上昇は認めるものの人間活動とは関係ない。

　反証論：炭素同位体などを用いた方法など、複数の方法論にもとづいた定量的な研究で人間活動との関係は明確に証明されています。

　懐疑論5：温暖化がおきて何が悪い？　昔にも温暖化した時代があったのではないのか？

　反証論：被害を受けている人びと、これから大きな被害を受けると考えられる世界各地の人びとへの共感がなく、自分のことだけしか考えていない人の議論です。また、現在おきている温暖化の急激なスピードは過去に例をみません。現代社会と数百年前の社会とでは、人口や社会環境もまったく違います。世界各地の被害は私たちにも影響します。私たちは世界の未来世代に「責任」があるのです〔→⑧、⑨、㉑〕。

　懐疑論6：温暖化問題は原発推進派の陰謀・陰謀である。

　反証論：原発を推進する人たちが温暖化対策を口実に使っているのはたしかです。しかし、それと温暖化の科学の正統性とは独立した問題で関係がありません。温暖化対策に熱心なNGOの大部分は反原発であり、温暖化問題に関わっている研究者の多くが、そのコストやリスクから原発の役割には否定的です。

　懐疑論7：温暖化対策はリベラル派や欧米の陰謀である。

　反証論：「リベラル派の陰謀」と批判して対策を遅らせることで利益を得るのは、とくに米国では、化石燃料会社とそれを支持基盤とする共和党などの保守派の人たちです。また、欧米の人よりも途上国の人のほうがより甚大な被害を受けるため、COPなどでは途上国の人も、あるいは途上国の人のほうが、温暖化対策に必要性や緊急性を強く訴えています。

　懐疑論8：温暖化問題よりももっと大事なことがある（ex.戦争や貧困）。

　反証論：戦争や貧困など多くの問題は前からあって、これからも

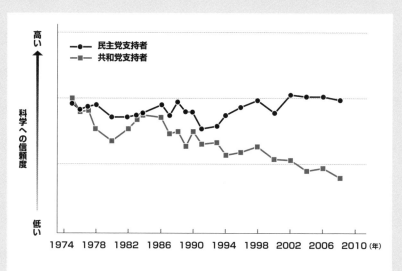

**図表2　1990年以降に高まっている共和党支持者の科学不信**

高い

- ●— 民主党支持者
- ■— 共和党支持者

科学への信頼度

低い

1974　1978　1982　1986　1990　1994　1998　2002　2006　2010 (年)

出典：ゴーチャット博士の論文をもとに作成。

温暖化懐疑論は、化石燃料ビジネスに関わっている国や企業が大きな発信元であり、それを多くの人が信じてしまっています。特に米国の場合は、化石燃料会社から多額の政治献金を受けていて政府の規制を嫌う共和党支持者が、規制につながるメッセージを出している科学そのものを否定するようになっています。おそらく現在、世界でも最も有名で、かつ最も影響力がある懐疑論者はトランプ前米大統領でしょう。彼、あるいは彼が属する米共和党の人々は、温暖化問題だけでなく、新型コロナ感染症に関しても、ワクチンやマスクの重要性を否定しています。残念ながら、政治の前では科学の力は弱く、かつ多くの人が科学的な事実を知らない、あるいは知ろうとしない。それが現実です。

あります。また、温暖化は、干ばつなどで食糧不足を引き起こします。食糧不足は、戦争や貧困の要因あるいは拡大要因となります。結局は、温暖化問題の重要性を貶めて、対策を先送りするためだけの議論です。　　　　　　　　　　　　　　　　　　　　　〈明日香壽川〉

［参考文献］
三井誠[2019]『ルポ 人は科学が苦手──アメリカ「科学不信」の現場から』光文社新書。

# 第2章

# 気候危機対策の全体像

# 概要

　第2章では、気候危機対策の全体像をつかみます。気候危機対策とは、世界の温室効果ガスの排出量をできるだけ早く削減していくことです。その主軸は、省エネと再エネの導入ですので、その現状と可能性、さらに、それら対策を進めるための制度と政策の現状と課題を示します。また、対策と共に、すでに放出された温室効果ガスによる気候変動への対応（適応策）も必要ですので、すでに行われている様々な取組みや、新たな対策の必要性についても解説しています。

## ●適正な温室効果ガス対策を考える

　世界の温室効果ガス排出量の3分の2以上を占める$CO_2$排出量の削減が急務であり、その対策の基本は①省エネ・節エネによる需要圧縮、②化石燃料の大幅削減、③再エネの大幅導入の3つです。日本でもCCS（$CO_2$分離貯留）技術が検討されていますが、経済性・安全性の面で課題があります。むしろ、科学・技術的に炭素貯留の有効性が解明され、近年政策や社会実装面で期待が高まっているのは、沿海域での炭素貯留（ブルーカーボン）です。$CO_2$以外の温室効果ガス削減としては、農業・畜産からのメタンや一酸化二窒素（$N_2O$）排出量への対策が求められています。自然界に存在しないガスであるフロン類は、温暖化係数が高く、現在、唯一排出量の増えている温室効果ガスで、自然界にある温室効果の低い物質への転換が急務です。

## ●省エネと再エネ導入で「脱炭素」を進める

　省エネは、我慢することではなく、エネルギー効率を上げてエネルギー消費量を削減することであり、日本にはまだ大きな導入余地があります。機器更新や断熱建築にすると初期投資費用がかります

が、光熱費も削減することができ、多くの対策は投資回収可能です。

　再エネの導入については、近未来に再エネ100％が可能という考えや研究が世界的に主流となりつつあり、自然エネルギー導入コストの低下も進み、途上国での拡大も顕著です。日本での再エネ導入も、環境省の調査データによると、国の定めた2030年導入目標を大きく上回るポテンシャルがあります。ただし、地域分散型のエネルギーですので、季節変動や時間変動への対応が必要です。とくに電力供給量は、供給エリアや自治体ごとに、季節変動や時間変動も反映した1年間の再エネ供給量を集計し、需給調整をしていくことが求められます。

## ●制度と政策で「脱炭素」を支援する

　脱炭素のための国際的な制度で代表的なものは、2015年12月12日に採択された「パリ協定」で、脱炭素に向けた各国の具体的貢献目標や気候資金への拠出額につながっています。主要国は2030年の排出削減・再エネ導入目標を引き上げていますが、それでも1.5℃目標の実現には程遠いのが現状です。脱炭素への貢献の方法としては、A国での排出削減量を、その削減に協力したB国の削減量(の一部)にカウントすることのできる「二国間クレジット制度」もありますし、産業転換を図るために$CO_2$排出量そのものへ税金を課すことで削減を促す「炭素税」、排出枠を削減目標達成のために売買できる「排出量取引」もあります。日本で脱炭素目標を達成するために導入されている政策・制度は様々ですが、課題もあります。国全体として地球温暖化対策の実効性と経済成長の両立を発揮するための政策統合枠組みが必要ですし、自治体でも部局横断連携体制の構築が課題です。

## ●適応策で気候被害を回避する

　気候危機対策を行ったとしても、すでに放出された温室効果ガスによる気候変動への対応(適応策)は必要であり、すでに様々な取組みがなされ、新たな対策の必要性も議論されています。〈重藤さわ子〉

**❶ 温室効果ガス対策**

## ㉔ 温室効果ガスと地球温暖化係数

$CO_2$（二酸化炭素）以外のガスの温室効果の強さは「地球温暖化係数」を用いて$CO_2$と比較します。

### ●ガスごとの温室効果の比較「地球温暖化係数」

温室効果ガスは、$CO_2$、メタン（$CH_4$）、一酸化二窒素（$N_2O$）、フロン（HFC）類など寿命も性質も異なる様々なものがあります。

これらのガスの温室効果の強さを比較する指標として、$CO_2$の温室効果の強さと比較する「地球温暖化係数」があり、そのガスの単位質量あたりの温室効果が$CO_2$の何倍かで表します[2]。**図表1**に、主な温室効果ガスの地球温暖化係数を示します。

全体の排出量は⑩で見たように、$CO_2$排出が世界で3分の2以上を占めます。一方、表の通り、フロン類はこの係数が大きく、単位質量あたりの温室効果が強いことを示しています。

### ●温室効果ガスの排出総量の計算

温室効果ガスの排出総量（あるいはガスごとの排出量）を、温室効果の「重み付け」により足しあわせた合計をとることができます。**1章3節**のように、世界、国別、地域別あるいは企業などで$CO_2$換算トン（t-$CO_2$、$CO_2$排出量何トン分の温室効果ガス排出量）というように計算しています。国内政策では2007年のIPCC第4次評価報告書で発表された地球温暖化係数が使われています。

〈歌川　学〉

## 図表1　地球温暖化係数の例

| | 寿命 | IPCC第6次報告書の地球温暖化係数（100年） | 政策で使われている地球温暖化係数（100年）※1 | 備考 |
|---|---|---|---|---|
| CO₂ | | 1 | 1 | |
| CH₄ | 11.8 | 27.9 | 25 | |
| N₂O | 109 | 273 | 298 | |
| HFC23 | 228 | 14600 | 14800 | フロン類製造の時の副生ガス |
| HFC32 | 5.4 | 771 | 675 | エアコンなど |
| HFC134a | 14 | 1530 | 1430 | カーエアコンなど |
| HFC152a | 1.6 | 164 | 124 | スプレーなど |
| PFC14 | 50000 | 7380 | 7390 | 半導体液晶製造等で使用 |
| SF₆ | 3200 | 25200 | 22800 | 絶縁ガス、半導体液晶製造等で使用 |
| NF₃ | 569 | 13400 | 17200 | 半導体液晶製造等で使用 |

出典：IPCC第6次評価報告書を参照。

※1　政策では2007年のIPCC第4次評価報告書で発表された地球温暖化係数が使われています。

※2　「CO₂の何倍の温室効果」の表し方について、IPCCでは第5次評価報告書までは、気体の寿命の違いを考慮し、主に20年間、100年間、500年の期間でそれぞれ示していました。第6次評価報告書では時間軸をいれた新しい評価指標も提案しています。

［参考文献］
IPCC［2021］IPCC（気候変動に関する政府間パネル）第6次評価報告書第1作業部会報告。

# ㉕ CO₂削減への 各種アプローチと効果

カーボン・バジェット[→⑰]を考慮すると、いかに早く温室効果ガスを削減できるかがカギになります。ここでは、CO₂に着目し、どのような削減方法があるのか、地域経済の発展や日本の産業競争力に資する削減法は何かを考えます。

　**図表1**(a)は、世界のCO₂の発生状況と2℃シナリオの場合の2050年に向けた推移の想定です。再生可能エネルギー（再エネ）による化石燃料の代替、動力の電動化（再エネによる）、および、エネルギー利用効率の向上（省エネ設備やプロセスの改善による）で、削減幅の94％をカバーしています。(b)は、2015年から2050年に向けて、発電電力量がどう変わるかの想定です。電動化で発電電力量は2倍弱に増加し、再エネ率は24％から85％に増加します。しかし、実績でも、世界の再エネ発電電力量は、原子力を大きく上回っているのです[→**図表2**]。

　**図表3**は、これからのCO₂削減の基本を示します。①省エネ・節エネによる需要圧縮、②化石燃料の大幅削減（特に石炭と自動車用燃料）、③再エネ（太陽光発電、太陽熱利用や風力、水力、バイオマスなど）の大幅導入が基本です。

　①の省エネは、蛍光灯からLEDランプへの切り替えなどです。

　②の再エネ発電や電気自動車（EV）への転換は、エネルギーを熱にして捨てないので、CO₂も出さず、大幅な省エネにもなります。火力発電は、燃料のエネルギーの50-60％を、また、内燃機関自動車の場合は80％ほどを、熱として失っているのです。

　①と②で、生活水準を下げることなしに、大幅なエネルギー需要

## 図表1　世界のCO₂削減⒜および再エネ導入シナリオ⒝

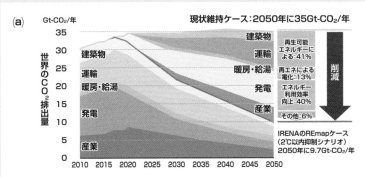

出典：IRENA資料をもとに作成。https://www.irena.org/-/media/Files/IRENA/Agency/Publication/2018/Apr/IRENA_Report_GET_2018.pdf

## 図表2　再エネと原子力の実績比較

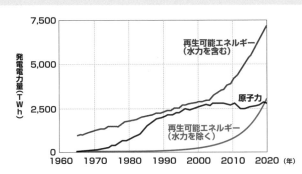

BP：Statistical Renew of world Energy - all Data 1965-2020（2021）　より安田 陽作成。

の圧縮が可能です。

　しかし、CO₂を出さなくする方法には、さらに次の④があるといわれています。

　④CO₂分離回収・隔離：工場や発電所で、発生するCO₂を回収し地中などに隔離するCCS（Carbon Capture and Storage）と、CO₂を大気から分離回収隔離するDAC（Direct Air Capture）です。

　このほか、水素エネルギー構想（再エネで水素（再エネ水素）をつくり発電や燃料に利用）、アンモニア発電構想（再エネ水素でアンモニアをつくり、それを燃焼して発電）も開発中です。また、これらを、再エネが豊富なオーストラリアなどから輸入する構想もあります。

　**図表4**はIRENA（国際再生可能エネルギー機関：日本政府も出資）による各種技術のコスト評価です。マイナスのもの（CCSなど）は、便益がコストを上回ることを意味します。

　**図表5**では、各種技術のより詳しい検討を、A. 技術の成熟度、B. 温暖化対策効果、C. 経済性、D. エネルギー効率、E. 対外支払い、F. 地域経済改善、G. 安全性の7つの視点から、それぞれの特徴を述べ、大まかに評価して数値比較しました。比較しているのは、①効率向上（需要圧縮）、②脱化石燃料、③非化石エネルギーの利用、④バイオマスによる吸収量増加、⑤CCS（CO₂分離回収・隔離）、⑥SRM（太陽放射制御ジオ・エンジニアリング）、⑦水素エネルギー、⑧アンモニア火力発電、⑨CCU（CO₂と水素からメタン等を合成）です。日本と地域の経済を改善し、安全性が高く、効果の高いCO₂削減方法は、前記①省エネ、②脱化石燃料、③再エネ（それぞれ、**[→図表5]**の①、②、③-1に対応）です。

　**図表5**では、太陽放射そのものを抑えようという⑥地球工学的な方法についても記載しています。地球規模で、未知の要素が多く、国際的な合意もできていないため、リスクが大きすぎるといわれています。

〈堀尾正靭〉

## 図表3　ゼロカーボン作戦の基本

省エネ
EV化、ZEB・ZEH化、
家庭・産業の省エネ

脱化石燃料
脱石炭・石油・LNG

再エネ導入
太陽光、太陽熱、
風力、水力、
バイオマス

## 図表4　各種CO₂排出抑制のコスト比較（2050年）

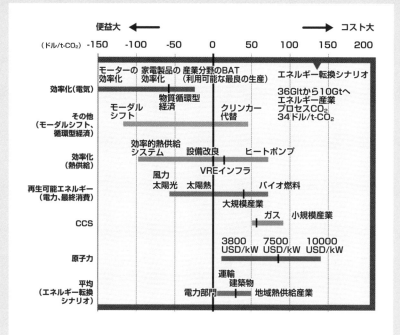

出典：IRENA 2020報告書より（https://www.env.go.jp/earth/report/R2_Reference_5.pdf）

# 図表5　CO₂削減への各種アプローチの多角的評価

| 方法 | 総合評価 | A 概要・技術の成熟度 | | B 温暖化対策効果 | |
|---|---|---|---|---|---|
| ①効率向上による需要圧縮 | 19 | ◎ | 既存の省エネ技術の普及。 | ◎ | 直接的効果あり。 |
| ②化石燃料からの脱却 | 18 | ◎ | 石炭・石油火力の休止、LNG火力の段階的休止。 | ◎ | 直接的効果あり。 |
| ③非化石エネルギーの利用 | | | | | |
| ③-1　再エネの利用拡大（バイオマス利用には注意必要） | 19 | ◎ | ・太陽光発電、太陽熱利用、風力発電、水力・小水力発電、バイオマス熱利用・発電、地熱利用・発電等。<br>・ただし、輸入バイオマスのCO₂削減効果は少ない。森林は100年にわたって炭素蓄積力を持つため、バイオマス利用のための伐採がかえって森林吸収を低下させる場合がある。 | ◎ | 直接的効果あり。 |
| ③-2　原子力の利用拡大 | 10 | ◎ | 既存原子力発電所の再稼働。出力調整はしにくい。 | ◎ | 直接的効果あり。 |
| ④バイオマスによる吸収量増加 | | | | | |
| ④-1　森林による吸収量増加 | 17 | ○ | ・これまでも森林は吸収を行なっており、造林や施業の改善などで吸収速度が増えない限り、CO₂削減効果はない。<br>・温暖化・乾燥化で増加している森林火災による蓄積CO₂の再放出、森林火災や開発による森林面積の減少、生物多様性の減少などが世界的に進んでいることが問題。 | ○ | 直接的効果あり。 |
| ④-2　海洋バイオマスによる吸収量増加 | 13 | ○ | 温暖化とともに進む海洋酸性化対策として、ジャイアントケルプなどの海草の大規模栽培が検討されている。栽培面積の増加は吸収量の増加につながる。 | ○ | 直接的効果あり。 |
| ④-3　バイオマス炭化埋立て | 9 | △ | バイオマスを炭化し、揮発分を燃焼し残りの炭化物（固体）を地中に隔離するもの。土壌改良にもなるといわれているが量的効果は小。大規模に行う場合、かえって森林破壊・環境破壊につながる懸念がある。 | | バイオマス燃焼により化石燃料を代替すれば、それだけで削減効果がある。量的効果は小さい。 |
| ⑤CCS: CO₂分離回収・隔離 | | CCS: carbon Capture and Storage　DACCS: Direct Air Carbon Capture and Storage<br>分離したCO₂は、加圧して液化し、パイプラインや専用船で輸送、地下に貯留する（石油鉱業技術としては確立）。貯留地の永続管理が必要。 | | | |
| ⑤-1　CCS（CO₂排出プラントでの回収）（BECCS：バイオマス燃焼+CCSを含む） | -4 | ○ | 高濃度CO₂を得る方法<br>1）発電プラント等の排ガス系統にCO₂吸収プラントを直結し、吸収液でCO₂を吸収後、放散させて高濃度CO₂を得る。<br>2）空気の代わりに酸素とCO₂混合気体を供給して燃焼する、酸素燃焼方式で高濃度CO₂を得る。<br>3）金属酸化物と燃料を反応させて燃焼し、還元された金属を別のプラントで酸化し循環するケミカル・ループ燃焼で高濃度CO₂を得る。 | ○ | 直接的効果あり。プロセスからの漏洩あれば効果帳消し。「世界のCO₂地中貯留容量は1000Gt-CO₂程度で、温暖化を1.5℃に抑えるために2100年までに必要なCO₂貯留量を上回る。地中貯留が可能な地域性が制限要因になる可能性がある。」<br>（IPCCWG3 AR6 SPM C4.6） |

| | C 経済性 | | D エネルギー効率 | | E 対外支払い | | F 地域経済改善 | | G 安全性 |
|---|---|---|---|---|---|---|---|---|---|
| ○ | 更新時に行えば◎。投資回収に数年は必要。 | ◎ | エネルギー効率の改善が進む。 | ◎ | 対外支払いは減少。 | ○ | 地域工務店・電気工事業等の仕事が増加。 | ◎ | 最も無難。 |
| △ | 燃料代高騰の中、価格転嫁が必要になる。設備休止等には場合によって公的補助も必要。 | ◎ | 火力発電・内燃機関による熱損失分のエネルギーロスを削減できる。 | ◎ | 対外支払いは減少。 | ○ | 地域の再エネ開発を促す。 | ◎ | 最も無難。 |
| | | | | | | | | | |
| ◎ | 国際的な価格低下に日本が追従できていないことは問題。 | ◎ | 火力・原子力発電由来の熱エネルギーロスを抹消できる。 | ◎ | 日本のポテンシャルを生かせば、ほぼゼロにできる。 | ○ | 地域の再エネを地域が経営すれば、地域経済に大きく寄与。 | ○ | 太陽光・風力とも台風等災害への対策は必要。 |
| ▲ | 安全性確保、使用済み核燃料処理等によりコスト増大傾向。 | ○ | 約70％の熱は廃棄されている。 | ○ | ロシアによるウクライナ侵攻の影響で、燃料価格は上昇中。 | ？ | | △ | 地震国日本における長期持続性はない。（エネルギー基本計画も認識） |
| | | | | | | | | | |
| ◎ | 林業機械への過大な投資は経済性を低下させる場合がある。 | ○ | バイオマス発電の規模を大きくすると、輸送距離の増加によりエネルギー効率は低下する。 | ◎ | 海外からの輸入バイオマスによる大型発電は、カーボンニュートラルとは言えない。 | ○ | 地域の林業や健全な発展につながれば、地域経済に寄与。 | ◎ | |
| ？ | | ○ | | ◎ | | ◎ | 地域の漁業の持続的な発展につながれば、地域経済に寄与。 | ○ | 生態系への影響については注意が必要か。 |
| △ | 人件費等費用対効果は低い。 | △ | 炭化時に発生する熱の利用が不十分となる可能性がある。 | △ | 炭化時に発生する熱の利用、炭化物による土壌改良で化学肥料等の削減ができれば。 | ◎ | バイオマス利用、農業振興の一環として。 | ◎ | 大規模に実施された場合、生物多様性、水と食料の安全保障、及び生活に対する気候関連のリスクを悪化させる危険性がある。（IPCC WGII, AR6, SPM B 5.4） |
| | | | | | | | | | |
| ■ | 電力kWhrあたりの燃料消費量は30％増。分離・回収、輸送・貯留、安全管理コストが加算。世界では、「CCSの実施は、現在、技術的、経済的、制度的、生態環境的、社会文化的障壁に直面」（IPCCWG3 AR6 SPM C4.6）日本ではコストおよび安全性から経済性は低い。 | ■ | kWhrあたりの燃料消費量は30％増。 | ■ | 化石燃料の輸入を前提にしており、改善されない。CO₂貯留値を海外に求めるときには、輸送費と処理費が加算。 | ▲ | 電力料金に処理コストが上積みされ、地域の負担増。 | ▲ | CO₂処理設備のある地域では、CO₂漏洩事故の可能性に備える必要がある。活断層のある地域での貯留は危険。 |

| 方法 | 総合評価 | A 概要・技術の成熟度 | | B 温暖化対策効果 |
|---|---|---|---|---|
| ⑤-2 DACCS (大気中からの回収) | -5 | 実用化に近い技術。大気からCO₂を、吸収材：1）水酸化物水溶液、2）アミン水溶液で、吸収し濃縮する。大気中のCO₂濃度は排煙中の濃度の千分の一程度のため、大量の大気をプラントに送風するに多大なエネルギーの投入が必要0.6-1.8GJ/t-CO₂。地球規模の対策にまでスケールアップしやすい。分離したCO₂の液化・貯留が必要なことは他のCCSと同じ（Realmonteら, Nature Comm.,(2019)10:3277）。 △ | ○ | 自動車・航空機などからの排出対策、および、他の発生源での削減が不十分なものへの対策。他の対策との併用が推奨されている。漏洩があれば効果帳消し。 |
| ⑥SRM (太陽放射制御ジオ・エンジニアリング) | -4 | • SRM（solar radiation management）は、1）硫酸塩などのエアロゾルを大気中に散布する、2）地球と太陽の間の軌道に太陽光を反射するミラーを多数打ち上げる、などにより、地球表面への太陽光の到達を抑える構想。2009年、英国王立アカデミーから、また2015年米国科学アカデミーにより前向きな評価報告が出された。<br>• アラン・ロボック（2007年ノーベル賞受賞IPCC報告書起草委員の一人）は2008年に、SRMを行うべきでない20の理由を挙げている（A. Robock, Bull. Atomic Scientists, 64 (2) 14-18, 2008）。<br>• 2019年3月、ナイロビで開催された第4回国連環境総会（UNEA）でスイスを代表に提案された「地球工学の管理」特別決議案はアメリカやサウジなどの反対により不採択。世界的合意のない地球工学の展開は深刻なリスク（D. McLaren-O. Corry, Global Policy, 12, Supplement 1, April 2021）。<br>•「地球工学のテストを行うのは誤り。なぜなら、その効果を確かめるには、地球の気候システムに影響を与えるほど大規模に実施する必要があるから。……潜在的な有害結果を知らずに冒すリスクは、想像を絶するほど大きい」（A. Goswami, 2020：https://www.downtoearth.org.in/） | ? | ? | 理論的段階。本格的危機になったときの対策として、国際的には現実味を帯び始めている。ただし、継続的な人為的排出の下では、大気中CO₂濃度増加を阻止できず、海洋の酸性化も減少させないだろう（IPCC WGII AR6, SPMB5.5） |
| ⑦ 水素エネルギー | | 水素はあくまでも「一次エネルギー」（石油、天然ガス、太陽光、風力など）の変換で得られる二次エネルギーの一つ。それ自身が一次エネルギーとしての化石燃料を代替する効果を持つわけではない。原料が化石燃料の場合、天然ガスから製造する水素をグレー水素、石炭からのものをブラック水素、褐炭からのものをブラウン水素と呼ぶ。これらに、CO₂回収を行いながら作る場合をブルー水素と呼ぶ。これに対し、再エネから水電解で作る水素をグリーン水素と呼ぶ。 | | |
| ⑦-1 水素燃料電池自動車（FCV） | -1 〜 -5 | 水素を800気圧の高圧に圧縮し、容積を減らして自動車に搭載し、燃料電池で電気に変換しモーターを駆動して走行する方式。航続距離が長いのが長所。回生ブレーキによる減速時のエネルギー回収はできない。水素は、タンクローリーで各地の水素ステーションまで輸送される。生活空間や公道に高圧水素を持ち込むことの長期的リスクは未知。 △ | ○ | 「再エネ電力-水素-電力」の総合変換効率は現状では30%程度。再エネ電力の直接利用のほうが効果大。 |
| ⑦-2 工業利用 （鉱石還元、高温炉） | 12 〜 3 | 90%以上の脱炭素後、残りの10%程度の脱炭素を進めるためには必要。水素による酸化物の還元、高温炉での燃焼など技術開発進行中。水素専焼発電も技術的には可能だがコストは97.3円/kWh。 △ | ○ | 鉱石還元、高温熱発生、プラスチック製造等には不可欠。 |
| ⑧アンモニアで火力発電 | -8 | 窒素と水素からアンモニアを合成し、アンモニアを水素キャリアとして貯蔵、輸送し、火力発電所で燃焼させる構想。石炭火力で、石炭の一部をアンモニアで代替し、石炭火力の延命を図る構想にもとづいて研究開発が進行中（IHIなど）。ただし、混焼の場合のアンモニアの燃料代は石炭の3倍以上。また、アンモニアについては、海外から専用船で輸入することが想定されている（2021年2月アンモニア導入官民協議会中間とりまとめ）。 △ | ▲ | 総合エネルギー効率が低く、効果小。 |
| ⑨CCU: CO₂と水素からメタン等を合成 | | （CCU: Carbon Capture and Utilization） | | |
| ⑨-1合成燃料を再燃焼 | -4 | 発電所から出たCO₂を、ガス会社が引き受け、再エネを利用し、水素と反応させてメタンにし、都市ガスに利用する開発が行われている（NEDO, INPEX, 日立造船）。CO₂の排出を削減することにならないので、排出責任のロンダリングになりかねない（堀尾「化学装置」6月号、10-16, 2021）。 △ | ■ | |
| ⑨-2 プラスチック製造 | 6 〜 2 | 水素とCO₂からメタンやメタノールを経てプラスチックを作る研究が世界的に行われている。ゼロカーボン時代のプラスチックリサイクルのためには不可欠。 ? | ○ | CO₂循環型なら○。 |

| | C 経済性 | | D エネルギー効率 | | E 対外支払い | | F 地域経済改善 | | G 安全性 |
|---|---|---|---|---|---|---|---|---|---|
| ■ | 稀薄混合物からの分離のためよりエネルギーを消費。分離、回収、輸送、貯留、安全管理のコストが加算。 | ■ | エネルギー消費量の追加的増大。 | ■ | $CO_2$貯留地を海外に求めるときには、輸送費と処理費が加算。$CO_2$排出を是認することになれば、燃料輸入を継続することを助長。 | ▲ | コストは税金等に加算される可能性あり。自然エネルギーによる地域のエネルギー自立を抑制する可能性。 | ▲ | $CO_2$処理設備のある地域では、$CO_2$漏洩事故の可能性に備える必要がある。 |
| ? | 温暖化緩和のコストが40〜60%削減できるという試算有り（Khabbazan et al., Earth System Dynamics (2020) https://doi.org/10.5194/esd-2020-95) | ? | | ▲ | ジオ・エンジニアリングに頼って化石燃料を使い続けるのであれば改善されない。 | | ジオ・エンジニアリングに頼って化石燃料を使い続けるのであれば特別の改善はない。地域によって、効果が異なり、大幅に気候風土が悪化する場合がありうる。 | ▲ | IPCC 第2作業部会6次報告書は、SPM B5.5で、気候をかえって悪化させるリスクがあると警告。 |
| | | | | | | | | | |
| ■ | 高圧の水素ステーションの設置、維持等高コスト。水素製造拠点からステーションまでの輸送コスト。電気で輸送する方が大幅に低コスト。 | ■ | 電力－高圧水素－電力の利用効率は20%程度。EVの総合効率は80%程度。 | ○ | 国産再エネ水素なら○。輸入水素なら■。 | ? | 無駄なインフラ投資を引き起こす可能性。 | ▲ | 水素製造拠点からステーションまでの輸送過程および水素関係インフラの長期メンテナンス事情により事故発生のおそれ。 |
| ○ | 自家発電再エネ電力を主に使用すれば低コスト。輸入水素なら■。 | ○ | 「再エネ電力-水素」の変換変換効率は現状では約80%。 | ○〜■ | 国産再エネ水素なら○。輸入水素なら■。 | ? | 地域の素材生産業等には有用。 | ○ | FCVのような高圧水素貯蔵・市中分散でなく、工場内低圧貯蔵のため安全性はより高い。 |
| ■ | きわめて高コスト。既存火力発電施設の転用効果のみ。 | ■ | 電力水素変換：80%；アンモニア製造 | ▲ | 当初から、海外からのアンモニア輸入が想定されている。 | ▲ | 電力料金に処理コストが上積みされ、地域の負担増。 | ▲ | アンモニア炊き火力発電所のある地域では、アンモニア漏洩事故の可能性に備える必要がある。 |
| | | | | | | | | | |
| ■ | | ■ | | ▲ | | ? | 電力料金に処理コストが上積みされ、地域の負担増。 | ○ | |
| ? | 研究開発上。 | ? | 研究開発途上。 | ○〜■ | 国産再エネ水素なら○。輸入水素なら■。 | ? | | ○ | |

### ❶ 温室効果ガス対策

## ㉖ CCS技術と日本での可能性

CCS（CO₂分離貯留）技術の概要と、日本でのこれまでの検討状況を紹介し、経済性および安全性について比較検討します。また、炭酸ガスの健康への危険性も示します。

### ●技術の概要

CCS（Carbon Capture and Storage; 二酸化炭素分離隔離）技術は、火力発電や製鉄所の排ガスから純度の高い$CO_2$を回収・加圧・液化し、地中の安全な場所に注入して貯留し大気から隔離する技術です。

濃厚$CO_2$を得る方法には、排ガス中の$CO_2$を吸収塔で吸収し、吸収液（アミン法）や固体吸着剤から放散塔で濃厚$CO_2$を得る「燃焼後CCS」と、$CO_2$の分離濃縮が容易な「オキシフューエル燃焼」（酸素と$CO_2$の混合気で燃焼する）、および、「ケミカル・ルーピング燃焼」（金属酸化物と燃料との反応で燃焼する）があります。これらの原理は2000年代初期には確立し、いまは実用段階といえます。

一方、DACCS（Direct Air CCS）は、400ppm台の稀薄な$CO_2$を含む大気から直接分離回収する技術で、実証実験段階にあります。

$CO_2$のパイプライン輸送と地下貯留技術は、石油の採掘における炭酸ガス圧入鉱法（液化炭酸ガスを圧入し石油を押し出して採掘率を高める方法）として、すでに確立したものです。問題は、**図表1**に示すようなコストと、貯留場所です。

貯留場所としては、国内では**図表2**が候補地と目されています[※1]。しかし、日本のような地震国では、貯留に適した安全な場所は限られます。$CO_2$を専用船で運ぶ実証事業が始まっています【→**図表2**】。

## 図表1　CCS付き石炭火力と他の発電方法との比較

| | 発電効率 | 発電コスト[円/kWh] | 輸送コスト[円/kWh] | 合計コスト[円kWh] |
|---|---|---|---|---|
| CCSなし LNG火力 | 〜52% | 12.4 | - | 12.4 |
| CCSなし 微粉炭火力 | 〜43% | 8.9[※1] | - | 8.9 |
| CCS付き 石炭火力 | 35〜36% | 15.2〜18.7[※2] | 3.3[※3]〜8.9[※4] | 18.8〜27.6 |
| メガソーラー | 15〜20% | 12.7〜15.6[※2] | - | 12.7〜15.6 |
| 文献 | IPCC (2005; Fig. 3.6) | ※1「コスト検証WG 報告書」(2015) ※2 同上、2030年 モデル | 陸上(パイプライン)約50km、海上船舶輸送(※3)またはパイプライン輸送(※4)約250〜500km | 歌川-堀尾(2020) |

注：2015年以前のデータのため、最近の燃料高騰や、ソーラー発電のコスト低下を反映するとさらに差が開きます。

## 図表2　経産省検討会が描く日本国内のCO₂貯留ポテンシャル

- 液化CO₂船舶輸送技術を確立するため、排出源と貯留適地までの長距離輸送の実証事業を行う。**具体的には、舞鶴から苫小牧への約1000kmの長距離輸送航路をはじめとした、輸送実証を2024年から開始し、世界初の成果を目指す。**

**船舶による輸送実証**
○国内複数の拠点を想定して、遠距離の排出源から分離回収、輸送を行うCCSハブ&クラスター構想の重要技術
○1000t級の液化CO₂/LPG兼用輸送船により輸送

CO₂輸送船

日本CCS調査 苫小牧CCS実証試験センター　苫小牧CCS実証試験

**分離回収**
石炭火力発電所
○固体吸収剤による分離回収(1万t規模／年)
○2023年度から分離回収予定

舞鶴発電所(石炭火力)

**貯留・モニタリング**
○CCS実証試験を実施中
○2016年度に圧入を開始し、2019年11月に30万t圧入を達成

大間崎

入道崎

**分離回収**
IGCC
○物理吸収法による分離回収(10万t規模／年)

カーボンリサイクル研究開発拠点

金華山

猿山岬

関西電力 舞鶴発電所

犬吠埼

**苫小牧 CCUS／CR拠点**
○苫小牧CCS実証の設備を有効活用
○遠距離の排出源からCO₂を回収し、カーボンリサイクルの取組みを実施し、工業都市の苫小牧市で利活用

大崎クールジェン

葦井島　足摺岬

神子元島

潮岬

大崎クールジェン シグマパワー有明 (IGCC)

運航航路　例

出典：経産省CCS長期ロードマップ検討会、「中間とりまとめ」、2022年5月より
https://www.meti.go.jp/shingikai/energy_environment/ccs_choki_roadmap/20220527_report.html （2022年5月閲覧）

**図表3**は経産省の検討会が描くCCSの規模拡大の計画です。国民的な議論なしに計画が進むのは危険だといえます。さらに、回収した$CO_2$をオーストラリアなどに船舶で移送することも検討されていますが、先方に処理費を払う逆有償輸出になります[※2]。

## ●$CO_2$の安全性

$CO_2$は、ドライアイス（固体）やビールの泡（気体）のように日常的に使われていますが、濃度が少し上がると、**図表4**に示すように、最終的には死に至る危険性のあるガスです。

$CO_2$パイプラインでは、圧力を40-48気圧にして、液体状態で$CO_2$を輸送します。**図表5**は圧力と温度で$CO_2$の状態がどう変わるかを示します。パイプラインの破損で$CO_2$が噴出した場合、高圧の液状$CO_2$は大気圧（1気圧）に下がり、気化する際、断熱膨張による急速な温度降下で、いったんはドライアイス状になり、周囲の水分も凍らせて霧状のモヤをつくります。その後、再度周囲から熱をもらって気化し、40倍程度の体積に膨張します。$CO_2$ガスは、比重が空気の約1.7倍のため、地面を這うように拡散します。

2020年2月22日午後7時過ぎ、ミシシッピー州ヤズー郡サターシャ地区で発生したパイプライン噴破事故では、事故現場から1キロ以下の近隣集落に深刻な健康被害が発生しています[※4]。

〈堀尾正靭〉

［参考文献］
※1　公益財団法人地球環境産業技術研究機構（RITE）［2006］「二酸化炭素地中貯留技術研究開発成果報告書」。
※2　歌川学・堀尾正靭［2020］「90%以上のCO2削減を2050年までに確実に行うための日本のエネルギー・ミックスと消費構造移行シナリオの設計」『化学工学論文集』46（4）、91-107頁。
※3　https://www.cik-solutions.com/content/files/en_cik_managing-carbon-dioxide-risk-what-you-should-know.pdf　（2022年5月閲覧）
※4　Dan Zegart［2021］*The Gassing Of Satartiam, HUFFPOST.*（https://www.huffpost.com/entry/gassing-satartia-mississippi-CO2-pipeline_n_60ddea9e4b0ddef8b0ddc8f　2022年5月閲覧）

## 図表3 経産省検討会が描く日本国内のCCS普及イメージ

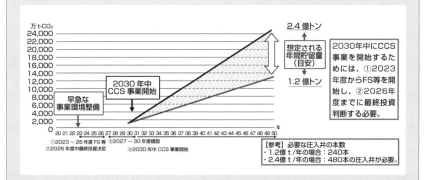

① 2023～26年度FS等　③2027～30年度建設
② 2026年度中最終投資決定　④2030年中CCS事業開始

【参考】必要な圧入井の本数
・1.2億t/年の場合：240本
・2.4億t/年の場合：480本の圧入井が必要。

## 図表4 CO₂濃度と健康への危険性ものさし[3]

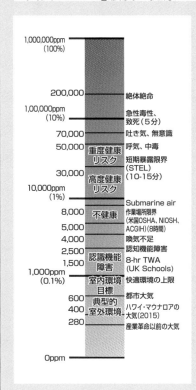

## 図表5 CO₂の状態図

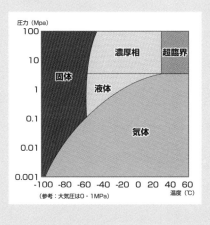

# ㉗ CCU（カーボンリサイクル）技術

CCU（カーボン・キャプチャ＆ユーティリゼーション）技術は、2050年以降の$CO_2$排出ゼロ時代に、プラスチックなどの炭素化合物や合成燃料を、再生可能エネルギーを使ってリサイクルする、開発中の技術です。

## ●CCUのいろいろ

広義のカーボンリサイクル技術には、油田の地中に液化した$CO_2$を注入し、原油の増産につなげるもの（CCSに該当）や、農業の$CO_2$施肥に使うものなど（食料にすれば再放出されてしまう）も含まれています[※1]。ここでは、本質的なリサイクル、すなわち、燃料や化学物質への化学的リサイクルに限定します。

燃料や廃プラスチック（炭化水素）を燃焼させ、エネルギーを利用した結果として出る$CO_2$を、改めて炭化水素に変換するためには、水素および反応のためのエネルギーの投入が必要です。これらを、再生可能エネルギーで賄えば、$CO_2$の完全なリサイクルが可能です。$CO_2$と水素（$H_2$）からは、メタン、メタノール、DME（ジメチルエーテル）などの化学原料を作ることができます。また、$CO_2$を水素でCO（一酸化炭素）に還元し、合成ガス（$CO+H_2$）を作れば、既存技術であるフィッシャー・トロップシュ（FT）合成で合成原油が製造できます。これらから各種プラスチックや化成品を製造することになります[※2] [→図表1]。

## ●CCUの必要性

炭素は、生物の体など有機物の骨格を形成する元素としてなくてはならないものです。さらに、人類は、炭化水素（炭素と水素の化合物）

## 図表1　CCUの概念

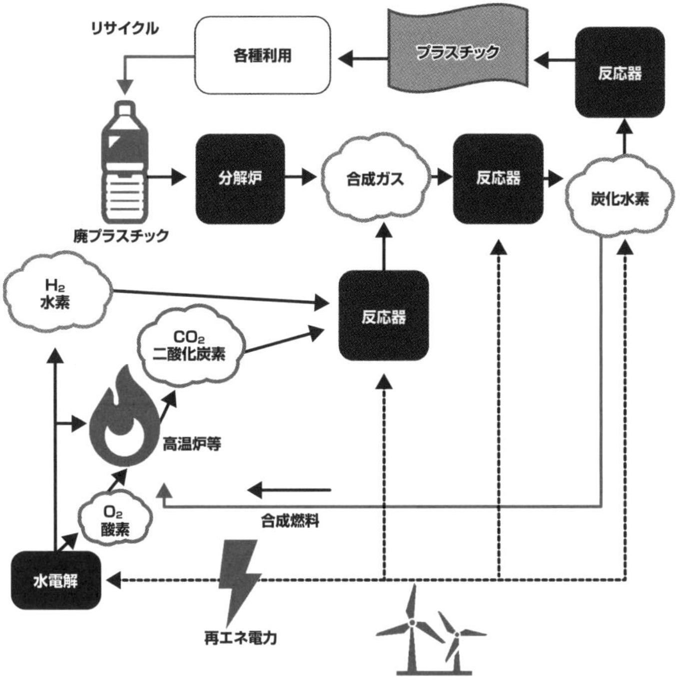

```
リサイクル
各種利用 ← プラスチック ← 反応器

廃プラスチック → 分解炉 → 合成ガス → 反応器 → 炭化水素

H₂
水素

CO₂
二酸化炭素 → 反応器

高温炉等

O₂
酸素 → 合成燃料

水電解

再エネ電力
```

再エネ電力で水を電気分解(電解)すると、水素と酸素が得られます。水素と酸素の燃焼反応で高温熱を得ることも可能です。この水素と再エネ電力を利用すれば、$CO_2$との反応で各種の炭化水素の製造が可能になります。これを合成燃料として高温熱源に用い、$CO_2$の完全リサイクルを行うことも原理的には可能です。ただし、航空機や自動車などの燃料にすると大気中に$CO_2$を放出してしまうので、効率的なリサイクルはできません。各種プラスチックは、合成炭化水素を原料として製造が可能になります。さらに窒素と水素の反応からアンモニアが合成でき、アンモニアと$CO_2$から尿素が製造できます。

の研究から、多様なプラスチックを開発してきました。川から海洋に流れ出した廃プラスチックによる環境汚染は解決しなければなりません。使い捨てプラスチックの多用を避けることは大切ですが、家電製品、電子材料、建築資材の利用から食料品の酸化防止や衛生

的な供給まで、プラスチックなしで現代社会を維持することは困難です。また、他のプラスチックを十分代替できるような生分解性プラスチックはまだ出現していませんし、生分解性が食品の衛生管理などに適しているかは疑問です。

一方、金属酸化物の還元・精錬を行う高温のプロセスなどでは炭素を必要とし、$CO_2$の排出を避けられないものも少なくありません。

このため、$CO_2$ネットゼロ時代には、炭素含有廃棄物および$CO_2$から有用なプラスチックや炭素源をリサイクルで得る技術が必要になるのです。

## ●CCUをめぐる混乱

CCUは、$CO_2$を分離回収するところまではCCSと同じですが、地中に貯留するCCS[→㉖]とはまったく異なるものです。その意味で、CCSとCCUを一緒にしてCCUSという言い方がありますが、両者は明確に区別すべきものです[3]。

また、化石燃料の燃焼から出た$CO_2$から合成燃料を作って利用しても、化石燃料を燃焼させた分の$CO_2$を削減したことにはなりません。化石燃料から出る$CO_2$をCCUの原料にすると、排出責任が見えにくくなり「$CO_2$ロンダリング」(素性の悪いものの不可視化)につながる危険性があります[4][→図表2]。さらに、内燃機関の効率(20%以下)を考慮すると、CCUによる合成燃料を輸送用燃料に使うことは、再エネ電力や水素の無駄遣いにつながります。　　〈辻 佳子・堀尾正靱〉

［参考文献］
※1　Wikipedia, Carbon Capture and Utilization,（https://en.wikipedia.org/wiki/Carbon_capture_and_utilization）2023年1月最終閲覧。
※2　Rafiee, A., 他、$CO_2$ Conversion and Utilizatio Pathways, Polygeneration with Polystorage 第8章, Elsevier, 2019.
※3　柴田善朗「CCU・カーボンリサイクルに必要な低炭素化以外の視点—CCUSという分類学による誤解」IEEJ、2020年2月号。（http://eneken.ieej.or.jp/data/8821.pdf）
※4　堀尾正靱「一本気の『2050年$CO_2$実質ゼロ』へ—その4　試練の時代と『規範力』」化学装置、2021年8月号、2-9頁。

## 図表2　CCUによるCO₂ロンダリングの可能性能性

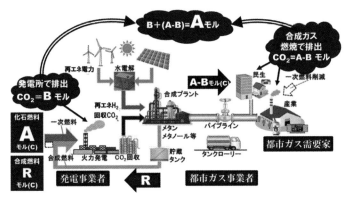

出典：NEDO-INPEX-日立造船※1の図に筆者加筆。

上図で、A、B、Rは燃料や排煙の中に入っている炭素原子の量を表しています（単位は化学で使うモル）。発電所はA（化石燃料）＋R（リサイクル燃料）の燃料で発電し、Bモルだけ煙突から大気に排出、残りをガス会社に引き渡します。ガス会社は、それをメタンなどに変換し、Rを電力会社に渡します。

このシステムの問題点は次の2点です：

①電力会社は、Aより少ないBモルだけのCO₂を排出したことにできます。ガス事業者が供給する合成燃料（A－B）は、購入したCO₂に化石燃料由来というタグをつけなければ、グリーン燃料と見分けがつきません。CO₂の素性を見えなくすること、つまりCO₂ロンダリング（洗浄）には、以前から警鐘が鳴らされています※2。

②さらに重要な点は、再エネ電力の大幅な無駄遣いです。合成燃料を作る場合、メタン合成に必要な水素製造、その他の電力の効率（おそらく20%以下）、および火力発電の効率（50%程度）を考慮すると、その10倍程度の電力が消費されます。再エネ電力は直接消費者に供給すればよいのです。

以上から、火力発電へのCO₂リサイクルを評価することは困難です。

※1　新エネルギー・産業技術総合開発機構、国際石油開発帝石㈱、日立造船㈱、CO2を有効利用するメタン合成試験設備を完成、本格稼働に向けて試運転開始 ―カーボンリサイクル技術の一つであるメタネーション技術の確立を目指す― （2022年8月検索）
※2　Whiriskey, K., Wolthuys, J.V., CCU in the EU ETS: Risk of CO2 Laundering Preventing a Permanent CO2 Solution, Bellona Europa, 26 October, 2016.
https://network.bellona.org/content/uploads/sites/3/2016/10/BellonaBrief_CCU-in-the-EU-ETS-risk-of-CO2-laundering-preventing-a-permanent-CO2-solution-October-2016-2.pdf

# ㉘ 沿海域での炭素貯留
## （ブルーカーボン）

海洋生物によって大気中の二酸化炭素が取り込まれ長期間貯留される炭素のことを「ブルーカーボン」と呼びます。このブルーカーボンの有効性が科学・技術的に解明され、近年では政策化や社会実装が進みつつあります。

## ●ブルーカーボンとは

海洋生物によって大気中の$CO_2$が取り込まれ、海洋生態系内に長期間貯留される炭素のことを、2009年にUNEP（国連環境計画）は「ブルーカーボン」と名付けました[※1]。

海底には年間1.9-2.4億tの炭素が新たに埋没し貯留されると推定され、浅海域はそのうちの約73-79％（1.4-1.9億t）を占めるとの報告があります[→図表1][※1]。つまり、温室効果ガスのうち最も主要な$CO_2$を、大気から捕捉し大気外で炭素として貯留させる仕組みが、海洋生態系の中でも、とりわけ浅海域において有効に機能しています。

## ●なぜブルーカーボンは有効なのか

陸域や海洋は、地球に存在する炭素の主要な貯蔵庫となっていますが、海洋が炭素貯蔵庫としてとくに重要なのは、保存性が極めて高い点にあります。たとえば陸域の森林では、成長が頭打ちになるまで（日本では40-50年間程度）炭素を貯蔵する能力がありますが、ブルーカーボンは森林をはるかにしのぐ、数百年から数千年に及ぶ炭素貯蔵能力を持っています。

それでは、ブルーカーボンが数百年から数千年に及ぶ貯留能力を持つのはなぜでしょうか。ポイントは、陸域とは違って、海洋では、

## 図表1　地球全体炭素循環の模式図

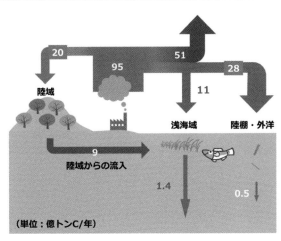

（単位：億トンC/年）

浅海域の海底への炭素貯留速度は、陸棚や外洋域よりもずっと速い。図は、※1を改変。

## 図表2　浅海生態系のCO₂吸収量について

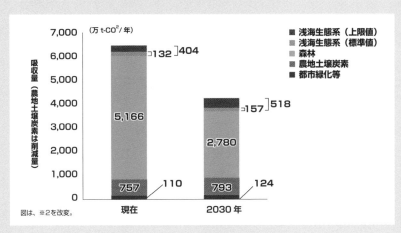

図は、※2を改変。

浅海生態系（マングローブ、海草藻場、海藻藻場、干潟）におけるCO₂吸収量の全国推計値とわが国の他の吸収源の値（温暖化対策計画参照）との比較。 2030年の試算は、浅海生態系の保全・再生が進捗した場合の面積増加を仮定している。

速やかには分解されない有機物が、大きくわけて海洋の3つの場所に貯留される点です。

たとえば、海藻や海草も陸域の植物と同様、枯れると大部分の有機物は速やかに分解されてしまうのですが、その一部は、海底の砂や泥に埋まっていきます。砂泥底は実は無酸素状態に近いため、一度埋まった海洋植物由来の有機物が分解されるまでに、数千年の時間がかかることが知られています。つまり、砂泥の海底が1つ目の主要な貯留場所です。

次に、藻場から流出した藻や有機物の一部は沖合に流れ、さらにその一部は沈降して深海まで運ばれていきます。深海に到達すると、その後たとえ分解されて$CO_2$になったとしても、その$CO_2$が再び海表面に達するまでには数千年を要します。つまり、深海が2つ目の主要な貯留場所となります。

3つ目の貯留場所は、意外と思われるかもしれませんが、海水中です。海草や海藻の成長過程で藻体表面から分泌する物質（溶存有機炭素）の一部には、何千年と分解されない成分が含まれています。この難分解性物質の正体が何で、どのように生産されたり分解されたりしているかは、じつは未だ科学的に解明されていないのですが、そのような物質が海水中に貯蔵されている事実は明らかとなっています。

### ●ブルーカーボンの現状

浅海生態系による$CO_2$吸収量の全国推計例では、現状における$CO_2$吸収量の平均値は132万t-$CO_2$/年、上限値は404万t-$CO_2$/年と見積もられています[→図表2][2]。その内訳をみると、コンブ類やホンダワラ類といった岩礁性の海藻藻場の寄与がもっとも大きく、次いでアマモ場などの砂泥性の海草藻場となっています[→図表3]。

わが国の現在の最も大きな吸収源は森林ですが、高樹齢化にともない2030年までには大幅な減少が予想されています。その一方、

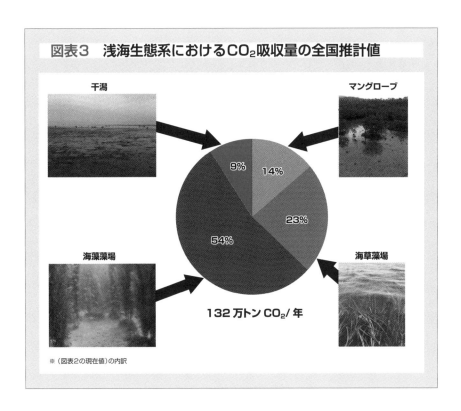

**図表3　浅海生態系における$CO_2$吸収量の全国推計値**

干潟

マングローブ

9%

14%

23%

54%

海藻藻場

海草藻場

132万トン $CO_2$/ 年

※（図表2の現在値）の内訳

　四方を海に囲まれ世界第6位の海岸線延長を持つわが国にとって、海洋を活用して$CO_2$吸収量をさらに増やすチャンスがまだ残されていることも、近年ブルーカーボンに注目が集まっている理由かもしれません。このような状況を受けて、2019年度から国交省が事務局、農水省、環境省がオブザーバーとなった検討会が設置されています。

〈桑江朝比呂〉

［参考文献］
※1　Tomohiro Kuwae, Stephen Crooks［2021］*Linking climate change mitigation and adaptation through coastal green-gray infrastructure: a perspective, Coastal Engineering Journal* Volume 63, pp.188-199.
※2　桑江朝比呂、吉田吾郎他［2019］「浅海生態系における年間二酸化炭素吸収量の全国推計」『土木学会論文集B2（海岸工学）』75（1）、10-20頁。

# 29 メタンの削減対策

メタン（$CH_4$）はすべての温室効果ガスが温暖化に与える影響の23%分を担っています。人間活動により大気メタン濃度は増加し続けていますが、主な発生源である農業でのメタン削減が各国で取り組まれています。

## ●メタンの発生源と現状

　地球全体のGHG（温室効果ガス）のうち、$CO_2$が最も多く、次は$CH_4$で約15%です。$CH_4$は温暖化する能力が$CO_2$に比べ約25倍高いので、温暖化に与える影響の約23%分を担っているとされています。世界の$CH_4$の発生源には自然起源と人為起源がありますが、人為起源の割合は約60%を占めています。自然起源は湿原、湖沼、シロアリ、海洋、ハイドレートなどで、シロアリは腸内のメタン菌により$CH_4$を生成します。近年ではこれらによる放出量に変化はありません。しかし、シベリアなどの永久凍土が温暖化によってさらに融け、多くの$CH_4$が排出されることが懸念されています。$CH_4$は発生して消滅する大気中の寿命が約10年と短いので、人間活動による$CH_4$を削減できればその大気濃度を低い水準に戻すことが可能です。

　現在、世界の人為起源の$CH_4$発生（$CO_2$換算で24億t）を分野別にみると最も多いのはエネルギー分野（生産と消費）で全体の50%を占め、次いで農業活動が30%、廃棄物部門が19%となっています。さらに各分野の内訳でみると最も多いのは主に牛の消化管内発酵で約30%になり、石油や天然ガスからの漏出や埋立地での固形廃棄物からの発生が続いています[→図表1]。これらの人間活動による放出は産業革命（1750年）頃より150%以上も多くなりました。過去20年間に$CH_4$

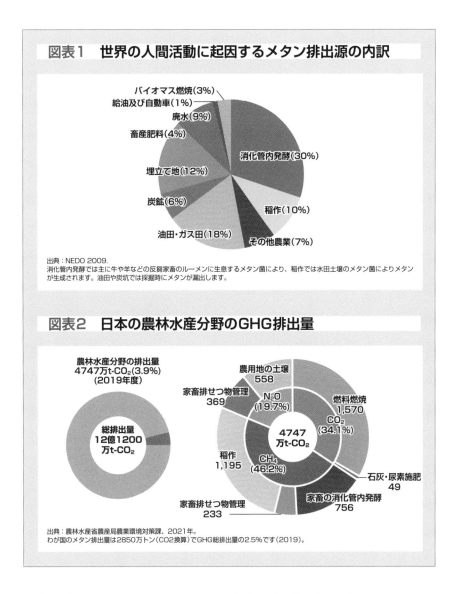

**図表1　世界の人間活動に起因するメタン排出源の内訳**

- バイオマス燃焼（3%）
- 給油及び自動車（1%）
- 廃水（9%）
- 畜産肥料（4%）
- 埋立て地（12%）
- 炭鉱（6%）
- 油田・ガス田（18%）
- その他農業（7%）
- 稲作（10%）
- 消化管内発酵（30%）

出典：NEDO 2009.
消化管内発酵では主に牛や羊などの反芻家畜のルーメンに生息するメタン菌により、稲作では水田土壌のメタン菌によりメタンが生成されます。油田や炭坑では採掘時にメタンが漏出します。

**図表2　日本の農林水産分野のGHG排出量**

農林水産分野の排出量
4747万t-$CO_2$（3.9%）
（2019年度）

総排出量
12億1200
万t-$CO_2$

4747
万t-$CO_2$

- 農用地の土壌　558
- 家畜排せつ物管理　369
- $N_2O$（19.7%）
- 燃料燃焼　1,570　$CO_2$（34.1%）
- 稲作　1,195
- $CH_4$（46.2%）
- 石灰・尿素施肥　49
- 家畜排せつ物管理　233
- 家畜の消化管内発酵　756

出典：農林水産省農産局農業環境対策課、2021年。
わが国のメタン排出量は2850万トン（CO2換算）でGHG総排出量の2.5%です（2019）。

放出が多かったのは、アフリカ、中東、中国、南アジア、オセアニア、北米で約10%増加しましたが、ヨーロッパでは農業や廃棄物部門での削減対策が進み減少しました。

　わが国でもGHG発生は$CO_2$が93%で圧倒的に多く、次いで$CH_4$が

2.5％、N$_2$O（一酸化二窒素）が1.6％です。CH$_4$発生源のなかでは農業が75％を占め、農業のなかでは稲作が最も多く59％、次いで家畜の消化管内発酵が30％、家畜排せつ物の管理が10％です[→図表2]。

## ●メタン排出の抑制対策

わが国のメタン排出量は1980年代の平均値に対し、2000年代に主に廃棄物やエネルギー分野で約35％減少したあと、減り具合が鈍化しています[→図表3]。排出量の減少は廃棄物を焼却したりして微生物によるメタン発生を抑えたためですが、今後は主に農業からの減少が重要となっています。

稲作では水田土壌のなかで、家畜では主に牛などの反芻家畜の第一胃（ルーメン）のなかで、酸素を好まない嫌気的なメタン菌がCH$_4$を生成し、CH$_4$は大気に放出されます。今、わが国でもCH$_4$削減のために様々な取組みが行われています。稲作では、水田の水を抜く中干し期間の延長や収穫後の秋の耕うんにより水田のメタン菌を減らし、CH$_4$生成を低下させることが進められています。牛では、飼料に脂肪酸カルシウム、イオノフォア、酵母類、ハーブ類、さらに最近ではカシューナッツ殻液などの資材を添加し、メタン菌を抑制しルーメンからのCH$_4$発生を減らすことが行われています[→図表4]。外国では、紅藻類や化学物質（3-NOPなど）の飼料添加も進められています。さらにCH$_4$放出の少ない牛の育種改良、ICT活用による飼養管理などの精密化・省力化により乳肉生産物あたりのGHG排出削減が取り組まれています。また、家畜ふん尿の固液を分離し、固体分を強制発酵することでCH$_4$を削減することも行われています。

わが国では農水省の「みどりの食料システム戦略」で、2030年にGHG排出量を2013年度比で46％削減し、2050年には実質ゼロにするカーボンニュートラルの実現を目標に定めており、農業からのCH$_4$削減も進められています。EUではGHG排出量の10.3％が農業で、うち畜産は70％ですが、「Farm to Fork（農場から食卓へ）戦略」で

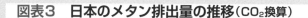

## 図表3　日本のメタン排出量の推移（CO$_2$換算）

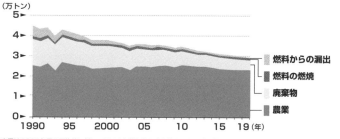

（万トン）

- 燃料からの漏出
- 燃料の燃焼
- 廃棄物
- 農業

メタン排出量は1980年代の平均値に対し、2000年代に主に廃棄物やエネルギー分野で約35%減少した後、減り具合が鈍化しています。

## 図表4　ルーメン内のメタン菌*Methanobrevibacter wolinii*の走査電子顕微鏡像

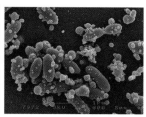

（×20,000
細胞は約0.5μm）

牛の飼料にカシューナッツ殻液を添加すると右のように細胞が崩壊し、メタン生成が阻害される（写真は、北海道大学の岩井規美・小林泰男による）。

各種の添加剤や昆虫や海洋飼料原料などの飼料利用促進によるCH$_4$削減が取り組まれています。　　　　　　　　　　〈板橋久雄〉

［参考文献］

温室効果ガスインベントリオフィス（GIO）編　環境省地球環境局総務課脱炭素社会移行推進室監修［2021］「日本国温室効果ガスインベントリ報告書」国立環境研究所地球環境研究センター。

農林水産省大臣官房環境バイオマス政策課地球環境対策室［2021］「農林水産省地球温暖化対策計画の概要」（https://www.maff.go.jp/j/kanbo/kankyo/seisaku/climate/taisaku/attach/pdf/top-22.pdf）

NEDO［2009］「米国政府による「メタン市場化パートナーシップ」─農業・炭坑・ゴミ埋立地の主要排出源に係わる取組みを中心に─」『NEDO海外レポート』No.1042、8-19頁。（https://www.nedo.go.jp/content/100105764.pdf）

# ㉚ N₂O（一酸化二窒素）の削減対策

一酸化二窒素（亜酸化窒素）の大気中濃度は331ppb（2018年）に達し、産業革命以前の270ppbから増加しています。年間の排出源は自然起源9.7TgNに対し、人為起源が7.3TgN。人為起源が大気中濃度の上昇をもたらしています。

## ●排出源の内訳

わが国の人為起源の総排出量内訳（2018年）[→図表1]は1990年と比べて37％減少しました。これは主にアジピン酸製造にともなう排出量が95％減となったためです。現在の主な排出源は、化石燃料の燃焼にともなう$N_2O$排出が最大で全体の30％を占めます。次に大きい排出源は農用地の土壌で、全体の27％になります。家畜排せつ物からも大きく全体の20％、排水処理過程での発生量も多く、全体の10％です。農用地および家畜排せつ物からの排出量が約半分を占めているため、$N_2O$対策には農業系からの排出量削減が重要となります。

## ●N₂O発生メカニズム

$N_2O$の発生には、好気的条件下で反応が進む硝酸化成反応（硝化）と嫌気的条件下で進む嫌気呼吸（脱窒）の2つがあります[→図表2]。燃焼しない水準に管理された酸素濃度の下、200℃以上の温度で加熱して作られる固形物で自然界において窒素は、窒素固定細菌の働きで大気中の窒素が有機態の窒素に変換され、土壌や水系で有機態窒素が生物分解を受けアンモニア態窒素となり、それが硝化菌の働きで亜硝酸イオン、硝酸イオンへと硝化され、脱窒反応により硝酸イオンが窒素へ変換されることで循環しています。この循環過程で$N_2O$が生成し、大気へと放出されます。産業革命以降、窒素肥料（主

## 図表1　わが国のN₂O排出と排出源

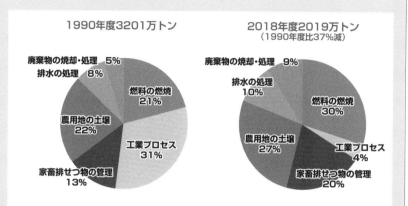

1990年度3201万トン

2018年度2019万トン
（1990年度比37%減）

廃棄物の焼却・処理　5%
排水の処理　8%
燃料の燃焼　21%
農用地の土壌　22%
工業プロセス　31%
家畜排せつ物の管理　13%

廃棄物の焼却・処理　9%
排水の処理　10%
燃料の燃焼　30%
農用地の土壌　27%
工業プロセス　4%
家畜排せつ物の管理　20%

出典：「日本国温室効果ガスインベントリ報告書2022年」国立環境研究所をもとに筆者作成。

## 図表2　窒素循環ネットワークを担う微生物

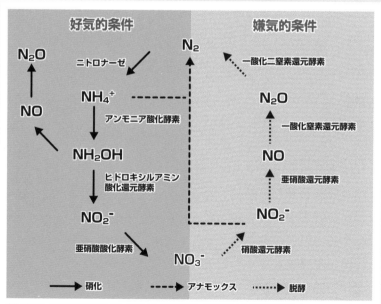

好気的条件　　　　　　　嫌気的条件

$N_2O$

ニトロナーゼ

$N_2$

一酸化二窒素還元酵素

$NH_4^+$

$N_2O$

$NO$

一酸化窒素還元酵素

アンモニア酸化酵素

$NH_2OH$

$NO$

ヒドロキシルアミン
酸化還元酵素

亜硝酸還元酵素

$NO_2^-$

$NO_2^-$

亜硝酸酸化酵素

$NO_3^-$

硝酸還元酵素

━━▶　硝化　　┅┅▶　アナモックス　┈┈▶　脱酵

出典：南澤究・妹尾啓史編（2021）「エッセンシャル土壌微生物学　作物生産のための基礎」講談社サイエンティフイクをもとに筆者作成。

にアンモニア態窒素）がこの循環に加わったために、硝化および脱窒反応で生成する$N_2O$が増えています。

　排水処理過程においても、農用地と同様に、有機態窒素の無機化、無機化により生成したアンモニア態窒素の硝化および脱窒反応がおこり、$N_2O$が生成されます。

## ●農用地からの$N_2O$発生抑制

　施肥した窒素1 kg当たり、水稲0.31%、その他の作物0.62%、お茶では2.9%の窒素が$N_2O$として排出されることが知られています。そのため、$N_2O$削減策は、①肥料の施用量を少なくする、②生分解樹脂でコーティングされた被覆肥料（緩効性肥料、肥効調節型肥料）を用いる、③硝化抑制剤と一緒に施用し硝化反応を抑制する、ことです。硝化抑制剤を用いると、約2割の$N_2O$を減らせます。

　脱窒経由で発生する$N_2O$は土壌条件に大きく影響されます。土壌中の全孔隙量の60%以上が水で満たされると脱窒がおきはじめ、100%で最大となるからです。そのため、水田では脱窒活性が高く$N_2O$発生も多いと想像されるのですが、水田では$N_2O$還元酵素の活性が高いために$N_2O$発生量は多くありません。$N_2O$発生量の多い畑で、土壌水分を高くさせない排水良好な土壌管理が$N_2O$削減のカギとなります。

　現在、注目されている土壌管理は木材や竹、もみ殻などから作られるバイオ炭の施用です。バイオ炭はバイオ炭に含まれる炭素は土壌中での分解が著しく抑制されるため、土壌への炭素貯留の点でも注目されています。きわめて高い比表面積をもつため、土壌中の孔隙率を高めて脱窒をおこりにくくします。室内試験[→図表3]をはじめ、各種の圃場試験でその効果が実証されています。硝化は主に独立栄養性の細菌およびアーキアが担います。脱窒反応は多様な細菌および一部の真菌やアーキアが行います。$N_2O$を$N_2$に還元する$N_2O$還元酵素を持たない微生物が知られ、それらが脱窒を行うと最終生

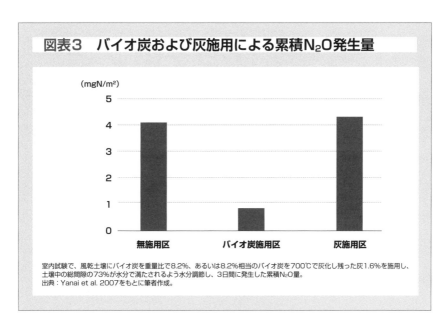

図表3　バイオ炭および灰施用による累積$N_2O$発生量

(mgN/m²)

室内試験で、風乾土壌にバイオ炭を重量比で8.2%、あるいは8.2%相当のバイオ炭を700℃で灰化し残った灰1.6%を施用し、土壌中の総間隙の73%が水分で満たされるよう水分調節し、3日間に発生した累積$N_2O$量。
出典：Yanai et al. 2007をもとに筆者作成。

成物はすべて$N_2O$となります。

## ●排水処理からの$N_2O$発生の抑制

　次世代の水浄化技術として、アナモックス(嫌気性アンモニウム酸化反応で、アンモニアと亜硝酸イオンから窒素が作られる反応です)が注目されています。この反応は硝化や脱窒過程を経ないために、$N_2O$発生量が大幅に削減できます。　　　　　　　　　　　　　　　　　〈豊田剛己〉

［参考文献］
温室効果ガスインベントリオフィス(GIO)編　環境省地球環境局総務課脱炭素社会移行推進室監修[2021]「日本国温室効果ガスインベントリ報告書」国立環境研究所地球環境研究センター
南澤究・妹尾啓史他編[2021]『エッセンシャル土壌微生物学作物生産のための基礎』講談社。
Yanai Y. et al.[2007]*Effects of charcoal addition on N2O emissions from soil resulting from rewetting air-dried soil in short-term laboratory experiments, Soil Science and Plant Nutrition* 53, pp181-188.

# (31) 増え続けるフロン類
## その廃絶に向けて

温室効果ガスの中で、唯一自然界に存在しないガスがフロン類です。温室効果係数が高く、現在にいたるまで唯一排出量が増えています。対策のカギは自然系の物質で温室効果の低いものへと転換を早急に進めることです。

### ●急増するHFC（ハイドロフルオロカーボン）

　フロン類とは、温室効果ガスに分類されるフッ素系ガス全般を指し、HFC（ハイドロフルオロカーボン）、PFC（パーフルオロカーボン）、$SF_6$（六フッ化硫黄）、$NF_3$（三フッ化窒素）などに大別され、そのなかでも様々な種類のフロンがあります。**図表1**のように、日本では、HFCの排出量が2004年以降急増を続けており、その大半が冷凍冷蔵機器や空調機などの冷媒用途で使われています。

　HFCについては、2016年のオゾン層保護のためのモントリオール議定書締約国会議で生産量と消費量を規制することが決まり（キガリ改正）、**図表2**のような削減スケジュールがつくられています。今後、HFCなど4ガスの全廃に向けた議論の進展が注目されます。

### ●日本のフロン類対策

　2021年に閣議決定した地球温暖化対策計画においては、HFCの削減目標を2013年度比55％減で1450万$t$-$CO_2$の排出量にするとしています。現在、「フロン排出抑制法」によって、フロン類使用製品の冷凍ノンフロン・低GWP（地球温暖化係数）化の推進、機器使用時の漏洩対策、整備時・廃棄時のフロン類の回収破壊などが定められていますが、様々な課題があります。

## 図表1　フロン類4ガスの日本における排出量の推移

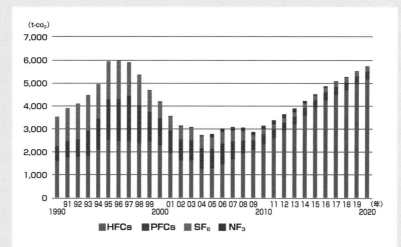

(t-co₂)

HFCs ■　PFCs ■　SF₆ ■　NF₃

出典：温室効果ガスインベントリをもとに作成。

## 図表2　キガリ改正におけるHFC削減スケジュール

|  | 途上国第1グループ[※1] | 途上国第2グループ[※2] | 先進国[※3] |
|---|---|---|---|
| 基準年 | 2020-2022年 | 2024-2026年 | 2011-2013年 |
| 基準値<br>（HFC＋HCFC） | 各年のHFC生産・<br>消費量の平均＋HCFCの<br>基準値×65% | 各年のHFC生産・<br>消費量の平均＋HCFCの<br>基準値×65% | 各年のHFC生産・<br>消費量の平均＋HCFCの<br>基準値×15% |
| 凍結年 | 2024年 | 2028年[※4] | なし |
| 削減スケジュール[※5] | 2029年：▲10%<br>2035年：▲30%<br>2040年：▲50%<br>2045年：▲80% | 2032年：▲10%<br>2037年：▲20%<br>2042年：▲30%<br>2047年：▲85% | 2019年：▲10%<br>2024年：▲40%<br>2029年：▲70%<br>2034年：▲80%<br>2036年：▲85% |

※1：途上国第1グループ：開発途上国であって、第2グループに属さない国
※2：途上国第2グループ：印、パキスタン、イラン、イラク、湾岸諸国
※3：先進国に属するベラルーシ、露、カザフスタン、タジキスタン、ウズベキスタンは、規制措置に差異を設ける（基準値について、HCFCの参入量を基準値の25%とし、削減スケジュールについて、第1段階は2020年5%、第2段階は2025年に35%削減とする）。
※4　途上国第2グループついて、凍結年（2028年）の4～5年前に技術評価を行い、凍結年を2年間猶予することを検討する。
※すべての締約国について、2022年、およびその後5年ごとに技術評価を実施する。

出典：経済産業省資料をもとに作成。

## ●低GWPでもCO₂の数百倍の温室効果

フロン排出抑制法では、フロン使用製品のフロンの低GWP化がメーカーに義務づけられ、GWP目標と目標年が定められています。しかし、「低GWP」には定義がなく、$CO_2$の数百から数千倍もあるフロン類でも推進されているケースがあります[→図表3]。たとえば、エアコンの冷媒はかつて使用されていたHFC410A（GWP2090）からGWPが675のHFC32へと転換が促されてきました。ただし、IPCC第6次評価報告書では、GWPの値が見直され、HFC32のGWPは771と大きくなっています。また、コンデンシングユニットおよび定置式冷凍冷蔵ユニット（大型冷凍冷蔵倉庫）では、$CO_2$冷媒という代替策が実用化しているにもかかわらず、GWP目標は2025年までに1500と高いままです。

## ●低迷するフロン回収率

一方、冷媒として使用したフロン類は、回収が義務づけられ、新たな温暖化対策計画では、回収率100％を目指すとしていますが、2001年に法律で回収が義務化されて以来、回収率はほとんど上がっておらず、現在も3割程度にとどまった状況です。回収率が上がらない要因は、制度的・技術的・経済的な課題があると考えられますが、フロンが目に見えない気体で、確認することが困難であることが最大の原因だといえます。

## ●自然冷媒への転換に向けて

こうした問題の根本的な解決策としては、フロンの使用をやめ、自然冷媒など温室効果の低いものに切り替えることが必要です。自然冷媒には、二酸化炭素、炭化水素、アンモニア、水、空気などがあり、フロンの代替として使われはじめています。すでに冷蔵庫の冷媒は大半が炭化水素ですが、今後は、業務用の冷凍空調機器など他の分野でも自然冷媒への転換を加速する必要があります。

〈桃井貴子〉

## 図表3　フロン排出抑制法における指定製品のGWP目標値・目標年度

| 指定製品の区分 | | 現在使用されている<br>主なフロン類等及びGWP | GWP目標値 | 目標年度 |
|---|---|---|---|---|
| 家庭用エアコン | | R410A(2090)<br>R32(675) | 750 | 2018 |
| 店舗・オフィス用エアコン | ①床置型等除く、法定冷凍能力3トン未満のもの | R410A(2090) | 750 | 2020 |
| | ②床置型等除く、法定冷凍能力3トン以上のものであって、③を除くもの | R410A(2090) | 750 | 2023 |
| | ③中央方式エアコンディショナーのうちターボ冷凍機を用いるもの | R134a(1430)<br>R245fa(1030) | 100 | 2025 |
| 自動車用エアコン | | R134a(1430) | 150 | 2023 |
| コンデンシングユニット及び定置式冷凍冷蔵ユニット(大型) | | R404A(3920)<br>R410A(2090)<br>R407C(1770)<br>$CO_2$(1) | 1500 | 2025 |

出典：フロン排出抑制法の指定製品より一部抜粋。

［参考文献］

JASONストップ・フロン全国連絡会　動画『めざせ「ノンフロン」の世界』1-3。（https://www.youtube.com/playlist?list=PL6F349_SmFF0GTcWrPKwxfmFDgXGsoENF）

Shecco『ACCELERATE JAPAN ADVANCING CLEAN COOLING』（https://acceleratejapan.com/）

# ㉜ 省エネルギー総論

省エネは、機器や建物、それらからなるシステムのエネルギー効率を上げてエネルギー消費量を削減すること、運用改善や使い方の工夫などでエネルギー消費量を削減することなどです。メインはシステムの効率向上です。

## ●省エネ、省エネ対策とは

省エネルギー（省エネ）は、主にエネルギー効率を上げてエネルギー消費量を削減することです[→図表1]。

ひとくちに省エネといっても多様な技術手段、選択肢があります。主な対策を図表2に示します。設備機器の効率を上げる方法には、設備機器のエネルギー消費性能を上げる、建物の断熱性能を上げる[→㊾]、あるいはそれらからなるシステムの性能を上げることがあります。

## ●行動変容、消費側の選択

IPCCの第6次評価報告書で、需要側の$CO_2$削減対策として、「社会・文化的要素」、「インフラ利用」、「技術採用」の要素に分けた対策で2050年の温室効果ガスを40-70%削減の可能性があるとしています。多くは広義の省エネです。図表3に例を示します。ここで「ライフスタイルの転換」は英語表現では日本よりもはるかに広い意味であることに注意する必要があります。

## ●使用前、廃棄後を含むライフサイクルの観点

他方、産業活動などで、自社以外の部分を含む製造から廃棄までのエネルギー全体の削減も検討されます。リサイクル材料を使い材料製造時の膨大なエネルギーを削減する、部品生産時のエネルギー

## 図表1　エネルギー効率向上によるエネルギー消費削減

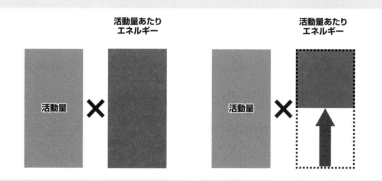

## 図表2　主な省エネ対策

| 種類 | 内容 |
|---|---|
| 設備機器自体を省エネ型に更新 | ・高効率の機器、同じ使い方をしてそのサービス量あたりのエネルギー消費量が小さくてすむ機器に更新<br>・ボイラー・ヒーター機器をヒートポンプ機器に転換<br>・内燃機関車を電気自動車に転換 |
| 効率の高い手段の選択 | ・ボイラー、ヒーターとヒートポンプがある場合に、同じ仕事をするのにエネルギー消費が数分の1ですむヒートポンプに転換<br>・内燃機関車と電気自動車がある場合に、同じ仕事をするのにエネルギー消費が数分の1ですむ電気自動車に転換<br>・旅客輸送量あたりエネルギー消費量が乗用車より小さい鉄道、バスなどを選択。また貨物輸送量あたりエネルギー消費量がトラックより小さい鉄道、船舶を選択 |
| 排熱利用 | ・排熱利用（自家発で排熱利用）<br>・熱のカスケード利用（高温の排熱をより低温の熱工程で使う） |
| 設備機器の省エネ改修 | ・配管断熱を強化し熱が逃げないようにする<br>・送風機やポンプなどの電気機械の出力を調整できる外付け機械を導入または改修（インバータ化）してシステムのエネルギー消費を削減<br>・照明スイッチを小口化して必要な場所だけ点けられるようにすることや人感センサーをつけて人が来たら点灯することなど |
| 断熱建築 | ・新築時に断熱性能の高い建物の建設<br>・断熱改修 |
| 運用管理（施設） | ・クリーンルーム、恒温室で温度幅湿度幅を妥当なレベルに下げる<br>・ボイラーの空気比の管理など |
| 運用管理（運輸） | ・トラックの積載率の向上<br>・トラックなどで配車計画・合理的道順による車の移動距離の削減<br>・バス、トラックなどで急発進の減少 |
| 省エネ行動 | ・冷暖房の省エネ行動など |

## 図表3　需要側の削減の例

| | 産業 | 運輸 | 業務家庭 |
|---|---|---|---|
| 社会文化的要素 | 持続可能な消費へのシフト（長寿命、修理可能な製品の使用） | テレワーク・在宅勤務 | 省エネにつながる社会的取組ライフスタイル行動変容 |
| インフラ利用 | リサイクル材料 | 公共交通、シェア交通 | コンパクトシティ、都市計画 |
| 技術採用 | 材料効率の高い製品のグリーン調達 | 電気自動車、高効率な輸送手段へのシフト | エネルギー効率の高い建物機器　再エネへのシフト |

を吟味する、地産地消で輸送距離を削減し輸送のエネルギー消費を削減する、電気自動車などエネルギー効率の高い輸送手段を選択するなどがあげられます。$CO_2$排出量でも使用時に加え、原料採掘から廃棄物までの「ライフサイクル」の$CO_2$排出削減が検討されます。なお留意点として自社以外の活動は誤差も大きいことがあります。

### ●省エネ対策の可能性

省エネ対策にはどれくらいの可能性があるのでしょうか。

日本では、更新の時の省エネ機器導入、断熱建築導入により**図表4**のような大きな最終エネルギー消費削減の可能性があります。

省エネを機器更新や断熱建築により実施すると初期投資費用がかかる一方、光熱費が削減できます。多くの対策は投資回収可能です。

機器の普及開始たとえば電気自動車の普及初期、および断熱建築で新築でなく後からの改修で断熱材を埋め込む工事などではもとがとれない可能性があります。

### ●省エネ対策効果、実績の表し方

機器や建築の省エネ対策実績は省エネ設備・断熱建築導入前後での比較、導入シミュレーションなどがあります。

様々な対策が集まる場合の実績は、部門別には活動量あたりのエネルギー消費量があります。1990年以降の部門別実績は⑫-**図表4**にあります。製造業の1970-2020年の業種別実績を**図表5**に示します。1990年以降の省エネ停滞がわかります。

国単位ではGDPあたりのエネルギー消費量を使うことがあります。この例を**図表6**に示します。ここでも1990年以降の省エネ停滞がわかります。ただしGDPあたりエネルギー消費は機械やサービス業などエネルギー消費量あたり付加価値の高い業種と、素材製造業などエネルギー消費量あたり付加価値が低い業種とで1000倍程度の違いがあることに注意する必要があります。　　　　　〈歌川　学〉

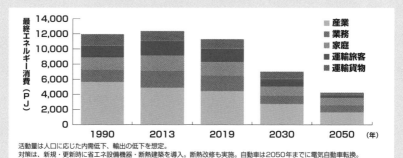

## 図表4　省エネ対策による日本の最終エネルギー予測

活動量は人口に応じた内需低下、輸出の低下を想定。
対策は、新規・更新時に省エネ設備機器・断熱建築を導入。断熱改修も実施。自動車は2050年までに電気自動車転換。

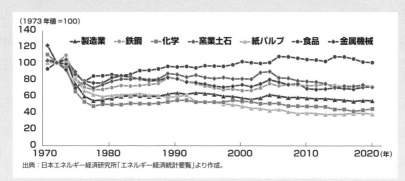

## 図表5　製造業の生産指数あたりエネルギー消費量実績

出典：日本エネルギー経済研究所「エネルギー経済統計要覧」より作成。

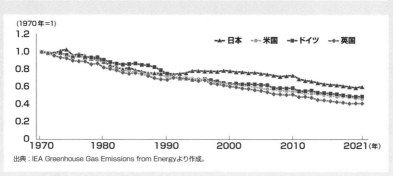

## 図表6　GDPあたり一次エネルギー供給実績

出典：IEA Greenhouse Gas Emissions from Energyより作成。

# ㉝ 再生可能エネルギー総論

人類は、産業革命以後、それまでの再エネ中心の文明から石炭や石油などの化石燃料文明に移行し気候危機を引き起こしました。いま、再エネ中心の太陽エネルギー文明へ移行する大転換が起きつつあります。その現況を解説します。

## ●再エネ本流化の近代史

再エネ発電のなかでは、水力発電が最も早く19世紀末から開発利用されてきました。その後、1970年代の石油危機で、水力以外の再エネも改めて注目されるようになりました。日本を含む世界の先進国は石油代替エネルギーとして、特に太陽光発電や風力発電の開発に着手しました。環境史から見れば、同時期の原発推進に対抗して「ソフトエネルギー」や「分散型エネルギー」として再エネが期待されました[1]。1980年代にはデンマークと米国カリフォルニア州で風力発電の本格的な普及が始まりました。

1990年代に気候変動問題が浮上するなか、ドイツでの風力発電の普及や日本や米国での太陽光電力の普及が始まり、2000年にドイツで導入された現代型の固定価格買取制度(FIT)が中国を筆頭に世界各国に拡がり、普及が加速しました[→図表1]。こうして風力発電と太陽光発電の急激な普及が顕在化して、10年前あたりからエネルギー大転換と気候危機対策の主役として認識されるようになりました。2009年に国際再生可能エネルギー機関(IRENA)が発足したことも、世界史的なエポックです[2]。

## ●再エネ100%へのパラダイム転換

再エネ100%目標は、10余年前までは異端視されていましたが、

## 図表1　風力発電と太陽光発電の市場拡大（2021年末）

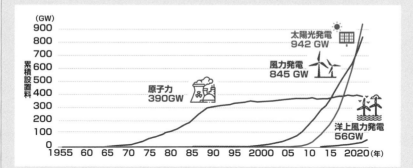

## 図表2　用途と由来別の再エネ種類

| 用途 | 由来 | | 備考 |
|---|---|---|---|
| | 太陽エネルギー | 太陽以外 | |
| 電力 | 太陽光発電(集光型含む)1)<br>風力発電1)<br>水力発電2)<br>波力発電<br>バイオマス3)・バイオガス | 地熱<br>潮力 | 1) 自然変動型電源(VRE)<br>2) ダム開発を伴う大型水力発電は別の社会・環境問題を伴う<br>3) 生態系影響、温室効果の吟味が必要 |
| 温熱 | 太陽熱温水器・太陽熱利用<br>バイオマス4)・バイオガス | 地熱・地中熱 | 4) 伝統的バイオマスは普及対象から除外される。 |
| 燃料 | バイオ燃料5)・バイオガス<br>P2X(電力からガスやグリーン水素への転換)6) | | 5) 食料競合、温室効果の吟味が必要<br>6) 再エネ電力由来のみ |

再エネの種類を用途と由来別に見ると、大半を占める太陽エネルギー由来とそれ以外の地熱や潮力などに大別されます。

## 図表3　再エネの利用可能量の考え方

出典：Kingsmill Bond, et.al., "The sky's the limit", Carbon Tracker Apr.2021に筆者加筆。

今日では主流となり、以下の要素から構成されます※3。

- 電力は太陽光発電と風力発電を中心に再エネ100％へ
- 他分野はその再エネ電力を利用・転換して再エネ100％へ
- 電力の再エネ100％には自然変動型電源（VRE＝太陽光発電と風力発電）を最大限受け入れる「柔軟性」が重要
- VREを電力系統に優先かつ最大限受け入れるため、電力系統側では「柔軟性」が重視されるようになりました
- 電気自動車（EV）化と定置型蓄電池の活用
- 再エネ電力を熱、水素、ガスなどに転換し、柔軟性向上
- 製造業、農業などを再エネ化してゆく（セクターカップリング）

## ●利用可能量

再エネの利用可能量は、地域ごとに大きく異なり、理論的＞技術的＞経済的＞政治的と段階的に考えます【→図表3、4】。地熱や潮力は経済的な利用可能量はほぼゼロで、水力は成熟技術ですが利用可能量が小さくなります。太陽光発電（及び集光型発電）が人類のエネルギー需要の100倍以上という圧倒的な利用可能量を持ち、風力発電はこれに次ぎます。

なお、世界中で古くから大量に利用されてきた多様なバイオマスの一部は、持続可能性や正味の炭素排出量などに注意を要します。

日本のように人口密度やエネルギー需要密度が高い国では利用可能量が劣ります【→図表5】。昨今の再エネ開発に対する地域社会からの反発なども考えると、利用可能量はさらに小さくなります。

社会的な合意も考慮すると、風力発電は洋上風力発電が大きな利用可能性を持ち、太陽光発電には、住宅など建築物と農地（とくに営農型太陽光発電）が大きな利用可能性を持つと考えられます【→図表6】。

## ●コスト、便益、地政学の大転換

再エネ100％の主役となる風力発電（陸上、洋上）と太陽光発電、そして蓄電池の急速な普及拡大に反比例して、コストは急激に下がっ

## 図表4　各再エネの理論的・技術的利用可能量

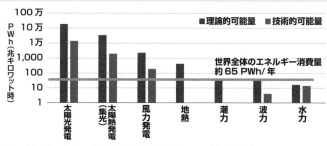

出典：Kingsmill Bond, et.al., "The sky's the limit", Carbon Tracker Apr.2021に筆者加筆。

## 図表5　太陽光・風力の利用可能量（対エネルギー需要比）

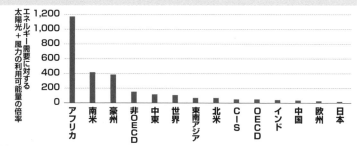

出典：Kingsmill Bond, et.al., "The sky's the limit", Carbon Tracker Apr.2021に筆者加筆。

## 図表6　日本での再エネ利用可能量績、太陽光・風力導入ポテンシャル

出典：環境省 令和元年度再生可能エネルギーに関するゾーニング基礎情報等の整備・公開等に関する委託業務報告書（2020年6月）に筆者加筆。

てきています[→図表7、図表8]。これは技術学習効果によるもので、今後も市場拡大とコスト低下の好循環は続くと考えられています。

　すでに太陽光発電と陸上風力発電は均等化発電原価（Levelised Cost of Electricity：LCOE）で見て、化石燃料を下回る地域が世界でも大勢を占め、洋上風力発電もそれに続きます。蓄電池の急激なコスト低下から、自然変動型電源と蓄電池を組み合わせたコストが化石燃料を下回る時期もそう遠くないことが見込まれます。

　再エネ転換の便益は、気候変動緩和に加えて、エネルギー安全保障、エネルギー収支改善、地域自立と活性化、グリーン雇用創出など多岐にわたります。従前の石油中心の「エネルギー地政学」から、今後は再エネ中心へと根底から変わってゆきます[※10]。

### ●再エネ転換の課題

　中心に再エネ100％社会が現実味を帯び、気候危機へも対処しうる可能性が見えてきたことは朗報ですが、文明人類史的なエネルギー大転換であるため、必然的にさまざまな課題を伴います。

①移行の加速・・・現在進行中の加速度的な変化は気候危機だけが原動力ではなく、「新しい技術による創造的破壊」の要素が大きいことに留意して、多面的に細部まで見据えた政策形成や市場構築が求められます。

②政治的・社会的合意・・・国や産業界の中枢では、旧来のエネルギー産業から新しい体制に利益や雇用を移行する政治的な合意が求められます。社会全般では、小規模かつ地域分散型の再エネに転換してゆくため、多数の地域で土地・景観・自然環境との干渉が生じ、地域社会での幅広い参加や合意形成が求められます。

③公正な移行・・・「新しい社会分断」や「新しい負け組」を生み出さないよう、グローバルにも各地域でも「公正な移行」となる政治的・政策的な配慮が欠かせません。　　　　　　　　　　　〈飯田哲也〉

## 図表7　風力発電と太陽光発電のコスト

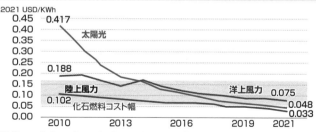

出典：IRENA "Renewable Power Generation Costs in 2021"(2022年)

## 図表8　蓄電池の市場拡大とコスト低下

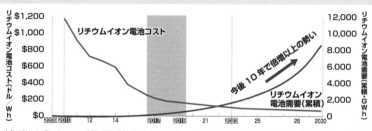

出典：Charlie Bloch et. al., "BREAKTHROUGH BATTERIES - Powering the Era of Clean Electrification", RMI, 2020年1月。

［参考文献］

※1　Andrew Jamison, "The Making of Green Knowledge", Cambridge University Press, 2001

※2　Thijs Van de Graaf, "the Creation of IRENA", 'The Politics and Institutions of Global Energy Governance', Palgrave Macmillan, 2013

※3　Christian Breyer, et.al., "On the History and Future of 100％ Renewable Energy Systems Research", IEEE, 25th July 2022.

※4　REN21 Global Status Report 2022, IAEA Prisの各データから筆者作成

※5　Kerstine Appunn, "Sector coupling", Clean Energy Wire, 25 Apr 2018に筆者加筆

※6　Kingsmill Bond, et.al., "The sky's the limit", Carbon Tracker Apr.2021に筆者加筆

※7　環境省 令和元年度再生可能エネルギーに関するゾーニング基礎情報等の整備・公開等に関する委託業務報告書(2020年6月)に筆者加筆

※8　IRENA, "Renewable Power Generation Costs in 2021", July 2022

※9　Charlie Bloch et. al., "Breakthrough Batteries", RMI, Jan. 2020

※10　IRENA, "A New World: The Geopolitics of the Energy Transformation", Jan.2019

# ㉞ 再エネの賦存量と利用可能量

膨大な再生可能エネルギーの賦存量の中から、日本国内でどれだけの再エネを利用することができるのか。地域の特性に応じて様々な種類の再エネについて利用可能量の推計方法をみていきます。

## ●再生可能エネルギーの利用可能量

　地球に降り注ぐ太陽エネルギーを起源とする再生可能エネルギーの賦存量は膨大で、人類が消費するエネルギーを十分にまかなうだけの量があります（それ以外に地熱起源および潮汐力起源があります）。膨大な再エネの賦存量のうちで、実際に利用可能な量として再エネの種類ごとに日本国内での導入ポテンシャルを考えることができます。再エネの導入ポテンシャルは法令や土地用途（国立公園、土地の傾斜、居住地などからの距離）やエネルギーの採取・利用に関する様々な制約を考慮したエネルギー資源量です。ただし、系統の空き容量、個別の地域事情や将来のコストなどは考慮されておらず、事業性も考慮されていません。また、導入ポテンシャルを推計する方法や、対象やカテゴリーは見直されることがあります。ここでは、利用可能量として環境省の調査結果[1]から再生可能エネルギー情報提供システム（REPOS）[2]で提供された導入ポテンシャルをみていきます。

　太陽光発電については、建物系として公共の官公庁、病院、学校、民間の戸建住宅や集合住宅、商業施設や宿泊施設などその他の建物、工場、倉庫、鉄道駅などがあり、あわせて455GWの発電設備の導入ポテンシャルがあります。土地系では、最終処分地、耕地（田・畑）、荒廃農地、ため池などで1005GWの導入ポテンシャルがあります。

## 図表1 太陽光発電の市町村別導入ポテンシャル[※3]

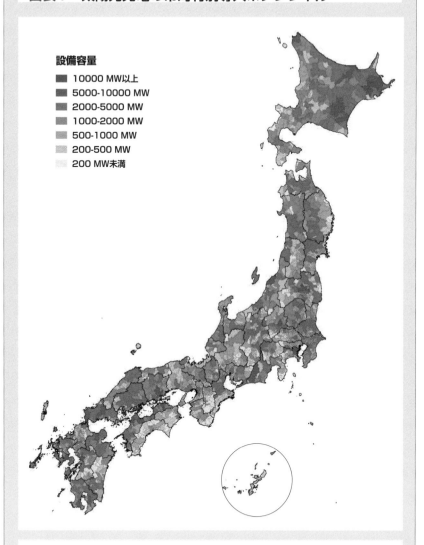

**設備容量**
- 10000 MW以上
- 5000-10000 MW
- 2000-5000 MW
- 1000-2000 MW
- 500-1000 MW
- 200-500 MW
- 200 MW未満

注：それぞれのカテゴリー毎に地図情報などを使って設置可能面積を出して、自然条件（傾斜度など）や社会条件（自然公園や自然環境保護などの土地の利用規則や土砂災害・浸水想定などの防災面など）で除外した上で、用途ごとの設置密度や日照条件により異なる地域別の発電電力量を考慮して導入ポテンシャルが市町村別に推計[※3]。

これらの太陽光の導入ポテンシャルは、2030年の導入目標である約110GW（国内の総発電電力量の約15％を供給）の13倍以上に相当します。**図表1**には、日本国内の市町村別の太陽光発電の導入ポテンシャルを示します。

　風力発電については、陸上風力と洋上風力があります。陸上風力については、風速が5.5m/s以上のエリアで、標高や最大傾斜などの自然条件および法規制（自然公園など）や土地利用区分や居住地からの距離などの社会条件による土地用途の制約などを考慮した設置可能面積に対して単位面積当たりの設備容量（10MW/km²）を考慮して推計され、484GWの導入ポテンシャルがあると推計されました[3]。洋上風力については、風速が6.5m/s以上で、水深200m以上や国定公園の海域を除外して考慮した設置可能面積に対して単位面積当たりの設備容量を考慮して推計され、1120GWの導入ポテンシャルがあると推計されます[1]。これらの風力発電の導入ポテンシャルは、2030年の導入目標である約24GW（国内の総発電電力量の約5％を供給）の60倍以上に相当します。**図表2**には、北海道の風力発電の導入ポテンシャルの分布を示します。

　中小水力発電については、河川ごとの合流点での発電を想定し、流況による最大流量から設備容量を、年間使用可能水量から年間発電電力量を推計します。すでに水力発電所が設計されていたり、コストなどで設置困難な場合、国立公園などを除外しています[1]。地熱発電については、熱水資源の温度や資源密度など技術的に利用可能な地熱資源の分布から土地用途の制約を考慮して推計しています[1]。

　太陽熱および地中熱については、住宅や商業施設などの建物への利用可能熱量を求めたうえで、給湯や冷暖房などの熱需要量と比較して推計しています[1]。バイオマスについては、環境省による新たな調査[3]で導入ポテンシャルが推計されています。ここでは、発電・熱利用としてエネルギー利用が可能であり、他の用途と競合利

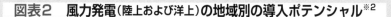

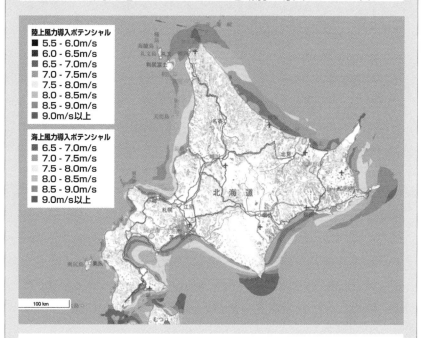

**図表2 風力発電（陸上および洋上）の地域別の導入ポテンシャル**[※2]

**陸上風力導入ポテンシャル**
- 5.5 - 6.0m/s
- 6.0 - 6.5m/s
- 6.5 - 7.0m/s
- 7.0 - 7.5m/s
- 7.5 - 8.0m/s
- 8.0 - 8.5m/s
- 8.5 - 9.0m/s
- 9.0m/s以上

**海上風力導入ポテンシャル**
- 6.5 - 7.0m/s
- 7.0 - 7.5m/s
- 7.5 - 8.0m/s
- 8.0 - 8.5m/s
- 8.5 - 9.0m/s
- 9.0m/s以上

100 km

北 海 道

注：陸上風力は高度80mにおける風速5.5m/s以上（標高、自然公園、居住地からの距離等の条件考慮）、洋上風力は海面上140mにおける風速6.5m/s以上かつ陸上からの距離が30km未満（水深200m未満、自然公園等の条件考慮）[※1]。

用が少なく、持続的に一定量供給可能な木質バイオマスを対象にしていますが、その他、食品廃棄物や下水汚泥、家畜排せつ物なども導入ポテンシャルがあります。 〈松原弘直〉

［参考文献］
※1 環境省［2020］「令和元年度再生可能エネルギーに関するゾーニング基礎情報等の整備・公開等に関する委託業務報告書」
※2 環境省webサイト「再生可能エネルギー情報提供システム：REPOS（リーポス）」
（ http://www.renewable-energy-potential.env.go.jp/RenewableEnergy/ ）
※3 環境省［2022］「令和3年度再エネ導入ポテンシャルに係る情報活用及び提供方策検討等調査委託業務報告書」

# ㉟ 再生エネの地域分布と時間変動

再生可能エネルギーは、日本国内においても各地域に分散しており、電力の供給エリアや自治体ごとの供給量の地域分布がわかります。また、電力需給の1時間データや天候データなどから地域ごとに月別の季節変動や時間変動までわかります。

## ●再生可能エネルギーの地域分布

　都道府県や市町村別などの地域ごとに、再生可能エネルギー（再エネ）を供給している地域を見出し、再エネにより持続可能な地域を将来にわたり増やしていくことが重要です。そのため、千葉大学倉阪研究室とISEP（環境エネルギー政策研究所）の共同研究[※1]として、その地域の特性に応じた太陽光・太陽熱、風力、小水力、地熱、バイオマスなどの様々な再エネの1年間の供給量をエネルギー需要に対して推計して地域的なエネルギー自給率（地域の民生および農林水産部門のエネルギー需要に対する自然エネルギー供給の年間の割合で、供給先が地域外の場合も含む）を推計しています。

　市町村別にみると2020年度の地域的エネルギー自給率が100%を超える地域が174市町村に達しています。都道府県別にみると、秋田県と大分県が地域的エネルギー自給率が50%を超えました。民生（家庭、業務）および農林水産用の電力需要と比較した地域的な電力供給の割合（地域的電力自給率）で比較すると、秋田県、鹿児島県、宮崎県、大分県の4つの県で、60%を超えています[→図表1]。

　日本全国の電力エリアごとに一般送配電事業者10社により毎月公開されている電力需給データにもとづき再エネの供給量を2021年（暦年）の1年間のデータで集計することができます[※2]。電力エリア別

## 図表1　都道府県別の自然エネルギー電力の割合ランキング（2020年度推計値）

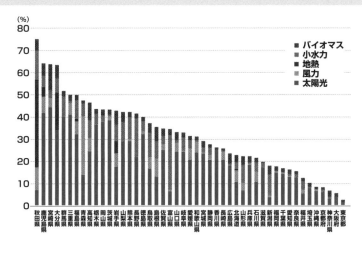

出典：永続地帯研究会（千葉大学倉阪研究室＋環境エネルギー政策研究所）

## 図表2　エリア別の電力需給における自然エネルギーおよび原子力の割合（2021年度）

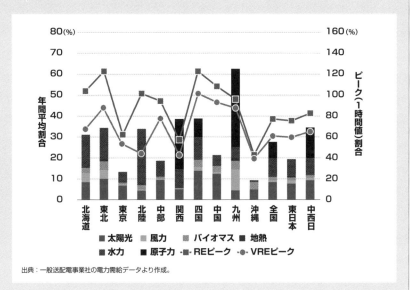

出典：一般送配電事業社の電力需給データより作成。

では、2021年度の年間電力需要量に対する再エネの割合の平均値が最も高かったのは東北電力エリアの34.3%でしたが、太陽光が10.3%、風力が4.4%で、VRE（変動性再エネ）の割合が14.7%に達しており、バイオマス発電3.9%、水力発電も14.4%と大きな割合を占めています [→図表2]。

## ●再生可能エネルギーの時間変動

日本国内の再エネの電力需要に占める割合の月別の平均値では、2021年では、5月が28.6%と最も高くなっています [→図表3]。この中でVREの割合は2021年4月に最大となり、太陽光発電が12.9%、風力発電が1.2%となっています。一方で、1時間値では2021年5月4日10時台の75.8% が1年間値のピークで、VREのピーク値は60.7%に達しています。さらに2021年には、1時間値のピークで再エネが100%を超えたエリアが東北エリアを含めて北海道、北陸、四国および中国の5エリアになりました [→図表2]。

東北エリアでは、1時間値のピークで再エネの割合が121%に達して、太陽光が76%、風力が11%とVRE比率は87%に達していますが、優先給電ルールによる火力発電の抑制や東京エリアとの連系線の活用で需給バランスは十分にとれています。さらに、四国エリアでは、再エネの割合がピーク時に117%となりましたが、太陽光の割合が101.3%に達し、風力の0.9%とあわせてVREの割合が102.2%に達しました。このとき抑制の出来ない原子力発電は停止しており、火力発電の抑制とあわせて、揚水発電や地域間連系線が活用されています [→図表4]。　　　　　　　　　　　　　〈松原弘直〉

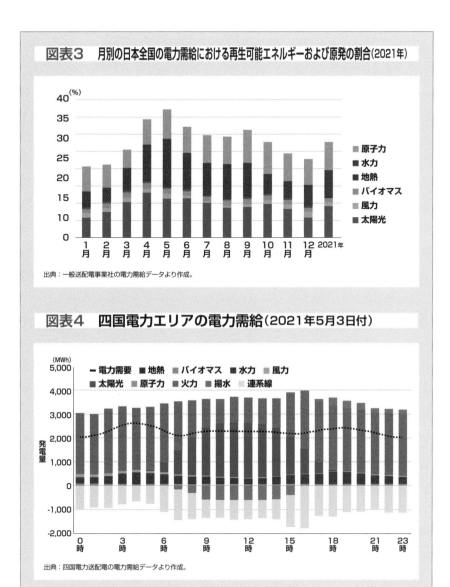

**図表3　月別の日本全国の電力需給における再生可能エネルギーおよび原発の割合（2021年）**

凡例：
- 原子力
- 水力
- 地熱
- バイオマス
- 風力
- 太陽光

出典：一般送配電事業社の電力需給データより作成。

**図表4　四国電力エリアの電力需給（2021年5月3日付）**

凡例：電力需要　地熱　バイオマス　水力　風力　太陽光　原子力　火力　揚水　連系線

出典：四国電力送配電の電力需給データより作成。

［参考文献］
※1　永続地帯ホームページ　（https://sustainable-zone.com/）
※2　OCCTO電力広域的運営推進機関「系統情報サービス・でんき予報・広域予備率web公表システム」（https://www.occto.or.jp/keitoujouhou/index.html）

# ㊱ 自然エネルギーの世界動向

自然エネルギーの拡大は、価格破壊ともいえるコスト低下を
もたらしています。近年、ロシアのウクライナ侵攻による化
石燃料危機が、自然エネルギーの導入拡大を加速し、安全保
障上も重要な位置を占めるようになりました。

## ●続く自然エネルギーのコスト低下と導入拡大

　2022年、太陽光発電や風力発電の変動型自然エネルギーは、世界
の多くの地域で、最も安いエネルギーになっています。過去10年で、
太陽光発電のコストは10分の1に下がり、さらなるコスト低下が続
いています。もともとコストが安かった風力発電も、さらにコスト
が半減し、新しく登場した洋上風力発電のコストダウンも進んでい
ます[→図表1]。

　劇的なコスト低下を背景に、中国をはじめ、世界中で自然エネル
ギー導入の動きが加速しています。これまで一部先進国で開発が進
んできた自然エネルギーが、むしろ途上国で、新しいエネルギーを
もたらす技術として拡大しています。

　2022年半ば、世界の太陽光発電の導入容量は1TW（1000GW）を超
えました。2022年末時点で1046GWとなり、2010年末の40GWから、
25倍増加しています。化石燃料価格の高騰からか、単年の導入量
が約200GWと大きかったことも2022年の特徴です。

　一方の風力発電は、2022年末に899GWの導入容量となっています。
一昨年、太陽光の導入量に追い越されてから、開きが拡大しました
が、ドイツで陸上風力拡大の新しい政策がとられるなど、各国で大
規模な洋上風力の導入が続くなどしているため、風力も導入の加速

## 図表1　新設の大規模発電所の均等化発電原価（補助金なしLCOE）

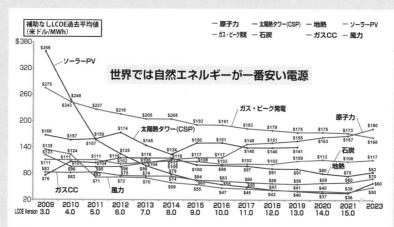

出典：ラザード「エネルギーの均等化発電原価アナリシス」VERSION 16.0 LAZARD, 2023年4月（https://www.lazard.com/research-insights/2023-levelized-cost-of-energyplus/）

## 図表2　世界の太陽光発電と風力発電の拡大

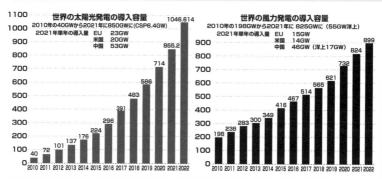

出典：国際再生可能エネルギー機関、再生可能エネルギー統計（2022年6月）をもとに自然エネルギー財団で作成　（https://www.irena.org/-/media/Files/IRENA/Agency/Publication/2022/Jul/IRENA_Renewable_energy_statistics_2022.pdf?rev=8e3c22a36f964fa2ad8a50e0b4437870）

世界では太陽光がすべてを席巻しつつあります。この10年でPVソーラーのコストは9割低下し、集中型太陽熱発電（CSP）もコストが下がってきました。

風力発電は堅調に拡大。すでに競争力を持つ電源だったが、この10年でさらにコストが半減。近年では、洋上風力という新しい技術が市場を拡大。

が見込まれています[→図表2]。

## ●エネルギー転換と気候危機・パンデミック・安全保障

2016年、世界各国が参加し、温室効果ガスの削減を約束する「パリ協定」が発効しました。各国は、協定のもと、「自国が定める貢献(NDC)」にもとづく自国の温室効果ガス削減目標に沿って、自然エネルギーの導入目標値を定めています。とくに、先進諸国は、2030年から2035年にかけて、電力を脱炭素化し、大部分を自然エネルギーでまかなう高い目標を設定し、気候危機、経済回復、エネルギー安全保障に対応しようとしています[→図表3]。

2022年は、ロシアのウクライナ侵攻戦争に端を発する化石燃料危機が世界規模で拡大し、自然エネルギーや省エネルギーを主軸に、気候危機とエネルギー安全保障対策を両輪で進めるエネルギー転換の流れが加速しました。EUと米国は、それぞれ、「REPower EU：リパワーEU」(2022年5月)や「Inflation Reduction Act：インフレ抑制法(IRA)」(2022年8月)といった強い政策を打ち出しています。

「REPower EU」では、設置期間が短い太陽光について、2025年までに現在の約2倍の320GW以上、2030年までに約600GW分のPVの新設の目標などが掲げられています。「IRA」では、今後10年間で約3690億米ドル(2023年3月のレートで約50兆円)を気候変動対策・エネルギー安全保障強化にあてるとしており、自然エネルギー発電や電気自動車への生産・投資税控除などが主な対象となっています。米国内での生産組立規定などもあるものの、外資系企業にも税制優遇が適用されるため、強力な投資加速策となっています。〈大林ミカ〉

## 図表3　欧州の2030年目標

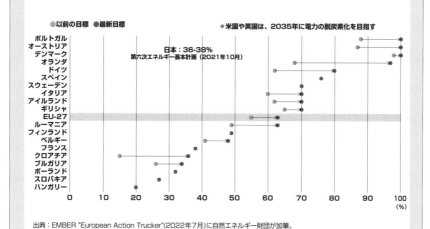

出典：EMBER "European Action Trucker"(2022年7月)に自然エネルギー財団が加筆。
（https://ember-climate.org/data/data-tools/european-renewables-target-tracker/）

## 図表4　米国「インフレ抑制法」気候変動関連予算

| 米国：約3690億ドルがエネルギー転換技術への免税に | |
| --- | --- |
| 太陽光/風力電力税額控除 | 1280億ドル |
| 原子力税額控除 | 300億ドル |
| 大気汚染、有害物質、輸送、インフラ | 400億ドル |
| 個人向けクリーンエネルギー奨励金 | 370億ドル |
| クリーン製造税額控除 | 370億ドル |
| クリーン燃料および自動車税控除 | 360億ドル |
| 自然保護、農村開発、林業 | 350億ドル |
| 建築効率化、電化、送電、産業、DOE補助金・融資 | 270億ドル |
| その他のエネルギー・気候関連支出 | 180億ドル |

出典：責任ある連邦予算委員会（2022年9月）をもとに筆者作成。
（https://www.crfb.org/blogs/cbo-scores-ira-238-billion-deficit-reduction）

❸制度と政策で「脱炭素」を支援する

# 37 脱炭素のための国際制度

脱炭素のための代表的な国際制度は「パリ協定」で、すべての締約国に「自国が決定する貢献（NDC）」の提出を義務づけています。そして、非政府主体の取組みも進んでいます。

## ●代表的な国際制度である「パリ協定」

脱炭素のための国際制度で代表的なものは、2015年12月12日に採択された「パリ協定」です。主な特徴は、以下の通りです［→⑯］。

①気温上昇を産業革命以前から2℃（努力目標として1.5℃）以内にする世界共通目標を設定したこと（パリ協定第2条）

②パリ協定に署名したすべての締約国が「自国が決定する貢献（＝NDC；Nationally Determined Contribution）」を提出すること、その中に温室効果ガス排出量削減の目標値とそのための行動を含めること、そして5年ごとに新たなNDCを提出すること（第4条）

③適切に、適応計画および適応行動を実施すること（第7条）

④先進締約国は、開発途上締約国が必要とする気候資金を拠出すること（第9条）、技術協力を行うこと（第10条）、能力開発支援を行うこと（第11条）

⑤パリ協定の目的および長期目標の達成に向けた全体的な進捗を評価するため、緩和、適応、実施手段および支援の実施状況について定期的に確認すること。最初の世界全体の実施状況の確認を2023年に、その後は５年ごとに行うこと（第14条）

⑥すべての締約国に温室効果ガス排出・吸収量、NDCの進捗の提出を義務化［→図表１］、気候影響・適応状況、先進締約国による途上

# 図表1 ホームページで公表されている「自国が決定する貢献(NDC)」の一覧

## NDC Registry.

In accordance with Article 4, paragraph 12 of the Paris Agreement, NDCs communicated by Parties shall be recorded in a public registry maintained by the secretariat.

Credit: Axel Fassio/CIFOR

Showing 15 of 194 results

| Party | | Title | Language | Translation | Version | Status | Submission Date | Additional documents |
|---|---|---|---|---|---|---|---|---|
| | Afghanistan | Afghanistan First NDC | English | | 1 | Active | 23/11/2016 | |
| | China | China First NDC (Updated submission) | Chinese | China First NDC (Updated submission) | 2 | Active | 28/10/2021 | China First NDC (Updated submission letter) Progress on the Implementation of China NDC 2022 – Chinese Progress on the Implementation of China NDC 2022 |
| | European Union | European Union First NDC (Updated submission) | English | | 2 | Active | 18/12/2020 | |
| | Japan | Japan First NDC (Updated submission) | English | | 4 | Active | 22/10/2021 | |
| | United States of America | United States of America First NDC (After rejoining the Paris Agreement) | English | | 2 | Active | 22/04/2021 | |

出典：IEA: Net Zero by 2050 – A Roadmap for the Global Energy Sector, 2021.

パリ協定(本文は、https://unfccc.int/process-and-meetings/the-paris-agreement/the-paris-agreement 参照、日本語の説明は https://www.env.go.jp/earth/cop/cop21/ が詳しい)第4条により すべての締約国はNDCを作成・提出することが義務づけられており、提出したNDCは国連気候変動枠組条約事務局ページ(https://unfccc.int/NDCREG)にすべて公表されています。米国はトランプ政権下の2017年6月1日にパリ協定脱退の意思表示をし、2020年11月4日にパリ協定から脱退しましたが、バイデン政権下の2021年1月17日に再加盟しています。

国支援の報告を促し、専門家レビューを行うこと（第13条）

　また、パリ協定第6条では、すべての国の温室効果ガス排出量を効率的に進める仕組みとして「市場メカニズム」を規定しています。日本はこの仕組みをリードする国の一つです[→㊳]。

## ●NDC（自国が決定する貢献）

　すべての締約国に最新の温室効果ガス排出量・吸収量の報告と「NDC（自国が決定する貢献）」の提出が義務づけられています。

　UNFCCC（国連気候変動枠組条約）事務局は提出されたNDCを「NDC Registry」ページにまとめ、公表しています[→図表1]。

　日本政府は2015年7月17日に最初の案を提出したあと、改訂を重ね2021年10月22日に2030年度の温室効果ガス排出量を2013年度比で46％（高みとして50％）削減、2050年までにネットゼロにすることを目標としたNDCを提出しました[→図表2]。

　京都議定書では、日本を含む一部の国に温室効果ガス排出削減量が義務づけられ（日本は1990年度比6％削減）、達成できない場合の罰則がありましたが、パリ協定ではすべての締約国を対象にし自主的な削減目標案の提出を義務化したことに、大きな違いがあります。

## ●パリ協定の実施に向けたさらなる国際制度の展開

　法的文書であるパリ協定とともに「COP21決定」が採択され、たとえば、先進締約国は2025年までに官民合わせて年間1000億ドルを下限に気候資金を拠出するよう求められました。

　また、すべての非政府主体（市民社会、民間セクター、金融機関、都市その他地方公共団体等）を対象とした"Race To Zero Campaign"とともに、非政府主体主導の積極的な気候変動対策のイニシアチブも進められるようになっています。

　2022年12月に採択された愛知目標後継の「昆明・モントリオール生物多様性枠組」でも気候変動関連の記述が多くみられます。

〈藤野純一〉

## 図表2　日本政府が提出した「自国が決定する貢献（NDCs）」の冒頭ページ

Japan's Nationally Determined Contribution (NDC)

Japan's Greenhouse Gas Emission Reduction Target

Japan aims to reduce its greenhouse gas emissions by 46 percent in fiscal year 2030 from its fiscal year 2013 levels, setting an ambitious target which is aligned with the long-term goal of achieving net-zero by 2050. Furthermore, Japan will continue strenuous efforts in its challenge to meet the lofty goal of cutting its emission by 50 percent.

Table: Targets and estimates by greenhouse gases and other classifications[1]

(Unit: Million t-$CO_2$)

| | Targets and estimates in fiscal year 2030[1] | Fiscal year 2013 |
|---|---|---|
| Greenhouse gas emissions and removals | 760 | 1,408 |
| Energy-related $CO_2$ | 677 | 1,235 |
|  Industry | 289 | 463 |
|  Commercial and others | 116 | 238 |
|  Residential | 70 | 208 |
|  Transport | 146 | 224 |
|  Energy conversion[2] | 56 | 106 |
| Non-energy-related $CO_2$ | 70.0 | 82.3 |
| Methane ($CH_4$) | 26.7 | 30.0 |
| Nitrous oxide ($N_2O$) | 17.8 | 21.4 |
| Four gases incl. alternative CFC[3] | 21.8 | 39.1 |
|  Hydrofluorocarbons (HFCs) | 14.5 | 32.1 |
|  Perfluorocarbons (PFCs) | 4.2 | 3.3 |
|  Sulfur hexafluoride ($SF_6$) | 2.7 | 2.1 |
|  Nitrogen trifluoride ($NF_3$) | 0.5 | 1.6 |
| Greenhouse gas removals | -47.7 | — |
| Joint Crediting Mechanism (JCM) | Japan aims to contribute to international emission reductions and removals at the level of a cumulative total of approximately 100 million t-$CO_2$ by fiscal year 2030 through public-private collaborations. Japan will appropriately count the acquired credits to achieve its NDC. | |

[1]: Figures of target (or estimates in the case of energy-related $CO_2$).
[2]: Excluding statistical discrepancy from power and heat allocation. For that reason, the total sum of the actual results by each sector is not equal to the emissions of energy-related $CO_2$.
[3]: Figures for the four kinds of greenhouse gases of HFCs, PFCs, $SF_6$ and $NF_3$ are calendar year values.

日本政府は2021年10月22日に閣議決定された「地球温暖化対策計画」（https://www.env.go.jp/earth/ondanka/keikaku/211022.html）にもとづき、改訂したNDCを国連気候変動枠組条約に同日に提出しています（https://unfccc.int/sites/default/files/NDC/2022-06/JAPAN_FIRST%20NDC%20%28UPDATED%20SUBMISSION%29.pdf）。

# ㊳ 市場メカニズムによる脱炭素

> パリ協定では、すべての国の温室効果ガス排出量を効率的に進める仕組みの一つとして「市場メカニズム」が採用されました。日本はこの仕組みをリードする国の一つです。

パリ協定第4条ではすべての国が2030年に向けた温室効果ガスの排出値を「国が決定する貢献（NDC；Nationally Determined Contributions）」として5年ごとに提出・更新する義務が課されました。

パリ協定における市場メカニズムとは、パリ協定第6条に従い、温室効果ガスの排出について、たとえばA国がB国で協力した削減排出量を、互いの合意のもとに、B国での削減量（の一部）をA国の削減量としてカウントし、NDCに規定した削減目標の達成に役立てる自発的な仕組みのことです[→図表1]。市場メカニズムは、二国間のやりとりに限らず複数の民間企業のやりとりなども含まれます。

京都議定書でも、クリーン開発メカニズム（CDM；Clean Development Mechanism）という仕組みがあり、温室効果ガス排出量削減の義務を負う、日本を含む附属書I国の排出量削減が、途上国を中心とする非附属書I国における削減協力によって発生したクレジット（CER；Certified Emissions Reduction）を一定のルールのもと、活用しており、今後パリ協定のルールに組み込まれます。

日本はすでに25ヵ国と、市場メカニズムの一つである二国間クレジット制度（JCM；Joint Crediting Mechanism）を進めています。現在、各国の裁量で制度を管理運用できる二国間協力の実施は加速しています[→図表2]。日本は、この分野を先導する国の一つです。〈藤野純一〉

## 図表1　パリ協定第6条(市場メカニズム)の全体像

| 6条2項 | 6条4項 | 6条8項 |
|---|---|---|
| 国際的に移転したクレジットを排出削減目標へ活用する仕組み | 新たな国連のクレジットメカニズム制度 | 非市場アプローチ |

**市場アプローチ（クレジット）**
国際的に移転するクレジットを活用できる仕組み (6.2)

JCM　Klik
二国間制度のクレジット

CORSIA
VERRA　Gold standard
その他COSIAで認められたスタンダード

国連メカニズム(6.4)

CDM
略:CDM(Clean Development Mechanism)
移管決定 → パリ協定6条4項

**非市場アプローチ**
緩和、適応、資金、キャパビル等

非市場アプローチを通じた支援

略：CORSIA (Carbon Offsetting and Reduction Scheme for International Aviation：国際民間航空のための
カーボン・オフセットおよび削減スキーム)

日本政府が進めている二国間クレジット制度(JCM)はパリ協定第6条2項にあたり、今まで運用されていたクリーン開発メカニズム(CDM)は第6条4項にあたります。なお、非市場アプローチ(第6条8項)というメカニズムもあります。

## 図表2　二国間での市場メカニズムの世界での展開

| 日本 | シンガポール | スイス |
|---|---|---|
| 二国間クレジット制度(JCM) | 二国間協力 | 二国間制度(KliK) |
| **25**か国 | **6**か国 | **10**か国 |
| 2022年に新たに8ヵ国署名 | 2022年に新たに6ヵ国署名 | 2022年に新たに4ヵ国署名 |

セネガル　チュニジア　アゼルバイジャン　モルドバ
ジョージア　スリランカ　ウズベキスタン　パプアニューギニア

モロッコ　コロンビア　ベトナム　ガーナ
パプアニューギニア　ペルー　タイ(協議中)

タイ　モロッコ　マラウィ　ウクライナ

※2021年までに署名した国（17ヵ国）
モンゴル、バングラデシュ、エチオピア、ケニア、モルディブ、ベトナム、ラオス、インドネシア、コスタリカ、パラオ、カンボジア、メキシコ、サウジアラビア、チリ、ミャンマー、タイ、フィリピン

※2021年までに署名した国（6ヵ国）
ドミニカ、ジョージア、ガーナ、ペルー、セネガル、バヌアツ

出典：図表1と2ともに、高橋健太郎「COP27におけるパリ協定6条の結果とカーボンクレジットの動向」IGES COP27結果速報オンラインセミナー(2022年11月25日)https://www.iges.or.jp/jp/events/20221125

[参考文献]
高橋健太郎「COP27におけるパリ協定6条の結果とカーボンクレジットの動向」IGES COP27結果
速報オンラインセミナー（2022年11月25日）https://www.iges.or.jp/jp/events/20221125

# 39 炭素税と排出量取引

炭素税や排出量取引は、環境負荷をもたらす行為に対して、その環境負荷に応じて課して、企業や個人の行動を誘導する政策手法です。炭素税や排出量取引は、すでに多くの国で導入されています。

## ●炭素税

　炭素税とは、石炭・石油・天然ガスなどの化石燃料の燃焼により排出される$CO_2$排出量の割合に応じて税金を課すことにより、化石燃料やそれを利用した製品の製造・使用の価格を引き上げることで需要を抑制し、結果として$CO_2$排出量を抑えるという経済的な政策手段です。$CO_2$排出に関わる人や企業がもれなく気候変動のコストを分担し、$CO_2$排出量削減への努力に比例して税負担が増減することで、排出削減を促すことができるとされます。

　**図表1**は主要各国の炭素税の導入年度とトンあたりの税額、使途などです。

　日本では、2012年10月から「地球温暖化対策のための税（温対税）」が段階的に施行され、現在は$CO_2$排出量1tあたり289円課税されていますが、諸外国の炭素税に比べてもきわめて少額で[→**図表1**]、この程度では、$CO_2$排出量を抑える効果はほとんど期待できず、炭素税とはいえません。

## ●排出量取引

　排出量取引とは、削減目標達成のために、排出枠を売買できる仕組みです。同じ量を削減するにも、削減の容易な（安く削減できる）国や企業などで多くの削減を行い、削減が容易でない国や企業がその

## 図表1　主要な炭素税の導入国

| 国 | 導入年 | 税率（円/t-CO₂） | 税収使途 |
|---|---|---|---|
| スウェーデン（CO₂税） | 1991 | 15,470（2018年） | 一般財源（法人税引き下げ） |
| ノルウェー（CO₂税） | 1991 | 6,912（2018年） | 一般財源（所得税減税） |
| デンマーク（CO₂税） | 1992 | 3,100（2018年） | 一般財源（補助金、社会保険雇用者負担軽減） |
| スイス（CO₂税） | 2008 | 11,140（2018年） | 税収2/3を再配分、1/3程度を建築物改装基金。 |
| イギリス（炭素税） | 2012 | 2,870（2018年） | 一般財源 |
| 日本（温対税） | 2012 | 289（2018年） | 省エネ、再エネ普及などのCO₂排出抑制。 |
| フランス（炭素税） | 2014 | 5,930（2018年） | 一般会計から雇用税などの控除、交通インフラなどの特別会計に充当。 |

排出削減枠を購入して削減目標を達成することにより、排出削減のための社会的コストを小さくできるとされる制度です。京都議定書に国際制度として採用され、パリ協定のもとでも、継続して採用されています。

図表2は、排出量取引の模式図で、初期の割当量から削減できた分を、割当量が達成できない国に譲渡することができます。日本は京都議定書の削減量を達成できず、ほとんど排出枠を購入して達成したことにしました。

図表3は排出量取引の検討・実施状況ですが、日本では、国としての制度はなく、東京都と埼玉県が排出量取引制度を実施しています。東京都、埼玉県ともに対象の事業所は燃料、熱、電気の使用量が、原油換算で年間1500kL以上の事業所とされています。東京都の排出量取引は2030年に2000年比で30%削減を目標にし、未達成の場合には罰則がありますが、埼玉県は排出削減は義務ではなく、未達成の場合は事業所名を公表するとされています。

### ●問題点

炭素税も排出量取引も、目標とする排出削減率を実現する炭素税率、排出枠設定が厳密には難しいことが問題点として指摘されています。早くから排出量取引を導入したEUでは、初期の排出枠が甘く、削減量に対し排出枠が余ってしまい、十分な温室効果ガス削減効果を得られなかったと批判を受けましたが、徐々に改善されてきています。

また、炭素税はそのままでは増税になるため、その使途が問題になります。炭素税を導入している海外の例では、増税にならないように、炭素税の使途については、所得税・法人税・社会保険料の減額等にあてるなどで、納税者の負担を軽減しています。　〈早川光俊〉

## 図表2　排出量取引の模式図

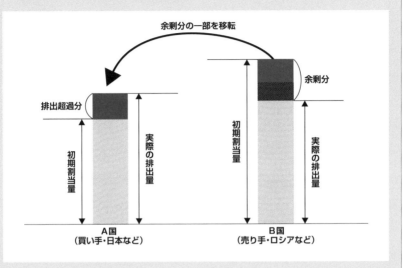

余剰分の一部を移転

余剰分

排出超過分

初期割当量

実際の排出量

初期割当量

実際の排出量

A国
（買い手・日本など）

B国
（売り手・ロシアなど）

## 図表3　排出量取引の検討・実施状況

| 年月 | 国・地域 | 対象など |
|---|---|---|
| 2005 | EU | 域内の排出量の約40%をカバー。 |
| 2008 | ニュージーランド | 森林、液体化石燃料、エネルギー、産業など。 |
| 2009 | アメリカ北東部9州 | 設備容量2.5万kW以上の化石燃料発電設備。 |
| 2010 | 東京都 | 産業・業務。2030年までにエネルギー消費量を2000年比30%削減。 |
| 2011 | 埼玉県 | 産業・業務。2020年までに温室効果ガス2005年比21%削減。 |
| 2012 | 韓国 | 第3期計画期間（2021-2025年）に排出量の74.5%をカバー。 |
| 2012 | オーストラリア | 農業と林業、炭鉱の廃ガス、建物の省エネ、産業の省エネ、埋立処分場、交通、廃棄物、炭素貯留プロジェクトなど。 |
| 2013 | カルフォルニア州 | 発電事業者、大規模産業、燃料供給事業者。州内排出量の85%。 |
| 2021 | 中国 | 電力企業。総排出量の2014年比32%程度。 |

# ⑩ 脱炭素政策手法一覧
## 省エネ・再エネ普及を促す政策

危険な気候変動を防ぐには、温室効果ガスの排出を削減するしかありません。なかでも、最も温室効果が大きいのは、$CO_2$です。$CO_2$を減らすためには、省エネと、エネルギー源を再生可能エネルギーに転換するしかありません。

### ●脱炭素政策の概要

図表1は、日本における脱炭素政策の概要です。2050年カーボンニュートラル実現に向けた、温室効果ガスの削減のための中長期の戦略的な取組みとされています、主な施策としては、省エネ・再エネ、産業・運輸に対する施策とされています。

### ●省エネを促す政策と制度

省エネを進める法律として、「エネルギーの使用の合理化等に関する法律」(省エネ法)があります。省エネ法は、工場、輸送、建築物および機械器具などについてのエネルギーの使用の合理化について、必要な措置を講ずるための法律です。エネルギー使用量が1500kL(原油換算値/年)以上の事業者に、エネルギー消費原単位のエネルギー効率を年平均1％以上改善することを義務づけています。

また、業種・分野別に目指すべきエネルギー消費効率の水準を定めるベンチマーク(基準)制度や、最も省エネ性能が優れている機器の性能を基準値とし、達成年度を定める、日本独自の制度であるトップランナー制度などがあります。

### ●再生可能エネルギーの導入促進

図表2のとおり、世界的に、再生可能エネルギーの導入は急速に進んでいます。世界的に再生可能エネルギーの導入が進んでいるの

## 図表1　日本における脱炭素政策の概要

| | |
|---|---|
| 目指す方向 | 2050年カーボンニュートラル実現に向けた中長期の戦略的取組。<br>世界の温室効果ガスの削減に向けた取組。 |
| 地球温暖化対策の<br>基本的考え方 | ①環境・経済・社会の統合的向上 |
| | ②新型コロナウイルス感染症からのグリーンリカバリー |
| | ③全ての主体の意識の改革、行動変容、連携の強化 |
| | ④世界の温室効果ガス削減への貢献 |
| | ⑤パリ協定への貢献 |
| 目標 | 2030年度に2013年度比で46%削減を目指す、<br>さらに、50%の高みに向けて挑戦を続ける。 |
| 計画期間 | 2030年度末まで |
| 施策の対象 | ・エネルギー起源$CO_2$ |
| | ・非エネルギー起源$CO_2$、メタン、一酸化二窒素、代替フロン等 |
| | ・温室効果ガス吸収源対策・施策 |
| | ・分野横断的な施策 |
| 主な施策 | ・省エネ・再エネ |
| | ・産業・運輸 |
| | ・横断的取組：2030年までに100以上の「脱炭素地域」を創出 |

出典：2021年10月21日　第3回「CNPの形成に向けた検討会」資料「環境省における脱炭素化関係の施策について」より。

は、再生可能エネルギーのコストが下がったからです[→図表3]。

　日本においても、再生可能エネルギーで発電した電気を、電力会社が一定価格で一定期間買い取る「再生可能エネルギーの固定価格買取制度」（FIT）が2012年に導入され、太陽光発電を中心に、再生可能エネルギーの導入が大きく進みました。一定価格で一定期間買い取ることが約束されることで、再生可能エネルギー事業者は、事業の採算性が見通せることになります。

## ●省エネ政策と再生可能エネルギー普及の課題

　1973年と1979年のオイルショックを契機に、日本のエネルギー効率の改善は大きく進み、世界でトップクラスの省エネ効率を達成しました。しかし、その後、エネルギー消費量が減少するなかで、エネルギー効率の改善は停滞し、日本の省エネ効率は世界でトップクラスではなくなっています。たとえば、建物では断熱対策が最も省エネ効果があり、日本でも新築規制が実施されることになっていますが、基準がEUなどと比べて甘いとの指摘があります。

　企業などの脱炭素対策は産業界の自主的な取組みが中心ですが、あくまで自主的な取組みであるため、目標設定が各事業者や業界の裁量に任され、都合のよい水準が選ばれがちです。罰則などはなく、実行を担保する仕組みがありません。また、計画は業界団体ごとの計画であり、個々の企業の計画にはなっていません。そのため、2013年度から20年度の事業活動からの$CO_2$排出量は22.3％削減と、低い水準にとどまっています。

　再生可能エネルギーの普及については、一部の地域において森林伐採などの行き過ぎた環境破壊や、光害や騒音・低周波などを理由とする住民の反対が強まっています、再生可能エネルギーの建設が認められる地域と、そうでない地域のゾーン化などの政策が必要です。また、地域住民との協議、合意をするルールも制度化される必要があります。

〈早川光俊〉

## 図表2　世界の風力発電、太陽光発電容量の推移

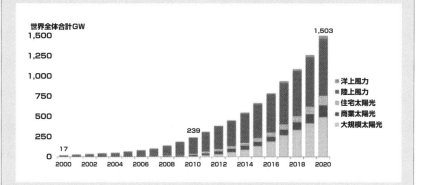

## 図表3　再生可能エネルギーの発電コスト

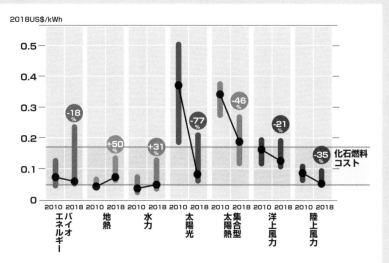

出典：Changes in global Levelized cost of energy key renewable energy technologies,2010-2018のFigure E.S.5
を参照。

## ❸ 制度と政策で「脱炭素」を支援する

# ㊶ 国の政策
### 現状と課題

日本の環境政策は公害対策にはじまり、その後多様化する環境問題に総合的に取り組んでいく環境基本法の制定へ。さらに国際枠組条約締結後、地球温暖化対策が各省庁の政策に取り入れられましたが、実効性については課題もあります。

### ●日本の環境政策の歴史

　日本の環境政策の歴史は、公害対策に端を発しています。戦後の復興と高度経済成長期の工業化で、多くの地域で公害問題が深刻化し、公害対策を総合的、統一的に行うための法律、「公害対策基本法」が1967年に成立しました。この法律成立と、1973年、1979年の石油危機による原油高騰で省エネ対策が進み、国内の公害対策が一定の役割を終えた1980年後半には、オゾン層破壊や酸性雨など、地球規模での環境問題への対策が求められるようになりました。また国内では、公害とは別次元の環境問題、すなわち、大量生産大量消費のライフスタイルが定着したなかで生じる廃棄物処理問題や、都市化や住宅地開発による自然環境保護問題が顕在化してきました。時代とともに変遷する多様な環境問題に総合的に取り組んでいくために、わが国の「環境の憲法」[※1]ともいえる「環境基本法」が1993年に、廃棄物対策としては2000年に「循環型社会形成推進法」が制定されています。

### ●日本の気候変動対策の変遷

　環境基本法制定後、地球温暖化防止をめぐる動きが世界的に加速しました[→図表1]。日本にとって最初の大きな出来事は、気候変動問題への国際的取り組みを目的とした国連のもとでの多国間条約で

## 図表1　気候変動対策をめぐる日本と国際的な動向（年表）

| 年 | 日本の状況 | 地球環境問題に関する国際的な動向 |
|---|---|---|
| 1967 | 「公害対策基本法」制定 | |
| 1971 | 環境庁発足 | ラムサール条約採択 |
| 1972 | 「自然環境保護法」制定 | 国連人間環境会議（ストックホルム会議） |
| 1973 | 石油危機の影響 | ワシントン条約採択、第1次石油危機 |
| 1979 | | 長距離越境大気汚染条約採択 |
| 1985 | プラザ合意 | オゾン層保護のためのウィーン条約対策<br>オゾン層保護のためのモントリオール議定書採択 |
| 1988 | | 気候変動に関する政府間パネル（IPCC）発足 |
| 1990 | 地球温暖化防止行動計画公布 | |
| 1992 | | 気候変動枠組条約及び生物多様性条約採択<br>国連環境開発会議（リオ地球サミット） |
| 1993 | 「環境基本法」制定 | |
| 1995 | | 気候変動枠組条約第1回締約国会議（COP1）、議定書交渉開始 |
| 1997 | | 京都議定書採択（COP3） |
| 1998 | 「地球温暖化対策の推進に関する法律（温対法）」制定<br>「改正エネルギーの使用の合理化に関する法律（省エネ法）」 | |
| 2000 | 「循環型社会形成推進法」制定 | |
| 2001 | 環境庁が環境省に | |
| 2002 | 京都議定書を批准 | 世界持続可能な発展サミット（リオ＋10） |
| 2005 | | 京都議定書発効 |
| 2007 | 安倍総理（当時）「クールアース50」発表 | 締約国全体として2050年までのGHG50%削減ビジョンを共有 |
| 2008 | G8北海道洞爺湖サミット | |
| 2009 | | 国際再生可能エネルギー機関（IRENA）設立 |
| 2010 | エネルギー基本法に基づく「エネルギー基本計画」改定 | 工業化以前に比べ気温上昇を2℃以内に抑えるとの観点から、大幅削減の必要性の認識を共有（COP16、カンクン） |
| 2011 | 東日本大震災発生（3月11日） | |
| 2012 | 再生可能エネルギーの固定価格買取制度導入 | |
| 2014 | 第4次エネルギー基本計画策定 | IPCC第5次評価報告書統合報告書公表 |
| 2015 | 長期エネルギー需給見通し<br>（エネルギーミックス）策定 | SDGs（持続可能な開発目標）の採択<br>パリ協定採択（COP21） |
| 2016 | 電力自由化開始<br>地球温暖化対策計画（2030年GHG26%削減、2050年80%目標） | パリ協定発効 |
| 2018 | 第5次環境基本計画策定<br>（「地域循環共生圏」の考え方を新たに提唱）<br>第5次エネルギー基本計画策定 | IPCC1.5℃特別報告書 |
| 2019 | | IPCC海洋・雪氷圏特別報告書 |
| 2020 | 首相所信表明演説「脱炭素社会の実現」<br>（国としての2050年カーボンニュートラル、脱炭素社会の実現を目指すことを宣言） | |
| 2021 | | 1.5℃目標に向かって世界が努力することを合意（COP26、グラスゴー） |
| 2022 | | IPCC第6次評価報告書統合報告書公表予定（9月） |

出典：臼井陽一郎（2013）『環境のEU、規範の政治』ナカニシヤ出版。

ある、気候変動枠組条約が1994年に発効したことです。翌年から締結国が会合（COP）を毎年開催するようになり、京都で開催されたCOP3（第3回締約国会議）での京都議定書の採択を受け、国、地方公共団体、事業者、国民が一体となって地球温暖化対策に取り組むための枠組みである1998年の「地球温暖化対策推進法」（日本の地球温暖化対策の基本法律）の制定に至ります。国として大きな削減目標を示すには及び腰であったなか[→コラム]、2007年の安倍首相（当時）の「クールアース50」で世界全体の共通目標として「2050年までに温室効果ガス半減」という長期目標を提案し、2010年の「地球温暖化対策基本法案」の閣議決定で2020年までに1990年比で25％削減し、2050年までに1990年比で80％を削減する、という中長期目標が盛り込まれました。しかし、2020年以降のGHG排出削減などのための新たな国際的枠組みである2015年の「パリ協定」と2018年のIPCC1.5℃特別報告書の公表を受け、産業革命前に比べて世界の平均気温の上昇を1.5℃未満に抑えるためには、2050年前後に世界の$CO_2$排出量をゼロにする必要性があることが条約国内での共有認識となります。2020年菅首相（当時）が所信表明で「2050年までに温室効果ガス実質ゼロ」宣言を行い、2030年目標もそれまでの2013年比2030年の26%減目標から、46%減へと大きく引き上げられました。

## ●縦割りの行政組織と新たな評価指標の必要性

　地球温暖化対策は、環境汚染源が特定される従来の公害問題とは異なり、工業化以降の化石燃料に過度に依存した社会経済発展システムそのものの見直しが求められることから、分野ごとの役割分担的な対策では限界があります。EUではEU加盟国統合推進の手法としても環境政策を重視し、2000年代から「持続性」を指標に、経済成長の持続可能性問題も取り込み非持続性課題を乗り越えるための「統合政策枠組み」を提示してきました。その動きはコロナ禍をへて、欧州グリーンディール[→⑬]として更なる発展を遂げています。

日本でも、国全体として地球温暖化対策の実効性と経済成長の両立を発揮するための政策統合枠組みが求められます。　　〈重藤さわ子〉

**気候変動対策国際交渉でイニシアティブが発揮できていない日本**

日本では高い技術力を発揮して、公害対策や1970年代の石油危機を乗り越えてきましたが、その後の地球温暖化対策については、国際交渉において、高い温室効果ガス削減目標の設定やそのための対策強化については強いイニシアティブを発揮することができずにいます。とくに$CO_2$排出が多い石炭火力発電の廃止をめぐって、廃止どころか推進の方向すら示す日本に、国際的な批判は強まっています。ただし、今や地球温暖化対策は環境だけの問題ではなく、エネルギーと産業構造をいち早く転換し経済的な国際競争力を高めようとする先進諸国間の熾烈な戦いでもあります。危機感を強めた民間ベースの枠組みづくりと活動も活発化しています【→⑮】。

［参考文献］
※1　加瀬野悟［1994］「公害対策基本法から環境基本法へ―環境基本法の成立とその意義―」『環境制御』16、25-28頁。

# (42) 自治体の気候政策
## 現状と課題

経済発展にともなう公害や環境破壊への対処に大きな役割を果たしてきた日本の自治体ですが、近年ますますグローバル化・多様化する環境問題に、これまでの環境行政の枠組みでは対処しきれなくなっています。

## ● 自治体に求められる地域脱炭素と部局連携

2021年9月に国・地方脱炭素実現会議でまとめられた「地域脱炭素ロードマップ」[→図表1]にもとづき、各省庁は地域脱炭素のための様々な対策・施策を打ち出してきています[→図表2]。

自治体の地球温暖化対策は、2016年に閣議決定された国の「地球温暖化対策計画」に即して、すべての都道府県および市町村の事務および事業に関し、温室効果ガス排出量の削減などのための措置に関する計画(地方公共団体実行計画(事務事業編))の策定と公表の義務づけに始まります。多くの自治体では、環境基本計画や一般廃棄物処理計画とひもづけることが適当であるという理解で、環境政策部局がその策定を担ってきました。

しかし、2022年4月より施行された「地球温暖化対策推進法」の改正で、市町村はみずからの事務事業のみならず、地域全体の温室効果ガス排出量削減のための措置に関する計画(地方公共団体実行計画(区域施策編))の策定に努めることが明記されました。さらに地域脱炭素ロードマップ策定にあたって、各省庁は「環境」という切り口だけではなく、地域創生や交通や福祉など、地域課題解決としての「脱炭素」政策を求めています。

このように、いよいよ、地域の地球温暖化対策は、部局横断連携

## 図表1　地域脱炭素ロードマップ 対策・施策の全体像

- 今後の5年間に政策を総動員し、人材・技術・情報・資金を積極支援
  - ①2030年度までに 少なくとも100か所の「脱炭素先行地域」をつくる
  - ②全国で、重点対策を実行（自家消費型太陽光、省エネ住宅、電動車など）
- 3つの基盤的施策（①継続的・包括的支援、②ライフスタイルイノベーション、③制度改革）を実施
- モデルを全国に伝搬し、2050年を待たずに脱炭素達成（脱炭素ドミノ）

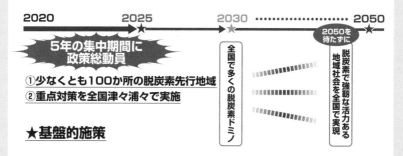

「みどりの食料システム戦略」「国土交通グリーンチャレンジ」「2050カーボンニュートラルに伴うグリーン成長戦略」等の政策プログラムと連携して実施する

出典：国・地方脱炭素実現会議「地域脱炭素 ロードマップ～地方からはじまる、次の時代への移行戦略【概要】」令和3年6月9日　https://www.cas.go.jp/jp/seisaku/datsutanso/pdf/20210609_chiiki_roadmap_gaiyou.pdf （2022年6月29日アクセス）

この計画にもとづき、2022年（令和4年）4月26日に、第1回脱炭素先行地域として、全国から26自治体が選定されました。

なしには対処できない問題になってきました。**図表2**からは、各省庁所管の産業にかかわる再エネ等要素技術の導入のみならず、システム全体にかかわる政策への転換がうかがえるのはこのためです。

### ●地域がとるべき現実的な道筋

　とはいえ、自治体には各部局が優先的に行わねばならない、ルーティーンとしての行政サービスがあり、ただでさえ人手不足と財政難で悩むなか、交付金や補助金とセットでの国から自治体への施策・対策計画策定の要請に、現場の疲労感は増すばかりとの声も聞かれます。

　そのような状況を打破するためにも、まずは、自治体として、脱

炭素は、環境、産業、健康・福祉、教育など、地域の暮らし全般に関わることであり、豊かで持続可能な地域を目指し、地域全体で率先して取り組むべき課題であることを表明し、地域全体が納得して取り組んでいく基盤をつくっていくことが肝要です。

とくに、脱炭素の大きな対策の柱となる再生可能エネルギー（再エネ）・省エネ事業の推進は、農林業など一次産業も含め、地域の産業振興と地域内経済循環につなげることが重要です。地域の事業者には、省エネ診断などで、省エネ・再エネ導入でどれだけエネルギー消費が節約できるかがわかること。環境・景観の保全を行いつつも、地域の再エネを地域の人びとが消費することで、対外エネルギー支払いが地域のなかに循環し、エネルギー自立に向かっていることがわかること。小さくとも、目に見えるメリットを地域の多くの人びとが享受し始めることが第一歩です。

また、脱炭素とDX（デジタルトランスフォーメーション）をセットで進めることで、お金やエネルギーのみならず業務効率化・省力化の「見える化」につなげていけば、本来地域の振興を支えるべき地域金融が、積極的に融資をしやすくなっていくでしょう。

脱炭素には専門的知識もノウハウもいるからと、地域外専門家への丸投げは危険です。地域のことは最終的には地域が責任を負うことになります。地域にそういった覚悟と本気の姿勢ができて初めて、組むべきコンサルなど地域外専門家の見極めと信頼関係の構築もできていきます。

地域脱炭素は新たな地域づくりです。地域づくりには時間がかかります。「これですぐにすべて解決できます」という都合のよい政策や技術はあるはずはなく、中長期を見据え、地道に取り組める体制づくりも必要です。　　　　　　　　　　　　　　　〈重藤さわ子〉

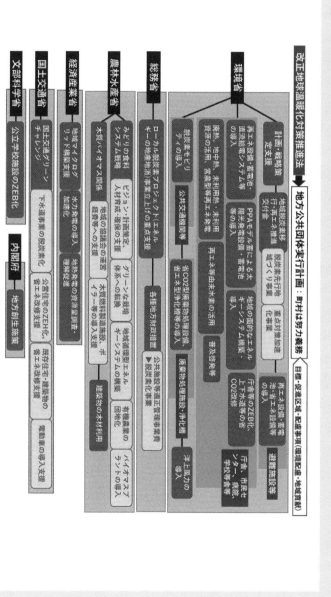

改正地球温暖化対策推進法　→　地方公共団体実行計画：町村は努力義務
目標・促進区域・配慮事項（環境配慮・地域貢献）

データ提供：小野文明（全国町村会）

# ㊸ 海外各国の政策

1.5℃目標の実現に向けて、世界は2030年削減目標と再生可能エネルギー（再エネ）導入目標を引き上げ、省エネと再エネの推進、建築物省エネ性能強化、カーボンプライシングを活用しています。日本の対策は総じて、遅れています。

## ●2030年排出削減対策の柱は省エネと再エネ

地球の平均気温の上昇を1.5℃に抑えるためには2030年までに排出量をほぼ半減させ、2050年までに排出を実質ゼロとする必要があります。2021年に主要国は排出削減目標と再エネ目標を引上げましたが[→図表1]、各国の削減目標を足しあわせても、1.5℃の道筋には遠いのが現状です。さらなる目標の引き上げが求められています。

どの国においても、$CO_2$排出削減対策の第一はエネルギー消費を低減し、効率を高めることです。日本は機器の省エネには取り組んできましたが、住宅・建築物の断熱・気密対策は遅れています[→図表2]。2022年に住宅省エネ基準を引き上げる法改正がなされましたが、今回の改正法の施行は2025年で、ドイツや英国、米カリフォルニア州などよりも低い水準です。

EU主要国では、FIT制度や送電系統への優先接続によって2020年の電力供給に占める再エネ比率は40％を超え、2030年目標も引き上げられています[→図表1]。太陽光や風力発電のコストが大きく低減し、安くなったためです。日本は2030年の導入目標も36-40％と低く、2050年でも50-60％（経済産業省の参考値）にすぎません。

太陽光や風力は地域分散型で、発電出力が時間帯や気象条件にかかわるため変動します。これらを大量に導入する国では、送電事業

## 図表1　主要国の排出削減目標と再エネ目標

| | ネットゼロ率 | 2030削減目標（基準年） | 再エネ目標等 |
|---|---|---|---|
| 米国 | 2050年 | 50〜52%減（2005年） | 2035年までにクリーン電力100% |
| EU | 2050年 | 少なくとも55%減（1990年） | 2030年最終エネルギー40%　電力65% |
| ドイツ | 2045年 | 少なくとも65%減（1990年）88%減（2040年） | 2030年電源の80%　2023年末までに脱原発 |
| 英国 | 2050年 | 68%減（1990年） | 2035年までに電力の脱炭素化 |
| 中国 | 2060年 | 2030年までにピークアウト　GDP当たり原単位65%減（2005年） | 2030年までに非化石エネルギー比率25%　風力・太陽光1200GW |
| 日本 | 2050年 | 46（〜50）%減（2013年） | 2030年　電力の36〜38% |

ドイツ、英国などが目標を引き上げるなか、日本の2030年目標は2013年比46%（1990年比40%）減です。2020年の電力に占める再エネは約20%、うち約8%が水力です。日本でも、太陽光や風力などの再エネの賦存量は現在の電力需要量を上回ります。

## 図表2　住宅の外皮平均熱貫流率（UA値）基準の国際比較

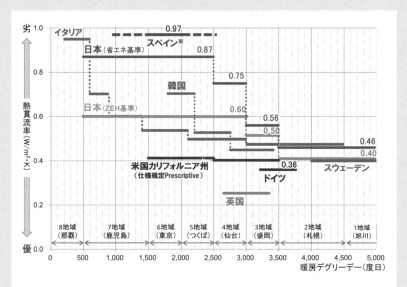

出典：平成26年度 国土交通省委託調査「海外における住宅・建築物の省エネルギー規制・基準等に関する委託調査」。各国の住宅の省エネ基準をもとに野村総合研究所が作成 。スペイン及びスウェーデンの基準については国土交通省にて加筆。
※マドリードにおける暖房デグリーデー（度日）を考慮して作成。社会資本整備審議会第45回建築部会参考資料4

者を独立させ、系統への大量導入を可能にする柔軟な電力システムを取り入れてきました。その結果、地域のエネルギーの自立を高め、地域の雇用や経済の活性化をもたらしています。日本では今も大手電力会社が所有する送配電系統に新しい再エネ電源を優先的に接続させ、送電網の拡充や電力会社間での融通の拡大をするなど、再エネ優先の電力システムへの転換が不可欠です。

## ●石炭火力発電所の段階的廃止、ガス火力も

$CO_2$高排出インフラのなかでも、天然ガス火力の2倍の$CO_2$を排出する石炭火力については、主要先進国は新設をやめ、二酸化炭素回収・貯留施設(CCS)を備えない既設設備もほぼ2030年までに廃止することを決めており[→図表3]、2022年6月のG7サミットでも、排出削減対策がとられていない(CCSを備えない)石炭火力のフェーズアウトを加速することが確認されました。しかし、日本は、コラムにあるとおり、削減効果のない化石燃料由来のグレーアンモニアやブルーアンモニアの石炭火力での混焼・専焼を「排出削減対策」と位置づけ、2050年までも利用を続ける予定です。また、回収や実現可能性に疑問があるCCS[→㉖]に過度に期待して、世界から批判を受けています[※1]。

## ●炭素の価格付け政策(カーボンプライシング)

省エネや再エネを推進し、産業構造の転換を促すための政策が炭素の価格付け政策で、炭素税や排出量取引があります。世界では5000-10000円/$t-CO_2$の炭素税が課されています[→図表4]。EUでは2026年から鉄鋼製品など一部の品目に国境炭素税が課されます。また、EUや米国の州、中国や韓国では大規模排出事業者を対象とするキャップ&トレード型排出量取引制度が導入され、産業部門の排出削減をもたらしています。しかし日本では2023年から試行されることになったGXリーグは自主参加で、目標値も自分で決め、電力事業者への有償割当は2033年からの予定です。

〈浅岡美恵〉

## 図表3　各国の石炭火力のフェーズアウト年

| | |
|---|---|
| ベルギー | 2016年 |
| スウェーデン | 2020年 |
| ポルトガル | 2021年 |
| フランス | 2022年 |
| 英国 | 2024年 |
| イタリア | 2025年 |
| スペイン | 2025年 |
| オランダ | 2029年 |
| カナダ | 2030年 |
| デンマーク | 2030年 |
| ドイツ | 2038年(2030年) |
| 米国 | 2035年クリーン電力100% |
| 日本 | 2030年電力の19% |

**コラム**

排出削減対策がとられている石炭火力とはCCUSを備えた火力発電をいいます。

IEA「2050年ネットゼロに向けたロードマップ註」：
IPCCAR6WG3註55：ライフサイクルを通して90%以上の$CO_2$削減がされているものです。

グレーアンモニア混焼の石炭火力発電でのライフサイクル$CO_2$排出量：

火力発電によるグレー水素とハーバーボッシュ法によって製造されたグレーアンモニアでは、ライフサイクルでの$CO_2$排出量は石炭火力と同程度(IEA)です。

## 図表4　主な炭素税導入国の税率推移および将来見通し

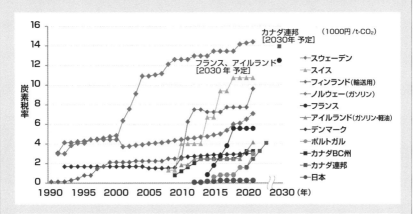

日本の炭素税は289円/t-$CO_2$に過ぎません。また、2024年に「自己宣言に基づく目標値の達成に向けた排出量取引」(GXリーグ)が開始される予定ですが、参加も自主的で、カーボンプライシングとはみなされえないものです。

［参考文献］
※1 TransitionZero［2022］「日本の石炭新発電技術　報告：日本の電力部門の脱炭素化における石炭新発電技術の役割」https://www.transitionzero.org/reports/advanced-coal-in-japan-japanese

# ㊹ 気候被害に対する適応策（1）実施経緯と状況

これからゼロカーボン（最大限の緩和策）を実現したとしても、気候変動による被害はすでに顕在化しており、今後も被害の深刻化を回避することはできません。このため、緩和策では避けられない被害に対する適応策が必要となっています。

## ●1980年代から示されていた緩和策と適応策

気候変動政策は、従来より温室効果ガスの排出削減等の緩和策に重点がありましたが、気候変動の悪影響が顕在化するなかで、適応策が注目されてきました。

従来の大気汚染等の環境問題においても、環境問題の原因となる環境負荷の削減という緩和策のみならず、環境悪化の影響から身を守る適応策はとられてきましたが、その適応策が強調されることはありませんでした。それだけ、気候変動の問題への緩和策は遅れが目立ち、適応策を持ち出さざるを得なくなってきたと言えます。

ゼロカーボンを目指す緩和策の実行に英知をつくすことが大前提ですが、気候変動の非常事態が顕在化し、今後も一定の気候変動の進行が避けられない状況を考えると、適応策というリスク管理を持ち出さざるを得なくなったわけです。

また、社会資本の整備が不十分な途上国において、適応策が必要されてきましたが、先進国であっても人口減少や経済の停滞と衰退等が進行するなかで、気候変動の影響を受けやすくなっており、先進国は緩和策だけやればいいという状況でもなくなっています。

ところで、適応策はいきなり政策の舞台に登場してきたわけではありません。時代をさかのぼると、米国環境保護庁「地球温暖化によ

## 図表1　気候変動に対する適応策の検討経緯

| | 主な日本の動き | 主な海外の動き |
|---|---|---|
| 1980年代<br>・適応策の必要性の指摘 | | 米国環境保護庁による適応策の必要性の提示 |
| 1990年代<br>・影響評価の研究着手 | 気候変動枠組条約が発効。気候変動緩和策の目標達成に向けた政策が始動。また、気候変動の国及び地域への影響を予測する研究に着手。 | |
| 2000年代<br>・影響評価のまとめ、適応策の方針の検討 | 適応策の国の政策方針、分野別の影響評価のレポート作成が進む。<br>・「地球温暖化の日本への影響」(2001)<br>・「気候変動への賢い適応」(2008)<br>・「温暖化の観測・予測及び影響評価統合レポート」(2009) | 欧米諸国で適応策を位置づける法律制定、気候変動の影響評価書の作成が進む。<br>・英国：「気候変動法」の制定(2008)<br>・米国：「省庁間気候変動適応タスフォース」設置(2009)<br>・EU：「欧州気候変動影響報告書」(2008) 等 |
| 2010年代<br>・国の基本計画における適応策の位置づけ、適応計画の作成 | 国の基本計画における適応策の位置づけ、国の適応計画の作成、適応法の策定が進む。<br>・「第四次環境基本計画」の重点課題に適応策を明記(2012)<br>・国の適応計画の策定(2013年検討開始、2015年策定)<br>・「気候変動適応法」の制定(2018) | 欧米諸国において、分野別の具体的な適応計画の作成が進む。<br>・英国：「国家適応プログラム」の作成(2013)<br>・米国：「省庁別気候変動適応計画」の策定(2011～2013)<br>・EU：「気候変動適応戦略」の策定(2013) 等 |
| 2020年代<br>・地域毎の影響評価と適応の推進着手 | 法律で位置づけられた地域気候変動適応センターの設置、地方自治体における適応計画の策定等の普及 | 地方自治体における適応策の取組み推進<br>・EU：「気候変動適応のためのEUミッション」により地域の取組み支援開始(2022) 等 |

注：日本の農業分野では、2006年に「高温障害対策レポート」が作成され、「品目別適応策レポート・工程表」(2007)、「モデル地区における地球温暖化適応技術の導入・実証」(2008)というように2000年代から気候変動の影響に対する適応策が進められてきた。

る社会影響」(1989年)では、「（気候変動への）対応策としては、①気候変化を防止(緩和)する、②気候変化に適応する、という2種があり、この両方は対立するものではなく、補完的なものである。すでに過去になされた温室効果ガスの放出分だけで地球の温度は最終的に1℃上昇するから、適応策はいずれにしても必要である」と示しています。

2000年代に入り、諸外国で適応策の推進を位置づける法制度が整備され、日本でも2000年代後半から検討が進められてきました[→図表1]。2012年第四次環境基本計画に適応策の記述が盛り込まれ、2015年に「気候変動の影響への適応計画」が閣議決定となりました。

## ●地域気候変動適応センターの状況

　気候変動の影響は地域条件（自然条件、産業構造、ライフスタイル・文化）などによって異なることから、地域ごとに影響を評価し、地域に密着した適応策をきめ細かく立案、推進することが求められます。このため、2018年に制定された気候変動適応法では地方自治体に「地域気候変動適応センター（以下、地域センター）」の設置を求めています。地域センターは地域の気候変動影響および気候変動適応に関する情報の収集、整理、分析および提供ならびに技術的助言を行う機能を担います。

　2022年12月現在で設置されている地域センターは54ヵ所（設置団体は都道府県が40、政令市3、市区町村12）となっています。地域センターは地域の公設環境研究所が担うことが期待されますが、同研究所で気候変動問題に対する経験が不十分である場合、あるいは人材が不足する場合に地域センターの設置や運営は容易ではありません。

　また、田中・馬場（2021）は、地方自治体の適応計画の検討・推進上の課題を調査し、「行政内部での予算措置の困難・資源不足」「行政内部の経験・専門性の蓄積不足」「行政内部の部署間の職務分掌や優先度をめぐる認識の相違」への回答率が突出して高いことを明らかにしています。適応策担当の行政職員がローテーションのために、専門性を蓄積しきれない、あるいは他部署との関係形成による調整機能を果たしきれないことなどを考えると、行政内部の政策形成や調整に踏み込んだ機能を発揮するための組織的な位置づけとコーディネイトを担う人材確保に、地域センターが積極的に踏み込むことが望まれます。

## ●地域気候変動適応センターの先進動向

　適応策の政策形成に踏み込んだ特徴的な仕事をしている地域センターの活動例を**図表2**に示します。茨城県は国立大学、京都は国立研究所が地域センターを担い、経済や経営といった文系的な側面の

## 図表2　特徴的な「地域気候変動適応センター」の活動例

| センター | 運営主体 | 特徴的な活動 |
|---|---|---|
| 茨城県<br>地域気候変動<br>適応センター | 茨城大学 | 茨城大学がセンターとなり、幅広い分野をカバーする文系理系を問わない研究者を活用し、地域の適応計画の支援、地域の人材育成や教育活動を展開。 |
| 埼玉県<br>地域気候変動<br>適応センター | 埼玉県環境科学<br>国際センター | 県内市町村の適応センター機能をあわせて担う。2022年1月1日現在の連携自治体は、さいたま市、熊谷市、戸田市、三郷市、鶴ヶ島市、久喜市の6市。 |
| 神奈川県気候変動<br>適応センター | 神奈川県<br>環境科学センター | 学校教育において活用可能な適応策の学習教材を作成、県内一斉調査「かながわ暑さ調べ」、気候変動に関係の強い行政の関係部局に対するヒアリング調査等を実施。 |
| 信州気候変動<br>適応センター | 長野県環境保全研究所／<br>県長野県環境部<br>環境エネルギー課 | 「信州・気候変動適応プラットフォーム」による県内の企業・大学・研究機関等の連携、「信州・気候変動モニタリングネットワーク」による気候変動情報の把握といった基盤を活かし、ニーズとシーズをマッチング。 |
| 京都気候変動<br>適応センター | 総合地球環境学研究所 | ①京都ならではの対策、②気候変動の緩和と適応の両立、③適応策の自立的な普及に向けた適応ビジネスの創出という方針を打ち出している。 |
| 滋賀県気候変動<br>適応センター | 滋賀県低炭素社会づくり・<br>エネルギー政策等推進本部 | 身の回りで生じている「温暖化の影響」事例探し、「温暖化による環境の変化」「気候変動への今後の不安」を共有し、個人や地域で取り組むことのできる「適応策」を考えるワークショップを県内で展開 |
| おおさか気候変動<br>適応センター | 大阪府立環境<br>農林水産総合研究所 | 地域センター独自に「おおさか気候変動「適応」ハンドブック」、『おおさか気候変動「適応」啓発取組事例集』等を作成し、また「適応」の普及に向けた学習会(適応塾)を継続的に開催。 |

専門性も生かして、適応策の具体的な内容に踏み込んだ支援をしていく方針であることが注目されます。

　また、埼玉県や長野県、滋賀県の地域センターは、適応策に取組みはじめた時期が早く、環境省や文部科学省の研究プロジェクトに参画し、情報の蓄積や研究人材の育成が進んでいる地域です。これを生かして、地域に密着した情報収集や住民・事業者に寄り添う普及啓発が展開されています。　　　　　　　　　　　　　〈白井信雄〉

［参考文献］
地球温暖化影響研究会編［1990］『地球温暖化による社会影響：米国EPAレポート抄訳』技報堂出版。
田中充・馬場健司［2021］『気候変動適応に向けた地域政策と社会実装』技報堂出版。

# ㊺ 気候被害に対する適応策（2）追加的適応策

適応策の検討は、すでに実施されている適応策に相当する対策を適応策として位置づけるとともに、新たな適応策（追加的適応策）の検討と推進に踏み出すことが必要です。しかし、追加的適応策の検討はまだまだ途上段階にあります。

## ●潜在的適応策と追加的適応策

適応策に相当する施策は適応策と名乗らないままに、すでに実施されています。水害対策、農作物の高温障害対策、熱中症対策、鳥獣被害対策などです。これらを「潜在的適応策」と呼ぶことができます。

これに対して、現在実施されておらず、気候変動の進行に対応して新たに実施すべき適応策を「追加的適応策」と呼びます。適応策のレベル[→図表1]と影響の時間スケールの観点から、「追加的適応策」の3つの方向を整理することができます[→図表2]。

- 追加的適応策1：既存適応策の強化

  将来の気候変動影響に対処するために、「潜在的適応策」を点検し、今後増大する気候変動影響への対処という観点から、適応策としての体系化と強化を図ること。

- 追加的適応策2：感受性の根本改善

  気候変動の影響の受けやすさ（感受性）の改善として、①土地利用・地域構造の再構築、②多様性や柔軟性のある経済システムへの転換、③弱者に配慮するコミュニティの再創造などを行うこと。

- 追加的適応策3：中・長期的影響への順応型管理

## 図表1　適応策の3つのタイプと3つのレベル

| | レベル1<br>防御 | レベル2<br>順応・影響最小化 | レベル3<br>転換・再構築 |
|---|---|---|---|
| **タイプ1**<br>人間の命を守る<br>(豪雨，極端な感染症対策等) | 中小の水・土砂災害<br>➡ソフト・ハード・ヒューマンウェアで生命・財産を守る | 温暖化による災害外力の上昇によりハードでは守れなくなった災害<br>➡ソフト・ヒューマンウェアで生命だけは守る | 複合災害(天然ダムの崩壊やダム事故等)などの想定外の大災害<br>➡抜本的な感受性の改善等を講じてレベル2に近づける |
| **タイプ2**<br>生活の質や産業を守る<br>(食糧，熱中症，水質対策等) | 対策により影響が避けられる程度の気候変動<br>➡ソフト・ハード・ヒューマンウェアで影響を発生させない | 影響が避けられない猛暑等<br>➡ソフト・ヒューマンウェアの整備で生活の質や産業への影響を最小化する | 農業や生活の維持の困難な状態の定常化<br>➡抜本的な感受性の改善等を講じてレベル2に近づける<br>(農業の経営転換，居住地の変更等) |
| **タイプ3**<br>倫理や文化を大事にする<br>(生物多様性，伝統文化,地域の固有性の保護・継承等) | 保護・継承ができる程度の気候変動<br>➡ソフト・ハード・ヒューマンウェアで影響を抑え，保護する | 保護・継承が一部でできなくなる影響<br>➡ソフト・ヒューマンウェアの整備で影響を最小化する，ある程度の変化は許容し，重点対象を保護する | 自然生態系や伝統文化等の維持の困難な状態の定常化<br>➡自然生態系や伝統文化の系(まとまり)の移動や移転を行う |

出典：白井ら(2014)より。

## 図表2　追加的適応策の3つの方向性

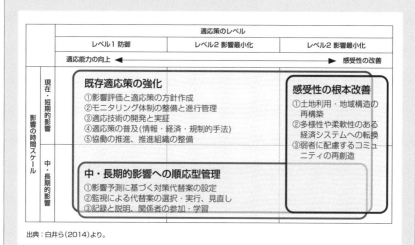

出典：白井ら(2014)より。

モニタリングや予測などの最新の科学的知見にもとづき、柔軟に施策を見直す管理方法を構築すること。①影響予測にもとづく対策代替案の設定、②気候変動の影響予測にもとづく気候外力やその影響のケース設定と各ケースの場合にとるべき対策メニュー(代替案)の設定、③監視による代替案の選択・実行、見直し、④記録と説明、関係者の参加・学習、という手順で実施されます。

## ●地域に期待される適応策の検討状況

地域(地方自治体)における気候変動の適応への取組みは、3つの段階で整理できます[→図表3]。2015年頃までの地方自治体は、気候変動対策＝緩和策として進めてきましたから、適応策の理解と取組み課題を明らかにすることが必要となります。適応策に対する理解を共有し、環境部局および関連部局における適応策へのミッションを明らかにすることに多くの時間を要します。

第2段階として、漸進的に進行する気候変動の影響を継続的にモニタリングするとともに、行政関連部局全体の適応策のPDCAを行うことが必要となります。また、適応策においても公助のみならず互助や自助が必要であることを考えると、地域の企業や住民に対しても気候変動適応の理解を促し、各々の適応行動を推進する支援を行うことが期待されます。

第3段階は、先に述べた「追加的適応策」の具体化です。長期的な気候変動やその影響の予測情報を活用し、それへの備えとしての取組みを追加すること、影響の受けやすさ(感受性)の要素を如何に改善するかが課題となります。また、気候変動の影響への適応策を地域再生につなげるという取組みも第3段階に位置づけられます。こうした状況のなか、地域のNPO主導で適応策を検討し、自主的な取組みを進めている地域もあります。

たとえば、神奈川県相模原市の藤野地区では、まちづくりのNPO

## 図表3　地域に期待される適応策の検討の3段階と進捗状況

| 進捗のチェック項目 | 進捗状況 |
|---|---|
| 1. 行政内での適応策の位置づけと基本方針の作成 | |
| 　1.1 適応策の制底的な位置づけ | ◎計画への位置づけ |
| 　1.2 適応策に関する検討体制 | ◎適応センターの整備 |
| 　1.3 行政内で適応策に関する知識と認識の共有 | ◎庁内体制の整備 |
| 　1.4 気候変動の影響に関する現状及び将来予測 | ○ |
| 　1.5 既存の適応策の整備と課題の抽出 | ○ |
| 　1.6 地域における気候変動の方針作成 | ○ |
| 2. 適応策の推進基盤の整備と地域での推進 | |
| 　2.1 適応策の推進における役割分担 | ○ |
| 　2.2 気候変動影響のモニタリング・情報流通 | ○ |
| 　2.3 適応策の幅広いリテラシー形成と普及 | △ |
| 　2.4 適応策に関する公助・自助・互助と協働 | △ |
| 3. 追加的適応策の具体化と適応策を通じた地域づくり | |
| 　3.1 長期的影響への適応策の具体化と実践 | × |
| 　3.2 感受性の根本改善としての適応策の実践 | × |
| 　3.3 気候変動の影響を機会とする取組みの実践 | × |

注：適応策の推進が比較的推進している地方自治体を想定した的法策の進捗状況の評価。
遅れている地方自治体では1も不十分な場合がある。

が地域への気候変動の影響事例を集め、優先順位が高い影響を絞り込み、それに対する自助・互助による適応行動を検討し、実践を進めています。これを行政が位置づけ、支援するというボトムアップの取組みとなっています。

　このような観点からみると、地方自治体における現在の適応策は、第2段階の自助・互助の推進において不十分な状況にあり、第3段階の追加的適応策の検討に至っていない場合が多いと考えられます。

〈白井信雄〉

［参考文献］
白井信雄・田中充・田村誠・安原一哉・原澤英夫・小松利光[2014]「気候変動適応の理論的枠組みの設定と具体化の試行」『環境科学会誌』27(5)。

# ㊻ 気候被害に対する適応策（3）地域経営

企業はリスクマネジメントとビジネスチャンスの両面から、適応策に取組んでいます。とくに地域に密着した生産活動を行う農林水産業や小規模零細な企業における適応策は経営や地域活性化に踏み込んだ検討が必要となっています。

## ●気候変動適応を通じた地域産業振興への取組み

　気候変動の影響は製造、流通、金融などの様々な業種に及びます。また、サプライチェーンがグローバル化するなか、世界各地で発生する異常気象の影響を受けやすくなっています。このため、リスクマネジメントの観点から気候変動適応策が必須となっています。

　とりわけ、地域の産業は小規模零細な経営形態において、担い手の高齢化や担い手不足という課題が深刻です。こうした状況は、気候変動の影響をさらに増幅させます。小規模零細で投資余力がないと適応策としての設備導入が困難であったり、高齢化や担い手不足の状況にあっては、気候変動の影響でダメージを受けると、廃業や離職が加速すると考えられるからです。

　一方、気候変動をビジネスチャンスとしてとらえる動きもあります。気候変動の影響を先取りした作物を栽培し、産地としての地位を確保しているケースもあります。たとえば、秋田県鹿野市では「かづの北限の桃」というブランドを打ち出しています[→コラム1]。この他、気候変動の影響をプラスに生かして、地域産業の振興を図っている取組みの例を図表1にまとめます。適応策はマイナスの影響を回避・最小化する取組みが中心となりますが、影響をプラスにとらえて地域再生につなげていく取組みも含みます[→コラム2]。

## 図表1　気候変動の影響をプラスに活かす取り組みの例

| 分類 | 分野 | 実践例 |
|---|---|---|
| 気候変動の進展を先取りする新たな産地形成 | 農業 | ・北海道のブドウ産地化（富良野地方等）<br>・ドラゴンフルーツの生産（千葉県房総半島南部）<br>・ブラッドオレンジやアボガドの生産（愛媛県） |
| | 水産業 | ・サワラの漁獲量の増加と消費開発（京都府等） |
| 気候変動適応による競争力の向上 | 農業 | ・高温耐性があり、食味に優れた水稲の新品種の開発と広域的な市場開拓（山形県の「ツヤ姫」、京都の京料理にあう「京式部」等） |
| 地域産業の技術を活かした適応ビジネスの振興 | 工業 | ・タイル生産地での「クールアイランドタイル」（岐阜県多治見市）<br>・地域の産業技術を気候変動適応策に活かす取り組みの支援（気象観測システムの技術を持つIT企業等を活かすなど：川崎市） |

出典：新聞やWEB サイトの検索より筆者作成。

**コラム**

1　鹿角市のホームページには、同市の果樹栽培はりんごが主体で明治19年頃からはじまりましたが、気象被害や高齢化などから栽培面積が減少してきたため、「平成12年頃から地域で適応性が確認され、遅出し出荷により高単価が期待できる桃を積極的に導入し産地化に取り組み、「かづの北限の桃」（商標登録番号第5599041号）としてブランド化を進めています」と記しています。この地域で栽培されている桃は約20種類あるとされ、福島県、長野県などの主要産地より後に収穫、出荷することで市場での地位を確立しています。この例では、桃の栽培技術の確立にあたり、長野県や山形県などの桃農家と連携して技術導入を先駆ける生産者がおり、その生産者が自分だけでなく、研究会を通じて地域の他の農家にも桃栽培を広げています。地域間連携や地域ぐるみであることが、適応策の導入・普及において有効であるといえます。

写真：鹿角市ホームページより

## ●今後の気候変動適応策のあり方

　日本における気候変動適応策は2010年代に社会実装に向けた研究が進み、地域における適応計画の策定や地域適応センターの設置が急ぎ進められています。しかし、ここまで示したように、次の3点が今後の課題だと考えられます。

　第1に、潜在的適応策の整理が中心であり、追加的適応策の検討が不十分な地域が多いという現状です。感受性の根本改善や中・長期的影響への順応型管理に踏み込んだ追加的適応策の検討・推進が求められます。第2に、行政内の関連部署の調整に時間をとられ、適応策の地域住民や事業者の理解の浸透や自助・互助による適応策の推進に至っていない地域が多くみられます。第3に、気候変動適応を通じた地域産業振興のように、気候変動適応策と地域活性化の統合的推進を図るような能動的な取組みの検討が期待されます。

　また、緩和策と適応策の「両立策」の検討、適応策の検討のための「社会科学的アプローチ」の重要性を指摘できます。「両立策」は、緩和策にも適応策にも位置づけられるものです。たとえば、再生可能エネルギーの導入は電力消費による二酸化炭素の排出量を削減する緩和策ですが、災害時の電源として使えることを考えると適応策でもあります。食料の自給自足、環境緑化・クールシティ化、森林の活用と保全、シェアハウス・集住、高齢者の街中居住なども両立策ということができます。

　また、白井ら(2021)は、気候変動の影響評価と適応策の検討において自然科学的アプローチによるエビデンス創出が必要であるものの、地域主体の参加による適応策の検討と実践を進めていくうえで社会科的アプローチがさらに必要になると提案しています。社会科学的アプローチは，社会科学(経済学，経営学，社会学，行政学，政策科学など)や人文科学(心理学，哲学，教育学など)を用いるものです。**図表2**は気候変動の水産業への影響を水産業従事者へのインタビュー調査

## 図表2　気候変動の水産資源への影響の調査結果の例

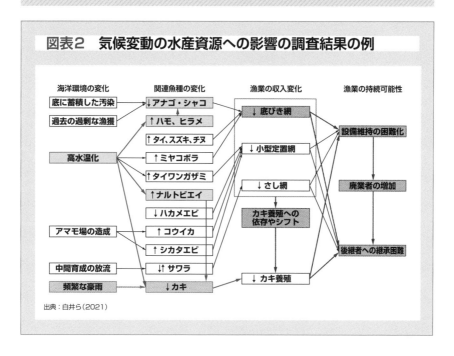

出典：白井ら（2021）

により描いたものです。影響の全体像をとらえ、経営面に踏み込んだ適応策を検討するうえで、こうした影響構造図を描き出す社会科学的アプローチが不可欠となっています。　　　　　〈白井信雄〉

［参考文献］
中村洋・白井信雄・田中充［2019］「コミュニティ主導による気候変動への適応策：長野県高森町における市田柿の事例」『地域活性研究』10。
白井信雄・西村武司・中村洋・田中充［2021］「社会科学的アプローチによる気候変動の影響評価と適応策の検討の必要性—岡山県備前市日生地区の水産業へのインタビュー調査の結果を中心として—」『環境科学会誌』34（6）。

# 第3章

# 「脱炭素」への
# 技術的対策

# 概要

　第3章では脱炭素に向けた技術的な対策について整理します。エネルギー需要を低減させる省エネルギーを図ったうえで、必要なエネルギー投入を再生可能エネルギーで賄うことにより、脱炭素を図ることができます。

## ●エネルギーの管理に取組む

　エネルギー需要では電力、熱、輸送用燃料などが消費されています。熱は産業用の1500℃の高温から民生用の給湯・暖房など100℃を下回るものまで、幅広い温度域で使われます。電力の大部分は汽力発電（熱で蒸気を発生し、蒸気タービンを駆動して発電機を回す発電方式）によって発電されています。この発電プロセスでは投入した熱をすべて電力（動力）に変換することはできず、必ず熱の一部を環境に放出しなければなりません。近年では発電技術が進歩し、先進的な火力発電の効率は約60%（LHV基準）に達しています。

## ●生活水準を下げずに需要を抑制する

　民生部門では冷蔵庫やエアコン等の機器の効率改善が進められています。ヒートポンプは大気、地中、河川等の環境中から熱を汲み上げる装置であり、燃料を直接燃焼させるよりも高効率な特徴を持ちます。一方、建物の断熱性能向上などによるエネルギー負荷削減も非常に重要であり、ZEB（Net-Zero Energy Building）やZEH（Net-Zero Energy House）と呼ばれる省エネと再エネを取り入れて、正味のエネルギー消費をゼロにする建物の導入が支援されています。

　運輸部門では、世界的に電気自動車（EV）の大幅な導入が予想されています。EVの駆動系はエンジンよりも効率が高いことに加え、ブレーキの代わりに発電によって運動エネルギーを電力に変換して

蓄え、エネルギー効率を高めています。さらに車載蓄電池は昼間の太陽光発電(PV)の余剰を取込む役割も期待されています。

### ●再生可能エネルギーを大幅導入する

日本では近年PVの導入量が大きく伸びました。さらに風力、中小水力、地熱、太陽熱、バイオマスの熱利用や発電など、非常に多様な再エネ技術が開発されています。PVには住宅等の建物の屋根に設置するものから、メガソーラーと呼ばれる大型プラントに加え、農地に設置するソーラーシェアリングのような新たな形態が注目されています。

### ●水素・アンモニア・原子力について

最近、将来のエネルギーキャリアの候補として水素が挙げられますが、水を電気分解する際に$CO_2$を出さないエネルギー源を用いるものでないと脱炭素に寄与しない点に注意が必要です。原子力発電も$CO_2$を出さない電源とみなされますが、放射性廃棄物の問題などが残されている点が指摘されています。

### ●電気の使い方を再エネ拡大に合わせる

PVや風力発電は発電出力が変動します。これらが大量に導入される場合には、電力システム全体として出力変動への柔軟な対応が必要です。現状ではPV等の出力が需要よりも大きい場合には出力が抑制され、せっかくの再エネが利用できない状況が発生します。これを回避するには蓄電池等によるエネルギー貯蔵が求められるほか、ヒートポンプで余剰電力を熱に変えて利用するセクターカップリングが有効と考えられています。EVの車載蓄電池にPVの電力を貯めて住宅で利用するV2H(Vehicle to Home)も実用化されています。

再エネ資源は地域に分布することから、地域分散型エネルギーシステムと親和性があります。マイクログリッドや地域熱供給等と組み合わされることにより、脱炭素だけでなく、災害に対する強靭性などでも地域に貢献すると期待されます。　　　　　　　〈秋澤　淳〉

# ㊼ エネルギーの種類と単位

熱や電気などいろいろな形をとる「エネルギー」をどのように人類が扱うべきかは脱炭素のキーポイントです。エネルギーと人類の長い付き合いを振り返り、エネルギーの種類を総覧し、エネルギーと動力の関係や、単位換算法などを総括します。

## ●エネルギーの定義と歴史

エネルギー（Energy）の語源はアリストテレスにより提唱されたエネルゲイア（energeia）だといわれ、可能態から実現した状態である現実態と訳されます。英和辞典では「精力、活力」といった抽象語に加え、物理学的には「エネルギー（源）」というカタカナしか与えられていません。日本にはそのような概念はなかったのかもしれません。なお、中国語では「能源」といいます。

科学者によるエネルギーに関する発明発見定義の年表を**図表1**に示します。まず蒸気機関を発明した（厳密には完成させた）ワットにより仕事量が定義されました。そして、「仕事を行う能力」としてヤングにより仕事量と同じ単位のエネルギーという言葉が定義されました。その後、電気にも仕事の概念が拡張され、ジュールが熱量と仕事量との換算係数を与えます。その結果、私たち活力の源である食料もエネルギー源として認識され、エネルギーという言葉も、いろいろなところで広く使われるようになっています。

人類の歴史とエネルギーとの関わりを**図表2**に示します。

なお、国際（SI）単位系では力の単位としてニュートン（N）が使われ、これに距離（m）をかけた仕事量あるいはエネルギーの単位としてジュール（J）が、またこれを時間（s）で割った工率（仕事率ともいいます）の

## 図表1 エネルギーの定義と発明発見の歴史

| 年 | 国 | 人 | 発明・発見 |
|---|---|---|---|
| BC600 | ギリシャ | タレス | 静電気の発見 |
| 1720 | イギリス | ニューコメン | 蒸気機関の発明 |
| 1752 | アメリカ | フランクリン | 雷の原理の解明 |
| 1765 | イギリス | ワット | 蒸気機関の完成 |
| 1792 | イギリス | マードック | ガス灯の発明 |
| 1789 | ドイツ | クラプロート | ウランの発見 |
| 1800 | イギリス | ボルタ | 電池の発明 |
| 1801 | イギリス | デービー | 燃料電池の原理の発見 |
| 1807 | イギリス | ヤング | エネルギーの定義 |
| 1820 | デンマーク | エルステッド | 電気→磁力発生を発見 |
| 1821 | イギリス | デービー | アーク灯の発明 |
| 1831 | イギリス | ファラデー | 電磁誘導、磁→電の発見 |
| 1833 | イギリス | ファラデー | 電気分解の法則発見 |
| 1842 | ドイツ | マイヤー | エネルギー保存則の発見 |
| 1847 | イギリス | ジュール | 熱の仕事等量の測定 |
| 1876 | ドイツ | オットー | 内燃機関の発明 |
| 1879 | アメリカ | エジソン | 白熱電球の発明 |

出典：学校インターネット教育推進協会、WHAT'S THE ENERGY？ エネルギーとは何だろうか？「HISTRY OF ENERGEY エネルギー利用の歴史」（ http://contest.japias.jp/tqj2004/70582/histry.htm ）に筆者加筆・修正。

産業革命がおこったイギリスでエネルギーに関する発明発見が多く行われました。これらの人々の名前がエネルギーの単位に使われています(図表4参照)。

## 図表2 エネルギー利用の歴史

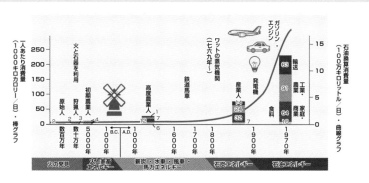

出典：総合研究開発機構「エネルギーを考える」をもとに作成。

人類の歴史にはエネルギーが不可欠であること、食料から生活（暖房・調理）、産業（耕作・加工）用動力、そして輸送へとエネルギーの用途が拡大してきたことがわかります。

単位にワット（W）が、それぞれ人名に由来して使われます。

## ●いろいろなエネルギーと単位換算：エネルギー保存則

　エネルギーの分類法には多々ありますが、ここでは物理的な分類と特徴の話をします。仕事は（力）×（距離）です。力の大きさが変わってもこれを足しあわせ（積分し）て計算します。摩擦のない水平に置かれた車輪つき機関車に仕事を与えると、運動エネルギーに変わります。一方これを貯めたものをポテンシャルエネルギーといいます。地球上では重力がかかっているので、モノを高く持ち上げるには仕事が必要です。すなわち、高い位置にあるものは潜在的にエネルギーを持っています。これが位置エネルギーです。物を落として低いところにいたると、運動エネルギーに変わります。

　面積あたりの力は圧力、体積あたりのポテンシャルエネルギーで、（圧力）×（体積＝距離×面積）も仕事です。壁に運動エネルギーを持った強い風が当たっても、壁が動かないなら、圧力に変わり、これを水柱の高さでみるということは位置エネルギーに変わったわけです。すなわち、流体については運動エネルギーと位置エネルギーと圧力とが三位一体となります。

　これらの力学的エネルギーの中だけで変換される限り、その合計が変わらないことは、力学から容易に導かれます。一方電場中にある電荷は同様に力を受けるので、（電位差）×（電荷）もエネルギーとなり、力学的エネルギーと同じ単位となります。**図表3**には様々なエネルギーをＡ×Ｂの掛け算で示します。Ｂはエネルギーの元となる「もの」の量を示し、示量変数と呼ばれ、Ａは「もの」の量当たりのエネルギー量を示し、示強変数と呼ばれます。

　ジュールは昔からあった熱の単位との変換係数を与え、熱までも含めたすべてのエネルギーが保存されることを示しました。なお熱エネルギーの定義には基準となる温度が必要で、これは他のエネルギーでも同じです。位置エネルギーはもちろんのこと、地上と宇宙

## 図表3　様々なエネルギーの種類

| エネルギーの種類 | | A：示強変数 | B：示量変数 |
|---|---|---|---|
| 力学的 | 機械 | 力(F) | 変位(L) |
| | | 回転力(トルク) | 角度($\theta$) |
| | 運動 | ($v^2/2$) | 質量(m) |
| | 重力 | 重力ポテンシャル(gh) | 質量(m) |
| | 流体 | 圧力(-p) | 体積(V) |
| | 弾性 | 応力($\sigma$) | 歪み($\varepsilon$) |
| 熱 | 熱(Q) | 温度(T) | エントロピー(S)[※] |
| 化学 | 化学 | 化学ポテンシャル($\mu$) | モル数(n) |
| | 濃度差 | 浸透圧($\Pi$) | 濃度(C) |
| 電磁 | 静電 | 電位差(V) | 電荷(q) |
| | 磁気 | 磁場(H) | 磁化(M) |

Bはエネルギーの元となる「もの」の量、Aは「もの」の量当たりのエネルギーの量すなわち「強さ」で、AとBとをかけるとエネルギー量になる。
※エントロピーについては@で解説しています。

## 図表4　仕事・エネルギーの単位換算表

エネルギー($mL^2/t^2$)(FL)(Q)

| メガジュール MJ=$10^6$J | キロワット時 kWh | キロカロリー kcal |
|---|---|---|
| 1 | 0.278 | 239 |
| 3.5897 | 1 | 857.6 |
| 0.0041857 | 0.001166 | 1 |

工率・動力 (FL/t), (Q/t)
(t：時間；他は図表3を参照))

| キロワット kW=kJ/s | 馬力 HP |
|---|---|
| 1 | 1.341 |
| 0.7457 | 1 |

では速度が異なることから、運動エネルギーですらある基準(これを環境ということにします)に対してエネルギー値が定義されます。

　時間あたりの仕事、工率でも、馬力との変換が必要となります。**図表4**にはこれらの単位換算表を示します。　　　　　　　　　〈小島紀徳〉

［参考文献］
小島紀徳[2003]『地球と人間の環境を考える05　エネルギー——風と太陽へのソフトランディング』日本評論社。
山下福志、香川誼士、小島紀徳[2010]『最新の化学工学』産業図書。

# (48) エネルギー変換・貯蔵の技術

エネルギーの形態には力学的、電気的、化学的など様々あり、それらは相互に変換できます。電力の形態を変えることによって貯蔵する方法もいろいろです。変換にともない損失が出るため蓄エネルギーや利用方法の選択に注意が必要です。

　エネルギーの形態には様々なものがあります。動力や高低差などの力学的エネルギー、電力、燃料のような化学的エネルギー、熱、光、音などがあげられます。また、それらのあいだを変換する技術があります。たとえば、火力発電所は燃料を燃やして熱に変え、それによってタービンを回転させて動力を取り出し、発電機を駆動して電力を発生させます。一方、太陽光発電では日射が持つ光のエネルギーを半導体によって電力に変換し、水力発電では水の落差でタービン・発電機を回転させて電力を得ます。

　火力発電所に代表される熱から動力を取り出す仕組みを熱機関と呼びます。入力した高温の熱をすべて動力に変換することはできず、一部の熱を低温側に排出しなければならない物理的性質があります。熱機関の効率の最大値はカルノー効率で与えられ、高温熱源の温度が高いほど効率が上がります。一般的な火力発電所の効率は40%程度ですが、最新鋭の複合発電（コンバインドサイクル）では60%を超える技術が開発されています[→図表1]。

　化学エネルギーから直接電力を発生する技術が燃料電池です。水の電気分解の逆プロセスであり、水素と酸素を結合する際に電力を発生します。発電容量が小規模でも効率が高い特徴があります。

　燃焼によって化学的エネルギーを熱に変えることは給湯器やボイ

## 図表1　各種発電方式の発電効率の比較（低位発熱量LHV基準）

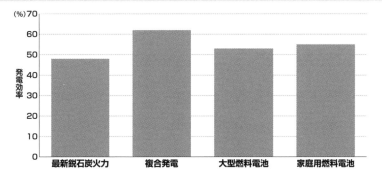

出典：最新鋭石炭火力：J-Power竹原発電所，複合発電：三菱重工業M501Jシリーズ，大型燃料電池：三菱重工業MEGAMIE250kW級，家庭用燃料電池：アイシン固体酸化物型燃料電池0.7kWをもとに作成。

## 図表2　一次エネルギー換算によるヒートポンプの評価

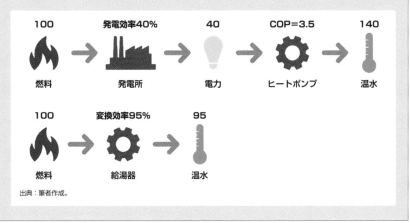

出典：筆者作成。

ラなどで一般的に利用されています。最近の給湯器は燃焼排ガス中の水の凝縮熱を回収することにより、効率を95%に高めています。一方、モータやエンジンなどの動力を用いて低温熱源から高温の熱を取り出す技術がヒートポンプです。ヒートポンプの性能は供給する熱出力を消費電力で除した成績係数（COP：Coefficient Of Perforamnce）で表現されます。ボイラと効率を比較する場合には、電力を得るために要する燃料消費量まで遡る一次エネルギー換算によって評価することが必要です【→図表2】。

　運輸部門は従来のガソリン車やディーゼル車だけでなく、電気自動車や燃料電池自動車、バイオエタノール車など、多様な選択肢があります。これらの効率を比較する際にも、共通の一単位の燃料を出発点として走行可能な距離を評価することが有効です。その一例を**図表3**に示します。

　電力を貯蔵する場合にも多様な方法があります。揚水発電は電力を位置エネルギーに変えて貯めます。蓄電池は電力を化学エネルギーに変え、キャパシタ（蓄電器）は電力を電荷として貯めます。電力で空気を圧縮して物理的なエネルギーとして貯める方式や、フライホイールによって回転のエネルギーとして貯める方法もあります。電気分解によって水素を製造して貯める場合には、長期的に蓄えられる特徴があります。必要なときに水素を燃料電池に投入することによって電力に戻します。太陽光発電や風力発電が余剰となり出力抑制される場合がありますが、近年、放棄するぐらいなら熱に変換して貯めるカルノーバッテリーが提案されています。500℃程度で蓄えた熱を火力発電所と同じ仕組みで電力に変換します。ただし、熱機関を経由すると損失が増える点に注意が必要です。　〈秋澤　淳〉

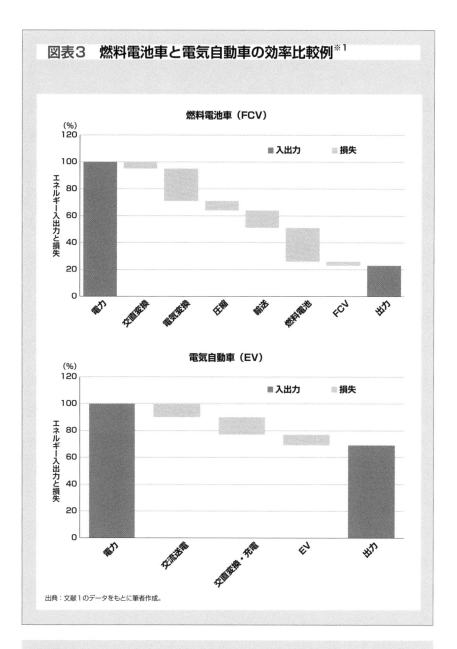

## 図表3　燃料電池車と電気自動車の効率比較例[※1]

**燃料電池車（FCV）**

エネルギー入出力と損失 (%)

■入出力　■損失

電力　交直変換　電気変換　圧縮　輸送　燃料電池　FCV　出力

**電気自動車（EV）**

エネルギー入出力と損失 (%)

■入出力　■損失

電力　交流送電　交直変換・充電　EV　出力

出典：文献1のデータをもとに筆者作成。

［参考文献］
※1　Ulf Bossel［2006］Does a Hydrogen Economy Make Sense?　Proc.IEEE 94（10）,pp.1826-1837.

**❶ エネルギー技術論の基本**

# ㊾ 「仕事」に変えることができないエネルギー

一次エネルギーを一度熱にしてしまうと、熱機関により取り出すことができる仕事量は大きく減少します。摩擦・送電などによる損失、エントロピーとカルノー効率、有効エネルギーの定義からその理由を解説します。

### ●摩擦や送電にともなう損失

力学的・電気エネルギーは、理想的、すなわち機械的摩擦や電気抵抗による熱への変換がなければ、すべて仕事に変換可能です。実際水力発電では80％もの高効率で電気ができます。一方、熱から取り出すことができる仕事量には限界があります(カルノー効率)。熱力学第一法則のエネルギー保存則とは仕事ができる量だけではなく、有効性の低い熱をも含めた保存則なのです。

### ●熱力学第二法則：エントロピー増大の法則とカルノー効率

エントロピーSは熱エネルギーを温度T[K]で割った値です[㊼-図表3]。高温$T_H$から低温$T_L$に熱が移動すると、失われる熱と低温で得られる熱は等しいので$T_H S_H = T_L S_L$ですが、$T_H > T_L$なのでエントロピーSは$S_H < S_L$で不可逆的に増大します(エントロピー増大の法則)。

一方同時に高温熱エネルギー$T_H(S_L - S_H)$を仕事に変換すると、力学的エネルギーはSを持たないので、$S_L - S_H$が減少し、全体では$\Delta S=0$の可逆過程をつくることができます。この時の仕事への効率、$T_H(S_L - S_H) / T_H S_L = 1 - S_H/S_L = 1 - T_L/T_H$がカルノー効率です。

ヒートポンプの性能(COP、熱除去量/使用電気量)を、全体の$\Delta S=0$(可逆)として計算すると$T_L/(T_H - T_L)$、暖房では$T_H/(T_H - T_L)$となります。10℃程の温度差では電気量の数十倍の熱を移動することも原理的に

## 図表1　各種エネルギーの有効エネルギー率

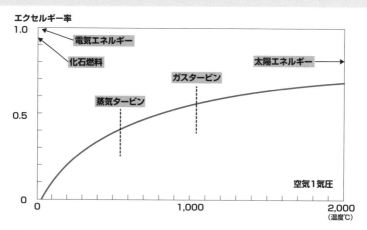

出典：小島紀徳（2003）『地球と人間の環境を考える05　エネルギー──風と太陽へのソフトランディング』日本評論社より。

電気や力学的エネルギーの有効エネルギー率（エクセルギー率）は100%で、エントロピー＝0です。各温度での値は、本文記載のカルノー効率の値をさらに下回ります。蒸気タービン温度は材料などの制限から高温化が難しいのですが、またガスタービンは動力分だけを電気に変えているので効率は低いのですが、⑳-図表2のように両者を組み合わせた複合発電では効率が上がります。燃料電池では化石燃料を熱に変えずに化学反応から直接電気を取り出すことで効率向上を目指しています。

## 図表2　化学物質の持つ有効エネルギー率

| 単位：kJ/mol | 発熱量 | 自由エネルギー | 有効エネルギー率 |
|---|---|---|---|
| $2H_2 + O_2 = 2H_2O$（水） | 571.7 | 474.4 | 83% |
| $CH_4 + 2O_2 = CO_2 + 2H_2O$ | 890.3 | 817.9 | 92% |
| $2CH_3OH + 3O_2 = 2CO_2 + 4H_2O$ | 1453.2 | 1405.1 | 97% |

出典：小島紀徳（2003）『地球と人間の環境を考える05　エネルギー──風と太陽へのソフトランディング』日本評論社より。

式で表すと、$\Delta G = \Delta H - T\Delta S$。上記の燃焼反応にともなうギブスの自由エネルギー変化$\Delta G$はマイナスで、その絶対値が仕事に変換できる有効なエネルギーです。化合物の有する発熱量（$-\Delta H$）と等しいわけではなく、エントロピー変化$\Delta S$にともなう分が異なり、両者の比が有効エネルギー率を与えます。

は可能で、最近でもエアコンなどの性能は年々向上しています。

## ●有効エネルギー（エクセルギー）

　カルノー効率はある一定の温度条件に適用されますが、実際には、高温から低温の環境温度に熱が移動すると、高温物体の温度が下がり、カルノー効率も下がります。環境温度にいたるすべての過程を積分して得られる、仕事に変えられるエネルギーを「有効エネルギー」といいます。**図表1**に2℃を環境温度とした時のすべてのエネルギー量に対する有効エネルギーの割合（有効エネルギー率）を示します。25℃以下ではマイナス値が急激に増大します。エネルギー値は環境に対してマイナスですから、低温になるほど有効エネルギーは大きく増大します。LNGなどの冷熱も有効なエネルギーなのです。

## ●光エネルギーと化学エネルギー

　光は電磁波です。電気のエネルギーは有効エネルギー率100%で$S=0$ですが、電磁波は電気のほか熱からも発生し、高温ほど（波長が短い）高エネルギーの波となります。光を介しても低温から高温には熱は伝わりません。電磁波も熱に準じた性質のエネルギーです。

　⑦⑤-**図表2**のように、高温である太陽光でもたった10%程度の変換効率しかないのは、単一の太陽電池では原理的にはある波長以下の光、それもその波長分のエネルギーしか電気に変えられず、それ以外のエネルギーは環境中の無駄な熱になってしまうからです。

　次は化学エネルギーです（以下定圧条件の場合。定積の場合にはカッコ内に併記）。可逆で仕事に変換できる有効エネルギーは、ギブス（ヘルムホルツ）の自由エネルギー変化$\Delta G(F)$、すなわち化合物の持つエネルギーであるエンタルピー$H$（内部エネルギー$U$）変化から、$\Delta S$、エントロピー増大分に$T$、温度をかけたものを差し引いた値です。各種の反応の値を**図表2**に示します。なお、$\Delta G(H)$は、燃料電池という仕組みをへて、直接電気に変換することが原理的に可能であり、燃料電池の技術開発が進められている理由なのです。　　　〈小島紀徳〉

## 図表3　様々なエネルギー間の変換方法と効率

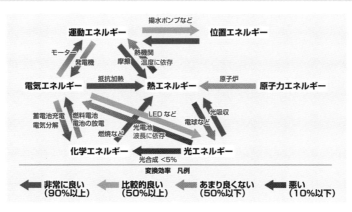

出典：佐藤真理「サトシンの遊び場　エネルギーと文明－自然科学から見た経済繁栄の分析－付録　エネルギーの基礎知識」
(https://satoshin.web.fc2.com/energy/appendix1.html)をもとに作成。

変換技術の種類・名称を、初出のもの含め効率とともに示します。100％との差の分は、一部は化学・音・光などのエネルギーに一度は変換されることもありますが、最終的には環境温度の熱となり、無効なエネルギーとなります。

この図で熱エネルギーと書いてあるものは、仕事に変えることができる高温のエネルギーのことですが、他に影響せずに、すべてを仕事に、あるいはさらなる高温のエネルギーに変えることはできません。実際、熱エネルギーから他のエネルギーに向かう矢印の効率は、概して低めです。また、本文記載のように、光や化学エネルギーから熱を経ずに他のエネルギーに向かう矢印も、概して効率は低めです。

同じ種類のエネルギー間や位置・運動・電気の相互の、また、熱への変換では、環境への熱損失をゼロに近づけるように、技術開発が行われます。また、LEDや燃料電池のように熱を経ない経路を見出すことで、飛躍的な高効率化が期待できます。一方、すでに変換効率が100％に近い技術では、高効率化は困難になります。

なお、原子炉では火力に比べ熱損失が大きいことは事実ですが、発生した熱量基準では高温熱への転換効率はこれほど低くなりません。この図では理論的に可能な核反応熱を一次エネルギーとしているため、「あまり良くない」に分類していると考えられます。

［参考文献］
小島紀徳[2003]『地球と人間の環境を考える05　エネルギー──風と太陽へのソフトランディング』日本評論社。
佐藤真理「サトシンの遊び場　エネルギーと文明－自然科学から見た経済繁栄の分析－付録　エネルギーの基礎知識」（https://satoshin.web.fc2.com/energy/appendix1.html）

# ⑤ ライフサイクル評価
## LCAとカーボンフットプリント

LCAとは製品製造などのための資源採掘（＝ゆりかご）から
廃棄物処理（＝墓場）までの評価のことです。評価項目は様々
な環境影響から資源量などです。大気中への$CO_2$などの温
室効果ガス放出のLCAがカーボンフットプリントです。

### ●ライフサイクル評価（ライフサイクルアセスメント、LCA）とは

　私たちは地球上で生活しており、様々な環境負荷を地球に与えて
います。環境負荷には有害物質による公害や生物多様性などの地球
環境問題に加え、生活に必要な資源の枯渇なども含めます。これら
を統合するという試みもありますが、次元の異なる環境影響を一括
して扱うのは大変困難であり、また社会としての判断が必要となり
ます。ここでは$CO_2$の排出を例にとり話を進めます。

　プラスチックを使ってもその場所では$CO_2$は出ませんが、原料と
なる資源の採掘（ゆりかご）からリサイクル、とくに最後（墓場）ではこ
れを燃やせば$CO_2$に変わります。「もの」をつくり使用する過程で生
じる環境負荷を、その前後も含めて評価（アセスメント）することを
LCA（ライフサイクルアセスメント）といいます[→図表1]。

　LCAを行う手法は2つあります。1つは産業連関法を用い、エネ
ルギーや$CO_2$の流れに直して逆行列をつくるという方法ですが、項
目数が限られ、また新技術の影響などを調べるには不向きです。も
う1つはそれぞれの製造などのプロセスを詳細に評価する手法です。
例えば、製品を1kgを作るときに直接排出される$CO_2$に加え、原料
や水などをどれだけ使うかを求め、次にその原料や水1kgを作るに
は……と、すべての過程で排出される$CO_2$を積み上げていく方法で、

## 図表1　LCAとは

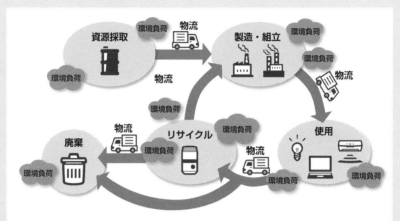

**資源採取から製造、リサイクルそして廃棄までの過程すべてを評価対象としています。**

出典：一般社団法人サステナブル経営推進機構「CFPプログラム　CFPとは」（ https://www.cfp-japan.jp/about/ ）をもとに作成。

## 図表2　カーボンフットプリント（CFP）のイメージ

出典：松本真由美（2016）「「カーボンフットプリント制度」と「エコリーフ制度」」NPO法人国際環境経済研究所（ https://ieei.
or.jp/2016/09/special201608009/?type=print ）をもとに作成。
CTPマークは、一般社団法人サステナブル経営推進機構（SuMPO）提供。

LCAを$CO_2$排出などによる気候変動に適用した例です。どの過程で$CO_2$がもっとも排出
されるかがわかるようになります。なお、一番右の図は日本で用いられているCFPのロ
ゴマークで秤をイメージしたものですが、世界各国では独自の工夫を凝らしたマークが用
いられています。フットプリントにちなんで、足跡を用いている国もあります。
ここで$CO_2$以外の気候変動に影響するガスは、図表3の係数を用いて$CO_2$に換算され、
積み上げられます（二酸化炭素換算、$CO_2$eqあるいはt-$CO_2$と記載されます）。

この結果をLCI（ライフサイクルインベントリー）といいます。これをある回数繰り返すとほぼ一定の値になります。しかし、同じプロセスから同時に2つの製品が製造されるときには、原料や排出される$CO_2$を分配するための規則（たとえば製品重量、あるいは価格で案分するなど。アロケーションという）のもとで計算します。最後にLCI結果に各物質の影響度を示す指数をかけて、環境影響評価、LCIA（ライフサイクルインパクトアセスメント）を行います。

## ●CFP（カーボンフットプリント）

LCAは、国際環境基準であるISO14000で取り上げられ、これを推進し、「見える化」するために日本では「エコリーフ」制度がつくられました。このなかで最も注目され多用されてきたものが$CO_2$などの温室効果ガスの排出で、これに特化したものがカーボンフットプリントです。**図表2**にはカーボンフットプリントのイメージを示します。また各温室効果ガスのLCIA係数を**図表3**に示します。

## ●LCAを行うことの意義と結果の活用法

LCAはどのように使われるのでしょうか？　田原[1]によれば、第一には製品やサービスの環境対策ポイントの抽出であり、プロセスのどこが環境負荷を上げているのかを見出し、改善につなげるためです。実際には対策を実施しなくとも、改善の可能性を事前に評価することもできます。第二に製品やプロセスを比較することで、どちらが優れているかを判断するためです。消費者はもちろん、企業は自社製品のPRになり、公開することで消費者に「環境にやさしい会社であること」をアピールすることにもなります。

$CO_2$排出を減らす国の政策としては、$CO_2$を排出する「資源」に初めから税金をかけること（炭素税、環境税といいます。エネルギー税や資源税といった枠組みも類似している）でしょう。そのとき海外から輸入する「製品」にも排出量をLCA解析で推定し税率を決めることができます。著者はこれが第三の目的だと思っています。　　　　〈小島紀徳〉

# 図表3　ライフサイクル影響評価(LCIA)指数

| 物質名 | 単位 | kg-CO₂eq | 物質名 | 単位 | kg-CO₂eq |
|---|---|---|---|---|---|
| CO₂ (生物由来) | kg | 0 | HCFC-141b | kg | 725 |
| CO₂ (化石燃料由来) | kg | 1 | CFC-10 | kg | 1400 |
| ハロン-1001 | kg | 5 | HFC-134a | kg | 1430 |
| ジクロロメタン | kg | 9 | HCFC-22 | kg | 1810 |
| クロロメタン | kg | 13 | HCFC-142b | kg | 2310 |
| メタン (生物由来) | kg | 25 | HFC-125 | kg | 3500 |
| メタン (化石燃料由来) | kg | 25 | CFC-11 | kg | 4750 |
| メタン (その他) | kg | 25 | CFC-113 | kg | 6130 |
| HCFC-123 | kg | 77 | ハロン-1301 | kg | 7140 |
| HFC-152a | kg | 124 | PFC-14 | kg | 7390 |
| HCFC-140 | kg | 146 | CFC-12 | kg | 10900 |
| 亜酸化窒素 | kg | 298 | PFC-116 | kg | 12200 |
| HCFC-124 | kg | 609 | HFC-23 | kg | 14800 |
| HFC-32 | kg | 675 | 六フッ化硫黄 | kg | 22800 |

注：HFC: ハイドロフルオロカーボン、CFC: クロロフルオロカーボン、HCFC: ハイドロクロロフルオロカーボン、PFC: ペルフルオロカーボン、いずれも冷媒等に使用される。

CFPの計算に用いられるLCIA指数で、化石燃料由来のCO₂を1としたときの他の温室効果ガスの気候変動への影響をkgあたりで示す。なお、水蒸気やオゾンも温室効果ガスであるが、人為的に増加しているとは認められていないため、係数は与えられていない。ここで生物由来のCO₂は、生物中の炭素はほとんど全てが植物の光合成により現在の大気中のCO₂から固定されたものと考えられるため、ゼロとする。一方、生物由来のメタンも大気中のCO₂に由来し(CO₂ 44/16＝2.75 kgからメタン1kgが作られる)、2.75が差し引かれるべきであるが、そのほかの由来のメタンと同一の値となっている。

［参考文献］
※1　田原聖隆 [2006]「第2章　ライフサイクルアセスメント」化学工学会編『環境プロセスエンジニアリング』丸善出版。
小島紀徳 [2003]『地球と人間の環境を考える05　エネルギー──風と太陽へのソフトランディング』日本評論社。

# (51) 設備機器の省エネ対策

省エネ対策のうち、設備機器の省エネ型への更新や改修により効率を向上する方法は、費用対効果のよい、総量可能性も大きな対策です。産業、業務、家庭部門で約5割、運輸旅客と運輸貨物で7-8割のエネルギー消費削減の可能性があります。

## ●機器・設備の効率化

省エネ対策のうち、設備・機器を省エネ型へ更新あるいは改修することは、エネルギー効率を上げる有力な対策です。以下、部門ごとに代表的な対策を示します。

## ●産業部門の対策

産業部門では、生産設備、従業者向け照明空調の両方で、機器・設備の効率化対策が数多くあります。

産業では設備機器の効率向上が様々な分野で開発されています。

設備機器と従業者むけ空調の両方にあるヒートポンプ技術（空調ではエアコン。またヒートポンプ給湯器、冷蔵庫や冷凍機など）の近年の効率向上はめざましく、旧型機器を新型に転換し50%近い削減の例もあります。100℃以上に温度を上げる技術もあります。

またヒーターなどからヒートポンプに転換すると、エネルギー効率がヒーターでは90%のところ、ヒートポンプでは400-700%に上がり、エネルギー消費量が4分の1以下になります※1。

## ●業務部門と家庭部門の対策

業務部門と家庭部門の機器効率化対策では、新しいエネルギー効率のよい機器への転換、蛍光灯や水銀灯などのLED化、暖房や給湯でヒーターからヒートポンプへの転換、などがあります。

## 図表1　旧型空調を新型に更新した場合のエネルギー消費削減

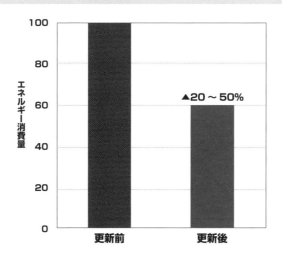

## 図表2　ヒーターのヒートポンプ転換におけるエネルギー消費削減

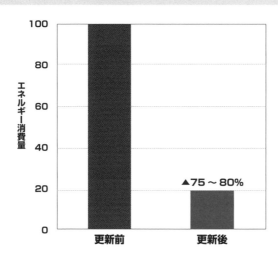

注：更新後は二次エネルギーつまり電力のもつエネルギーのみで計算し、発電所におけるエネルギーロス、送配電ロスは含まない。

照明では、白熱灯からLEDへの転換でエネルギー消費量を9割削減、体育館や講堂・倉庫などの水銀灯などからLEDへの転換でエネルギー消費量を5割削減できます。蛍光灯からLEDで同じ本数ならエネルギー消費量を2割削減（旧型蛍光灯からLEDなら4割）、同じ明るさにするためにLED化の際に本数を減らし、エネルギー消費量を半分以下にすることができます。

ヒートポンプ技術進展で、古い機器の年数や大きさによりますが、更新時期にあたる13年前のエアコンや冷蔵庫を最新省エネ型に交換すると、家庭・小型エアコンでエネルギー消費約25%削減、家庭用冷蔵庫で約50%削減の可能性があります。

ストーブ暖房からエアコン（ヒートポンプ）に転換、給湯で電気温水器（ヒーター）からヒートポンプ給湯器に転換すると、エネルギー効率がヒーターで約90%のところ、ヒートポンプ給湯器では400-700%に上がりエネルギー消費量が4分の1以下になります※2。

出力調整できない電気機器を、フル出力が必要ない場合に調整可能にすること（「インバータ化」などといいます）で送風機、ポンプなどのエネルギー消費量を2-3割削減できます。

## ●運輸部門の対策

運輸部門の機器効率化対策の代表は、自動車で燃費の良い車の選択と、ガソリン車・ディーゼル車から電気自動車への転換です。

前者でエネルギー消費量を約2-4割、後者で7-8割削減できる見込みです。電気自動車については(54)、(55)を参照してください。

〈歌川　学〉

［注］
※1　現在、排熱利用をしている場合はここまでの効率改善にはならないことがあります。
※2　なお、エアコンなどのヒートポンプ技術では輻射熱はありません。寒冷地では断熱建築と併用するのが望ましいといえます。

## 図表3　新型蛍光灯削減のLED化によるエネルギー消費削減

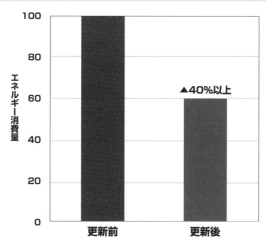

注：同じ本数でLED化すると20％削減だが、同じ明るさにするために本数を半減することができるためあわせて60％削減になる。

## 図表4　旧型冷蔵庫を新型に転換した時のエネルギー消費削減

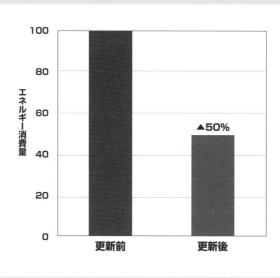

# ㊾ 建築の省エネと省CO₂

> 建築物・住宅のCO₂排出量は、高度成長期から2013年ご
> ろまで増加が続いた後は減少傾向ですが、第6次エネルギー
> 基本計画における2030年の削減目標には不十分です。こ
> こでは省エネの現状と技術、課題を整理します。

## ●建築物（非住宅）のCO₂排出量と消費エネルギーの推移

　建築物（業務部門）のCO₂排出量は、1965年の0.28億トンから2013年
には8.4倍の2.37億トンに大きく増加しました[→図表1]。2020年には
1.82億トンと2013年比で23.2%減少していますが、その多くは系統
電源のCO₂原単位の抵下によるもので、エネルギー消費量の減少は
13.9%にとどまっており、2030年目標の1.16億トン（55%減）の達成は
困難な状況です。

## ●建築物（非住宅）の省エネ技術・基準ごとの仕様と課題

　建築物の省エネのためには、パッシブ技術・アクティブ技術・太
陽光発電の3つが重要です[→図表2]。このうちパッシブ技術で重要
な外皮の熱性能はPAL*（パルスター）で規定されますが、要求基準が
ない場合が多く、断熱や日射遮蔽の軽視の原因となっています。

　中心となっている1次エネ規制では、BEIの値が小さいほど省エ
ネと評価されます。空調設備の容量のサイズダウンによる適正負荷
運転化が有効ですが、建築設備設計基準（通称「茶本」）などの一般的な
設備設計指針と十分整合していません。またゼロ・エネルギー・ビ
ルディング（ZEB）は事務・情報機器等の消費エネルギーを考慮して
おらず、また多くは太陽光発電の規定がないなどの課題があります。
2030年目標の「新築でZEB義務化」も、ZEB Orientedの省エネ性能

## 図表1 建築物（業務部門）の用途別エネルギー消費量・CO₂排出量

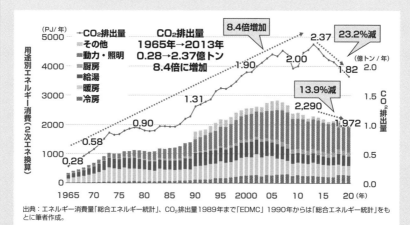

凡例：
- →CO₂排出量
- その他
- 動力・照明
- 厨房
- 給湯
- 暖房
- 冷房

CO₂排出量
1965年→2013年
0.28→2.37億トン
8.4倍に増加

8.4倍増加

23.2%減

13.9%減

（PJ/年）、用途別エネルギー消費（2次エネ換算）／（億トン/年）、CO₂排出量

数値：0.28、0.58、0.90、1.31、1.90、2.00、2.37、1.82、2,290、1,972

出典：エネルギー消費量「総合エネルギー統計」、CO₂排出量1989年まで「EDMC」1990年からは「総合エネルギー統計」をもとに筆者作成。

## 図表2 建築物の省エネに求められる要素と定義の規定

| | 暖冷房・照明の負荷を減らす<br>パッシブ技術<br>外皮の断熱・日射遮蔽<br>昼光利用・自然換気など | 少ない電気で熱・光を賄う<br>アクティブ技術<br>高効率照明（冷房負荷低減にも有効）<br>高効率空調（容量低減も有効） | 太陽エネルギーで電気を作る<br>太陽光発電 |
|---|---|---|---|
| 2017年 適合義務化 | 規定なし | BEI≦1.0 | 規定なし |
| 2024年 適合義務化<br>大規模のみ | 規定なし | 事務所・学校・ホテル・百貨店<br>BEI≦0.8　　病院・飲食店・集会所<br>BEI≦0.85 | 規定なし |
| ZEB Oriented<br>大規模のみ2030年から適合義務化 | BPI≦1.0<br>PAL*の設計値＜基準値 | 事務所・学校<br>BEI≦0.6　ホテル・病院・百貨店・飲食店・集会所<br>BEI≦0.7 | 規定なし |
| ZEB Ready | 規定なし | BEI≦0.5 | 規定なし |
| Nearly ZEB | 規定なし | BEI≦0.5 | 再エネ込みで<br>BEI≦0.25 |
| 『ZEB』 | 規定なし | BEI≦0.5 | 再エネ込みで<br>BEI≦0 |

＜建築物の省エネ政策の問題点＞
- 外皮性能はPAL*（パルスター）で規定されているが、基準値は設定がなく断熱・日射遮蔽が軽視されがち
- 設備の高効率化には設備のサイズダウンが有効だが、他の設計指針（茶本など）のため過大容量になりがち
- ZEBファミリーの新築全体に占める割合は、2020年度で0.42％にとどまる
- 対象用途は「空調・換気・照明・給湯・昇降機」のみパソコンなどの「事務・情報機器等」は対象外
　→最上位の『ZEB』でも実際はゼロエネではない
- 太陽光発電の搭載を求めない"ZEBReady"、"ZEBOriented"などの定義が乱発されている
- 省エネ強化の対象が大規模のみで、中規模・小規模ではBEI≦1.0にとどまっている
注：BPIは、PAL*の基準値に対する設計値の値である。暖冷房熱負荷が削減されるとBPIは小さくなる。

出典：環境省 ZEB PORTAL https://www.env.go.jp/earth/zeb/index.html、「ZEBのデザインメソッド」空気調和・衛生工学会編、「ネット・ゼロ・エネルギー・ハウス実証事業 調査発表会」2021等をもとに筆者作成。

（BEI≦0.6/0.7）を求めているだけです。さらに、規制強化が予定されているのは床面積2000㎡以上の大規模に限られ、中規模・小規模の目標はBEI≦1.0以下にとどまっています。

## ●住宅のCO₂排出量と消費エネルギーの推移

住宅（家庭部門）のCO$_2$排出量は、1965年の0.38億トンから2013年には5.5倍の2.08億トンに増加しました【→図表3】。2020年には1.66億トンと2013比で19.8%減少していますが、その多くは系統電源のCO$_2$原単位の減少によるもので、エネルギー消費量の減少は9.1%にとどまっており、2030年目標の0.70億トン（66%減）の達成は非常に困難な状況です。

## ●住宅の省エネ技術・基準ごとの仕様と課題

住宅の省エネには、外皮の断熱・高効率設備・太陽光発電の３つが重要です【→図表4】。従来は照明・給湯機・暖冷房設備の高効率化が優先されてきましたが、最近は効率向上が停滞。断熱は1999年の等級４が長らく最上位でしたが、2022年になって23年ぶりに上位等級５・６・７が設定されました。ただし現状で適合義務化が予定されているのは等級４・５のみで、海外にも劣らない断熱性能である等級６・７【→図表5】は、普及目標が定められていません。太陽光発電の新規導入数は固定価格買取制度（FIT）が導入された2012年に急増したものの、現状では3分の1にまで減少。このままでは2030年目標の「新築戸建の６割に設置」は実現困難です。ゼロエネルギー住宅（ZEH）の普及も、建売戸建や集合住宅で特に遅れているのが現状です。また太陽光の搭載を求めない省エネだけのZEH定義も増えており、2030年の「新築でZEH義務化」も、実際には断熱等級５＋BEI≦0.8のみとなっています。　　　　　　　〈前　真之〉

## 図表3　住宅（家庭部門）の用途別エネルギー消費量・CO₂排出量

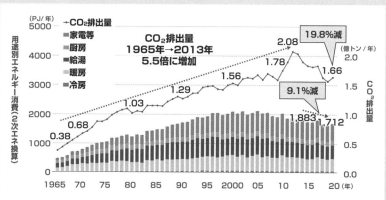

出典：エネルギー消費量「EDMCエネルギー・経済統計要覧」、CO₂排出量1989年まで「EDMC」1990年からは「総合エネルギー統計」をもとに筆者作成。

## 図表4　住宅の省エネ・再エネの要素と要求仕様

|  | 暖冷房の<br>熱負荷を減らす<br>**断熱**<br>外皮平均熱貫流率<br>UA値が小さいほど<br>高断熱 | 少ない電気で<br>熱・光を賄う<br>**高効率設備**<br>LED照明　高効率　エアコン等の<br>　　　　給湯機　トップランナー | 太陽エネルギーで<br>電気を作る<br>**太陽光発電** |
|---|---|---|---|
| 2025年適合義務化予定 | 断熱等級4 | BEI≦1.0 | 規定なし |
| 経産省ZEHの定義 | 断熱等級5 | BEI≦0.8 | 暖冷房・換気・照明・給湯<br>の消費エネをカバーする容量<br>（狭小戸建や集合高層では規定なし） |
| 2030年新築の目標 | 断熱等級5 | BEI≦0.8 | 新築戸建の6割に設置<br>（容量の目標なし） |

# ㊿ 回生技術・エクセルギー技術による省エネ

車両やエレベータの減速を、モーターで発電し、そのときの抵抗で行う回生技術、ヒートポンプなどを用いてエクセルギー損失を最小にするエクセルギー技術で、産業、運輸、家庭の大幅省エネが可能です。

## ●動力回収（回生）

摩擦によるブレーキで車両等を減速すると、回転エネルギーは摩擦熱になり放散されてしまいます（エクセルギー損失）。動力回収（回生）装置は、回転する運動エネルギーで発電機を動かし、電気エネルギー変換して、蓄電池貯蔵します（化学エネルギー）。**図表1**のような構成の動力回収（回生）装置は、電車や新幹線、ハイブリッド自動車、電気自動車で用いられています。瞬間的に大電力を必要とする大型クレーンのエレベータ[→**図表2**]の場合、急速充電可能な電池を使えば、契約電力を72％、消費電力量を52％、削減できることが報告されています[※1]。

## ●排熱回収技術・ヒートポンプ技術

熱交換器を使用すれば、排ガスの熱エネルギーを回収して、他の目的に有効利用できます。排熱を利用してボイラー給水を予熱すれば加熱設備の大きな省エネを達成できます。さらに、**図表3**のような構成のヒートポンプを使うと、電気（高エクセルギー）を使って、やや低温の熱エネルギー（低エクセルギー）を十分な高温にしたり、温かい空気を低温にしたりすること（高エクセルギー化）ができます。最近のエアコンや冷蔵庫は、ヒートポンプの効率が上がっており、更新による省エネが有効です。

## 図表1 動力回収（回生）技術

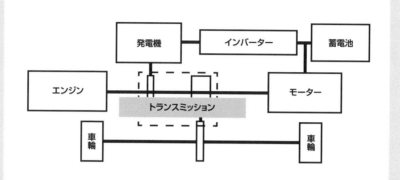

減速時にトランスミッションを介して回転部を発電部に繋げて発電し、インバーターを介して蓄電する。加速時は、蓄電池からモーターを動かして、トランスミッションを介して回転エネルギーを供給する。急勾配の山を上り下りする登山電車や信号で発進・停車の多い自動車、停留所での発進・停車が多い電車や重い荷物を上げ下げして運ぶクレーンなどに利用されている省エネルギー技術です。

## 図表2 回生モーターによる名古屋港クレーンの省エネ実証結果[※1]

| エクセルギー電池による<br>省エネ効果 | |
| --- | --- |
| 契約電力 | 72%削減 |
| 消費電力量 | 54%削減 |

急速充電用電池

熱交換器とヒートポンプを使うと、工業プロセスでも、大幅な省エネが可能になります。**図表4**は、従来型の蒸留塔を2つの部分に分けた熱交換型蒸留塔の例です。これを、再エネ電力だけで行えば、80%の省エネが可能になることが報告されています[※2]。

### ●化学蓄熱技術

　化学反応には吸熱反応と発熱反応があります。これを利用すると熱エネルギーを化学エクセルギーに変換して、貯蔵し、場合によっては利用用途のある他の場所に移動して、必要な時間に熱利用することができます。これにより熱エネルギーの利用範囲が広がり、省エネルギーになります。やり方によっては排熱より利用価値の高い温度で利用できるケミカルヒートポンプ技術があります。吸収熱を利用するLiBr-水系、$NH_3$-水系の吸収式ヒートポンプ、酸化マグネシウムと水蒸気の化学反応利用やゼオライトと水蒸気の吸着反応利用などが実用化されています[※3, 4]。　　　　　　　　　　　　〈亀山秀雄〉

［参考文献］
※1　若林敏祐・長谷部伸治「新型内部熱交換型蒸留塔の商業化」公益社団法人石油学会第67回研究発表会、技術進歩賞受賞講演要旨、2018年5月23日（https://www.jstage.jst.go.jp/article/sekiyu/2018/0/2018_7/_pdf/-char/ja）
※2　三井E&Sマシナリー、エクセルギー・パワー・システムズ「港湾用クレーン　電力使用量を72%削減〜超急速充電電池を活用〜」、株式会社三井E&Sマシナリープレスリリース、2018年10月23日（https://www.mes.co.jp/press/2018/1023_001113.html）
※3　【2023年版】ヒートポンプ4選・メーカー22社一覧（https://metoree.com/categories/2024/）
※4　内田浩基・馬場大輔・谷野正幸「吸着式冷凍機の技術動向の調査研究」高砂熱学イノベーションセンター報(Web)（https://www.tte-net.com/lab/report/pdf/2020_16.pdf）

## 図表3　ヒートポンプ技術

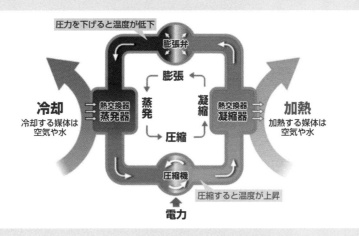

電力で作動媒体を圧縮して加熱し、熱交換器で熱回収を行います。加圧された冷媒を膨張弁で膨張させて温度を低下させます。低温の冷媒を熱交換器で冷熱回収します。運転モードを変えれば、加熱用（暖房用）や冷却用（冷房用）に使い分けることができます。みなさんの家に設置されている空調装置はこの原理が利用されています。

## 図表4　内部熱交換型蒸留塔による省エネ実証結果[※2]

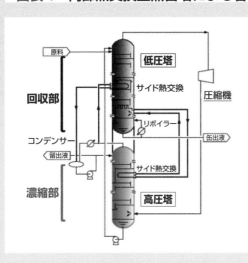

| SUPER HIDIC(SH)による省エネ効果 | | |
|---|---|---|
| | SH [kW] | 従来型 [kW] |
| リボイラー加熱 | 0 | 6055 |
| コンプレッサー | 917 | 0 |
| 各種ポンプ | 89 | 64 |
| 総合省エネ効果 | | |
| 現行電力使用時　約40％削減 | | |
| 再エネ電力使用時　約80％削減 | | |

# （54）陸上輸送の脱炭素

自動車の脱炭素は、燃料・エネルギーの製造段階からしっかり評価しつつ、実用化可能な技術を選択していくことが必要です。船舶、航空機の脱炭素は燃料転換が有力視されていますが、さらなる技術革新が必要です。

## ●乗用車の脱炭素

運輸部門の$CO_2$排出の約5割が乗用車です。この脱炭素は、利用エネルギーの製造段階から車までの「Well-to-Wheel（採掘から車輪まで）」で評価する必要があります。たとえばガソリン車からBEV（バッテリー電気自動車）に替えた場合、車からの$CO_2$排出はゼロになりますが、石炭火力発電の電気を使うと発電時の$CO_2$排出が多くなります。再エネ電力にすれば、トータルでの排出がほぼゼロになります。

FCV（燃料電池車）の水素も、石炭などの化石燃料を改質して製造する「グレー水素」では既存のガソリン車とあまり変わりません。再エネ電力で水を電気分解してつくる「グリーン水素」であれば大きな削減効果を得られます。

BEVとFCVをWell-to-Wheelで比較した場合、FCVでは水素の輸送や、燃料タンクに700気圧という高圧で充填する際のエネルギーが大きく、BEVに軍配が上がります。ちなみに、政府の協議会が策定した「水素・燃料電池戦略ロードマップ」では、オーストラリアで石炭から水素をつくって船で日本まで運ぶことも目論まれていますが、これはエネルギー面でも経済面でも非効率です。

世界的にはEVの普及が急速に進んでおり、中国とヨーロッパでは2021年の新車販売の15%、ノルウェーでは90%を超えました（プラ

## 図表1　燃料のライフサイクルとWell to Wheel評価

燃料のライフサイクル

燃料の生産と輸送・流通

油井から燃料タンクまで

**+**

燃料の燃焼

燃料タンクから車輪まで

**=**

ライフサイクル排出量

油井から車輪まで

出典：Smart Freight Centre（2019），Global Logistics Emission Council Framework. p.17をもとに作成。

## 図表2　世界の電気自動車保有数（乗用車，2010-2021年）

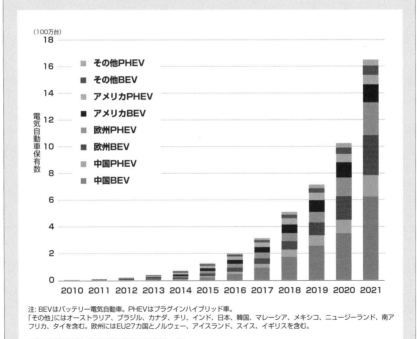

注: BEVはバッテリー電気自動車。PHEVはプラグインハイブリッド車。
「その他」にはオーストラリア、ブラジル、カナダ、チリ、インド、日本、韓国、マレーシア、メキシコ、ニュージーランド、南アフリカ、タイを含む。欧州にはEU27カ国とノルウェー、アイスランド、スイス、イギリスを含む。

出典：IEA（2022），Global EV Outlook 2022. p.14.

グイン車を含む）。バッテリー重量や充電時間、航続距離などの問題が
完全にクリアされてはいませんが、「普通に」購入できる車になっ
たといえます。

## ●トラックの脱炭素

小型トラックでも中国・EUでBEVが増加しています。短距離輸
送が中心なので、少ないバッテリーで航続距離が短くても、毎日夜
間充電すればおおむね問題ないでしょう。

一方、大型トラックは長距離輸送が多く、それを賄うバッテリー
を搭載すると重くなるため積載貨物量を減らさざるを得ず、車両コ
ストも増します。そこで、EUでは高速道路に鉄道のように架線を
整備し、パンタグラフを付けたトラックで走行する方式が有力視さ
れています。これならば高速道路では架線からの電力で走行し同時
に充電も可能です。一般道ではバッテリーで走りますが、あまり長
距離にはならないため、少ないバッテリーで大丈夫です。

日本では路面から非接触で給電する方式が検討されているようで
すが、「架線型」は既存技術の組み合わせで現実的です。すでにス
ウェーデン、ドイツ、アメリカで実際の道路での実証実験が数年前
から行われています。

## ●貨物モーダルシフトの可能性

貨物輸送では、トラックから鉄道や船に転換する「モーダルシフ
ト」がよく取り上げられます。ドライバー不足対策にもなりますが、
仮に現在走っている貨物列車をすべて満載にしても、トラック輸送
の5％も運べず、線路容量などの制約から貨物列車の増発も難しい
状況です。トラックを載せられるRORO船や長距離フェリーも、長
距離輸送で主力の大型トラックからの転換ではあまり削減効果はな
く、モーダルシフトには多くを期待できない状況です。　〈近江貴治〉

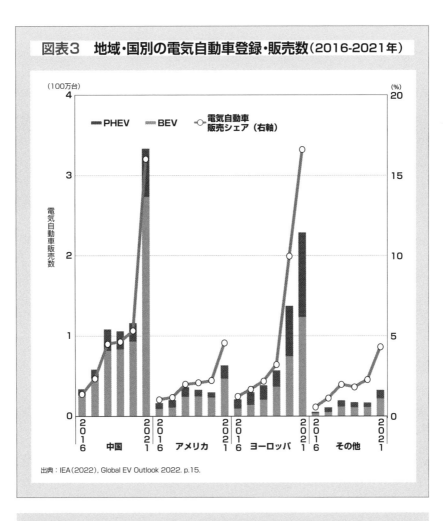

## 図表3　地域・国別の電気自動車登録・販売数（2016-2021年）

（100万台）

**■ PHEV**　**■ BEV**　**○ 電気自動車 販売シェア（右軸）**

電気自動車販売数

縦軸左：0, 1, 2, 3, 4

縦軸右（%）：0, 5, 10, 15, 20

横軸：
2016 … 2021　中国
2016 … 2021　アメリカ
2016 … 2021　ヨーロッパ
2016 … 2021　その他

出典：IEA（2022）, Global EV Outlook 2022. p.15.

［参考文献］
Ainalis D.T., Throne C. and Cebon. D[2020], Decarbonising the UK's Long-Haul Road Freight at Minimum Economic Cost, (https://www.csrf.ac.uk/wp-content/uploads/2020/11/SRF-WP-UKEMS-v2.pdf)
Smart Freight Centre[2019] Global Logistics Emission Council Framework. ( https://www. smartfreightcentre.org/en/how-to-implement-items/what-is-glec-framework/58/ )
IEA[2022] Global EV Outlook 2022. ( https://www.iea.org/reports/global-ev-outlook-2022 )
経済産業省水素・燃料電池戦略協議会[2019]『水素・燃料電池戦略ロードマップ』( https://www. meti.go.jp/press/2019/09/20190918002/20190918002.html )
財団法人日本自動車研究所[2011]『総合効率とGHG排出の分析　報告書』( https://pdf4pro.com/ amp/cdn/ghg-jari-or-jp-1f227e.pdf )

# (55) 電気自動車の普及がもたらす変化

電気自動車（EV）は、各国・各メーカー間の大規模な競争により、今後、急速な普及が予測されています。EVは、道路輸送だけでなく、電力システム全体の脱炭素化にも不可欠とみられています。

## ●シェア競争が始まったEV

世界の自動車販売に占めるEVの割合は2022年に1割を超えたと見られます。とくに中国が投資で先行し、バッテリーのコストを2020年までの15年間で10分の1に引き下げつつ2022年時点で世界市場の6割以上を占め、EVの輸出も始めています。対抗して米欧や新興国・途上国も、国内生産の増強に乗り出しています。

EVを走行させる電力には火力発電も使われていますが、再生可能エネルギーや原子力発電の電力も利用できます。現在の日本の電力でも、ハイブリッド車（HV）以上に排出削減になります［→図表1］※1。主要生産国の中国の電力も年々低排出化が進んでおり、近いうちに日本よりも低排出になりそうです［→図表2］。加えて、安価になった太陽光発電や風力発電を個別の企業でも利用しています。

現時点でEVの普及を制限している主な要因は、車両価格と、充電の使い勝手です。2021年頃から需要急増のためにバッテリーが値上がりしていますが、その間も規模拡大や新技術の投入が続いています。需要に供給が追いついたら価格低減が再開し、エンジン車よりも安価になっていくと予測されています。リチウム鉱山の開発に時間がかかっていますが、資源量自体は豊富です。

バッテリーの性能も上がっています。エネルギー密度が上がり、

## 図表1　純エンジン車、HV、PHV、BEVの走行距離あたり排出量

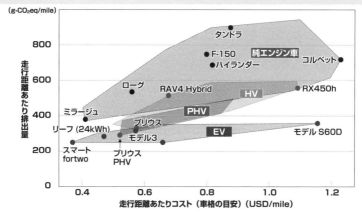

参考：Carboncounter.com(MIT Trancik Lab)　電源の排出原単位：460g-CO₂eq/kWh
ライフサイクル中の走行距離：9.6万kmで算出（日本の条件に近づけている）
バッテリや車体の製造から廃棄まで含む/Well-to-wheel

今の日本のように火力発電の割合が大きな国でも、EVはHV以上の排出削減になります。

## 図表2　各国の電力の排出原単位の推移

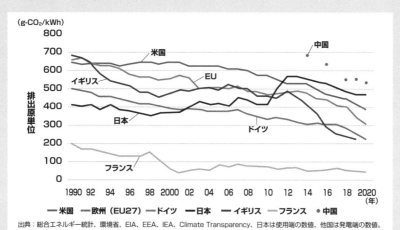

出典：総合エネルギー統計、環境省、EIA、EEA、IEA、Climate Transparency、日本は使用端の数値、他国は発電端の数値。

中国を含め、多くの国で電力の低排出化が進んでいます。

EVの航続距離が平均400kmを超えているのに、車内空間が広く確保できるようになりました。安価で耐久性にも優れるリン酸鉄リチウム（LFP）型のリチウムイオン電池がシェアを伸ばしています。充電速度も上がっています。2010年頃の日本製EVの最大50kWに比べて、2022年時点でEVの平均的な最大充電速度は約4倍の195kWに達しています。これは多くの人が休憩時間中の充電だけで長距離移動可能な速さです。さらに6-8分間で8-9割を充電できるバッテリーも登場し、路線バスや高級車に採用されています。今後は大型の長距離トラックまでEV化すると見られています[2]。リチウムの代わりにナトリウムを使ったバッテリーも、市場投入が間近とみられます。2030年前後には世界の自動車市場の半分以上がEVになるとの予測が、様々な調査機関から出されています。

## ●電力系統の低排出化とも連携

EVが消費する電力量は、たとえば日本で全乗用車（6000万台）が置換されたと仮定すると国全体の年間電力消費量の1割程度、乗用車以外のすべての自動車も含めると2割弱になると見積もられます。そこにいたるまでは20年以上かかると見られ、十分に対処可能なペースと言えます。

大事なのは充電のタイミングです。太陽光や風力の電力が余って捨てられる（出力抑制される）ときを見計らって自動的に充電すれば、国全体で化石燃料の利用を削減でき、ユーザーは安く充電でき、発電事業者は売れる電力が増えます。EVに貯めた電力をV2Hと呼ばれる仕組みで夕方に住宅で利用できれば、電力価格を全体的に押し下げることも可能とみられます[→図表3]。V2H機器は現時点では高価ですが、EVの車載充電器を双方向化して、簡易な設備だけでEVから住宅に給電できるようになるかも知れません。EVは電力系統からみれば「余力を集めるコストだけで利用できる大きな蓄電資源」にもなります。電力需要を平滑化し、電力供給全体のコストを引き

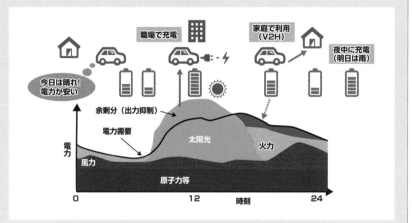

## 図表3　EVの余剰蓄電能力利用法の例

職場で充電

家庭で利用（V2H）

夜中に充電（明日は雨）

今日は晴れ！電力が安い

余剰分（出力抑制）

電力需要

太陽光

火力

電力

風力

原子力等

0　　　　　　　12　　　　　24　　時刻

EVは「駐車のついで」に充電します。日常生活では、長時間駐車している自宅や職場等での普通充電が基本となります。自家用乗用車はどの時間帯でも9割方の車両はどこかに駐車されており、また一日あたりの平均ではバッテリー容量のごく一部しか利用しません。職場等にも簡易な普通充電器を配し、気象予報も活用しながらEVの蓄電池容量の余力を活用すると、
・余って捨てられるはずだった再エネの電力の有効活用、普及促進
・電力全体の低排出化、再エネのコスト低減
・日没後の電力需給緩和
・電力全体のコスト低減
に貢献できます。

下げたり、低排出化を促したりする効果が期待できます。V2H〔→74〕も普及すれば、効果はさらに大きくなります[※3][※4]。

〈櫻井啓一郎〉

［参考文献］
※1　M. Miotti et al., Environ. Sci. Technol. 50, 20, 10795-10804 [2016].
※2　P. Plötz, Nature Electronics 5, 8-10 [2022].
※3　J. Coignard et al., Enriron. Res. Lett. 13, 054031 [2018].
※4　C. Zhang et al., Appl. Energy 270, 115174 [2020]

# 56 海運・航空の脱炭素化
## 無視できない国際バンカー油からの排出

国際海運も国際航空も、それぞれ日本全体に匹敵する温室効果ガスを排出しています。海運・航空の脱炭素化はまだ不透明な状況ですが、新燃料・エネルギーの技術開発と普及を急ぐ必要があります。

## ●国際航路の排出

経済のグローバル化が依然拡大している状況において、海運、航空ともに国際航路からの排出が増加しています。日本国内の排出量構成では海運、航空とも1%程度ですが、国際航路向けに日本国内で給油される「国際バンカー油」の燃焼による GHG 排出量（$CH_4$、$N_2O$ を含む）は、国内同機関の排出量と比較すると船舶で1.5倍、航空で2.0倍です（2016-20年度単純平均）。

これらの排出量はどこの国にもカウントされていませんが、日本はいわば貿易立国であり、日本の経済は国際航路なくして成り立ち得ません。国際航路からの排出にも日本は大きな責任を負っているといえます。

## ●国際海運の脱炭素

船舶の燃料は重油が主流ですが、これに代わる脱炭素の燃料や新技術の見通しが立っているわけではありません。IEA（国際エネルギー機関）によれば、様々な取組みが実行されても船舶からの排出量は2050年頃に半減できるかどうかのレベルで、水素、バイオ燃料、アンモニアといった新燃料の導入よりも、ハイブリッド化、帆の設置による風力利用、低速化、船体塗料やマイクロバブル（気泡）による摩擦低減などの省エネ技術による排出削減が大きくなると見込まれ

## 図表1　船舶・航空のCO₂排出量

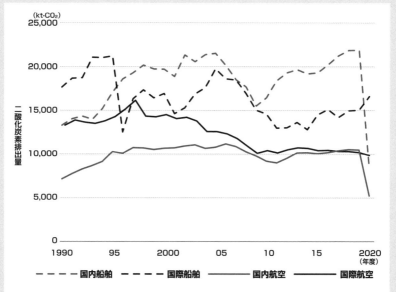

(kt-CO₂)

二酸化炭素排出量

- - - - 国内船舶　- - - 国際船舶　——— 国内航空　——— 国際航空

出典：温室効果ガスインベントリ各年版をもとに作成。

## 図表2　SAFの原料候補の概要

| 原料カテゴリ | | 原料の概要 |
|---|---|---|
| 油脂系 | 残渣 | 廃食油等の廃棄油脂 |
| | 主産物 | ジャトロファ等油糧作物 |
| セルロース系 | 残渣 | ・農業残渣<br>・森林残渣<br>・製材残渣<br>・建設発生木材 |
| その他 | 主産物 | サトウキビ等糖料作物 |
| | 廃棄物（油脂除く） | ・一般廃棄物<br>・産業廃棄物 |
| | － | CO₂・水素（合成燃料） |

出典：運輸総合研究所（2022）, 7頁。

ています。

## ●国際航空の脱炭素

航空燃料は現在ジェット燃料が中心になっており、これに代わる
SAF（Sustainable Aviation Fuel；持続可能な航空燃料）の普及が期待されて
います。SAFとは特定の燃料を指すものではなく、バイオマスや、
電力をもとに製造する合成燃料などがあります。

しかし、現在のSAF生産はごくわずかにとどまっており、近い将
来にジェット燃料に代替可能な供給量が見通せているわけではあり
ません。国連の専門機関であるICAO（国際民間航空機関）は、増え続け
る航空需要に対し、2050年に最も$CO_2$排出が少なくなる予測シナリ
オでも、機体や運航方法の改善・効率化が排出削減に大きく依存す
るものとなっています[→図表3]。

## ●国際的に協調した取組みの重要性

船も飛行機も国際航路ではそれぞれの寄港地で給油を行いますの
で、各国が異なる燃料・エネルギーを導入したら運航できなくなり
ます。技術開発の選択肢を持ちつつも、普及段階では国際的に協調
した取組みが求められます。　　　　　　　　　　　〈近江貴治〉

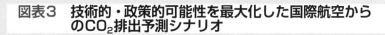

## 図表3 技術的・政策的可能性を最大化した国際航空からのCO₂排出予測シナリオ

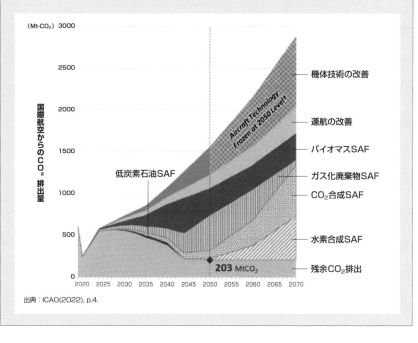

出典：ICAO(2022), p.4.

［参考文献］

一般社団法人運輸総合研究所［2022］「第1回　持続可能な航空燃料（SAF）の導入促進に向けた官民協議会資料5　我が国におけるSAFの普及促進に向けた課題・解決策」（https://www.meti.go.jp/shingikai/energy_environment/saf/001.html）

ICAO［2022］ *Report on the Feasibility of a Long-Term Aspirational Goal(LTAG) for International Civil Aviation CO₂ Reductions.*（https://www.icao.int/environmental-protection/LTAG/Documents/REPORT%20ON%20THE%20FEASIBILITY%20OF%20A%20LONG-TERM%20ASPIRATIONAL%20GOAL_en.pdf）

# ㊗ 太陽光発電

太陽光発電は無尽蔵の太陽エネルギーを太陽電池を用いて発電し、多様な場所で利用でき、利用できる資源量も多い発電方式です。最近は価格も下がり、世界的に最も安価なエネルギー源になっています。

## ●特徴と市場動向

太陽電池は、太陽光を直接的に電力に変える半導体素子です。熱や蒸気や回転運動を経由せず、光が当たったときだけ、光の量に応じて即時に発電します。運転用の燃料も不要です。太陽電池を透明な充填剤やガラスで封止して、モジュールにします[→図表1]。複数のモジュールをつなげてより高い電圧にして、パワーコンディショナーで電圧や周波数を整えて出力します。昼間だけ発電するので、夜間や悪天候時も電力を得るには風力・水力などの他の電源、電力需要の調整、蓄電などを組みあわせて使います[※1]。

発電コストは2022年時点の日本で1kWhあたり10円台前半[※2]、火力発電以下のコストになっています。世界的には2020年時点で平均約5円/kWh[※3]、安価なケースでは1-2円/kWh程度のケースも出現しています。コスト低減にともなって導入も加速し[→図表2]、2022年だけで268GWが新規導入され、世界の電力需要の約5%をまかなっています[※4]。一方で気候変動を十分抑えるにはまだ足りず、さらなる導入加速の必要性が指摘されています[※4, 5]。日本においては2021年末時点で発電電力量の9.3%を供給したとみられます[※6]。

## ●環境性能でも優れる

太陽光発電は設備のライフサイクル中(原料採掘・精製から廃棄・リサ

## 図表1　太陽光発電のしくみ

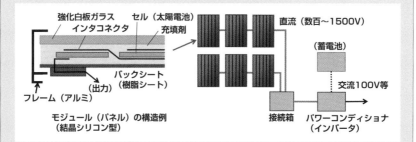

左：太陽電池モジュールの構造例、右：太陽光発電システムの構成例

## 図表2　太陽光発電設備の累計導入量の推移（上）と<br>　　　　商業用太陽光発電設備導入単価の推移（下）

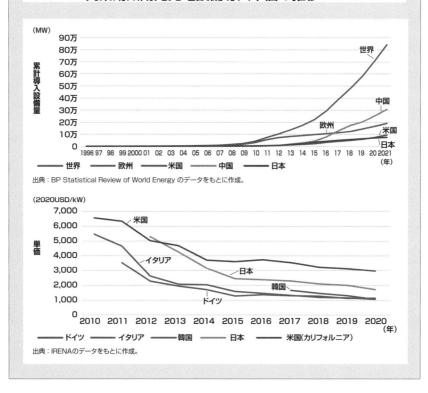

出典：BP Statistical Review of World Energy のデータをもとに作成。

出典：IRENAのデータをもとに作成。

イクルまで)に人為的に投入されるエネルギー量よりも、はるかに多量の電力を太陽光から生み出します。生み出した電力のほうが多くなるまでの稼働期間(EPTもしくはEPBT)は最適条件での設置の場合、主な国々で0.5-1.5年程度です[※7]。またライフサイクル中の温暖化ガス排出量を30年間の発電電力量で割った排出原単位は、欧州南部の日射量(1700kWh/m2/年)で50g-$CO_2$/kWh以下です(日本の日射量に直して63g-$CO_2$/kWh以下)。化石燃料火力の400-1000g-$CO_2$/kWhに比べ、桁違いに少なくなります。

　現在の太陽電池の大半は、珪砂からつくられる結晶シリコン型です。一方、毒性のある物質を用いる、CdTe型やCIGS型も一部で使われていますが、これらは生産時に利用する電力が少ない特徴があります。火力発電で石油や石炭を燃やすことで環境中に各種の重金属が排出されていますが、それが減りますので、環境中への排出も少なくなります[→図表3]。いずれの太陽電池も、リサイクル可能です。欧州では専用のリサイクルの仕組みがあり、回収・リサイクルの比率も義務づけられています。日本でも遅ればせながら、仕組みづくりが進められています。

### ●技術面でも応用面でも、進化し続けている

　太陽電池の技術はつねに向上を続けています。受けた光エネルギーの何％を電力に変えられるかを示す変換効率については、2010年頃は14％程度のものが多かったところ、2021年時点では20％前後になっています[※8]。今後は利用する光の波長が異なる太陽電池同士を積層した多接合型太陽電池により、さらに効率の向上が続くと見込まれます。

　太陽光発電は用途も広げています。屋根や壁と一体化したBIPV製品や、自動車用のVIPV製品。部分的に日射を遮っても農業ができることを利用して、農地の上空にモジュールを並べる、ソーラーシェアリング(agriPV)。ため池や湖に太陽光発電所を浮かべる水上

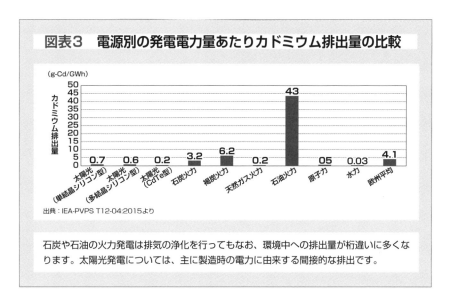

## 図表3　電源別の発電電力量あたりカドミウム排出量の比較

(g-Cd/GWh)

カドミウム排出量

| 太陽光<br>(単結晶シリコン型) | 太陽光<br>(多結晶シリコン型) | 太陽光<br>(CdTe型) | 石炭火力 | 褐炭火力 | 天然ガス火力 | 石油火力 | 原子力 | 水力 | 欧州平均 |
|---|---|---|---|---|---|---|---|---|---|
| 0.7 | 0.6 | 0.2 | 3.2 | 6.2 | 0.2 | 43 | 05 | 0.03 | 4.1 |

出典：IEA-PVPS T12-04:2015より

石炭や石油の火力発電は排気の浄化を行ってもなお、環境中への排出量が桁違いに多くなります。太陽光発電については、主に製造時の電力に由来する間接的な排出です。

太陽光発電などが、増加しています。

　市場も拡大しています。途上国や新興国でも、太陽光発電の導入が進んでいます。中東の日射が豊富な砂漠で発電した電力で、アルミや水素を製造して輸出する動きもみられます。今後もさらに利用が拡大し、世界の主要なエネルギー源の１つになるとみられています。　　　　　　　　　　　　　　　　　　　　　　　　　　　〈櫻井啓一郎〉

［参考文献］
※1　IEA［2014］The Power of Transformation .
※2　経済産業省　資源エネルギー庁［2021］「国内外の再生可能エネルギーの現状と今年度の調達価格等算定委員会の論点案」（https://www.meti.go.jp/shingikai/santeii/070.html）
※3　IRENA［2021］Renewable Power Generation Costs in 2020.
※4　REN21［2022］Renewables 2022 Global Status Report.
※5　IEA［2021］Net Zero by 2050.
※6　ISEP［2022］「2021年の自然エネルギー電力の割合（暦年・速報）」（https://www.isep.or.jp/archives/library/13774#:~:text=%E8%A6%81%E6%97%A8,%E3%81%97%E3%81%9F%E3%81%A8%E6%8E%A8%E8%A8%88%E3%81%95%E3%82%8C%E3%82%8B%E3%80%82）
※7　Fraunhofer ISE［2022］Photovoltaics Report.（https://www.ise.fraunhofer.de/de/veroeffentlichungen/studien/photovoltaics-report.html）
※8　VDMA［2022］International Technology Roadmap for Photovoltaic（ITRPV）2022.（https://www.vdma.org/international-technology-roadmap-photovoltaic）

# (58) 営農型太陽光発電
## (ソーラーシェアリング)

日本において太陽光発電の適地が減少するなか、農地で発電と農業の両方を実施する営農型太陽光発電(ソーラーシェアリング)への注目が高まっています。

## ●営農型太陽光発電とは何か?

営農型太陽光発電とは、農地に支柱を立ててその上に太陽光発電設備を設置し、下部の農地で営農しながら上部空間で発電を行う太陽光発電の一形態です。上部空間の太陽光発電設備の設置面積割合を下部の農作物の生育に必要な日照量を確保できる程度にとどめる(=太陽光(ソーラー)を発電と営農でシェアする)ことによって発電と営農の両立を図ることから、ソーラーシェアリングと呼ばれることもあります。日本において太陽光発電の適地が減少するなかで、農地に設置できる営農型太陽光発電は近年、注目を集めつつあり、許可件数も順調に増加しています[→図表1]。設置者は農業者に限られるわけではなく、むしろ発電事業者が太陽光発電設備を設置して、農業者に下部の農地での営農を委託するというかたちが多くあります[→図表2]。

## ●発電と営農の両立

営農型太陽光発電を実施する場合、発電と営農を両立するためにいくつかの要件をクリアすることが求められます。たとえば下部の農地で農業機械を効率的に利用できるよう、太陽光発電設備の支柱の高さを最低2m以上とすることが必要です[→図表3]。また太陽光を遮ることによって下部の農作物の生育に著しい影響が出ないよう、

## 図表1　営農型太陽光発電の許可件数

出典：農林水産省農村振興局（2022）「営農型太陽光発電設備設置状況等について（2020年度末現在）」

## 図表2　営農型太陽光発電の設置者と営農者

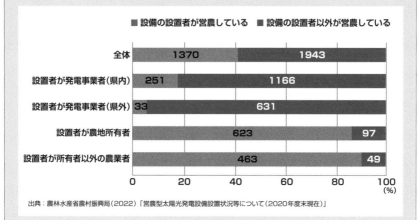

出典：農林水産省農村振興局（2022）「営農型太陽光発電設備設置状況等について（2020年度末現在）」

地域の平均的な数値と比較して、単位面積あたりの収穫量がおおむ
ね2割以上減少しないこと（＝収量8割確保要件）も必要です。農作物の
生産状況は年に1回の報告が求められ、適切に営農されていないと
判断された場合は、太陽光発電設備の撤去が求められることもあり
ます[※1]。

## ●営農型太陽光発電の栽培品目

　営農型太陽光発電の下部の農地で栽培される作物は現状、サカキ、
ミョウガ、フキ、アシタバなど、太陽光発電設備による遮光を前提
とした特徴的な品目が大きな割合を占めています。また営農型太陽
光発電の取組みを契機として、栽培品目を他の作物からこれら遮光
を前提とする作物に切り替える場合も多くみられます[※2]。今後、日
本において営農型太陽光発電を大幅に拡大していくためには、従来
の営農型太陽光発電特有の品目だけでなく、たとえば米、麦、大豆、
野菜、果樹などを栽培する取組みを拡大していくことが重要です。

## ●営農型太陽光発電と荒廃農地

　農業者の減少や高齢化を背景として、日本には多くの荒廃農地が
存在します。発電事業によって営農事業を下支えできる営農型太陽
光発電は、耕作放棄地の再生および発生防止に貢献する取組みとし
て期待されています。しかし現状、荒廃農地を活用した営農型太陽
光発電の件数は全体の約10%と多くありません。この点に関しては
2020年に規制が緩和され、荒廃農地を再生利用して行う場合は、先
述の「収量8割確保要件」を満たさない場合でも営農型太陽光発電の
実施が可能になりました。この措置によって今後、荒廃農地を活用
した営農型太陽光発電の拡大が期待されます。　　　　　〈野津　喬〉

## 図表3　営農型太陽光発電と農業機械

出典：農林水産省ホームページ「営農型太陽光発電について」

## 図表4　農地区分ごとの営農型太陽光発電許可件数（2020年度末）

（単位:件）

| 農地区分 | 全体の許可件数 | | うち荒廃農地 | |
| --- | --- | --- | --- | --- |
| | (A) | （割合） | (B) | （割合）(B)／(A) |
| 農用地区域内農地 | 2,459 | （74.2%） | 256 | （10.4%） |
| 甲種農地 | 12 | （0.4%） | 0 | （0.0%） |
| 第1種農地 | 628 | （19.0%） | 63 | （10.0%） |
| 第2種農地 | 161 | （4.9%） | 14 | （8.7%） |
| 第3種農地 | 53 | （1.6%） | 5 | （9.4%） |
| 合計 | 3,313 | （100.0%） | 338 | （10.2%） |

出典：農林水産省農村振興局（2022）「営農型太陽光発電設備設置状況等について（2020年度末現在）」

［参考文献］
※1　農林水産省農村振興局［2022］「支柱を立てて営農を継続する太陽光発電設備等についての農地転用許可制度上の取扱いについて」（30農振第78号農林水産省農村振興局長通知）
※2　農林水産省農村振興局［2022］「営農型太陽光発電設備設置状況等について（令和2年度末現在）」

# 59 風力発電

過去20年間、世界中で最も成長が著しい発電方式は風力発電です。風力発電は今後も成長が期待され、2050年には太陽光発電とともに電源構成の中で最大の発電方式になると見込まれています。

## ●風力発電の国際動向

　図表1からわかる通り、日本ではここ10年ほど太陽光発電が著しく成長してきました。しかし、世界の傾向は真逆の傾向を示しており、太陽光はここ数年になってようやく伸長が目覚ましいものの、風力発電のほうがはるかに先行しています。

　OECD（経済協力開発機構）加盟国の風力発電シェア（年間消費電力量に対する風力発電の年間発電電力量の比率）のランキングを図表2に示します（参考までに太陽光発電のシェアも併載）。第1位のデンマークはすでに風力発電だけで国の半分の電気をまかなっていますが、ドイツ、スペイン、英国などいわゆる大国も風力発電のシェアが25％以上と高いことがわかります。一方、日本は電力を大量に消費する割に再エネ比率が低く、脱炭素で世界をリードしているとはいえません。またこの図から、風力より太陽光を多く導入している国は少なく、日本の再エネ導入状況が世界の中でも例外であることが確認できます。

　図表3は、IEA（国際エネルギー機関）が公表した2020-2050年の電源構成の推移グラフです。IEAの見通しによると、2050年には電源構成に占める再生可能エネルギーの比率が約9割に達し、風力・太陽光がそれぞれ35％程度のシェアを占めることが試算されています。このように国際的議論では、「再生可能エネルギー超大量導入」時

## 図表1　風力および太陽光の発電電力量の推移

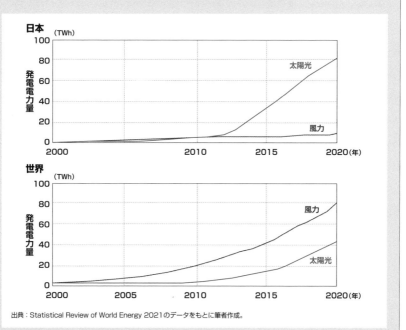

出典：Statistical Review of World Energy 2021のデータをもとに筆者作成。

## 図表2　OECD 加盟諸国の風力と太陽光発電導入率ランキング

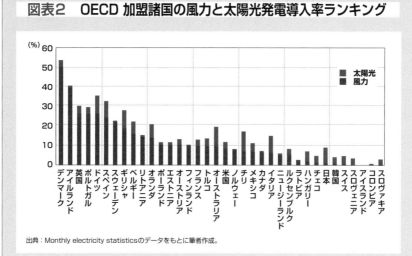

出典：Monthly electricity statisticsのデータをもとに筆者作成。

代があと10-30年でやってくると予測されています。

## ●風力発電の効率とEPT（エネルギー回収期間）

　風力発電の理論的最高効率（いわゆるベッツ限界）は59.3%であり、大形商用風車として用いられる水平軸3枚翼風車の効率は、機械損失や発電損失を考慮すると30%程度です[※1]。また、設備利用率は、一般に陸上では20-30%程度、洋上では30-40%の実績をもつ発電所が多いです。しかし、効率や設備利用率が低いからといって風力発電が他の発電方式に劣るということにはなりません。なぜならば、再生可能エネルギーはそもそも自然界を循環するエネルギーの一部を収穫するものであり、熱損失が大きく効率の低さが経済や環境に悪影響を与える火力・原子力と単純比較できないからです。代わりに指標となるのが、ライフサイクルアセスメント（LCA）の手法を用いて、資源採取・製造・利用・廃棄（リサイクル）の全工程におけるエネルギー利用と生産を評価したEPT（エネルギー回収期間）です。風力発電は、発電所の建設・維持管理・廃棄に必要なエネルギーを回収するのに、わずか7-9ヵ月で済みます[→図表4]。

## ●風力発電の特徴と課題

　風力発電は、従来の発電方式と異なり、タービンが自然環境に露出しているため、しばしば台風や落雷などの自然災害を受けます。台風や落雷は日本特有の問題でもありますが、近年は国際規格にも対策が反映され、技術的には解決されつつあります[※2, 3]。また、周辺住民には景観や騒音が懸念されることもありますが、これらは地域受容性の観点から解決方法が提案されています[※4, 5]。　　〈安田　陽〉

## 図表3　世界の風力および太陽光の発電電力量の推移

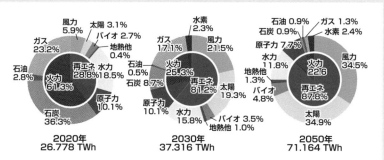

2020年
26.778 TWh

2030年
37.316 TWh

2050年
71.164 TWh

出典：IEA：Net Zero by 2050, 2021のデータをもとに筆者作成。

## 図表4　各種電源のエネルギー回収期間（EPT）

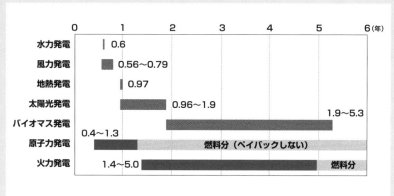

出典：産業総合技術研究所：太陽光発電のエネルギー収支 のデータをもとに筆者作成。

［参考文献］
※1　牛山泉[2005]『風力エネルギーの基礎』オーム社。
※2　松下崇俊・竹本亮一[2017]「風力発電システムの IEC/JIS 規格策定動向」『日本風力エネルギー学会誌』41（1）、23-27頁。
※3　電気学会　風力発電システムの雷リスクマネジメント技術調査専門委員会[2018]「風力発電システムの雷リスクマネジメントの現状と今後のあるべき姿」『電気学会技術報告』1422。
※4　丸山康司[2018]「再生可能エネルギーの導入と地域の合意形成―課題と実践」『科学』88(10)、1010 -1015頁。
※5　本巣芽美[2016]『風力発電の社会的受容』ナカニシヤ出版。

# 60 大型水力発電・揚水発電

水力発電は、安定した純国産の調整可能な再生可能エネルギーであり、水資源に恵まれた日本では貴重な電源です。また、高低差のある貯水池間で水を上げ下げする揚水発電は、大容量の電力貯蔵として利用されています。

## ●日本の水力発電の現状

　メガソーラーの登場以前は、再生可能エネルギー発電の主役といえば水力でした。水力発電のエネルギーの大元は太陽エネルギーです。主に海洋で蒸発した水蒸気が上昇気流や季節風などによって陸域に運ばれ、山地などで降雨・降雪することで水に位置エネルギーが与えられます。そこから河川を通じて海まで流下していきます。その途中でダムなどに貯水し、導水管を通った水の圧力による反動や速度による衝動で水車を回転させれば発電できます。大型の水車タービンは昔の水車小屋のイメージ(横軸)とは異なり、多くは縦軸で、発電所の地下に設置されています[→図表1]。

　一般水力の現状を**コラム**に示します。電力会社の他、多目的ダムを中心に、自治体の企業局も事業を行っています[→図表2]。

## ●揚水発電の可変速化がカギ

　揚水発電は、とくに電力不足の発生しやすい夏季の負荷平準化対策として導入されました。一般水力と兼ねた混合揚水(発電容量で21%)と、河川の出入りのない純揚水とがあり、2021年度末時点では合計で27.4GWの発電容量があります。負荷の低い深夜帯に水を上池に汲み上げておき、昼間のピーク需要帯に発電して下池に貯める計画的な切り替え運転です。日本ではポンプ運転も可能な1基のラ

## 図表1　水力発電の断面図（揚水式）

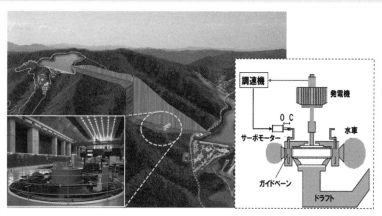

出典：国の慶尚北道にある800MW水力発電所の概念図をもとに筆者作成。

## 図表2　一般水力と揚水発電の発電所数と最大出力（上位12社）

| | 一般 | | 揚水式 | | 計 | |
|---|---|---|---|---|---|---|
| | 発電所数 | 最大出力 | 発電所数 | 最大出力 | 発電所数 | 最大出力 |
| 総合計 | 1717 | 22131325 | 42 | 27470540 | 1759 | 49601864.6 |
| 東京電力リニューアブルパワー株式会社 | 154 | 2201262 | 9 | 7678000 | 163 | 9879262 |
| 電源開発株式会社 | 51 | 3589700 | 7 | 4970000 | 58 | 8559700 |
| 関西電力株式会社 | 147 | 3363575 | 4 | 4884000 | 151 | 8247575 |
| 中部電力株式会社 | 192 | 2148790 | 6 | 3317000 | 198 | 5465790 |
| 九州電力株式会社 | 135 | 1280328 | 3 | 2300000 | 138 | 3580328 |
| 中国電力株式会社 | 87 | 782655 | 3 | 2123000 | 90 | 2905655 |
| 東北電力株式会社 | 203 | 1985139 | 2 | 462340 | 205 | 2447479 |
| 北陸電力株式会社 | 131 | 1934460 | 0 | 0 | 131 | 1934460 |
| 北海道電力株式会社 | 50 | 831070 | 3 | 800000 | 53 | 1631070 |
| 四国電力株式会社 | 53 | 466896 | 4 | 686200 | 57 | 1153096 |
| 東日本旅客鉄道株式会社 | 3 | 449000 | 0 | 0 | 3 | 449000 |
| 神奈川県企業庁 | 13 | 104761 | 1 | 250000 | 14 | 354761 |
| その他（発電事業者56、その他2） | 498 | 2993689 | 0 | 0 | 498 | 2993688.6 |
| 上記のうち、都道府県企業局等 | 300 | 2061950 | 1 | 250000 | 301 | 2311950 |

出典：資源エネルギー庁　電力調査統計をもとに筆者作成。（https://www.enecho.meti.go.jp/statistics/electric_power/ep002/results.html）

ンナ（羽根車）で兼用したフランシス水車が主流です。ポンプ用電力は、本来はそのまま売電可能な発電電力です。揚水後の再発電では約30%程度の損失をともないます。

　これまでの揚水発電の主目的は、需要期における原子力発電などのベースロード電源の平準化でしたので、固定速揚水発電でも間に合っていました。一方、可変速揚水は、風力発電などの出力増に対し、揚水運転の負荷制御で火力発電の下げ代を代替可能なため、電力貯蔵だけでなく調整力としても期待されています。可変速揚水は、矢木沢発電所に河川流量によらない火力代替の調整力として導入されたのが初号機です。最近は、部分負荷運転での効率低下の抑制や周波数調整力の増強など高機能化（スプリッタランナ、フライホイール運転など）が進んでいます。しかし、可変速式は2021年度末で揚水発電の15%（4.2GW）の発電容量にとどまっているのが現状です。

### ●水力発電の今後

　水力発電は建設工事などに多額の投資が必要で、運転維持費を含む発生コストを長期的な発電事業で償還する構造のため、今後の見通しは、規模、設備利用率、経過年数によって発電所ごとに異なります。参考値として、未開発包蔵水力の27%を占め、今後の開発主力となる10-30MWの中規模水力（未開発の平均値は16.7 MW）の場合は10.9円/kWh、小水力は25.3円/kWhに跳ね上がる見通しです。

　揚水発電を含む2020年度末の実績として84.5TWh、2030年に93.4TWhまで増やすとの見解が示されていますが、堆砂進行による有効貯水量や発電量の減少、設備の経年劣化（半数以上が60年以上経過）など適切な維持管理が必要不可欠です。さらにゲリラ豪雨などの異常な降水量と水力の計画外停止は相関がみられるとのデータ[→図表3]もあります。積雪不足や異常渇水なども含め、安定した水力発電の信頼性を低下させかねない極端な気象の頻発を抑えるためにも、温暖化防止対策は急務です。

〈中垣隆雄〉

## 図表3　水力発電の月別計画外停止率（上）と、降水量との相関（下）

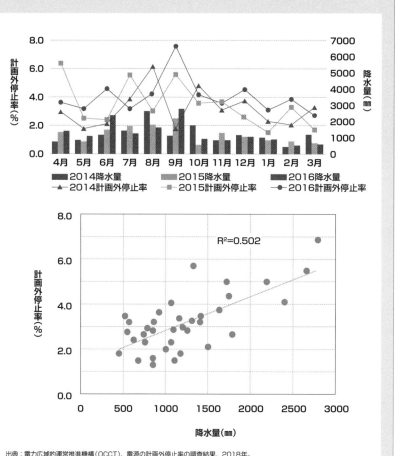

出典：電力広域的運営推進機構（OCCT）、電源の計画外停止率の調査結果、2018年。

# ⑥1 小水力発電

小水力発電は、生産が安定している、温室効果ガス排出量が最少、長期運用が可能などの特徴がある。まだ初期費用が大きいものの、長期的な経済合理性、エネルギー安全保障の観点からは一層の発展が望まれる。

## ●小水力の定義としくみ

水力は、出力1万kW以下を小水力とすることが多いようです。しかし、国際エネルギー機関のように、ダムなどによる水循環の大きな改変をともなわない環境配慮型の水力を小水力とする考え方もあります。日本では、出力3-5万kW未満を中小水力、1000kW以下を新エネルギーに分類しています。

小水力発電は**コラム**のとおり、水の位置エネルギーを利用して水車などに仕事をさせて電力を生産する技術です。水車には、流量、落差に応じて、**図表1**のような種類があり、高い位置の水を低い位置で運動エネルギーにして流水の勢いでタービンを回転させる高落差向きの衝動水車、位置エネルギーを圧力エネルギーとしてタービンを押し回す反動水車、高から低への水の移動過程で仕事をする開放水車などに分類されます。

## ●開発の状況と見通し

経産省他によると、未開発水力は数100万-1000万kWと見積もられています。とくに、出力5000kW未満ではポテンシャルの70%以上が、まだ開発されていません[※1]。織田[※2]は、採算性のある適地が100kW以下で655地点、100-250kWで1712地点、250-500kWで1219地点、500-2500kWで916地点になるとしています[→**図表2**]。

## 図表1　水車の分類

| | 主な水車 |
|---|---|
| 衝動水車 | ペルトン水車 |
| | ターゴ水車 |
| | クロスフロー水車 |
| 反動水車 | フランシス水車 |
| | デリア水車 |
| | カプラン水車 |
| | プロペラ水車 |
| | チューブラ水車 |
| 開放水車 | 上掛水車 |
| | 下掛水車 |
| | らせん水車 |

ペルトン　　クロスフロー　　フランシス

図：堀尾正靭作成。

図：筆者作成。

**コラム** 水力発電出力の計算法

取水の高さ（取水位）と放水の高さ（放水位）の差を「総落差」といいます。水力発電に利用できる「有効落差」は、総落差から取水・放水や導水などにともなう落差損失を差し引いて求められます。

水力の大きさは、（1）式のように有効落差に流量と重力加速度を乗じて算出され、これを理論水力（$P_0$）と呼びます。実際の発電出力（Pw）は、理論水力に水車効率（$\eta_T$）や電気エネルギーに変換する発電機の効率（$\eta_G$）などを乗じて、（2）式で求められます。

$$P_0[kW] = He \times Q \times g \qquad (1)$$
$$Pw[kW] = \eta_T \times \eta_G \times P_0 = \eta P_0 \qquad (2)$$

He：有効落差[m]、Q：流量[$10^3$ kg/秒]、g：重力加速度（9.8[m/秒$^2$]）

※水車効率（$\eta_T$）、発電機効率（$\eta_G$）、伝達効率ほかをあわせた総合効率（$\eta$）は、通常75-85%となる。

　2012年導入のFIT制度は、10年間の出力1000kW未満の開発数を、FIT導入前42に対し導入後173としたように、小規模な水力開発を促進しました。一方で、2021年度末時点の1000kW未満の発電所の増加数は、FIT認定設備数を大きく下回りました[→**図表3**]。FITによる開発には、既設の廃止と更新が少なくなかったといえます。

ところで、1000kW未満水力の未開発量は開発増に見合った減少ではありません[→図表3]。小規模水力は、資源エネルギー庁公表以外の地点での開発が案外多く、織田の推計根拠となった適地の開発が進んだと考えられます。小水力発電の開発余地は、まだ十分に残されているといえそうです。

## ●開発コストの課題

　小水力発電は**図表4**のように高い整備費を要すために、中短期の経済性が低いとされます。高い整備費の要因は、5-8割を占める土木費、高価格の水車発電設備です。最近の社会情勢に起因する資機材価格上昇の整備費への影響も懸念されます。今後は、比較的安価な海外製水車設備の調達、欧州並み土木費とするための農業用水路、砂防ダムなど既存インフラ活用による初期費用削減などが必要です。

## ●今後の展望

　小水力発電は、長期的には経済合理性があり、持続的に電力を供給でき、安定生産、出力調整が可能な電源で、主力再生可能エネルギー（再エネ）電源といわれる風力発電、太陽光発電（PV）と異なる特性を有しています。ため池群を下池・上池として利用すれば、小規模揚水による余剰電力の蓄電も可能です。また、開発適地は急地形の地域に多く分布するので、自然の恵みを生かしたエネルギーと条件不利地の自立を実現できそうです。今後の小水力には再エネ大量導入の下支えとなるPV電源の変動調整や農山村再生への貢献などの役割が求められることになるかもしれません。

　利水調整や許認可手続きなどに長時間を要す点にも課題があるといわれる小水力発電の開発を促進するためには、様々な地域関係者との合意形成や連携がいっそう求められています。　　　　〈小林　久〉

## 図表2　出力別小水力開発可能量の推計例

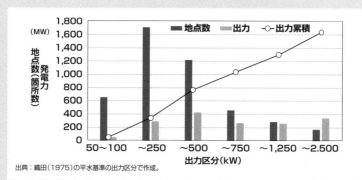

出典：織田（1975）の平水基準の出力区分で作成。

## 図表3　1000kW未満水力発電設備の開発・未開発状況

| 年<br>(3月末) | 地点数 | | | 出力(MW) | | |
|---|---|---|---|---|---|---|
| | 既開発 | 未開発 | FIT※ | 既開発 | 未開発 | FIT※ |
| 2001 | 440 | 371 | - | 193 | 242 | - |
| 2011 | 482 | 371 | - | 204 | 242 | - |
| 2019 | 640 | 356 | 403 | 259 | 235 | 80 |
| 2020 | 644 | 349 | 475 | 266 | 231 | 90 |
| 2021 | 655 | 349 | 532 | 271 | 231 | 103 |

※FIT導入状況等公表の新規導入の数量、2021年12月末時点では588箇所（122MW）。その他はエネ庁資料。

## 図表4　1000kW未満水力発電の整備費（新規運開実績，万円／kW）

| | 200kW未満 | 200-1000kW未満 |
|---|---|---|
| 平均値 | 172 | 118 |
| 中央値 | 169 | 105 |

［参考文献］
※1　経済産業省資源エネルギー庁「データベース　日本の水力エネルギー量」（https://www.enecho.meti.go.jp/category/electricity_and_gas/electric/hydroelectric/database/energy_japan006/　閲覧日 2023年2月17日）
※2　織田史郎［1975］「小規模水力発電の開発問題」

# 62 マイクロ水力

マイクロ水力の資源量は単に物理的な賦存量では決まらず、それを生かす地域主体との関数で求められる、社会的な資源です。技術や経費の問題は？ 計画と組織のつくり方は？ 身近な資源利用の「主体」に迫ります。

### ●コミュニティ・エネルギー

数kWから200kW未満程度の水力は「マイクロ水力」と呼ばれます。ダムなどの大規模施設建設の必要がないため、大きな投資も自然改変も必要とせず、その土地の地形と流量に依存します。森林資源の維持・管理の来歴や農業利用の歴史に沿ったかたちでエネルギーをつくり出します。マイクロ水力は、その土地の自然の恵みそのものであり、「コミュニティ・エネルギー」[※1]と言われます。

マイクロ水力の資源量は物理的な賦存量のみでははかることができず、「地域の水」を生かす主体によって決まる、社会的な資源です。たとえば、「見えない水」[→図表1]や、農閑期の農業用水を利用して発電した経験があります[→図表2]。どちらも地域住民のみなさんが共同管理している水資源を利用して、地域住民組織が主体となったコモンズ型の発電でした。

### ●マイクロ水力の計画と組織

先進地域インドネシアのバンドン水力協会(AHB)の考え方をみておきましょう。マイクロ水力の導入にあたり、まず、地域住民代表による「協同組合」を結成します。プロジェクトへ出資を行う民間企業を探してマッチングし、協同組合と企業のあいだで、株を50％：50％でシェアします。

## 図表1　マイクロ水力のレイアウトと設備例

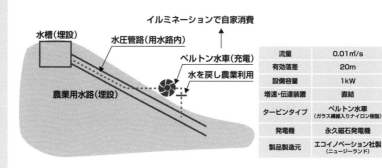

| 流量 | 0.01㎥/s |
|---|---|
| 有効落差 | 20m |
| 設備容量 | 1kW |
| 増速・伝達装置 | 直結 |
| タービンタイプ | ペルトン水車<br>（ガラス繊維入りナイロン樹脂） |
| 発電機 | 永久磁石発電機 |
| 製品製造元 | エコイノベーション社製<br>（ニュージーランド） |

出典：筆者作成。

「見えない水」を利用した土生（つちはえ）発電所（宮崎県五ヶ瀬町）。埋設された農業用水路の導水区間に設置して発電、自家消費。地区住民で農業用水路の敷設を行っていたため、住民は水があることを知っていました。普通にポテンシャル調査をしても見つけられません。

## 図表2　マイクロ水力の発電例

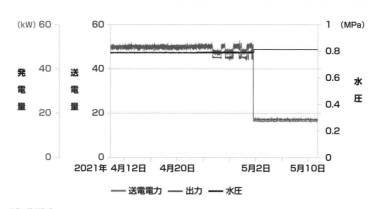

出典：筆者作成。

農閑期には定格49.9kWで出力。2021年は5月2日に農業がスタート。以降農繁期は20kW程度の出力となります。大日止（おおひと）昴小水力発電所（宮崎県日之影町）。

計画出力の決定にあたっては、社会的ポテンシャル、つまり、地域内の電力需要や新しいニーズ（病院や学校の建設、コミュニティ・ビジネスの創出）を丁寧に把握します。いくら物理的なポテンシャルが高くとも、地域の水のすべてを発電に使い切ることはありません。発電量が暮らしの需要より多ければ、「電力をめぐって紛争が起こる」からです。あくまでも出力は暮らしの需要と一致して決定されます[※2]。

### ●マイクロ水力の設備と価格

　社会的評価に含まれるものが「技術」です。マイクロ水力では、土木、発電設備、制御とそれぞれ特有の技術が求められます。地域の個性にあわせて適正化するセンスが必要です。とくに、整備費の50-70％を占める土木費はコストと考えず、地域のなかで仕事をつくりノウハウ化するための「投資」ととらえます。技術は人に蓄積します。誰に、何の技術・ノウハウを貯めるのか。最初からチームづくりをすることです。マイクロ水力の建設はローカル・ワークですから、やればやるほどうまくできます[※3]。

　一例をあげます。**図表3**は、白糸の滝ステップ3小水力発電所12kWの建設コストです。2011年に、同じく白糸の滝で計画した15kWの発電設備について、見積もりが得られた3社の平均で、費用が3200-5000万円、納期が15-20ヵ月でした。今回、発電・制御設備の一式を自分たちで製造できるようになったことで、1100万円とkWあたり100万円を切ることができました。メンテナンスも安心です。砂防ダム（既存インフラ）をシンプルに活用し、また建屋を子どもたちや大学生たちで手づくりしたことで土木費を大幅に削減できました。優良経営になっているポイントです。

### ●協同蓄積する経験と技術

　「地域の水」は誰のものか。誰がどのように利用しているのか。これからの未来にどのように手渡していけるか。マイクロ水力の資源

## 図表3　マイクロ水力の建設コスト例

| 設備 | 単価 | 数量 | | 金額 |
|---|---|---|---|---|
| 建設費 | | | | |
| ① 機械設備費 | | 1 | 式 | |
| ② 電気設備費 | ¥11,000,000 | 1 | 式 | ¥11,000,000 |
| ③ 制御盤費 | | 1 | 式 | |
| ④ IoT費 | | 1 | 式 | |
| ⑤ 土木費 | ¥7,000,000 | 1 | 式 | ¥7,000,000 |
| ⑥ プロジェクト管理費 | ¥2,000,000 | 1 | 式 | ¥2,000,000 |
| ⑦ 設置・試運転 | ¥2,000,000 | 1 | 式 | ¥2,000,000 |
| ⑧ 他費 | ¥0 | 1 | 式 | ¥0 |
| 建設費合計 | | | | ¥22,000,000 |

出典：筆者作成。

白糸の滝ステップ3小水力発電所12kW（福岡県糸島市、2019年）の建設コストです。発電設備はコンパクト・ハイドロでパッケージ化。IoT制御を導入し、遠隔モニタリング、ガイドベーンの自動調整機能を付加し、細やかな発電に成功しています。

量は物理的に求められるのではなく、つねに、社会的に決まります。地域の水に関わるプレイヤーすべてが資源利用の「主体」です。技術を蓄積するローカル・ネットワークをいかに構築するかが核心となります。難しくはありません。よい仲間と、よい技術を、楽しくつないで経験することが成功の鍵です。協同の経験はすべて、地域の財産となるのですから。　　　　　　　　　　　　　　　〈藤本穰彦〉

［参考文献］
※1　室田武他［2013］『地域の再生13　コミュニティ・エネルギー ── 小水力発電、森林バイオマスを中心に』農文協。
※2　藤本穰彦［2022］『まちづくりの思考力 ── 暮らし方が変わればまちが変わる』実生社。
※3　新井誠他編［2022］『〈分断〉と憲法 ── 法・政治・社会から考える』弘文堂。

**❸ 再生可能エネルギーの導入促進**

# (63) 太陽熱利用

太陽エネルギーの利用方法として、太陽熱利用機器は直接的で簡単な機構のため古くから様々なシステムがあります。本項では、構成機器と普及状況や課題などについてまとめています。

## ●原理と構成機器

太陽熱利用の原理は単純で太陽熱を集めて熱に変え、この熱を主に空気や液体を使って利用場所に移動して暖房やお湯をつくって利用します。

これらのために以下のような装置が必要です。

集熱器：太陽光線を黒色に塗装した集熱板に当てて熱に変えます。黒色面は吸収率99％以上で太陽光が効率よく熱に変わりますが、同時に高温の表面からは対流や赤外線放射によって熱損失が大きくなります。これを防ぐためガラスカバーで覆って対流熱損失を防いだり、赤外線放射を抑制します。また、集熱板の表面を選択吸収面加工して吸収率を落とさずに放射率を10％以下に低くする表面処理や集熱板を真空管の中に入れて対流熱損失を削減するもあります。

搬送装置：お湯をつくる場合はポンプ、空気を搬送するためにはファンが使用されます。それぞれ耐熱性が必要で120℃程度の耐熱性が必要です。いわゆる温水器は水の比重差を利用するので動力を必要としません。他の機器はポンプやファンを使いますが小型の太陽電池を使って電力がなくても動くPV駆動仕様のものもあり、これらはレジリエンス上の安心があります。

蓄熱槽：太陽熱は昼間に集熱されますが、利用時間が夜になる場

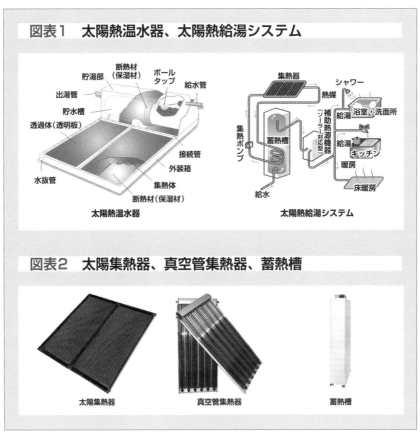

## 図表1　太陽熱温水器、太陽熱給湯システム

太陽熱温水器

貯湯部
断熱材（保湿材）
ボールタップ
給水管
出湯管
貯水槽
透過体（透明板）
接続管
外装箱
水抜管
集熱体
断熱材（保湿材）

太陽熱給湯システム

集熱器
シャワー
熱媒
浴室・洗面所
給湯
補助熱源機器（ソーラー対応型）
蓄熱槽
給湯
キッチン
集熱ポンプ
暖房
給水
床暖房

## 図表2　太陽集熱器、真空管集熱器、蓄熱槽

太陽集熱器　　　　　真空管集熱器　　　　　蓄熱槽

合が多く、余剰熱をいったん蓄えておく必要があります。液式の場合通常は水蓄熱槽を使います。水蓄熱槽には直接集熱と間接集熱があり、給湯用途ではステンレス熱交換機を使った間接集熱が採用されています。空気式暖房の場合は基礎コンクリートを蓄熱体に使用して、昼間の余剰熱を蓄熱して夜に放熱するシステムが多いです。

　給湯利用：給湯利用の場合は、熱交換器を使って水蓄熱槽に貯めたお湯を配管を使って風呂や給湯栓に送って給湯します。この時、蓄熱温度が必要な温度になっていない場合はボイラーなどで加熱します。また、高い場合はソーラー混合ユニットで水と混合して設定温度にして給湯します。加熱熱源としてはガスや灯油、電気ヒート

ポンプなどが利用されています。

## ●太陽熱機器の普及状況

　世界の太陽熱利用給湯システムなどの設置状況は、集熱器の面積ベースで2020年に3527万㎡です。これは2013年の7861万㎡のピークから半減しています。中国の太陽電池の普及や業種の変更によるメーカーの減少などに原因があると考えられます。

　世界で運用されている太陽熱利用機器のストックは2013年頃から伸びが減ってきたものの7億1462万㎡あり、1台4㎡で計算するとおよそ1億7800万台のストックがあり世界の省エネルギーに大きく寄与しています。4㎡200Lのソーラーシステムの$CO_2$削減量は灯油換算でざっと400kg/年なので7120万t-$CO_2$/年の削減ができています。このような太陽熱給湯システムは規模も小さく住宅などに設備ができるので、今後さらに増やしていく必要があると思われます。

## ●課題・その他の利用法

　太陽熱の利用は給湯利用と暖房利用がほとんどで、天候などの不安定さを補う補助熱源が必要になることで通常より設備費がアップすることが課題となっています。しかし、住宅規模の脱炭素を担える機器として手軽で効果が大きいことから諸外国では利用が進んでおり、わが国でも更なる普及が必要と考えられます。給湯だけでなく換気暖房の取組みを行っているOMソーラーシステムなどはこれからの太陽熱利用をけん引していくシステムで期待できます。

　このほかにもソーラークッカーや木材乾燥、果実乾燥、蒸留器など様々な利用方法があり、現在では燃料を使用しているこれらの機器も太陽熱を利用する方法にシフトして脱炭素を進める必要があります。

〈相曽一浩〉

## 図表3　OMソーラーのしくみ（冬の昼間）

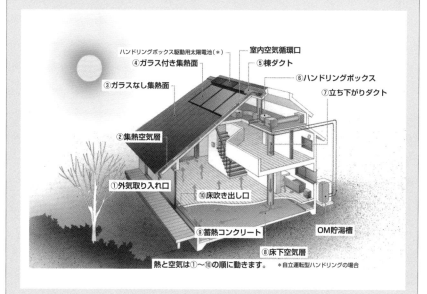

ハンドリングボックス駆動用太陽電池（＊）
④ガラス付き集熱面
③ガラスなし集熱面
②集熱空気層
①外気取り入れ口
室内空気循環口
⑤棟ダクト
⑥ハンドリングボックス
⑦立ち下がりダクト
⑩床吹き出し口
⑨蓄熱コンクリート
⑧床下空気層
OM貯湯槽

熱と空気は①〜⑩の順に動きます。　　＊自立運転型ハンドリングの場合

## 図表4　世界の太陽熱機器設置面積、世界の太陽熱機器ストック

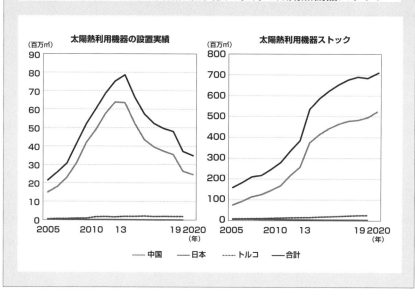

**太陽熱利用機器の設置実績**

（百万㎡）

**太陽熱利用機器ストック**

（百万㎡）

—— 中国　　—— 日本　　‥‥‥ トルコ　　—— 合計

# ㉞ バイオマスの熱利用・発電

世界で最も多く使われている再生可能エネルギーであるバイオマスは、種類も利用方法も様々で、非常に良い（持続可能な）利用から悪い利用まであり、十分な理解のうえで利用を進めることが大切です。

## ●バイオマスの基礎知識

バイオマス（生物資源）は、エネルギーなどに使われる生物由来（化石燃料は除く）資源の総称です。様々な種類があり、熱利用、発電、輸送用燃料に使われます[→図表1]。薪や炭などのかたちで古くから使われてきたエネルギーで、世界で最も多く使われている再生可能エネルギーです。

バイオマスは、他の再生可能エネルギーと違って燃料であるため、輸送や備蓄が容易で、チップや木質ペレットのような固体、バイオエタノールやバイオディーゼルのような液体燃料、ガスと様々なかたちで使うことができる、貴重な再生可能エネルギーです。

バイオマスは、たとえば木材の場合、まず建材や家具に使い、端材は集成材や紙の原料に使われます。エネルギー利用は価値も一番低く、燃やしてしまうのは、他の用途に向かない細かいおがくずや枝、樹皮、建築廃材などを一番最後に使うこと（カスケード利用）が重要です[→図表2]。

バイオマスは、植物が光合成をして固定した炭素を燃やすので、カーボンニュートラル（炭素中立）といわれますが、そのためには再び固定化されることが条件になります。また、たとえば木質バイオマスであれば、森林から林業機械で運び出し、燃料に加工したり輸

## 図表1　日本で使われている主なバイオマス

〈バイオマス種〉

- ・黒液（製紙の副産物）
- ・紙ごみ
- ・製材端材
- ・建設廃材
- ・間伐材
- ・下水汚泥、し尿
- ・生ごみ
- ・食品廃棄物
- ・家畜糞尿
- ・廃食油
- ・アブラヤシ核殻(PKS)
- ・木質ペレット
- ・バイオエタノール
- ・パーム油

〈利用方法〉

- ●熱利用（工場、冷暖房、給湯等）

〈熱電併給〉

- ●発電（直接燃焼、ガス化、メタン発酵等）
- ●輸送用燃料

〈利用例〉

薪ストーブ　　　生ごみバイオガス施設　木質バイオマス発電所

## 図表2　バイオマスのカスケード利用

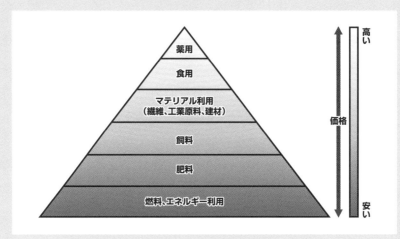

送したりする際に化石燃料が使われ、温室効果ガスが排出されます。

## ●バイオマス利用の課題

　再生可能エネルギーの利用を増やすため、2012年からFIT（固定価格買取）制度が始まり、500ヵ所以上のバイオマス発電が新たに建設されました。ただ、利用を進めるうちに、バイオマスは発電よりも熱利用、とくに高温が必要な工場での熱利用が適していることがわかってきました。

　またバイオマス利用の際に持続可能性を配慮しないと、森林破壊や食料との競合など大きな問題を引き起こすおそれがあります。

　FITのバイオマス発電では、木質ペレットなどの輸入バイオマスも使われていますが、海外から船で運んでくるのにも、石油が使われます。また、写真のように木質ペレットの原料のために森林が伐採され、そのまま森林が再生しないと、むしろ石炭火力よりも多くの温室効果ガスが大気中に排出されることになります[→図表3]。一方、地域の間伐材や建設廃材などを、利用効率が60-90％と高い熱や熱電併給に使えば、太陽光などの他の再生可能エネルギーと同じぐらいの気候変動対策効果が期待できます[→図表4]。

　今後、木質ペレットなどを燃料とする大型バイオマス発電がさらに増えると予想されています。経済産業省は専門家グループでバイオマス発電の持続可能性について議論していますが、本当に気候変動対策になるのか、森林破壊や騒音などの公害問題をおこしていないかなど、持続可能性について、十分に配慮することが必要だと考えられます。　　　　　　　　　　　　　　　　　　　　　〈泊みゆき〉

## 図表3　伐採された米国南東部の自然林

出典：筆者撮影。

## 図表4　各電源ごとの温室効果ガス排出量

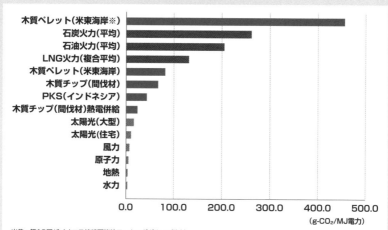

出典：第12回バイオマス持続可能性ワーキンググループ資料
「電力中央研究所（2016）日本における発電技術のライフサイクルCO₂排出量総合評価」をもとに筆者作成。
※自然林を伐採した木材を原料とし、森林が再生されない場合。

［参考文献］
REN21　RENEWABLES 2021 GLOBAL STATUS REPORT（https://www.ren21.net/reports/global-status-report/）
NPO法人バイオマス産業社会ネットワーク「バイオマス白書2022　ウェブサイト版」（https://www.npobin.net/hakusho/2022/index.html）
泊みゆき［2012］『バイオマス　本当の話──持続可能な社会に向けて』築地書館。

# 65 地熱発電と地熱直接利用

地球の恵みである地熱資源（蒸気や熱水（温泉））は、発電利用により安定的な電力を供給するだけでなく、入浴、農水産業、融雪、冷暖房などへの直接利用により省エネや地域経済に貢献しています。

## ●地熱発電のしくみ、現状と課題について

　火山地帯では、地下深部（約数千m）に浸透した雨がマグマの熱で高温高圧の蒸気や熱水となり、溜まっている地熱貯留層が存在する場所があります[→図表1]。地熱発電は、この地熱貯留層に向けて井戸（生産井）を掘削し、取り出した蒸気や熱水を利用してタービンを回転させ、電気をつくり出す仕組みです。主な発電方式として、200℃以上の蒸気を利用したフラッシュ発電[→図表1]と、80-120℃程度の熱水（温泉）の熱によって水より沸点の低い物質（フロン系ガスやペンタンなど）を気化し、その蒸気を利用したバイナリー発電があります。なお、発電後の熱水は別の井戸（還元井）から地下に戻されます。

　地熱発電事業は、数万kW級の大規模開発の場合、初期調査から運転開始まで約10年を要します[→図表2]。とくに地熱貯留層を探し、堀り当てて必要な蒸気を得るまでが難しく、事業化判断にいたるまでの開発リスクとコストが主な課題としてあげられます。

　現在、国内の地熱発電所は約100地点、発電出力約50万kW程度が運転中です（2023年3月末時点。1基当たりの発電出力3-5.5万kW）[※1]。地熱資源のさらなる活用に向け、新規有望地点の開拓に資する国の調査や補助金支援、および新しい発電方式や開発リスク低減に役立つ技術開発など、様々な研究が進められています。

## 図表1　地熱資源を発電に利用するしくみ

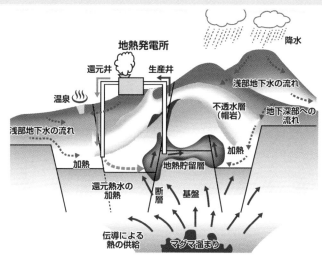

出典：経済産業省（https://www.enecho.meti.go.jp/about/special/johoteikyo/chinetsuhatsuden.html）

地熱貯留層の形成には、①水（降水の地下深部への浸透）、②熱（マグマ）、③器（水を通しにくい不透水層が蓋となり蒸気や熱水を閉じ込め、断層に生じる亀裂（割れ目）が器として蒸気や熱水を溜める）の3要素が揃うことが条件です。

## 図表2　地熱発電開発のプロセス例

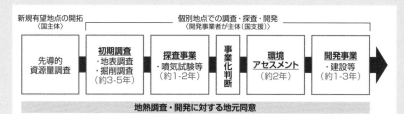

出典：経済産業省（https://www.enecho.meti.go.jp/about/special/johoteikyo/energykihonkeikaku2021_kaisetu04.html）をもとに一部改変して作成。

地熱開発リスクの高い初期段階は国が先導的に調査し、新規有望地点を開拓中です。出力7500kW以上の場合（自治体によっては2000kW以上や5000kW以上の場合あり）、環境アセスメント（環境影響評価）プロセスが加わり、環境省の許認可を取得する必要があります。

## ●地熱の直接利用について

　日本では昔から入浴などに温泉を利用してきた歴史と文化があり、温泉は健康増進・観光資源・省エネ・エネルギーコストや$CO_2$の削減などに役立っています。地熱資源は浴用以外にも温度帯によって様々な用途があります[→図表3]。たとえば、蒸気は木材、食品の乾燥施設や蒸し物などの調理、熱(水)は室内や栽培施設の暖房や給湯、プールや養殖産業、道路融雪などに利用されています。各用途の使用条件と地熱資源からの距離など地理的条件を考慮し、温度変化に応じて多段階(カスケード)利用を行うことで地熱エネルギーのさらなる有効活用が可能です。

　ただし、地熱資源に腐食成分(塩分や硫化水素など)や配管詰まりの原因物質(「湯の華」「スケール」とも呼ばれる温泉成分)が多く含まれる場合、設備の維持管理に多大な労力やコストがかかります。このため、長期的な事業運営が可能かどうかについて十分な留意が必要です。

　一方、世界的には直接利用の主な用途として地中熱ヒートポンプへの利用が年々増加しています[→図表4][2]。地中熱ヒートポンプとは、空気中や地中の熱(ヒート)を汲み上げ(ポンプ)、冷媒の圧縮と膨張の仕組みを利用するもので、冷暖房として利用可能です。

〈窪田ひろみ〉

## 図表3　地熱の直接利用の用途例

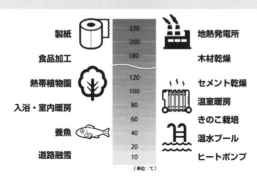

製紙 220
200
食品加工 180
熱帯植物園 120
100
入浴・室内暖房 80
60
養魚 40
20
道路融雪 10

（単位：℃）

地熱発電所
木材乾燥
セメント乾燥
温室暖房
きのこ栽培
温水プール
ヒートポンプ

出典：新エネルギー財団の2007年資料をもとに作成。

地熱資源の条件（使用可能な量、温度、成分）と地域特性やニーズに合わせて地熱エネルギーを有効利用することで、新たなビジネス創出など地域活性化に繋がります。

## 図表4　地熱の直接利用の用途別経年比較（世界）

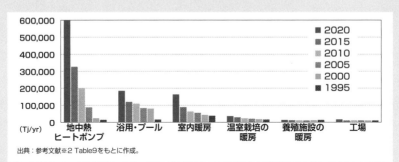

■ 2020
■ 2015
▨ 2010
▨ 2005
▨ 2000
■ 1995

地中熱ヒートポンプ　浴用・プール　室内暖房　温室栽培の暖房　養殖施設の暖房　工場

(Tj/yr)

出典：参考文献※2 Table9をもとに作成。

世界的にはヒートポンプへの利用割合が他の用途に比べ近年急増しています。浴用・プールや暖房等の利用量も増加中です。

［参考文献］
※1　経済産業省資源エネルギー庁［2022］「再生可能エネルギー電気の利用の促進に関する特別措置法　情報公表用ウェブサイト」（https://www.fit-portal.go.jp/PublicInfoSummary）
※2　John W. Lund and Aniko N. Toth［2021］Direct Utilization of Geothermal Energy 2020 Worldwide Review, Geothermal Vol.90, 10915.

# ⑥⑥ 水素エネルギー

水素は素材産業のゼロカーボンや電力貯蔵に必要ですが、市民の日常生活の水素社会化構想は安全性の面からリスクの検討が必要です。

### ●水素は二次エネルギー

化石燃料は主に水素と炭素から構成されています。加工されない状態で自然から供給されるエネルギー（石油、石炭、ウラン、天然ガス、水力、地熱、太陽光、風力、バイオマスなど）を「一次エネルギー」、それらを変換して得られるエネルギーを「二次エネルギー」といいます。水素は、あくまでも二次エネルギーです。水素は、燃焼しても水しか生成しないのでクリーンエネルギーであるといわれます。しかし、水素のつくり方次第では、炭酸ガスやその他の汚染物質が排出されます。そのため、**コラム1**のような区別が行われています。

### ●水素燃料電池自動車

1960年代以降、自動車排ガス中の窒素酸化物による公害が深刻化しました。水素燃料電池自動車による都市交通のクリーン化が構想されたのが世界の水素エネルギー技術開発の始まりです。また、日本では、1973年の石油危機後には、太陽エネルギーが潤沢な砂漠地帯で水素を電気分解してつくり日本に運ぶといった構想（Wenet計画）も出されました。政府・経産省・資源エネルギー庁は、早い時期から水素社会構想を立て、科学技術基本計画にも盛り込み、2015年を国家目標としてFCV（水素燃料電池車）や水素ステーションの普及に努めてきました。現在のFCVシステムは800気圧という高圧の

### 1　製造法による水素の呼び方と問題点

水素には、製造法によって次のような呼び方があります：

グリーン水素：再エネによる水の電気分解でつくられる水素。

グレー水素：天然ガスから得られる水素。

ブラウン水素：褐炭から得られる水素。

ブラック水素：石炭から得られる水素。

ブルー水素：上記のような化石燃料から水素を製造する際に発生する$CO_2$をCCS【→㉘】により、分離回収して地下に貯留したうえで利用する水素。

パープル水素：原子力（電力）を用いて作る水素。

グリーン水素以外の構想は、日本には十分な再エネがなく、エネルギーは外国から輸入する必要があるという思い込みや、それをビジネスとして有利に展開したいという期待にもとづくものと考えられます。日本には十分な再エネがあります【→㊱】。したがって、必要な水素は、国内で再エネから製造すればよいといえます。

## 図表1　FCVとEVの交通システム比較

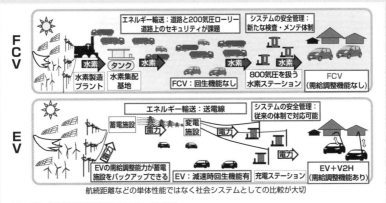

出典：堀尾正靱『月刊事業構想』2021年7月号、80-81頁。

### 2　FCV（水素燃料電池車）

FCVの水素燃料タンクは、航続距離と室内空間の確保のため800気圧（$80MPa$）という高圧になっています。化学工場で高圧の部類に入るアンモニア合成でも200気圧程度です。大気圧の800倍とは、ガスが漏れた場合800倍に膨張することですから、どれほどの高圧か想像できます。水素分子は他の分子に比べて直径が小さいため、金属の中に浸透し水素脆性を引き起こします。したがって、高圧水素の扱いには、炭素繊維と樹脂で作成した燃料タンクなど、先端的な技術が必要です。そのような技術開発を重ねて、トヨタ自動車から初代ミライが2014年11月に発表され、また第2世代が2020年12月に発売されています。

水素を扱う点に特徴があります[→コラム2]。

しかし、状況は大きく変わりました。水素FCVのシステムよりもEV（バッテリー式電気自動車）のシステムの優位性が明らかになってきました。**図表1**は両システムの比較です。

## ●水素社会とは

では、「水素が日常生活や産業活動で普遍的に利用される「水素社会」」（第6次エネルギー基本計画）は来るでしょうか。産業界（石油精製工場や化学工場等）では、水素は、専門家の手で長年安全に使われています。問題は、FCVに代表される「日常生活での水素社会」構想です。日常生活では、非専門家がいたるところで水素に関わることになり、安全性の心配が生じます。

水素ガスは、空気と共存するとき、混合比の広い範囲にわたって爆発性を示します[→**図表2**]。水素ガスは軽いから、天窓などから外に放出され、爆発することはないといわれます。高圧水素が漏れるときには、「断熱膨張」で温度が下がる効果と、ジュール―トムソン効果で温度が上がる効果が重畳しますが、すぐには外気に放出されない可能性があります。**図表3**は、これまでの水素ステーション等における漏洩、火災、爆発などの事故例です。高圧ガス保安法の改正により、無人水素ステーションも可能になりました。しかし、高圧の水素を市中で安全に扱うためには細心の管理体制が必要です。

一方、2050年ゼロカーボンを目指す産業界にとっては、水素は重要なツールです。エネルギー基本計画にもあるように、素材産業では、高温熱源、鉱石の還元剤など、水素を使わないと解決不可能な課題があります。この場合、水素は、50気圧（5MPa）程度の低圧でタンクに貯蔵されます。さらに、水素は、電力の貯蔵方法の一つとして、変動する需給の調整にも役に立ちます。水電解効率、燃料電池の変換効率などの技術的向上は今後の課題です。

このほか、電化していない長距離鉄道のディーゼル機関車を水素

図表2　水素―酸素―窒素混合ガス三角図と不安全領域

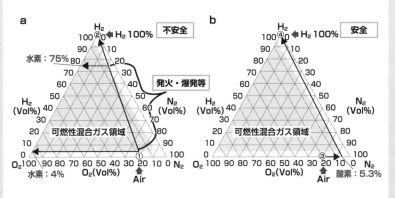

出典：重森敦(2020)「低温工学」55(1)、59-61頁。

a. 水素が空気中に混入して濃度が増していく場合：①(空気)と②(水素100%)を結ぶ直線状をたどる。水素濃度が4%〜75%の間が可燃性混合ガスの状態。

b. 空気充満容器に安全に水素を充てんする方法：③(空気)を窒素でパージし、酸素濃度が5.3%を下回ったら、水素を加えていき④(水素100%)に到達。

図表3　高圧水素事故分類(2011-14年)

| 分野 | 総件数 | 事故の種類 | | | | | | | |
|---|---|---|---|---|---|---|---|---|---|
| | | 漏洩① | 漏洩② | 漏洩③ | 漏洩合計 | 火災 | 破裂・破損 | 漏洩⇒爆発 | 漏洩⇒火災 |
| 製造事業所(一般) | 39(16) | 12(3) | 23(11) | 3(2) | 38(16) | 0 | 1 | 2(0) | 1(1) |
| 製造事業所(コンビナート) | 23(1) | 12(2) | 8 | 2(1) | 22(1) | 1 | 0 | 0 | 2 |
| 消費 | 6 | 0 | 5 | 1 | 61 | 0 | 0 | 0 | 0 |
| 移動 | 1 | 0 | 0 | 1 | 1 | 0 | 0 | 0 | 1 |
| 合計 | 69(17) | 24(3) | 36(11) | 7(3) | 67(17) | 1 | 1 | 2(0) | 4(1) |

( )内は水素スタンドの事故件数(内数)

出典：高圧ガス保安協会、「水素の高圧ガス事故の注意事項について」、2015年。

燃料電池機関車で置き換える試み(仏Alstom社)や、水素エンジン船の開発(商船三井他)なども進められています。　　　〈堀尾正靱〉

# ⑥⑦ 水素・アンモニア火力発電

水素・アンモニア発電構想を、①物理化学的な合理性についての検証、②経済社会的な影響、の視点から検討します。日本には十分な再エネ資源がありますが、現在の構想は、当初から、輸入を前提にしている点が危惧されます。

### ●エネルギー基本計画における位置

**図表1**に示すように、第6次エネルギー基本計画(2021)[※1]では、水素($H_2$)、アンモニア($NH_3$)、合成メタン($CH_4$)などについて前のめりの方針を提示しています。

### ●物理化学的側面

水素とアンモニア火力発電について、物理化学的な概算により、エネルギー効率と$CO_2$排出に着目して検討してみます。まず、Ⅰ)水素を天然ガス(メタンが主成分)から得る場合、次に、Ⅱ)再生可能エネルギー(再エネ)を使用した水の電気分解で得る場合、それぞれ、①天然ガス直接燃焼で火力発電する場合、および、②再エネ電力の直接利用の場合と比較してみます。結果を**図表2**に、またその根拠となるエネルギー解析の概略を**図表3**に示します。これらの図表では、アンモニア2モルを火力発電で燃焼させる場合を基準として、その他のケースの入力量を調節してあります。明らかに、グリーン水素・アンモニア[→図表1]火力の総合効率は約42%、グレーあるいはブルー水素・アンモニア火力は著しく低効率(23%)であり、いずれもエネルギーの大きな無駄遣いにつながることがわかります。

### ●経済社会的側面

では、なぜ今アンモニアが注目されているのでしょうか。それは、

## 図表1　第6次エネルギー基本計画(2021)より

「水素・アンモニアを燃料とした発電は燃焼時に$CO_2$を排出せず、火力としての調整力、慣性力機能を具備しており、系統運用の安定化にも資する技術であり、ガスタービンやボイラー、脱硝設備等の既存発電設備の多くをそのまま活用できることから、カーボンニュートラル実現に向けた電源の脱炭素化を進める上で有力な選択肢の一つである。水素及びアンモニア発電については、2050年には電力システムの中の主要な供給力・調整力として機能すべく、技術的な課題の克服を進める。」(p.26)

「我が国の$CO_2$の排出量の約6割を占める発電、鉄鋼、化学工業等の産業の多くが立地する港湾において、大量かつ安定・安価な水素・燃料アンモニア等の輸入を可能とする受入環境の整備や、脱炭素化に配慮した港湾機能の高度化、臨海部に集積する産業との連携等を通じて、温室効果ガスの排出を全体としてゼロにするカーボンニュートラルポート(CNP)の形成の実現を図る。」(p.32)

「アンモニア・水素等の脱炭素燃料の火力発電への活用については、2030年までに、ガス火力への30%水素混焼や、水素専焼、石炭火力への20%アンモニア混焼の導入・普及を目標に、実機を活用した混焼・専焼の実証の推進、技術の確立、その後の水素の燃焼性に対応した燃焼器やNOxを抑制した混焼バーナーの既設発電所等への実装等を目指す。こうした取組を通じ、2030年時点では国内で水素の年間需要を最大300万t、うちアンモニアについては年間300万t(水素換算で約50万t)の需要を想定する。また、2030年度の電源構成において、水素・アンモニアで1%程度を賄うことを想定する。」(p.77)

## 図表2　各シナリオのエネルギー利用効率と$CO_2$発生量の概算

| シナリオ | 発電電力量当たり投入エネルギー量<br>kWh(in)/kWh(out) | 効率<br>% | $CO_2$発生量<br>kg-$CO_2$/kWh |
|---|---|---|---|
| I. 天然ガスコンバインドサイクル発電 | 1.67 | 60.0 | 0.33 |
| II. 天然ガス改質水素火力発電 | 4.36 | 22.9 | 0.65 |
| III. 天然ガス改質水素による合成アンモニア火力発電 | 4.27 | 23.4 | 0.62 |
| IV. グリーン(再エネ)電力直接利用 | 1.00 | 100 | ～0 |
| V. グリーン水素火力発電 | 2.36 | 42.3 | ～0 |
| VI. グリーンアンモニア火力発電 | 2.37 | 42.2 | ～0 |

～：「およそ」の意

グリーン水素：再エネによる水電解水素
グリーンアンモニア：グリーン水素を原料にした合成アンモニア

石炭とアンモニアの混焼をすることで、日本の発電事業用および各企業の自家発電用の石炭火力の設備を温存し、また、火力技術の市場が維持されるということによります。しかし、すでに、2020年の「燃料アンモニア導入官民協議会の中間とりまとめ」※2が述べているように、「今後、石炭火力発電にアンモニアの20％混焼を実施すると、1基（100万kW）につき年間約50万トンのアンモニアが必要となる。例えば、国内の大手電力会社の全ての石炭火力発電で20％の混焼を実施した場合、年間約2,000万トンのアンモニアが必要となり、現在の世界全体の貿易量に匹敵する。そのため、これまでの原料用アンモニアとは異なる燃料アンモニア市場の形成とサプライチェーンの構築が課題となる」という困難な課題に直面することは間違いありません。

　発電コストは、石炭火力（効率40％）混焼の場合の燃料代：13.2円/kWh（石炭の3倍以上）となるといわれています。それでも、その開発をしていることで、現在のOECD各国の中でトップの石炭火力発電量を維持する言い訳になるのかもしれないとも考えられます。大きな公的資金をアンモニア輸入のために投入することは、日本のエネルギー自立を遅らせ、座礁資産を生み出すことになりかねません。

〈堀尾正靱〉

［参考文献］
※1　経済産業省資源エネルギー庁「第6次エネルギー基本計画」［2021］（https://www.enecho.meti.go.jp/category/others/basic_plan/）
※2　経済産業省資源エネルギー庁燃料アンモニア導入官民協議会「燃料アンモニア導入官民協議会中間とりまとめ」［2021］（https://www.meti.go.jp/shingikai/energy_environment/nenryo_anmonia/pdf/20200208_1.pdf）

## 図表3　図表1の各シナリオにおけるエネルギー変換の概略
（輸送動力等は考慮していません）

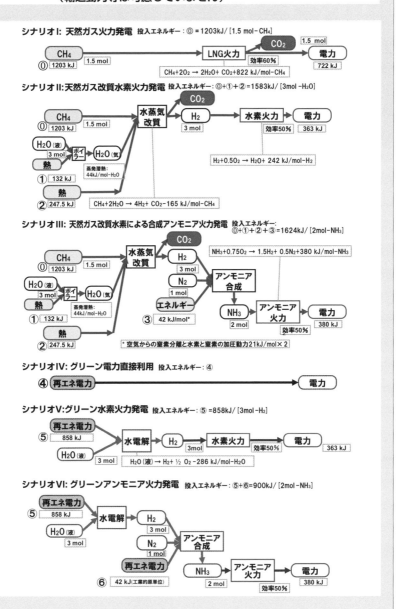

### シナリオI: 天然ガス火力発電　投入エネルギー：⓪ =1203kJ/ [1.5 mol-CH₄]

CH₄　⓪ 1203 kJ　1.5 mol → LNG火力 → CO₂ 1.5 mol → 電力 722 kJ

効率60%

$CH_4 + 2O_2 \rightarrow 2H_2O + CO_2 + 822$ kJ/mol-CH₄

### シナリオII:天然ガス改質水素火力発電　投入エネルギー：⓪+①+②=1583kJ/ [3mol-H₂O]

CH₄　⓪ 1203 kJ　1.5 mol → 水蒸気改質 → CO₂ / H₂ 3 mol → 水素火力 → 電力 363 kJ

H₂O(液)　3 mol　ボイラー → H₂O(気)

① 132 kJ　熱　蒸発潜熱：44kJ/mol-H₂O

② 247.5 kJ　熱　$CH_4 + 2H_2O \rightarrow 4H_2 + CO_2 - 165$ kJ/mol-CH₄

効率50%

$H_2 + 0.5O_2 \rightarrow H_2O + 242$ kJ/mol-H₂

### シナリオIII: 天然ガス改質水素による合成アンモニア火力発電　投入エネルギー：⓪+①+②+③=1624kJ/ [2mol-NH₃]

CH₄　⓪ 1203 kJ　1.5 mol → 水蒸気改質 → CO₂ / H₂ 3 mol / N₂ 1 mol → アンモニア合成 → NH₃ 2 mol → アンモニア火力 → 電力 380 kJ

H₂O(液)　3 mol　ボイラー → H₂O(気)

① 132 kJ　熱　蒸発潜熱：44kJ/mol-H₂O

エネルギー　③ 42 kJ/mol*

② 247.5 kJ　熱

$NH_3 + 0.75O_2 \rightarrow 1.5H_2 + 0.5N_2 + 380$ kJ/mol-NH₃

効率50%

\* 空気からの窒素分離と水素と窒素の加圧動力21kJ/mol×2

### シナリオIV: グリーン電力直接利用　投入エネルギー：④

④ 再エネ電力 ───────→ 電力

### シナリオV:グリーン水素火力発電　投入エネルギー：⑤ =858kJ/ [3mol-H₂]

⑤ 再エネ電力 858 kJ / H₂O(液) 3 mol → 水電解 → H₂ 3mol → 水素火力 → 電力 363 kJ

効率50%

$H_2O(液) \rightarrow H_2 + ½ O_2 - 286$ kJ/mol-H₂O

### シナリオVI: グリーンアンモニア火力発電　投入エネルギー：⑤+⑥=900kJ/ [2mol-NH₃]

⑤ 再エネ電力 858 kJ / H₂O(液) 3 mol → 水電解 → H₂ 3 mol / N₂ 1 mol → アンモニア合成 → NH₃ 2 mol → アンモニア火力 → 電力 380 kJ

再エネ電力　⑥ 42 kJ(工業的原単位)

効率50%

# ⑥⑧ 原子力発電についての各種の考え方と課題

脱炭素技術の一つに、原子力発電があげられています。原子力発電の開発には時間とコストがかかるうえに、$CO_2$削減効果が期待されるほどはなく、環境への影響も小さくありません。これらの課題を総合的に検討する必要があります。

## ●原子力発電と脱炭素

　脱炭素を実現するためには、エネルギー源を$CO_2$を排出しないものへと変更しなければなりません。電力供給の面では、再生可能エネルギーと原子力が$CO_2$を直接排出しない電源です。政府は「エネルギー基本計画」で、2015年以来、2030年の発電電力量に占める原子力の割合を20-22％とするとしています。

## ●高い原発のコスト

　**図表1**にみるように、原発は今後急速に減少し続け、早ければ2049年には消滅します。大手電力会社が原発を新設する計画を新たにつくらない理由は、原発のコストが高いためです。政府の発電コスト検証ワーキンググループが2021年に試算したところ、2030年に新たに原発を建設する場合の原発の発電コストは11.7円/kWh以上で、2030年の太陽光（事業用）の発電コスト8.2-11.8円/kWhに比べておおむね高いことが明らかになりました。なお、2020年の太陽光の発電コストは12.9円/kWhとされているものの、現実の発電コストは試算よりも低く抑えられています。たとえば、2000kWの太陽光の買取価格は、2021年時点で10.31円/kWh（第73回調達価格算定委員会資料1）です。

　原発の実際の建設費用は、政府試算の想定よりも高額です。たと

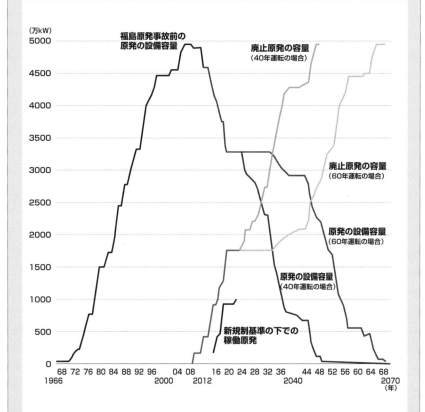

## 図表1　原子力発電の現状

（万kW）

- 福島原発事故前の原発の設備容量
- 廃止原発の容量（40年運転の場合）
- 廃止原発の容量（60年運転の場合）
- 原発の設備容量（60年運転の場合）
- 原発の設備容量（40年運転の場合）
- 新規制基準の下での稼働原発

5000
4500
4000
3500
3000
2500
2000
1500
1000
500
0

68 72 76 80 84 88 92 96　04 08　16 20 24 28 32 36　44 48 52 56 60 64 68
1966　　　　　　　　　2000　2012　　　　　　　2040　　　　　　　　2070
（年）

出典：筆者作成。
注：福島原発事故前から計画されていた原子力発電所は含んでいない。

東京電力福島第一原発事故（2011年）以前は、原子力発電所の設備容量は右肩上がりに増加した（太実線）。福島原発事故後、廃止（廃炉）する原発が増え（薄い実線）、2022年末現在、設備容量は3323.5万kWとなった。稼働原発はその3分の1の995.6万kWにすぎない。今後、運転期間を40年とすると2049年に、60年とすると2069年に原発の設備容量はゼロになる。一方、政府のエネルギー基本計画で定めた2030年の原発比率20-22%を満たすには約3000万kW必要である。そのために毎年1-2基の原発を新設しなければならないが、新たな原発建設計画は存在しない。原発に依存しながらの脱炭素は不可能である。

えば、政府が原発建設の例として示しているイギリスのサイズウェル C 原発（2基320万kW、建設計画中）の建設費用は総額260億ポンド（約4兆2000億円）です。これを100万kW当たりにすれば1兆3000億円で、事故以前の日本の100万kW級原発の建設費用（3000-4000億円）の3-4倍で、発電コストは22.3円/kWh以上になります。原発は採算性が無くなっている、ということがいえるでしょう。

## ●原発で脱炭素社会を構築できるか

原子力発電の$CO_2$削減効果についてはSovacoolらが2020年に国際科学雑誌（Nature Energy）で研究成果を発表しています。この研究は、世界123ヵ国について過去25年以上の原子力発電、再生可能エネルギー、$CO_2$排出の関係を統計的に分析し、次の3点を明らかにしました。

第1に、原子力発電を推進しても国全体としての$CO_2$排出削減はもたらされませんでした。第2に、再生可能エネルギーを推進した場合、国全体で$CO_2$排出削減効果がみられました。第3に、原子力発電と再生可能エネルギーの普及には負の相関があることがわかりました。つまり、原子力発電を推進すると再生可能エネルギーが抑制され、逆に再生可能エネルギーを推進すれば原子力発電が抑制されるということです。この研究結果から、原子力発電を推進すると$CO_2$排出削減がもたらされず、かえって再生可能エネルギーを抑制し、$CO_2$排出削減ができなくなるということがわかりました。

## ●原子力発電による固有の環境問題

原子力発電には、重大事故の発生、事故後の放射能汚染処理、放射性廃棄物の処理処分などの固有の問題があります。

2011年福島第一原発でおきた原発事故によって、原発敷地外では周辺に深刻な放射能汚染がもたらされ、放射能汚染を避けるため、ピーク時には少なくとも16万人が避難を強いられました。また、生まれ育った土地が元の状態にもどらず、生活そのものをまるごと

失う「ふるさと喪失」被害も生じました。

　原発敷地内では、事故を起こした原子炉の事故処理が課題となっています。政府は、事故後30-40年で事故炉の廃炉作業を終了するとしていますが、燃料デブリ（核燃料と金属、コンクリートが混ぜ合わさった高レベルの放射性廃棄物）の取り出しだけで67-170年かかるとの研究もあります。

　燃料デブリ以外にも放射性廃棄物は大量に発生します。たとえば、低レベル放射性廃棄物のうち比較的レベルの高いL1廃棄物は、通常の大型原発を1基廃炉した場合の1000倍以上発生します。事故をおこしていない原発からも大量の放射性廃棄物が生じ、とくに、高レベル放射性廃棄物は10万年以上、人類社会から隔離しなければなりません。

　高レベル放射性廃棄物の処分は、しばしば国民の課題であるかのように扱われます。しかし、一般に、産業廃棄物の処分責任は事業者側にあります。原子力発電に限って、国民に責任があるとするのは、事業者の処分責任を免除することにつながります。特別扱いをやめ、産業に求められるあたりまえの原則を原子力事業者にとらせる必要があります。　　　　　　　　　　　　　〈大島堅一〉

［参考文献］
経済産業省発電コスト検証ワーキンググループ［2021］「基本政策分科会に対する発電コスト検証に関する報告」
松岡俊二［2021］「1F廃炉の将来像と『デブリ取り出し』を考える」『環境経済・政策研究』14(2)、43-47頁。
Benjamin K. Sovacool, Patrick Schmid, Andy Stirling, Goetz Walter and Gordon MacKerron (2020) *Differences in carbon emissions reduction between countries pursuing renewable electricity versus nuclear power, Nature Energy* Vol.5, pp.928-935.

# (69) 再エネ大量導入時代の電力システム (1)系統柔軟性

(59)でも示した通り、2050年には電源構成に占める再エネ比率が約9割にも達する絵姿が国際的に議論され現実味を帯びてきています。そのような時代の電力システムはどうあるべきでしょうか。

## ●集合化(アグリゲーション)という概念

日本では、太陽光や風力といったVRE(変動性再生可能エネルギー)は「不安定」「予測できない」というイメージが先行し、たとえば太陽光パネル1枚や風車1基の出力データのみを示してその変動性を過度に強調する例もみられます。しかし、電力システムはその百年近くの歴史の中でずっと需要(消費電力)の変動を時々刻々管理してきました。需要自体も家1軒単位ではなく、数十から数百万単位の出力を「集合化(アグリゲーション)」して電力システム全体で管理が行われています。したがって、太陽光や風力も各エリアで数から数百単位のVREの変動性を集合化して(太陽光の分野では「平滑化」とも呼ばれます)管理するのが一般的です。このような電力システムの運用の基本的な考え方が日本で十分知られていないこと自体が、再エネという新規テクノロジー導入の障壁の根本原因であるともいえます。この概念は(87)で後述する「アグリゲーター」にも共通です。

## ●柔軟性という概念

VREの変動を管理する際に日本では「バックアップ」設備が必要という言説も多く聞かれますが、VRE発電所一つにつき専用のバックアップ設備を持つことは経済的にも工学的にも合理性はありません。従来、需要の変動を管理する能力は予備力あるいは調整力と

## 図表1　IEAによる柔軟性の概念図

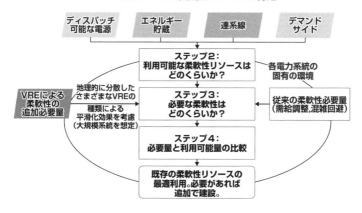

出典：IEA：Harnessing Variable Renewables, 2011を筆者翻訳。

## 図表2　柔軟性の選択肢の優先順位

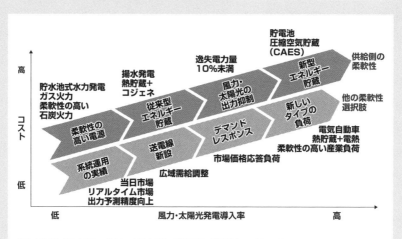

出典：IEA Wind Task25:ファクトシートNo.1風力・太陽光発電の系統連系, ファクトシートNo.1, 2021。

呼ばれ、伝統的には主に火力発電がこの能力を担ってきましたが、近年国際的に議論が進むのは「柔軟性（フレキシビリティ）」です。柔軟性は電力システム全体の変動を管理する能力であり、IEA（国際エネルギー機関）の分類では、①調整可能な電源（水力、コジェネ、火力など）、②エネルギー貯蔵（温水貯蔵、揚水、蓄電池、水素貯蔵など）、③連系線、④需要側（電気自動車、空調管理など）が供給源としてあげられます[※1]。

　**図表1**にIEAが提案した柔軟性の選択フローを示します。同じく**図表2**にIEAの専門家会合が公表した柔軟性の選択肢の優先順位を示します。これらのコンセプトは、既存の柔軟性供給源を探し、将来のVRE導入を予測しながらコストの安い順に柔軟性を活用するという点が特徴です。

　**図表3**および**4**にIEAが整理したVRE統合の6段階と世界のVRE導入状況を示します。VREの導入は一夜にして成るわけではなく、段階を経て徐々に進むものです。導入の初期段階では「顕著な影響を及ぼさない」「わずかもしくは中程度の影響を及ぼす」程度であり、将来発生する課題を理由にこの段階でVRE導入を遅らせる理由にはなりません。

　しかしながら、日本では、既存の柔軟性があまり省みられず、火力のみに頼ったり、いきなり高コストな蓄電池を補助金で導入しようとしたりと合理性のない対策や政策が取られがちです。蓄電池の導入が必要になるのは第4-5段階であり、日本政府が掲げる2030年再エネ36-38%（うちVREは20%台後半）程度の目標ではコストの高い蓄電池はまだ必要なく、エネルギー政策と産業政策がミスマッチを起こしている可能性があります。これも国際的に議論が進む「柔軟性」という概念が日本全体で希薄だからと推測されます。　　　〈安田　陽〉

## 図表3 IEAによるVRE統合の6段階

| 設備 | 説明 | 単価 |
|---|---|---|
| 1 | VREは電力システムに顕著な影響を及ぼさない | 既存の電力システムの運用パターンのわずかな変更 |
| 2 | VREは電力システムの運用にわずかなもしくは中程度の影響を及ぼす | |
| 3 | 電力システムの運用方法はVRE電源によって決まる | 正味負荷および潮流パターン変化の変動がより大きくなる |
| 4 | 電力システムの中でVREの発電がほとんど全てとなる時間帯が多くなる | VRE出力が高い時間帯での電力供給の堅牢性 |
| 5 | VREの発電超過（日単位～週単位）が多くなる | 発電超過および不足の時間帯がより長くなる |
| 6 | VRE供給の季節間あるいは年を超えた超過または不足が起こる | 季節間貯蔵や燃料生成あるいは水素の利用 |

出典：IEA：Status of Power System Transformation 2019 - Power system flexibility.

## 図表4 世界のVRE導入状況

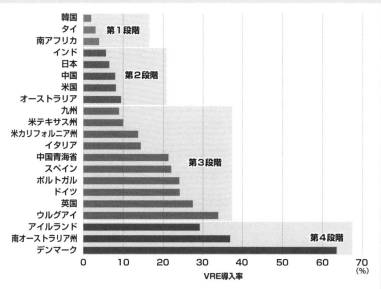

出典：IEA：Status of Power System Transformation 2019- Power System of flexibility,2019 のデータをもとに筆者作成。

---

［参考文献］

※1 International Energy Agency（IEA）［2011］Harnessing Variable Renewables.

# ㊼ 再エネ大量導入時代の電力システム（2）慣性問題

前節で示したようにVRE導入がまだ低い段階では、電力システムの設計や運用は現在と大きく変わりません。しかし、将来VRE導入率が徐々に増えていくと、新たな考え方や方法が必要となります。

## ●将来の課題としての慣性問題

　風力や太陽光といったVRE（変動性再生可能エネルギー）の多くは、インバータを介して電力システムとつながっており、これは従来の同期機と区別して非同期機と呼ばれます。電力システムの中で運転している同期機が相対的に少なくなると、同期機がもつ慣性の能力が失われ、電力システムの安定度が低下することが懸念されています。これが慣性問題です。

　**図表1**は慣性問題を説明するための概念図です。同期機は堅牢なチェーンで電力システムにつながっていますが、非同期機はゴムベルトでつながっています。電力システムに地絡や短絡などの事故があった際、需給バランスが一時的に崩れ系統周波数が急変しますが、従来型の同期発電機の回転質量がもつ慣性によって周波数の急変が自動的に緩和します**[→図表2実線]**。しかし非同期機は系統全体の周波数の変動には受動的に対応できるものの、系統周波数の急変を緩和するように電力システム全体に貢献できません。したがって、VREが増えると、系統事故時の周波数急変に対して慣性応答を供給できない**[→図表2点線]**という問題があります。

　VREの大量導入が進む欧州ではこの問題にいち早く対応し、**図表3**のような概念図が提案されています。図に示すとおり、パワーエ

## 図表1　同期発電機と非同期発電機の説明図

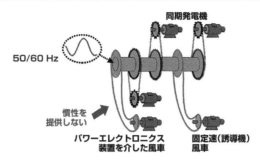

出典：IEA Wind Task25: 風力・太陽光発電の系統安定度への影響，ファクトシートNo.6, 2021。

## 図表2　系統事故時の周波数変動と慣性の影響

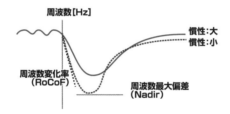

## 図表3　パワーエレクトロニクス電源大量導入時の系統安定度の概念図

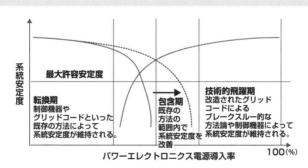

出典：MIGRATE: Massive Integration of Power Electronic Devices, 2019の図をもとに筆者作成.。

レクトロニクス電源（主に風力・太陽光）の導入率が増えると電力システムの安定度が徐々に低下し、一定の安全限界を越えると、他の同期機が連鎖的に解列して最悪の場合はブラックアウトにいたる可能性もあります。安定度の限界は電力システムによって様々ですが、おおむねVRE導入率30-50%程度で最大許容安定度を割り込むことが予想されます。

　慣性問題を考えるには国単位でなく、交流送電線で接続されている「同期システム」単位で考える必要があります。小規模な孤島の孤立系統を除き、単独の同期システムの中ではVRE導入率が高いアイルランド島、ついで米国の中でも他地域と交流連系線で接続されていないテキサス州や島国の英国で慣性問題が懸念されています。日本では北海道で2030年以降に問題が顕在化することが予想されます。

## ●各国で進む慣性問題の対策

　現在の技術で最も簡単にできる慣性問題対策は出力抑制であり、アイルランドでは図表4に示すように非同期機（主に風力）の瞬間導入率（SNSP）が50%以上になったら風車を出力抑制させていました。この値は現在までに75%まで引き上げられていますが、これは同期機の慣性応答と同じような応答をするための擬似慣性という制御方法を風車に組み込むことで安定度の低下をある程度回避できるからです。

　最終的に慣性問題を完全に解決するための方策として、図表5に示すようなグリッドフォーミング技術があげられます。この技術は従来型のグリッドフォローイングと異なり、パワーエレクトロニクス装置が従来型同期機とほぼ同じ性能で動作するもので、現在世界各国で研究開発が進んでおり、2030年頃には本格実用化が見込まれています。

　以上のように、世界では慣性問題を理由にVREの導入を遅らせ

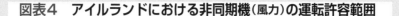

## 図表4　アイルランドにおける非同期機（風力）の運転許容範囲

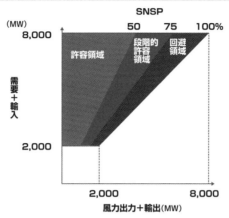

SNSP

許容領域

段階的許容領域

回避領域

(MW) 8,000

2,000

需要＋輸入

50　　75　　100%

2,000　　　　　　8,000

風力出力＋輸出（MW）

出典：EirGrid & SONI: All Island TSO Facilitation of Renewables Studies (2010) の図をもとに筆者加筆。

## 図表5　グリッドフォーミング（GFM）とグリッドフォローイング（GFL）

| | グリッドフォーミング（GFM） | グリッドフォローイング（GFL） |
|---|---|---|
| 基本性能 | 系統構築型電源 | 系統追従型電源 |
| 電源特性 | 電圧源 | 電流源 |
| 同期方式 | 電圧・電圧位相角特性による同期 | 位相同期回路（PLL） |
| オフグリッド運転 | 可 | 自立電源が必要 |
| 高度な慣性応答 | ○ | × |
| 周波数応答 | ○ | ○または× |

出典：電力50編集委員会: 電力・エネルギー産業を変革する50の技術, オーム社 2021 の表をもとに筆者微修正。

るのではなく、導入を加速させながら**図表3**の包含期で既存の技術や制度の範囲内で系統安定度を改善し、その間に技術的飛躍を進めようとする方向で、しのぎを削る研究開発が進められています。

〈安田　陽〉

# ㉛ 再エネ大量導入時代の送電網とエネルギー貯蔵

㉖で示した通り、VRE大量導入のための柔軟性の向上には、連系線(送電線)の増強やエネルギー貯蔵の追加が考えられます。これらはどのようにバランスを取って計画すればよいでしょうか?

## ●電力自由化時代における系統計画

電力自由化・発送電分離以前は、垂直統合された電力会社が発電および送配電を含む電力系統の計画のほとんどすべてを担っており、いわば社会主義的「計画経済」の考え方でした。電力自由化後は発電部門は市場競争に委ねられるため、将来の電力需要の増加や減少に対応して「いつ・どこに・どれだけ」の電源を準備するかは不確実性をともなうことになります。このような状況の中で送電網はどのように計画すべきでしょうか。

系統計画に関して政策レベルとして着目すべきものとしては、EUの「PCI(共通利益プロジェクト)」があげられます[※1]。PCIに認定されるためにはCBA(費用便益分析)が必要で、これが科学的方法論にもとづく意思決定のツールとなります。**図表1**にPCIに認定された送電インフラのマップを示します。欧州はこのPCIに従って2010年代より科学的方法論にもとづき優先順位を決め、電力インフラの拡張を進めてきました。

国際レベルでは、IRENA(国際再生可能エネルギー機関)が主に発展途上国のために系統計画のための様々な解析ツールや概念を紹介しています。**図表2**は系統計画にあたってのタイムフレーム(解析対象期間)や時間解像度と各種解析モデルの関係を示したものです。この

## 図表1　EUの共通利益プロジェクト（PCI）に認定された送電インフラ

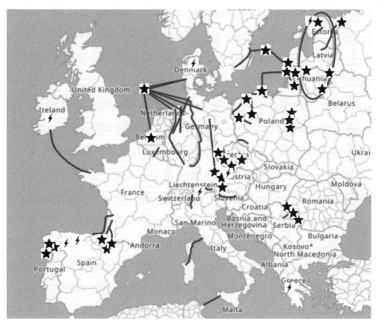

出典：European Commission website "Energy – Project of Common Interests.
注：★は変電所、⚡は蓄電設備、一は送電線を表しています。

## 図表2　エネルギーシステム計画の各種モデル

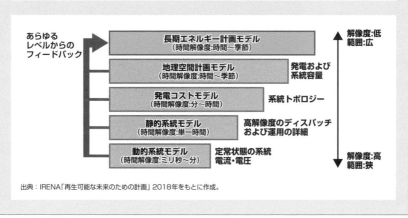

出典：IRENA「再生可能な未来のための計画」2018年をもとに作成。

ように電力自由化が進んだ国や地域では、工学的・経済学的シミュレーションによって複数のシナリオのCBAを行い、社会コストを最適化することによって、不確実性を含む将来の電力システムの投資に関する意思決定を行っています。日本でも電力広域的運営推進機関で広域連系系統のマスタープランを定める際に、CBAにもとづく定量評価が行われつつあります※2。

## ●ESS（エネルギー貯蔵システム）の優先順位

⑥⑨で論じた通り、ESS（エネルギー貯蔵システム）は最初の選択肢にはなりません。なぜならば多くの国や地域では他の既存の柔軟性供給源が存在し、さらに各種ESSの中でも温水貯蔵や揚水発電があるため、定置型蓄電池や水素貯蔵の必要性が出てくるのはそれらの柔軟性資源を使い果たしたあとになるからです。**図表3**はデンマークが試算した各種ESSのコスト比較ですが、この図から温水貯蔵は最も低コストで確立された技術であることがわかります。熱貯蔵（さらには電気自動車の車載蓄電池）と電力システムの協調はセクターカップリングと呼ばれ、⑥⑨で述べた柔軟性の有力な供給源として国際議論が進んでいます※3。しかし日本ではこのような議論は希薄であり、エネルギー分野でのCBAの概念が希薄なこともあって、コストの高い手段から選択されがちです。

また、送電網の増強・拡張とESSのどちらの選択肢を取るべきかにも本来、CBAが必要です。たとえばMISO（米国大陸中部独立系統運用機関）の試算によると、ESSに偏重すると結果的に高コストであり、最適解はかなりの程度の送電網増強とわずかなESSの導入となることが明らかになっています[→**図表4**]。　　　　　〈安田　陽〉

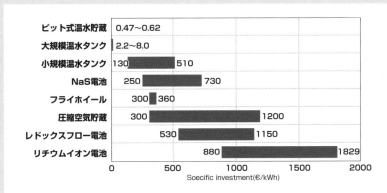

**図表3　デンマークにおける各種エネルギー貯蔵技術のコスト試算**

ピット式温水貯蔵　0.47~0.62
大規模温水タンク　2.2~8.0
小規模温水タンク　130　510
NaS電池　250　730
フライホイール　300　360
圧縮空気貯蔵　300　1200
レドックスフロー電池　530　1150
リチウムイオン電池　880　1829

Soecific investment(€/kWh)

出典：Danish Energy Agency: Technology Data for Energy Storage, 2018 - updated 2020のデータをもとに筆者作成。

**図表4　米国MISOエリアにおける送電線増強の試算**

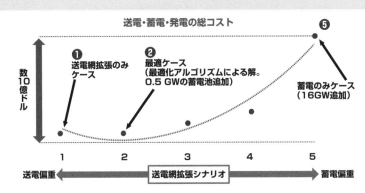

送電・蓄電・発電の総コスト

❶ 送電網拡張のみケース
❷ 最適ケース（最適化アルゴリズムによる解。0.5 GWの蓄電池追加）
❺ 蓄電のみケース（16GW追加）

数10億ドル

送電偏重　送電網拡張シナリオ　蓄電偏重

出典：Midcontinent Independent System Operator (MISO): MISO's Renewable Integration Impact Assessment (RIIA), 2021.

［参考文献］

※1　European Commission website *Energy – Project of Common Interests*
（http://ec.europa.eu/energy/infrastructure/transparency_platform/map-viewer/）
※2　電力広域的運営推進機関　広域連系系統のマスタープラン及び系統利用ルールの在り方等
に関する検討委員会事務局［2022］「マスタープラン検討に係る中間整理」。
※3　IRENA［2018］*Power System Flexibility for Energy Transition Part 1: Overview for Policy Makers.*

## ⑤ エネルギー輸送・貯蔵、分散型エネルギーシステム

# ㊂ セクターカップリング

脱炭素社会のために再エネ100%へエネルギーシステム全体を転換する場合、需要に対して余剰となる大量の再エネ電力を熱や燃料に変換し、電力セクター以外でも利用できるようにするセクターカップリングが有効です。

### ●セクターカップリングの重要性

世界全体のエネルギー消費量に対して熱セクターが占める割合は約50%であり、再エネへの転換は1割程度しか進んでいません。約30%を占める交通セクターでは、再エネへの転換はわずか4%程度しか進んでいないのが現状です[→図表1]※1。一方、電力セクターは世界全体でも3割程度まで再エネへの転換が進んでおり、欧州では平均で約4割、国によっては5割以上が再エネに転換されています。デンマークのように2030年に向けて電力セクターで再エネ100%をめざす国もあり、2050年の脱炭素化に向けては電力セクターを再エネ100%にするだけではなく、エネルギー消費全体を再エネ100%にするシナリオやロードマップが多くの研究で示されています※2。2050年までの脱化石燃料をめざすデンマークでは、セクターカップリングより再エネ100%のロードマップを描いています[→図表2]。

### ●電化によるセクターカップリング

太陽光発電や風力発電が大量に導入され、電力セクターの再エネへの転換が進むと、VRE（変動性再生可能エネルギー）の割合を高めるため、電力システムの柔軟性(Flexibility)が必要になります。初期の段階では、給電ルールによる発電所の出力制御や蓄電池（揚水発電を含む）などが有効ですが、VREの割合が高くなるに従って、需要側の

## 図表1　世界のエネルギー需要に占める各セクターの割合（2019年）

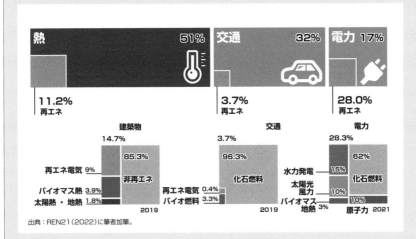

出典：REN21（2022）に筆者加筆。

## 図表2　デンマークの再エネ100％エネルギーシナリオ

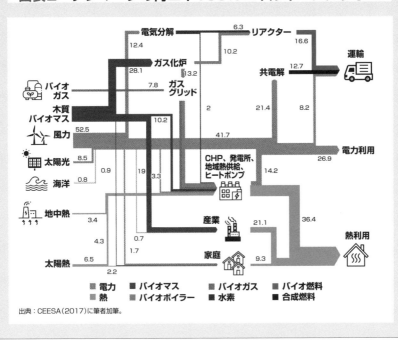

出典：CEESA（2017）に筆者加筆。

制御（デマンドレスポンス）とあわせて熱セクターや交通セクターの電化が有効になります。熱セクターの電化は、Power-to-Heat（P2H）とも呼ばれ、冷暖房や給湯のためのヒートポンプ技術が重要な役割を果たします。欧州では地域熱供給でヒートポンプや電気ボイラーと蓄熱システムを組み合わせて、電力と熱供給のセクターカップリングを実現しています[※3]。一方、交通セクターでは、EV（電気自動車）が重要な役割を果たし、従来のガソリンなどを使用する化石燃料車からの転換が進んでおり、インフラの整備や補助金などで多くの国で交通セクターの電化を進める政策が実施されています。

## ●水素を介したセクターカップリング

　熱セクターおよび交通セクターの電化が進むなかで、電化が難しい熱供給設備、交通機関および産業設備に対して、再エネ電気からの水素や、水素を介して製造されるガスや燃料の活用が検討されています[→図表3]。このセクターカップリングは、Power-to-X（PtX）とも呼ばれ、余剰のVREの電気から、水電解装置により水素を製造し、その水素とカーボン（持続可能なバイオマスなどから）を組み合わせてガス（メタネーション）や燃料（e燃料）を合成します。デンマークでは、すでにこのPtXに関する国家戦略を打ち出しており、電化が難しい船舶・航空燃料、長距離輸送トラックなどで活用されることを想定して、その製造のためのサプライチェーンやインフラ整備について検討をしています[→図表4][※4]。　　　　　　　　　　〈松原弘直〉

## 図表3　セクターカップリングのイメージ

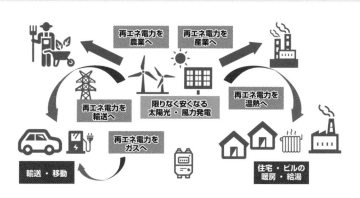

出典：Clean Energy Wire資料にISEP加筆。

## 図表4　デンマークにおけるPtX（セクターカップリング）の利用方法[4]

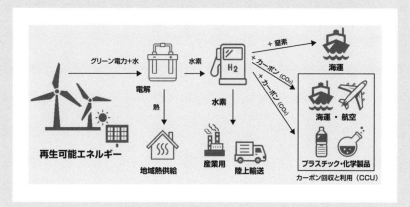

［参考文献］
※1　REN21［2022］*Renewables 2022 Global Status Report.*
※2　C.Breyer et al.［2022］*On the History and Future of 100% Renewable Energy Systems Research, IEEE Access* vol.10.
※3　デンマークエネルギー庁［2021］「デンマークの電力システムにおける柔軟性の発展とその役割」
※4　デンマークエネルギー庁［2021］「デンマークのPtX戦略」

# (73) 地域エネルギーシステム
## 熱供給とマイクログリッド

> 地域に適合する分散型エネルギーシステムは、地域における再生可能エネルギー利用や災害時に対するレジリエンスの強化に貢献すると期待されています。

　大型発電所に加え、再生可能エネルギーやコージェネレーションなど小型分散型電源の導入が拡大しています。太陽光やバイオマス燃料などの再生可能エネルギーは地域に賦存する資源であり、地域分散型エネルギーシステムと親和性が高いといえます。地域に発電あるいは熱源が分散して導入されると、たとえば台風などの災害によって停電が発生しても、地域内である程度のエネルギーを供給でき、災害等に対する地域のレジリエンス(強靭性)にも貢献します。

　分散型電源や蓄電池を取り込んだ小規模な電力ネットワークをマイクログリッドと呼びます。マイクログリッドは常時は電力系統に接続していますが、非常時には系統と切り離して独立して電力を供給する機能を持ちます[※1]。日本でもいくつか事例があり、たとえば**図表1**および**2**の千葉県睦沢町に立地するCHIBAむつざわエナジー[※2]は、道の駅と隣接する住宅地区に電力を供給する事業を行なっています。2019年9月の台風15号による送電網の被害により地域が停電したときに、道の駅と住宅地区に独立して電力を供給したことが知られています。また、コージェネレーションの熱を使用した温浴施設を地域住民に開放し、地域の安心に大きく貢献しました。

　工場団地に立地する複数の工場を対象に電力と熱を供給するマイクログリッド[※3]もあります[→**図表3**]。工場間は自営線(電力会社ではな

## 図表1　CHIBAむつざわエナジー事業イメージ

住宅ゾーン
（自営線供給）

道の駅Aゾーン
（太陽光、太陽熱、コジェネ設置）

完成イメージ

道の駅Bゾーン
（面的利用対象外）

出典：CHIBAむつざわエナジー。

道の駅に再エネとコージェネレーションが設置され、隣接する住宅地区に自営線を通じて
電力が供給される。

## 図表2　分散型エネルギーシステムの構成

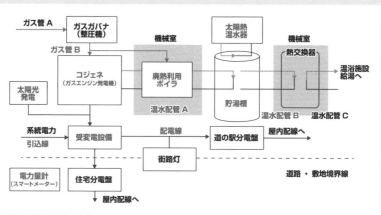

出典：CHIBAむつざわエナジー。

都市ガスを燃料とするガスエンジンコージェネが電力と熱を製造する。電力の一部と熱は
道の駅で利用され、残りの電力は住宅地で消費される。

く自前で配電線を整備したもの）で接続され、自立して運転されます。また、距離が離れた事業所間で電力を送る自己託送という仕組みもあります。これは既存の送配電網を借りて自分で発電した電力を送るものであり、託送料金を電力会社に支払います。

　一方、エリア内で温熱・冷熱を供給するネットワークもあります。通常は建物ごとにあるボイラなどの熱源機を1ヵ所にまとめて管理・運転することにより、大規模化・高効率化や環境対策を容易にすることがねらいです。歴史的には、ヨーロッパで石炭による大気汚染を回避するためボイラをまとめて集中化させたことから始まりました。都市の中心部に立地する大型のものは地域熱供給（地域冷暖房）と呼ばれます。コージェネレーションは電力と熱を同時に供給することから、地域熱供給の熱源としても機能します。

　デンマーク・コペンハーゲンではごみ発電排熱を回収して都心部に輸送し、熱供給するシステムが整備されています※4。郊外の小規模な集落では、大規模な太陽熱集熱器の温水を巨大な水槽に蓄熱し、季節をまたいだ熱負荷がされている例があります※4。風力発電が多く立地するヨーロッパでは、風力出力が多い時間帯は電力価格が下がるため、それをふまえて熱供給システムの運転管理が行われます。コージェネレーションの電力と熱の供給バランスを独立して調整するために巨大な蓄熱タンクを保有するケースもあります※4。

　マイクログリッドや地域での面的な熱供給システムは、地域に賦存する再生可能エネルギーや廃棄物などのエネルギー資源を有効利用する役割を担います。ヨーロッパでは小規模な集落でも熱導管が整備されている事例が多数あります。日本ではまだ限定的ながら、木質燃料を用いた地域内の熱供給が岡山県西粟倉村などで行われています[→図表4]。分散型エネルギーシステムは地域のレジリエンスやCO₂排出抑制など多面的な価値を持ち、地域における課題解決と一体的にとらえて計画・導入することが課題といえます。〈秋澤　淳〉

## 図表3　清原工場団地におけるエネルギー供給

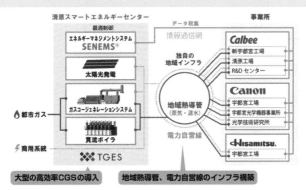

出典：コージェネ大賞2020優秀事例集。

工場団地内は自営線と熱導管でネットワークされ，複数の事業所のエネルギー需給が管理されている。

## 図表4　西粟倉村に導入された木質燃料ボイラと熱導管

チップ投入口

チップボイラ

熱導管

木質チップを受け入れ、ボイラで燃焼して80℃の温水を製造し、熱導管によって村内の小中学校や公共施設等に熱を供給する。

［参考文献］
※1　住環境計画研究所［2021］「マイクログリッドの導入事例に関する調査報告書」。
※2　CHIBAむつざわエナジー「CHIBAむつざわエナジーホームページ」（ https://mutsuzawa.de-power.co.jp/wordpress/871：2022年7月アクセス）
※3　コージェネ財団［2021］「コージェネ大賞2020　優秀事例集」18-19頁。
※4　State of Green［2020］『地域熱供給白書』。

# ⑦④ Vehicle to Homeによる EV蓄電池の活用

EV（電気自動車）への移行が世界的に予想されています。EVは大型の蓄電池を搭載していることから、昼間に余剰となるPV電力を蓄え、家庭やオフィスなどへ給電する機能が期待されます。

　運輸部門からの$CO_2$排出量を低減するために、世界的にガソリン／ディーゼル車からEV（電気自動車）に移行することが予想されています。**図表1**に示すように日本においてもEVの台数が増えつつあり、また充電インフラの普及も進められています。**図表2**より自動車購入時に電気自動車を第1位に考える比率が過去4年間で増加傾向にあります。EVは40kWh程度の蓄電池を搭載し、1回の充電で約300km走行できるとされています。一方、都市部の家庭では自動車の稼働率は低く、大部分の時間は家に停車しているのが実態です。したがって、EVの蓄電池を定置用蓄電池の代わりとして利用し、昼間にPV（太陽光発電）の余剰電力を蓄電して、夜間に住宅に供給する使い方が可能となります。これはV2H（Vehicle to Home）と呼ばれます。その他、オフィスなどの建物に給電するV2B（Vehicle to Building）や電力系統に逆潮流するV2G（Vehicle to Grid）などへの展開も考えられています。V2H等の機能を実現するためには、蓄電池から出力される直流を交流に変換し、建物側の電力ネットワークと接続します。**図表3**より大都市圏を中心に、すでにV2Hが広まっていることがわかります。

　EVが日常的に走行するために必要な蓄電分を除いても、車載蓄電池には十分な余裕があります。脱炭素の観点からみれば、この余

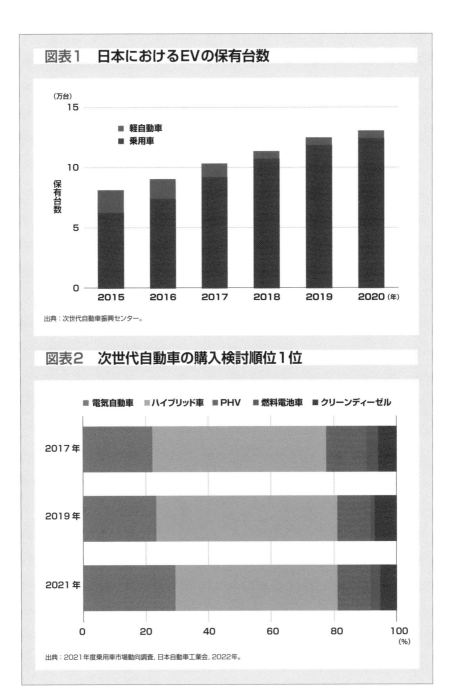

## 図表1　日本におけるEVの保有台数

（万台）

軽自動車
乗用車

保有台数

2015　2016　2017　2018　2019　2020 (年)

出典：次世代自動車振興センター。

## 図表2　次世代自動車の購入検討順位1位

■ 電気自動車　■ ハイブリッド車　■ PHV　■ 燃料電池車　■ クリーンディーゼル

2017年

2019年

2021年

0　　　20　　　40　　　60　　　80　　　100
(%)

出典：2021年度乗用車市場動向調査, 日本自動車工業会, 2022年。

力を再生可能エネルギーの有効利用に活用することが期待されます。住宅に設置されたPVは昼間に出力が増えますが、住宅の電力負荷は夜間が主であるため、昼間は余剰となります。系統に売電する料金は高くないので、EVに蓄電して夜間に使用することが経済的に合理的です。一方、電力系統において昼間にPVの出力が電力需要よりも多い場合には発電抑制がかかる仕組みになっており、せっかくの再生可能電力が利用される機会を失います。そのため、昼間にEVに蓄電できれば、昼間の見かけの電力需要を増加させることになり、PVの余剰となる電力を取り込むことにつながります。ヨーロッパでは再生可能電力が卓越する時間帯は電力の市場価格が低下します。日本でもPV発電が卓越する昼間は電力料金が下がると考えられ、EVなどの蓄電池に充電するインセンティブとなります。EVの蓄電機能は再生可能電力が主流となる時代において、需給調整機能を提供する社会的な役割を持つといえます。

　さらに、V2H機能があれば、電力系統が災害等で停電になっても、EVの車載蓄電池は独立して住宅や建物に電力を供給できます[→**図表4**]。また、住宅や建物にPVが設置されていれば、昼間にPV電力を蓄電することにより、非常時が継続する場合にも独立した電力供給をある期間保つことが可能となります。

　EVは自動車の非化石燃料化だけではなく、地域分散型エネルギーシステムを構成する技術と理解できます。地域がマイクログリッドのような技術で接続されたときには、地域にある複数のEVの蓄電池がエネルギーマネジメントシステムによって統合的に運用されると予想されます。将来的には、地域に導入されたPVなどの再生可能エネルギーやコージェネレーションなどの分散型エネルギー源とEVの蓄電池が整合的に運用されることが期待されます。

〈秋澤　淳〉

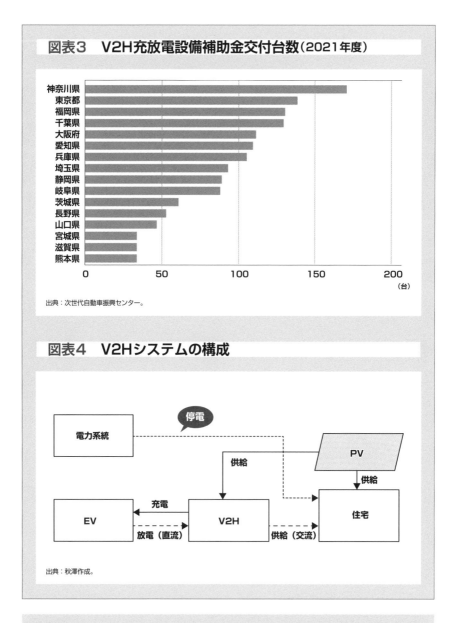

### 図表3　V2H充放電設備補助金交付台数（2021年度）

| 都道府県 | 台数（目安） |
| --- | --- |

出典：次世代自動車振興センター。

### 図表4　V2Hシステムの構成

出典：秋澤作成。

［参考文献］

環境省「ZERO CARBON DRIVE Let'sゼ ロ ド ラ‼」（ https://www.env.go.jp/air/zero_carbon_drive/ index.html ）

# 第4章

# 元気な社会を創る脱炭素

## 概要

　第4章では、社会を脱炭素に転換することで、日本経済と地域の活性化につながる可能性があることを理解します。

### ●「脱炭素」で日本経済と地域を活性化する

　日本のエネルギーの多くは輸入され、変換を経て利用されていますが、その過程で大きな損失が生じています。また、エネルギーは、日本の輸入額の20-30%を占め、地域レベルでも多いところでは自治体の一般会計予算の半分から3分の1にあたる金額をエネルギー代として地域外へ支払っており、大きな経済的損失です。それらエネルギーを地域にある再エネで代替すれば、地域は豊かになるはずです。しかし、日本では地域にある再エネ発電設備からの売電収益が地域のものになっておらず、立地をめぐるトラブルが増えている現状もあり、再エネで地域経済効果を高めるための政策対応が求められています。

　日本のエネルギー構造は、戦後長く垂直統合・地域独占体制と輸入火力中心の電源構成が続き、その体制からなかなか脱却できず、国際的に再エネ転換に出遅れたかたちです。とはいえ、日本でも電力自由化は部分的に導入され、2016年の電力の小売全面自由化で、多くの新電力(小売電気事業者)が設立され、一般消費者も電力会社や料金メニューを自由に選択できるようになりました。その選択基準として、誰がどのようにつくり、その利益を誰が享受し、どう利益分配されているのか、将来の安価で安定的なエネルギー供給につなげる視点で、消費者も考え行動する必要があります。

　脱炭素投資とその効果(エネルギー支出削減額や雇用創出額など)検証も、マクロ経済対策として位置づけられ、再エネへのエネルギー転換に

ともなう雇用転換をどのようにスムーズかつ「公正に」進めるかは世界共通の課題です。日本でも大きな影響が懸念されますが、かつて経験した炭鉱閉鎖による雇用転換と比較すると、その影響は小さいとも考えられていますし、そもそも火力発電所等大規模集中型エネルギー事業は地域経済効果に乏しいという事実もあります。地域分散型エネルギーシステムのシナリオを、地域の事業と雇用の創出と共に描き地域経済効果を高めることが脱炭素投資のあり方です。

## ●電力市場を再エネ拡大に合わせる

変動性エネルギーの大量導入時代に備え、予測・調整など要素技術開発のみならず、電力市場の需給調整に柔軟性を持たせるための制度設計など、電力システム改革が急務です。新たな発電所へ投資を促す仕組みも必要です。日本では、再エネの持つ変動性への調整は火力しかないと考えられてきましたが、欧州では電力の需給調整をアグリゲーターが市場取引を通じて担い、再エネの変動性を再エネ自身が助ける調整事例も見られるようになっています。

## ●全分野で政策を進める

再エネ普及においては、供給（技術）側を後押しする政策と、需要（市場）側から普及を促す政策が必要ですが、日本ではそれらを有効に機能させるべき、再エネを主力電源化するための市場設計や制度設計が中途半端といった課題もあり、各分野での対策も進みづらい現状があります。情報の分析や見える化、適切な進捗評価指標が求められます。

民間ベースでは、国際的に強まるRE100の流れにいち早く対応しようと、脱炭素経営の取組みが活発化していますし、地域脱炭素を小規模自治体やコミュニティレベルでも支えていくためには、欧州の中間支援組織や、ローカル・アジェンダ（持続可能な地域社会を市民参加型の戦略策定・実践プロセスで行うための行動計画）の取組みも参考になります。

〈重藤さわ子〉

# ㊵ 日本のエネルギーの現状
## 資源から変換・利用まで

その多くが輸入され、変換をへて利用されているエネルギー。日本の現状を統計から概観するとともに、種類・分類と変換効率を概説することで、将来の再生可能エネルギー社会への道筋を探ります。

## ●エネルギーバランス表

　日本でのエネルギーの流れをまとめた表をエネルギーバランス表といいます。**図表1**(ⓐ)は供給・転換で、黒/赤字は"＋／－"を表します。**図表1**(ⓑ)は消費で、逆に使う方を黒字で記載しています。

　人類は原油、石炭などの化石燃料、ウラン、太陽光、水力など自然界で得られる「一次」エネルギー(表1行目赤茶)を変換し、電気などの「二次」エネルギー(グレー)として使用してきました。水素は資源量がほぼゼロで、エネルギーを持たない水の電気分解や化石燃料からつくるので「二次」です。なお、他国で加工された「二次」でも日本に輸入された場合には「一次」として扱うことに注意が必要です。

## ●転換、特に電力への転換(変換)と効率

　化石燃料からはそれぞれ特有の製品がつくられ、また、電力にもなりますが、原子力と(使用しても短い期間内に再び自然に補充される水力などの)再生可能エネルギーは主に直接電気に変換されます。これらを行う石油精製や電力会社をエネルギー転換業といい、様々な一次エネルギー(赤字)を用いて、製品(黒字)をつくります。事業用発電では、太字のように3043という電力をつくり、合計は4104(環境に放出された熱ロス)で、3043+4104＝7147はその左の全赤字の合計、すなわち使用した全一次エネルギーです。このときの効率は、42.6%

## 図表1　日本のエネルギーバランス表

### (a)一次と転換

| 1) 2020年度エネルギーバランス表 総発熱量基準、P(ペタ、10^15)J | 石炭 | 石炭製品 | 原油 | 石油製品 | 天然ガス | 都市ガス | 再生エネ | 水力発電 | 揚水 | 未活エネ | 原子力発 | 電力 | 熱 | 合計 |
|---|---|---|---|---|---|---|---|---|---|---|---|---|---|---|
| 2) 一次エネルギー供給 | 4488 | 69 | 5321 | 1222 | 4272 | 1 | 1196 | 666 | 0 | 541 | 328 | 0 | 0 | 17965 |
| 国内産出 | 18 | 0 | 19 | 0 | 90 | 0 | 1107 | 666 | 0 | 541 | 328 | 0 | 0 | 2768 |
| 輸入 | 4470 | 26 | 5209 | 1933 | 4179 | 0 | 89 | 0 | 0 | 0 | 0 | 0 | 0 | 15906 |
| 輸出 | 0 | 94 | 0 | 744 | 0 | 0 | 0 | 0 | 0 | 0 | 0 | 0 | 0 | 839 |
| 供給在庫変動 | 0 | 0 | 93 | 33 | 2 | 1 | 0 | 0 | 0 | 0 | 0 | 0 | 0 | 129 |
| エネルギー転換 | 4158 | 887 | 5320 | 4406 | 4221 | 992 | 1185 | 666 | 0 | 511 | 328 | 3254 | 816 | 6034 |
| 3) 石炭製品製造 | 1337 | 1262 | 0 | 13 | 0 | 0 | 0 | 0 | 0 | 5 | 5 | 0 | 0 | 94 |
| 石油製品製造 | 0 | 0 | 5302 | 5256 | 2 | 0 | 20 | 0 | 0 | 0 | 0 | 0 | 113 | 176 |
| ガス製造 | 0 | 0 | 0 | 78 | 1604 | 1680 | 0 | 0 | 0 | 0 | 0 | 0 | 0 | 2 |
| 事業用発電 | 2458 | 112 | 25 | 205 | 2673 | 196 | 380 | 641 | 0 | 131 | 328 | 3043 | 0 | 4104 |
| 自家用発電 | 172 | 96 | 0 | 156 | 43 | 111 | 618 | 25 | 0 | 193 | 0 | 574 | 0 | 839 |
| 自家用蒸気発生 | 212 | 58 | 0 | 273 | 22 | 188 | 165 | 0 | 0 | 178 | 0 | 0 | 914 | 183 |
| 地域熱供給/他転換・品種振替 | 0 | 0 | 0 | 31 | 162 | 169 | 1 | 0 | 0 | 3 | 0 | 3 | 21 | 38 |
| 自家消費・送配損失 | 13 | 107 | 0 | 184 | 13 | 23 | 0 | 0 | 0 | 0 | 0 | 360 | 6 | 707 |
| 転換・消費在庫変動 | 33 | 1 | 6 | 27 | 31 | 0 | 2 | 0 | 0 | 1 | 0 | 0 | 0 | 33 |

### (b)最終利用

| エネルギーバランス表(続) | 石炭 | 同製品 | 原油 | 同製品 | 天然G | 都市G | 再生 | 水力発電(揚水除く) | 揚水発電 | 未活 | 原子 | 電力 | 熱 | 合計 |
|---|---|---|---|---|---|---|---|---|---|---|---|---|---|---|
| 4) 統計誤差 | 5 | 35 | 0 | 102 | 4 | 0 | 0 | 0 | 0 | 0 | 0 | 35 | 42 | 152 |
| 5) 最終エネルギー消費 | 335 | 783 | 0 | 5730 | 55 | 992 | 10 | 0 | 0 | 30 | 0 | 3289 | 858 | 12082 |
| 5a 企業・事業所他 | 335 | 783 | 0 | 2587 | 55 | 558 | 4 | 0 | 0 | 30 | 0 | 2274 | 857 | 7483 |
| 農林水産鉱建設業 | 0 | 0 | 0 | 367 | 4 | 3 | 0 | 0 | 0 | 0 | 0 | 39 | 1 | 413 |
| 製造業 | 335 | 775 | 0 | 1736 | 51 | 243 | 0 | 0 | 0 | 30 | 0 | 1138 | 791 | 5098 |
| 食品飲料 | 0 | 0 | 0 | 26 | 0 | 32 | 0 | 0 | 0 | 0 | 0 | 88 | 92 | 237 |
| 繊維 | 0 | 0 | 0 | 5 | 0 | 5 | 0 | 0 | 0 | 0 | 0 | 26 | 38 | 74 |
| パルプ・紙・紙加工品 | 0 | 0 | 0 | 13 | 0 | 5 | 0 | 0 | 0 | 1 | 0 | 96 | 176 | 291 |
| 化学工業(含石油石炭製品) | 2 | 48 | 0 | 1518 | 26 | 23 | 0 | 0 | 0 | 2 | 0 | 179 | 302 | 2100 |
| 窯業・土石製品 | 120 | 12 | 0 | 74 | 5 | 26 | 0 | 0 | 0 | 25 | 0 | 60 | 20 | 342 |
| 鉄鋼 | 212 | 706 | 0 | 38 | 16 | 69 | 0 | 0 | 0 | 1 | 0 | 218 | 85 | 1345 |
| 非鉄金属 | 1 | 7 | 0 | 14 | 1 | 13 | 0 | 0 | 0 | 1 | 0 | 43 | 9 | 90 |
| 機械 | 0 | 2 | 0 | 37 | 0 | 58 | 0 | 0 | 0 | 0 | 0 | 322 | 34 | 455 |
| 他製造業 | 0 | 0 | 0 | 12 | 0 | 12 | 0 | 0 | 0 | 0 | 0 | 105 | 36 | 165 |
| 業務他(第三次産業) | 0 | 9 | 0 | 484 | 0 | 312 | 4 | 0 | 0 | 0 | 0 | 1097 | 65 | 1972 |
| 5b 家庭 | 0 | 0 | 0 | 514 | 0 | 433 | 6 | 0 | 0 | 0 | 0 | 952 | 1 | 1908 |
| 5c 運輸 | 0 | 0 | 0 | 2629 | 0 | 1 | 0 | 0 | 0 | 0 | 0 | 62 | 0 | 2692 |
| 旅客 | 0 | 0 | 0 | 1458 | 0 | 0 | 0 | 0 | 0 | 0 | 0 | 60 | 0 | 1517 |
| 貨物 | 0 | 0 | 0 | 1171 | 0 | 1 | 0 | 0 | 0 | 0 | 0 | 3 | 0 | 1175 |
| 5d 非エネルギー利用(最終消費内数) | 0 | 19 | 0 | 1400 | 11 | 0 | 0 | 0 | 0 | 0 | 0 | 0 | 0 | 1430 |

出典：経済産業省資源エネルギー庁「集計結果又は推計結果（総合エネルギー統計）」（ https://www.enecho.meti.go.jp/statistics/total_energy/results.html ）をもとに筆者作成。
注：四捨五入による丸め誤差のため、「合計」は各数字の合計と一致しないことがある。

（＝3043/7147）となり、発電端効率と呼ばれます。最終エネルギー消費にいたるまでには、自家消費、送配電ロス分、揚水発電によるロスもあり、受電端効率はさらに下がります。

化学エネルギー間の変換や熱への変換をしている転換業者では、表中の合計すなわち損失量は、黒字の製品の生産量に対して比較的わずかです。石油精製では必要なエネルギーは原油自体から得るので若干マイナスですが、都市ガス製造の場合には、損失はほぼゼロです。主原料に－162℃のLNGが用いられており、冷熱は統計に入っていませんが、これこそ有効に仕事に変えることができる源であり、気化熱は海水から得ることができるため、損失が小さいのです。

エネルギーはいつも保存されていますが、上記の損失分は環境温度の熱として放出され、取り出せる仕事量は減ってゆくのです。一方電気でエアコンを動かせば、使った電気量の数倍の熱を環境から室内に取り込めるので、電気は有効性が高いエネルギーといえます。

## ●統計と発電効率

じつはこの表では、まず石炭から都市ガスまでの化石燃料起源の燃料の総発熱量基準で発電効率を計算し、他の一次エネルギーの値はその効率値を使って割り戻しています。他の一次エネルギー値を個別に定義することが難しく、ほとんどが電力に変えられて用いられているためですが、将来変更される可能性はあります。

**図表3**に、一般的な一次エネルギーの定義にもとづく、様々な発電方法による発電効率を簡単に示します。火力発電は43%で、先ほどの数字とほぼ一致しますが、原子力で核分裂のエネルギー基準の効率は33%、水力で水の位置エネルギー基準の効率は80%です。この定義では、前述に比べ原子力の一次エネルギー値は大きく、水力は小さくなります。世界の近年の一次エネルギー統計でも、**図表1**と同じ手法では原子力も水力も6%程度、一方**図表3**の定義では水力は3%以下となり、注意が必要です。　　　　　〈小島紀徳〉

注：図表1、2の各行先頭記載の数字を用いて記します。

1a) 総/Gross（高位/Higher）発熱量/Heating Value(G/HHV)：水素を含む化合物を燃焼させたときの水の凝縮熱を含めた発熱量。国際的・諸外国では凝縮熱を含まない真/Net（低位/Lower）発熱量(N/LHV)も多用。b)単位PJで記載（原典ではTJ）。c)再生エネには、再生可能エネルギーとされる地熱、太陽光発電、太陽起源の力学的エネルギーである風力や植物が蓄えた化学的エネルギーであるバイオマスを含む。一方同じ太陽起源の位置エネルギーである水力発電は昔から使われていたため別枠。d)夜間等の余剰電力の蓄積に使用される揚水発電は元表にはあるが値は全てゼロのため略。e)未活用エネルギーには廃棄物や廃材、廃熱などを含む。f)原子力発（電）は元素が変わるときに発生する核エネルギー。

2a)日本における総供給エネルギーの内訳は、国内算出＋輸入−輸出＋在庫からの供給。原子力発電原料のウランは「物」として輸入されるため、この統計では国内算出に分類。b)日本では電力は海外から直接電力を輸入できないため電気の輸入はゼロ。

3)本行の下はエネルギー転換（物理学では通常「変換」という）の内訳。業者にとっての一次エネルギー源（赤すなわち使用するのでマイナス）から二次エネルギー（プラス）へ変換。

注2：図表1中の【2)一次供給＋3)転換】＝図表2中の【4)統計誤差＋5)最終消費】

5)最終エネルギー消費は以下の5a〜5cの総計。5a)一次〜三次産業まで。生産額当たりのエネルギー消費量が大きい鉄鋼・化学・窯業等をエネルギー多消費型産業と呼ぶ。業務他と5b)家庭とを合わせて「民生」ともいう。5c)輸送には旅客と貨物を含むが、旅客中電気の大部分が鉄道に使用されていること、またその量に注意。6)例えば潤滑油などで内数。

## 図表2　発電効率（様式：効率%、上段は汎用電源）

| 火力蒸気タービン：43 | 原子力発電：33 | 水力：80 | 太陽光：10 | バイオマス：1 |
| LNG複合発電：55 | ガスタービン：35 | 風力：25 | 地熱：8 | 海洋温度差：3 |

出典：関西電力「事業概要　再生可能エネルギーへの取組み　水力発電の概要」（ https://www.kepco.co.jp/energy_supply/energy/newenergy/water/shikumi/index.html ）をもとに筆者作成。

LNG/液化天然ガスでは蒸気/ガスタービンの複合により効率は向上。同じ蒸気タービンでは原子力は火力に比べ低い。バイオマスは、水分を多く含みGHV基準であることを鑑みても1%は低過ぎ、本来のNHV基準で20%程度が妥当。

力学的エネルギーの水力は高効率だが風力は翼後方風速をゼロにできず低い。地熱、海洋温度差発電は火力とほぼ同じ蒸発・沸騰による発電であるが、低温のため低効率。

# (76) 国・地域の 対外エネルギー収支

日本の化石燃料輸入費は年間15-30兆円です。都道府県と市区町村の光熱費は数億円から3兆円、多くは域外電力と化石燃料支払いで大半が域外流出とみられます。現状で再エネ売電収入も域外流出が多く、地域主体利用が課題です。

## ●国の化石燃料輸入

日本の化石燃料輸入額は15-30兆円と、価格高騰前でも日本の輸入全体の20-30%を占めています。2022年度は価格高騰により、化石燃料輸入額は約35兆円（予測）と過去最悪になる見込みです。

## ●地域の対外エネルギー支払い

都道府県の企業や家庭、公的機関が支払う光熱費は、小さな県でも年間約1500億円、大きな都府県では年間2-3兆円になります。市区町村の年間光熱費は、小さな町村でも数億円から数十億円、政令指定都市の大きな地域では約8000億円です。役所の一般会計予算の半分から3分の1にあたるところもあります。

この光熱費のうち、電力購入費と化石燃料購入費の一部は、域外大手電力の事業所の地域への支出、地域の燃料事業者の利益と考えられるものの、多くは域外に流出していると考えられます。

## ●国の再生可能エネルギーと支払い

再生可能エネルギー電力、再エネ熱利用は、上記の燃料輸入、地域の対外エネルギー支払いを減らす手段です。

ところが、海外バイオマス燃料の輸入、将来一部で想定される水素の輸入（水素は現状では多くは化石燃料から製造）、などではエネルギー輸入費も継続されます。

## 図表1　日本の化石燃料輸入額の推移

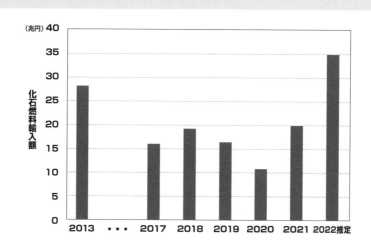

出典：財務省貿易統計、石油連盟統計より作成。2022年度については2023年1月までの結果より推定。

## 図表2　中国四国地方の県の光熱費

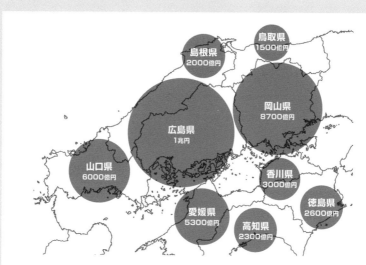

注：2017年度について試算。2022年度は大幅増加していると推定される。

## ●地域の再生可能エネルギーと支払い

地域の再エネ電力、再エネ熱利用も、地域の対外エネルギー支払いを減らす手段です。

ところが、地域の再エネ発電は大都市などを除き、地域主体ではなく域外企業が所有・運営し、売電収入も域外に流出するものが多いといえます。たとえば設備容量20kW以上の太陽光発電の場合、北関東3県では、茨城県と栃木県で県外企業の割合が約70%、群馬県では約50%を占めます。20kW以上の太陽光発電の売電収入は茨城県では年間2000億円近く、栃木県は1200億円以上と推定され、この7割は県外に流出していることになります。

## ●地域の光熱費流出を減らすには

国の化石燃料輸入額を削減するには、国内脱炭素対策、省エネ・再エネ(国内再エネ)対策導入を早期に実現していくことです。

地域の光熱費削減と域外への流出削減を実現するには、地域で脱炭素対策、省エネ・再エネ対策導入を早期に実現していくことです。省エネにより光熱費自体を減らし(対策の多くは光熱費削減で設備費の「もと」をとることができる)、地域主体による再エネ導入により光熱費の支払い先を地域内に変更できます。　　　　　　　　　　〈歌川　学〉

## 図表3　広島県の市町村の光熱費

庄原市
90億円

三次市
150億円

神石高原町
30億円

北広島町
70億円

安芸高田市
80億円

世羅町
40億円

府中市
110億円

安芸太田町
15億円

府中町
280億円

東広島市
640億円

三原市
250億円

尾道市
360億円

福山市
3200億円

広島市
2800億円

廿日市市
280億円

坂町
50億円

海田町
70億円

熊野町
40億円

竹原市
75億円

大竹市
300億円

江田島市
50億円

呉市
1000億円

大崎上島町
40億円

注：2017年度について試算。2022年度は大幅増加していると推定される。

## 図表4　茨城県の20kW以上の太陽光発電の所有者と年間売電額割合

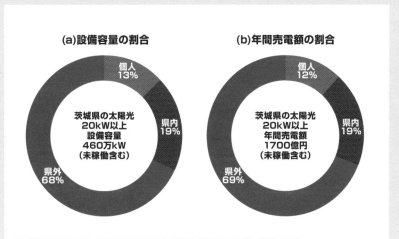

### (a)設備容量の割合

個人
13%

県内
19%

茨城県の太陽光
20kW以上
設備容量
460万kW
（未稼働含む）

県外
68%

### (b)年間売電額の割合

個人
12%

県内
19%

茨城県の太陽光
20kW以上
年間売電額
1700億円
（未稼働含む）

県外
69%

注：企業が県内か県外かは、事業者の住所だけでなく、代表者、連絡先なども点検して判断している。

❶ 「脱炭素」で日本経済と地域を活性化する

# ⑦⑦ 再エネの地域所有
## 現状と課題

再生可能エネルギーには、地域を豊かにする可能性があり、その実現には、地域の主体が事業に出資し、事業の所有者となること（地域所有）、事業の利益を広く地域に還元すること（地域貢献）が不可欠です。

## ●地域を豊かにするための資源

　再生可能エネルギーには、地域を豊かにする可能性があります。地域に残されている遊休資源や技術・知識の蓄積を再び活用できます。エネルギーの供給によって、地域に新たな付加価値をもたらす産業が生まれます。これまでは地域の外からエネルギーを購入し、その対価として資金が地域の外に流出していましたが、地域の自給率が高まれば、その分だけ資金流出を減らすこともできます。こうした可能性を実現するには、地域の主体が事業に出資し、事業の所有者となること（地域所有）、そして、事業の利益を広く地域に還元すること（地域貢献）が不可欠です。

## ●地域所有の日独比較

　**図表1**は、ドイツにおける再生可能エネルギーによる発電設備の所有状況の推移を示しています。2010年には、個人と農家をあわせて全国の設備の51％を所有していたことがわかります。その後は、設備の大型化や洋上風力発電の普及などにより事業資金が増えたこともあり、市民・地域所有の割合は減少傾向にあります。それでも、2019年時点で40％が個人と農家の所有となっています。一方、日本では**図表2**に示すとおり、固定価格買取制度で認定された設備のうち、地域所有の割合は、平均で2割程度にとどまっています。

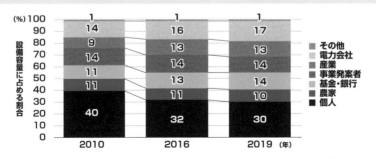

## 図表1　ドイツにおける再生可能エネルギー設備の所有状況

（凡例）
- その他
- 電力会社
- 産業
- 事業発案者
- 基金・銀行
- 農家
- 個人

縦軸：設備容量に占める割合（%）

| | 2010 | 2016 | 2019 |
|---|---|---|---|
| （最上段） | 1 | 1 | 1 |
| その他 | 14 | 16 | 17 |
| 電力会社 | 9 | 13 | 13 |
| 産業 | 14 | 14 | 14 |
| 事業発案者 | 11 | 13 | 14 |
| 基金・銀行 | 11 | 13 | 14 |
| 農家 | | 11 | 10 |
| 個人 | 40 | 32 | 30 |

出典：2010年のデータは、Klaus Novy Institut, "Marktakteure Erneuerbare - Energien - Anlagen in der Stromer-zeugung"より入手。2016年のデータは、trend:research, "Eigentümerstruktur: Erneuerbare Energien", (https://www.trendresearch.de/studien/20-01174.pdf?079581158c65184c682cca801dff295a)より入手。2019年のデータは、Die Agentur für Erneuerbare Energien, Die Agentur für Erneuerbare Energien, "Neue Studie zeigt: Bürgerenergie bleibt zentrale Säule der Energiewende", (https://www.unendlich-viel-energie.de/studie-buergerenergie-bleibt-zentrale-saeule-der-energiewende)より入手。初出は山下・寺林（2022）。

## 図表2　日本における再生可能エネルギー設備の地域所有状況

| 割合 | 設備 | 全種別 | 太陽光 | 風力 | 水力 | バイオマス |
|---|---|---|---|---|---|---|
| 域内所有 | 認定 | 19.4% | 18.1% | 19.7% | 30.5% | 48.6% |
| | 稼働 | 24.0% | 22.0% | 36.9% | 36.0% | 59.0% |
| 県内所有 | 認定 | 39.5% | 37.8% | 36.1% | 63.5% | 62.6% |
| | 稼働 | 44.8% | 42.5% | 52.8% | 67.8% | 73.7% |

2019年6月30日時点の固定価格買取制度事業計画認定情報をもとに集計。設備容量ベースの割合。「認定」は未稼働分も含めた値。「稼働」は稼働済みの設備に限った値。立地と事業者の所在地が同一市区町村の場合を域内所有、同一都道府県の場合を県内所有としている。住所が記載されていない事業者は、外部扱いとしている。また、事業者の資本関係は認定情報では確認できないため、外部の事業者が立地自治体に設立した事業会社が事業主体となっている事例も、域内（県内）所有に含まれる。初出は山下（2020）。

## ●地域所有と地域経済効果

　地域所有と地域経済効果との関係を紹介するために、自治体区域内にある固定価格買取制度認定事業から、1年間にどれだけの売電収

入が生まれるかを試算した結果を**図表3**に示しました。売電収入は、茨城県神栖市では年間855億円、福島県いわき市では770億円となります。ですが、この利益が立地地域のものになるには、その事業が地域所有でなければなりません。神栖市の場合、地域所有の割合は24.3％であり、売電収入は208億円となります。一方、いわき市では地域所有は3.6％であるため、27億円にしかなりません。

　地域経済効果を高める方策としては、地域所有を高めることに加え、事業者が立地地域に寄付をしたり、地域の金融機関から借入をしたり、工事や維持管理を地域の業者に発注したりすることがあげられます。いずれも、事業主体の意思決定に大きく依存します。

## ●求められる政策対応

　このように、ドイツと比べて日本は地域所有の割合が低く、利益が立地地域に十分に還元されていないことがわかります。その背景には、ドイツに比べ、自治体レベルの土地利用規制が弱いことがあると考えられます。ドイツでは、自治体が認めた場所でしか事業ができません。一方、日本では、地権者が認めれば周辺住民が反対しても事業が可能となる状況にあります。結果として、ドイツでは地域の理解を得るためにも、事業者の側が積極的に地域貢献をすることになります。逆に日本では、立地をめぐるトラブルが増え、ともすると迷惑施設として扱われかねない状況に陥っています。

　脱炭素社会に向けて再生可能エネルギーの一層の導入を図るには、土地利用規制の強化が不可欠です。その方法として、住民参加で再生可能エネルギーの立地を進めるための条例を制定することがあげられます。そのうえで、固定価格買取制度においても、一定の地域出資や地域貢献を認定要件に含めるといった対応が求められています。

〈山下英俊〉

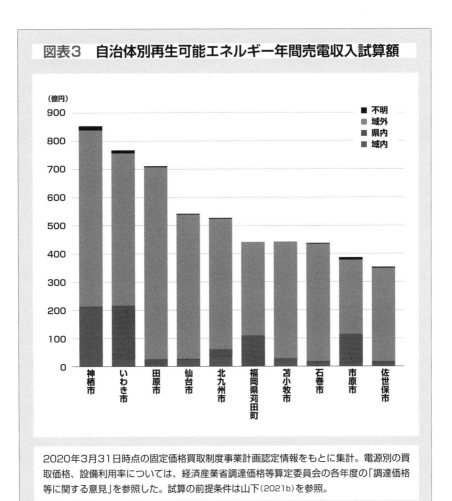

**図表3　自治体別再生可能エネルギー年間売電収入試算額**

（億円）

凡例：
- 不明
- 域外
- 県内
- 域内

横軸：神栖市、いわき市、田原市、仙台市、北九州市、福岡県苅田町、苫小牧市、石巻市、市原市、佐世保市

2020年3月31日時点の固定価格買取制度事業計画認定情報をもとに集計。電源別の買取価格、設備利用率については、経済産業省調達価格等算定委員会の各年度の「調達価格等に関する意見」を参照した。試算の前提条件は山下（2021b）を参照。

［参考文献］

山下英俊［2020］「地域に根ざした再生可能エネルギー事業による環境保全の可能性」『環境技術』49巻3号、133-137頁。

山下英俊［2021a］「地域コミュニティと再生可能エネルギー：環境と生業の融合へ」『世界』948号、195-204頁。

山下英俊［2021b］「再生可能エネルギーと地域再生の可能性」『生活経済政策』298号、14-18頁。

山下英俊・寺林暁良［2022］「地域主導か地域貢献か：再生可能エネルギーの市場化とドイツにおけるコミュニティ・パワーの課題」丸山康司・西城戸誠編著『どうすればエネルギー転換はうまくいくのか』新泉社、第6章。

# ⑦⑧ 日本のエネルギー構造の現状と課題

日本のエネルギー構造について、明治以降の歴史を概観しながら、現在私たちが直面している問題点や課題について探ります。

## ●日本の電力体制

　日本の電力の歴史は1886（明治19）年の東京電燈の設立に始まります。明治期には民間・公営電力が多数存在していましたが、大正期になると統合が進み、五大電力の苛烈な競争時代となりました。1938年には「電力管理法」が成立して翌年には日本発送電が設立され国家管理体制となり、配電は1941年の配電統制令で全国9つの地域に統合されました。戦後はこの9つの地域が民営の「電力会社」となり、垂直統合・地域独占体制が1951年に確立しました。当時は国家管理体制への反省から、国に管理されない民間による競争的経営が謳われました。国と電力産業との関係は原子力発電の建設以降徐々に変質しますが（後述）、この地域独占の体制が消滅するのは2016年の電力小売全面自由化ならびに2020年の発送電分離であり、実に70年近くこの体制が続きました。

## ●日本のエネルギー構造

　日本の電源構成は戦後しばらく「水主火従」と呼ばれ、水力発電の開発が盛んでしたが、戦後、石油火力の建設が進み「火主水従」の時代となりました[→図表1]。同時にモータリゼーションにより石油の消費量も爆発的に増え[→図表2]、そのほとんどを輸入に頼るかたちとなりました[→図表3]。一方、石炭は主に採掘コストの問題の

## 図表1　日本の電源構成（発電電力量）の推移

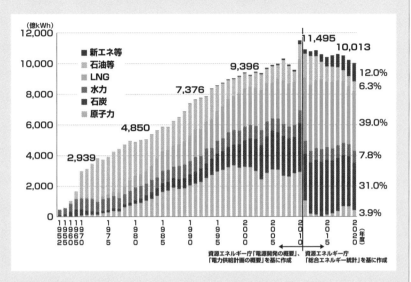

資源エネルギー庁「電源開発の概要」、「電力供給計画の概要」を基に作成

資源エネルギー庁「総合エネルギー統計」を基に作成

## 図表2　一次エネルギー国内供給の推移

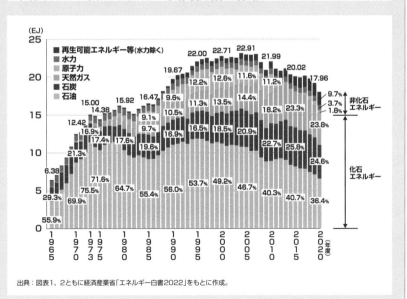

出典：図表1、2ともに経済産業省「エネルギー白書2022」をもとに作成。

ため国内炭鉱の閉山が相次ぎ、1960年代後半以降国内生産率は急速に落ち込みました[→図表4]。1973年と1979年にオイルショックがおこると、燃料の多様化が進められ、LNG（液化天然ガス）を用いたガス火力発電所の建設も進みました。

原子力発電は1955年に原子力基本法が成立し、1966年には日本初の商業炉として東海発電所が運転開始しました。原子力発電はいわゆる電源三法と呼ばれる法規制で手厚く保護され、戦後、国からの統制を嫌って再編成された電力産業が国に依存する契機となりました。ウラン燃料をリサイクルして利用する核燃料サイクルは国主導で行われましたが、高速増殖炉が実現せず、プルサーマル発電も十分進展しないまま事実上頓挫しており、放射性廃棄物の処分場も候補地の選定すら困難な状況が続いています。2011年3月に世界最大級の原子力発電所事故が福島第一原発で発生し、その後は「可能な限り原子力依存度低減」を掲げてきましたが、2022年12月には「最大限活用」に方針が転換されました。

## ●日本の再生可能エネルギー政策

オイルショック後は再生可能エネルギーの研究開発もスタートし、サンシャイン計画などが国家プロジェクトとして立ち上がりました。2000年代までは日本の太陽電池製造は世界トップシェアを占めていましたが、2000年代以降、本格的に太陽光発電の導入が進むにつれ中国などの後発メーカーにシェアを奪われる結果となりました。風力発電も2020年までに国内に3社あった大形風車メーカーは撤退し、ゼロとなりました。2012年には日本でもFIT（固定価格買取制度）が施行され、太陽光のみが進展しましたが、日本メーカーはシェアを落とし、さらに風力やその他の再エネは施行後10年経っても伸び悩むなど、政策の不調和が目立っています。気候変動緩和に関する国際議論が盛んになるなか、日本は旧体制から脱却できず完全に出遅れ、迷走している状況です。　　　　　　　　　　　〈安田　陽〉

## 図表3　輸入原油供給量と輸入比率の推移

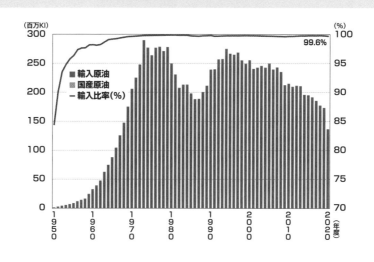

## 図表4　国内・輸入炭供給量と輸入比率の推移

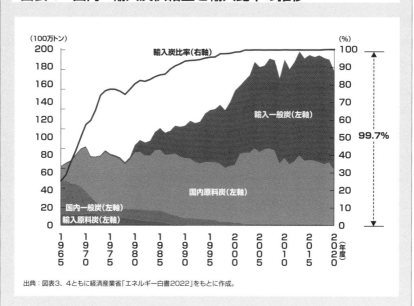

出典：図表3、4ともに経済産業省「エネルギー白書2022」をもとに作成。

# ⑦⑨ 電気を選ぶ

2016年からの電力の小売全面自由化で、一般消費者も電力会社や料金メニューを自由に選択できるようになりましたが、将来の安価で安定的なエネルギー供給につなげるには、「電気を選ぶ」ことが重要です。

## ●消費者からみた電力自由化

　脱炭素達成のために、エネルギーを大幅に再エネにシフトしていくには、電力自由化推進と電力小売りに新たに参入する「新電力」による電力市場の活発化は不可欠と言われています。電力自由化は日本でも徐々に進められ、2016年からの電力の小売全面自由化で、多くの新電力（小売電気事業者）が設立され、一般消費者も電力会社や料金メニューを自由に選択できるようになりました。

　電力供給システムは、戦後復興と高度経済成長の膨大な電力需要増に応えていくために、長らく発送電一貫・地域独占型でしたが、過度な独占は過剰な品質重視や設備投資によるコストと電気料金の高止まりにつながる懸念があります。当然消費者にとっては、安定的な電力供給が安い料金で達成されることが望ましいということになります。そこで、地域独占を撤廃し、新規参入企業を増やし、電力会社の間の競争を激しくし、消費者の負担を軽減しようとするのが電力自由化の目的の一つです。**図表1**の消費者アンケートでも、多くの消費者が、電力会社を選ぶときに重視するポイントとして「電気料金の安さ」を挙げています。

## ●再エネシフトと電力自由化

　しかし電力自由化は、競争による「安さ」追求のためだけではない、

## 図表1　電力会社と電力自由化についてのアンケート調査結果（2022年4月6日）

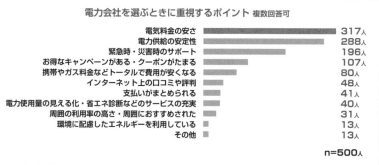

電力会社を選ぶときに重視するポイント 複数回答可

| | |
|---|---|
| 電気料金の安さ | 317人 |
| 電力供給の安定性 | 288人 |
| 緊急時・災害時のサポート | 196人 |
| お得なキャンペーンがある・クーポンがたまる | 107人 |
| 携帯やガス料金などトータルで費用が安くなる | 80人 |
| インターネット上の口コミや評判 | 48人 |
| 支払いがまとめられる | 41人 |
| 電力使用量の見える化・省エネ診断などのサービスの充実 | 40人 |
| 周囲の利率率の高さ・周囲におすすめされた | 31人 |
| 環境に配慮したエネルギーを利用している | 13人 |
| その他 | 13人 |

n=500人

注：以下、回答者の属性。
出典：保健マンモス株式会社調べ（2022年4月6日にインターネット上で男女500人を対象に実施）をもとに作成。
（https://www.jiji.com/jc/article?k=000000043.000096733&g=prt　2022年6月29日アクセス）

電力会社を選ぶときに重視するポイントは「電気料金の安さ」に次いで「電力供給の安定性」が圧倒的に回答数が高く、「環境に配慮したエネルギーを利用している」ことが最下位に来ているのは、日本の電力自由化における「エネルギーシフト」の役割が政策的にも軽視されてきた現れでもあるでしょう。多くの新電力は「安さ」を売りに切り替えをアピールすることが多いですが、発電にかかるコストは各社それほど変わらず、電気はそもそも生活インフラですから、安さだけで差別化するには限界のある、非常に利幅の少ないビジネスだということを消費者も理解する必要があります。目先の安さにつられ、中長期的な電力供給の安定性を脅かすことにならないよう、電気を賢く「選ぶ」ことが大事です。

## 図表2　小売電気事業者（新電力）登録数の推移

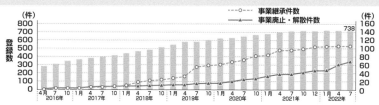

出典：資源エネルギー庁「電力・ガス小売全面自由化の進捗状況について」2022年7月20日をもとに作成。（https://www.meti.go.jp/shingikai/enecho/denryoku_gas/denryoku_gas/pdf/052_03_01.pdf　2022年12月28日アクセス）

小売電気事業者の登録数は、2016年の電力の小売全面自由化以降、増加を続けてきており、2022年6月末時点で738件ある。ただし、2020年からの電力市場の高騰の影響で、2022年6月時点で、事業廃止や法人の解散は69件となっている。

ということに留意が必要です。気候危機は、エネルギー供給の持続可能性自体を脅かすものであり、$CO_2$排出のない再エネ電力への転換を進める必要があります。旧来からの地域独占電力会社は、過去に多額投資をした化石燃料由来の発電設備を多く有しており、投資した以上の利益を生み出そうとするのが経済合理性で、再エネ転換への主導的役割を期待するのは困難です。そこで、再エネ電力を中心とした発電・販売を担う新規参入者が電力事業に大いに参入できる環境をつくり、エネルギーシフトを実現しようとする政策が、電力自由化（地域独占していた電力会社の発送電分離含む）とセットで導入された再エネの固定価格買取制度（FIT）です。

## ●電気を選ぶ、ということ

ただし、電力自由化とFIT導入の一方で、日本の電力供給の約80％は、今でもかつて地域独占していた旧・一般電気事業者（旧一電）の発電部門（しかも化石・原子力電源中心）が担っています。そのため、電力市場は旧一電に売り手の大半を依存する寡占状態が続いています[→図表2]。そのような状況下で異常な電力市場の高騰が2020年冬から見られるようになりました。多くの新電力が経営難に喘ぎ、電気料金も値上がり傾向のなか、さらにウクライナ危機で電力需給ひっ迫が危惧されるなど、残念ながら日本の電力供給システムは、エネルギーシフトも、安価で安定的供給にも程遠い状況です。

目先の「安さ」も実感できず、安定供給さえ不安があったとしても、電気のない生活はできません。それなら、思い切って「応援消費」に切り替えてみるのはいかがでしょうか。将来的に電力供給を担ってもらいたい電源は化石燃料・原子力でしょうか、再エネでしょうか。誰がどのようにつくり、その利益を誰が享受し、どう利益分配されている電気を応援したいでしょうか。応援したい電源に切り替えるという小さな行動が、未来のエネルギー供給を大きく変える可能性がある。それが「電気を選ぶ」ということです。　　　〈重藤さわ子〉

## 図表2　自由化後の電気の流れと各新電力の位置

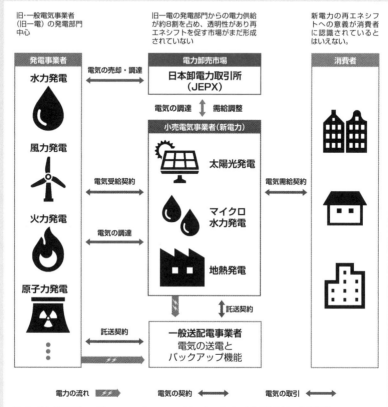

図：エコスタイル電気（https://www.ecostylepower.com/electric_utility/eu-6/）の図をもとに、筆者が加筆。
出典：重藤さわ子［2021］「新電力を持続可能な地域とビジネスの力に（1）新電力の意義を問い直す」月刊事業構想2021年6月号、96-97頁をもとに作成。

本文で説明したように、いまだ電力供給の約80%は、かつて地域独占していた旧・一般電気事業者(旧一電)の発電部門(ただし化石・原子力電源中心)が担っており、電力市場は旧一電に売り手の大半を依存する寡占状態です。しかも、JEPX(日本の電力卸売市場)における取引量(約定量)が電力需要に占めるシェアは正味20%と言われ、多くの新電力は旧一電と対等に市場で「競争」できるような状況にはありません。旧一電系の発電事業者と送電事業者の資本分離もまだで、新電力に何重にも厳しい市場条件が続いており、日本政府のエネルギーシフトへの本気度が試されています。

# ⑧⓪ 日本版 グリーン・ニューディール

温暖化対策の具体的な道筋を考える際には、必要な投資額、経済効果(エネルギー支出削減額や雇用創出数など)、温室効果ガス排出削減効果、大気汚染対策効果、失業対策、財源などを明らかにする必要があります。

## ●GR戦略の数値目標と効果

　2021年2月、筆者が関わっている研究者グループは、日本版グリーン・ニューディールとして「レポート2030」を発表しました(未来のためのエネルギー転換研究グループ2021)。

　このレポート2030では、グリーン・リカバリー戦略(以下、GR戦略)と名付けた2030年までのロードマップ、2030年までに日本で何をなすべきかをきわめて具体的に示しています。

　GR戦略は数値目標として**コラム**のような内容を設定しています。

　2050年：省エネで電力消費量約40%減(2010年比；再エネ電力割合100%；2013年比38%減)。ただし、蓄電ロスなどのため発電量は現状以上が必要で再生可能エネルギーの立地を進めるための条例を制定することがあげられます。その上で、固定価格買取制度においても、一定の地域出資や地域貢献を認定要件に含めるといった対応が求められています。

　政府戦略との比較を**図表1**に示します。

## ●各分野におけるGR戦略の具体的な投資額など

　**図表2、3**は、GR戦略における2030年までの各分野投資額、民間投資・財政割合、経済効果(投資額、エネルギー支出削減額、雇用創出数)、$CO_2$排出削減効果を示しています。

**コラム　エネルギー消費全体**

GR戦略では、2030年および2050年に関して下記のような想定あるいは計算結果となります。

最終エネルギー消費は省エネ等により、2030年に40%減（2010年比）、2050年に62%減（2010年比）（2013年比では、それぞれ38%減と60%減）

- 化石燃料と原子力
  2030年：化石燃料（一次エネルギー）は約60%減（2010年比）、原子力はゼロ。
  2050年：化石燃料はゼロ（一次エネルギーは再エネ100%；従来技術で約80%、新技術で約20%）

- 電力
  2030年：省エネで電力消費量30%減（2010年比；石炭火力ゼロ、原発ゼロ、再エネ電力割合44%：2013年比28%減）

### 図表1　GR戦略と政府案の相違

| | GR戦略 | | 現行政府案（第6次エネルギー基本計画） | |
|---|---|---|---|---|
| | 2030年 | 2050年 | 2030年<br>（現在の政府目標値） | 2050年 |
| 再生可能エネルギー発電比率 | 44% | 100% | 36〜38% | 主力電源？ |
| 原子力発電比率 | ゼロ | ゼロ | 20〜22% | 依存？ |
| 火力発電 | LNG火力<br>（石炭火力ゼロ） | ゼロ | LNG火力、石炭火力 | LNG火力、石炭火力、CCS/CCU |
| 電力消費量<br>（2013年比） | −28% | −32% | +1% | ？ |
| 最終エネルギー消費量<br>（2013年比） | −38% | −60% | −10% | ？ |
| 化石燃料輸入費 | 約8兆円<br>（2022年35兆円） | 0円 | 約14兆円<br>（2022年35兆円） | 18兆円 |
| エネルギー支出 | 29兆円 | 16兆円 | 56兆円 | 47兆円 |
| エネルギー起源CO$_2$<br>（2013年比） | −69% | −93%<br>（既存技術のみ）、<br>-100%<br>（新技術を想定） | −45% | ？ |

注：2030年原発5%シナリオは、政府の原発目標比率が達成できなかった場合のシナリオです。また、？は、データ不足のため推算が不可能であることを示しています。

この**図表3**の金額およびCO$_2$排出削減量は、すべてGR戦略ケースとBAUケース（対策なしケース：2015年のエネルギー消費およびCO$_2$排出の原単位である単位生産量あたりのCO$_2$排出量は一定のまま、2030年までは政府の長期需給見通しと同じように生産量やエネルギー消費量が変化し、それに比例してエネルギー消費量およびCO$_2$排出量が変化すると想定。2030年以降は、原単位は変わらず、素材産業は人口減少、家庭部門は世帯数減少などを考慮して生産量やエネルギー消費量が変化すると想定）との差を示しています。分野のうち電力・熱が供給側の再エネ等で、産業・業務・家庭・運輸は需要側の主に省エネを意味します（省エネ以外は再エネ熱利用）。

　これらの目標を実現するための政策を実施した場合に下記の効果があります。

- 投資額：2030年までに累積約202兆円（民間約151兆円、公的資金約51兆円）、2050年までに累積約340兆円
- 経済効果：2030年までに累積205兆円（政府予測GDPに対する増加額）
- 雇用創出数：2030年までに約2544万人年（年間約254万人の雇用が10年間維持）
- エネルギー支出削減額：2030年までに累積約358兆円（2050年までに累積約500兆円）
- 化石燃料輸入削減額：2030年までに累積約51.7兆円
- CO$_2$排出量：2030年に1990年比55％減（2013年比61％減）、2050年に1990年比93％削減（従来技術のみ。新技術の実用化を想定すると100％削減）
- 大気汚染による死亡の回避：2030年までにPM2.5曝露による計2920人の死亡を回避。　　　　　　　　　　　　〈明日香壽川〉

［参考文献］
未来のためのエネルギー転換研究グループ［2021］「レポート2030：グリーン・リカバリーと2050年カーボン・ニュートラルを実現する2030年までのロードマップ」
（https://green-recovery-japan.org/）

## 図表2　GR戦略における2030年までの累積投資額と、それによる累積エネ支出削減額との比較

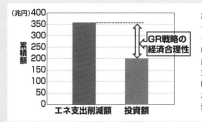

2030年までに行われた再エネ・省エネ投資の累積額と、それらの投資の効果が続く期間のエネルギー支出削減額（累積額）の比較を示しています。この図表2では、投資額は費用便益の費用と考えられ、エネルギー支出削減額は便益と考えられます。この図表2が示すように、エネルギー支出削減額は投資額よりもはるかに大きく、これはGR戦略が大きな経済合理性を持つことを意味しています。また、この投資額は、海外へ流れるような資金ではなく、投資として日本の国内経済を活性化させる資金です。

## 図表3　GR戦略における2030年までの各分野投資額、経済効果、CO$_2$排出削減効果など

| 分野 | 種類 | 2030年までの投資額[兆円] | 民間投資・財政支出割合 | 2050年までの累積エネ支出削減額[兆円] | 2030年までの雇用創出数[万人・年] | 投資額あたり雇用創出数[人年/億円] | 2030年のCO$_2$削減量[Mt-CO$_2$] |
|---|---|---|---|---|---|---|---|
| 電力・熱 | 1.再エネ発電所 | 29.3 | 主に民間 | 86.3 | 285 | 9.7 | 360 |
| | 2.送電網、配電網 | 16.0 | 主に財政 | | 287 | 17.9 | |
| | 3.熱供給網 | 6.0 | 主に財政 | | 108 | 18.0 | 32 |
| 産業 | 4.素材製造業の電力、熱利用関係 | 18.5 | 主に民間 | 23.1 | 179 | 9.7 | 58 |
| | 5.非素材製造業の電力、熱利用関係 | 7.3 | 主に民間 | 14.6 | 62 | 8.5 | 21 |
| 業務 | 6.電力、主に機械設備 | 17.8 | 主に民間 | 35.6 | 128 | 7.2 | 45 |
| | 7.熱、主に断熱建築、ゼロエミッションビル | 16.8 | 主に民間 | 42.1 | 275 | 16.3 | 28 |
| 家庭 | 8.電力、主に家電、機器 | 13.3 | 主に民間 | 26.7 | 96 | 7.2 | 20 |
| | 9a.熱、主に断熱建築、ゼロエミッションハウス | 15.2 | 主に民間 | 30.3 | 267 | 17.6 | 28 |
| | 9b.熱、主に断熱建築、ゼロエミッションハウス（公営住宅） | 1.7 | 主に財政 | 3.4 | 30 | 17.6 | |
| 運輸 | 10.乗用車、タクシー、バスの電気化・燃費改善 | 20.4 | 主に民間 | 57.6 | 183 | 9.0 | 81 |
| | 11.トラック電気化、燃費改善 | 11.2 | 主に民間 | 35.5 | 119 | 10.6 | 38 |
| | 12.鉄道、船舶、航空の高効率化 | 1.5 | 主に民間 | 3.0 | 10 | 6.7 | 3 |
| | 13.運輸インフラ | 9.4 | 主に財政 | | 167 | 17.8 | 3 |
| 小計 | | 185 | | 358 | 2196 | 11.9 | 714 |
| | うち財政支出 | 33 | | | 562 | 17.0 | |
| 人的インフラ | 14.専門家支援・人材育成 | 13 | 主に財政 | | 251 | 19.0 | |
| | 15.労働力の円滑な移行 | 5 | 主に財政 | | 97 | 20.6 | |
| 小計 | | 18 | | | 348 | 39.7 | |
| 合計 | | 202 | | 358 | 2544 | 12.6 | 714 |
| | うち財政支出 | 51 | | | 910 | 17.8 | |

GR戦略における2030年までの各分野投資額、民間投資・財政割合、経済効果（投資額、エネルギー支出削減額、雇用創出数）、CO$_2$排出削減効果を示しています。

# 81 産業構造転換と雇用

エネルギー転換にともなう雇用転換をどのようにスムーズかつ「公正」に進めるかは各国共通の悩みです。とくに、化石燃料を産出し、多くの化石燃料産業従事者を抱えている国にとっては非常に深刻な問題となっています。

　**図表1**は、日本におけるエネルギー転換で影響を受ける6大$CO_2$排出産業（電気業、鉄鋼業、セメント製造業、化学工業、石油精製業、紙製造業）の現時点の雇用と付加価値を示しています（未来のためのエネルギー転換研究グループ2021）。政府の公表資料を分析した気候ネットワークの研究によると、2018年度の日本の温室効果ガス排出量の50%を135の発電所と工場で排出しており、135事業所のすべてが、この6大$CO_2$排出産業に属する事業所でした。また、76の発電所の排出量が日本の排出の約3分の1を占め、その半分（日本全体の17%）が37の石炭火力発電所から排出されました。

　**図表2**は、日本でのエネルギー転換による雇用転換のイメージを示したもので、エネルギー転換や「2050年カーボン・ニュートラル」が雇用面でどのような影響を与えるかのイメージや規模感を掴むことが可能です。

　具体的な「公正な転換」のための施策としては、失業対策（社会保障、職業紹介、職業訓練、金銭補償）、住宅・教育対策、地域における新たな雇用の創出、低所得者のための特別制度（例：エネルギー・チェックと呼ばれる、自動車などを使わざるをえない地方居住者や低所得者に対して一律にエネルギー補助金を払う制度）、などが考えられます。

## 図表1　エネルギー転換で影響を受ける 6大$CO_2$排出産業の雇用と付加価値（2016年度）

| 産業分野名 | 従業者数 | 雇用者 割合 | 付加価値額 | GDP 割合 |
|---|---|---|---|---|
| | 人 | | 百万円 | |
| 合計 | 150,402 | 0.26% | 4,501,051 | 0.86% |
| 電気業 | | | | |
| 石炭火力発電所 | 2,841 | 0.00% | 208,303 | 0.04% |
| 石油火力発電所 | 2,488 | 0.00% | 45,190 | 0.01% |
| 天然ガス火力発電所 | 4,682 | 0.01% | 298,252 | 0.06% |
| その他 | | | | |
| 石油精製業 | 10,979 | 0.02% | 543,186 | 0.10% |
| 鉄鋼業 | | | | |
| 高炉製鉄業 | 36,257 | 0.06% | 493,591 | 0.09% |
| 化学工業 | | | | |
| 無機化学工業製品製造業 | | | | |
| ソーダ工業 | 3,101 | | 52,845 | |
| 有機化学工業製品製造業 | | | | |
| 石油化学系基礎製品製造業 | 5,183 | | 308,820 | |
| 脂肪族系中間物製造業 | 10,120 | | 510,725 | |
| 環式中間物・合成染料・有機顔料製造業 | 13,747 | | 385,432 | |
| プラスチック製造業 | 32,789 | | 912,021 | |
| 窯業土石製品製造業 | | | | |
| セメント製造業 | 4,671 | | 158,053 | |
| パルプ・紙・紙加工品製造業 | | | | |
| パルプ製造業 | 1,855 | | 16,088 | |
| 紙製造業 | | | | |
| 洋紙・機械すき和紙製造業 | 21,688 | | 568,545 | |

注：この表では、直接的に影響を受ける分野のみを示しています。例えば、鉄鋼業の電炉分野などの従業者数は示していません。

出典：経済産業省「工業統計」2017年版など。

1950年代後半から60年代前半にかけて、日本も大きなエネルギー転換期を経験しました。すなわち、石炭から石油への流れのなか、多くの炭鉱閉鎖によって、20万人以上の雇用が失われました。このようなエネルギー転換の時代を、日本は、政府、労働、使用者の協力で乗り越えたとされています。具体的には、炭鉱労働者の離職や産炭地振興に関する「臨時措置法」や「雇用対策法」が制定され、雇用促進住宅や職業訓練、手当支給、年金上積などが実施されました。一方で、炭坑閉鎖をめぐって様々な問題が発生したのも事実です。単純に比較するのは難しく、かつ現在のエネルギー転換にともなう雇用転換の範囲はより広くわたる可能性があります。しかし、完全に失業する人数や規模という意味では、エネルギー転換にともなう雇用転換は、かつての日本での炭鉱閉鎖による雇用転換に比較すると小さいとも考えられます。

　現在、たとえば運輸部門だけを見ても、ハイブリッド車を含めたガソリン自動車の製造・販売禁止および電気自動車の普及拡大に関する世界的な動きなど、エネルギー転換は予想以上の速さで進展しています。再エネ電力の使用を自社だけでなく下請け企業などのサプライチェーン企業に対しても要求する世界企業も多くなっています。すなわち、ビジネス環境が否応なく変化しており、生き残っていくために企業は対応せざるをえません。しかし、日本ではエネルギー転換にともなう雇用転換に関して、政府も企業も、あえて議論しない風潮があり、このままでは2050年カーボン・ニュートラルへのソフトランディングは不可能です。したがって、日本でも雇用転換に対して、サプライチェーンも含めた多くの利害関係者とともに、具体的な制度設計を早急に決めていく必要があります。

〈明日香壽川〉

## 図表2　日本でのエネルギー転換による雇用転換の イメージ図

日本の様々な企業・産業からの転職および新卒などの新規就職

雇用転換・雇用吸収

現時点での再エネ産業による雇用（約27万人）

エネルギー転換で新たに創出される雇用 2030年まで約2544万人年（年間約254万人の雇用が10年間維持）

エネルギー転換で何らかの影響をうける雇用（約20万人）

雇用転換

**新規雇用創出の内訳（年間）**

・農林水産鉱山：1.1万人

・建設：46.9万人

・製造業：60.3万人
　うち金属製品・機械：44.8万人

・第三次産業：145.1万人
　うち卸売小売業：61.1万人
　うちサービス業（事業者向け）：40.1万人

配置転換

同企業内の移動

エネルギー転換で影響を受ける方の現在の雇用数は、前出の6大$CO_2$排出産業15万402人と原子力発電4万8538人（日本原子力産業協会）の総和である約20万人であり、新規雇用の方はGR戦略での投資額から産業連関表で計算した将来の推算値です（2030 年までに年間約254万人の雇用が10年間維持）。また、国際再生可能エネルギー機関（IRENA）は、2019年時点での世界全体の再エネ産業の従業者数は約1150万人（2012年と比べ5割以上増加）、2019年の日本での再エネ産業従業者数は約27万人としています（IRENA 2021）。図表2は、これらの数字を整理したものです。もちろん、現在の雇用数と将来の推算値とを単純に比較することはできません。しかし、この図表2によって、エネルギー転換や「2050年カーボン・ニュートラル」が雇用面でどのような影響を与えるかのイメージや規模感を掴むことは可能だと思われます。

［参考文献］

IRENA［2021］*Renewable Energy and Jobs - Annual Review 2021.*
（https://www.irena.org/publications/2021/Oct/Renewable-Energy-and-Jobs-Annual-Review-2021）
未来のためのエネルギー転換研究グループ［2021］「レポート 2030：グリーン・リカバリーと2050年カーボン・ニュートラルを実現する 2030 年までのロードマップ」
（https://green-recovery-japan.org/）

**❶「脱炭素」で日本経済と地域を活性化する**

# ⑧ 地域発展につながる脱炭素投資

脱炭素投資は、地域主体の力を重視して行えば、地域経済に事業と雇用を創出し、地域社会を発展させることができます。ここでは、気候変動対策が地域経済効果を高めていくメカニズムを考えます。

## ●地域経済効果が乏しい大規模集中型エネルギー事業

　原発、火力発電、大型再エネ発電、地域協働再エネ発電に分けて地域経済循環を考えます。まず、原発は、新設で1基5千億円超えの莫大な建設費がかかります（福島第一原発事故以降はこれに数千億円の安全対策などが加算）。発電機や設備は域外工場で生産され、大半の土木建設事業は域外企業に発注されるため、域外の本社にお金が流出してしまい地域内に環流するお金は非常に少なくなります[→**図表1**]。火力発電も原発と同様であるうえに、石炭やガスなどの燃料費の大半が海外へ流出してしまい、地域経済効果は乏しくなります[→**図表2**]。

　一方で、再エネ事業であれば何でも良いというわけではありません。大型風力発電所やメガソーラーなどの大規模開発は、再エネ電力を大量に供給できて脱炭素化が進みますが、自然破壊や騒音などの地域紛争のリスクがあります。また、大規模な再エネ発電は原発や火力発電と同様に、地域経済効果が弱いというデメリットがあります[→**図表3**]。それに対して、地域協働再エネ事業は、小規模であっても、地域社会と密着しているために地域紛争がおきにくく、地域発注を多くすることで地域経済効果を高めることができます[→**図表4**]。脱炭素投資は、地域分散型エネルギーシステムのシナリオを描き、地域経済効果を高めるやり方で進めていくほうが地域発展に

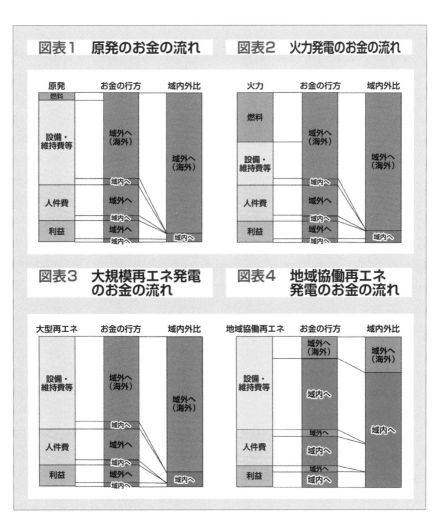

**図表1　原発のお金の流れ**

原発／お金の行方／域内外比

燃料
設備・維持費等
人件費
利益

域外へ（海外）
域内へ
域外へ
域内へ
域外へ
域内へ

域外へ（海外）
域内へ

**図表2　火力発電のお金の流れ**

火力／お金の行方／域内外比

燃料
設備・維持費等
人件費
利益

域外へ（海外）
域内へ
域外へ
域内へ
域外へ
域内へ

域外へ（海外）
域内へ

**図表3　大規模再エネ発電のお金の流れ**

大型再エネ／お金の行方／域内外比

設備・維持費等
人件費
利益

域外へ（海外）
域内へ
域外へ
域内へ
域外へ
域内へ

域外へ（海外）
域内へ

**図表4　地域協働再エネ発電のお金の流れ**

地域協働再エネ／お金の行方／域内外比

設備・維持費等
人件費
利益

域外へ（海外）
域内へ
域外へ
域内へ
域外へ
域内へ

域外へ（海外）
域内へ

つながると考えられます。

## ●地域経済効果を高める脱炭素投資

再エネ事業は、①立地調査・計画、②発電装置の製造、③発電装置の運搬・設置工事、④稼働・メンテナンスというプロセスをへて行われます。事業の経営分析では、①から③の初期投資だけではなく、④の20-30年続く運転期間にも注視が必要です。

また、再エネ事業は、電源やエネルギー種別によって地域付加価値が異なります。風力発電は投資総額が大きいものの、投資の地域効果分や年間の地域付加価値が小さいです。なぜなら、発電機の製造や運搬・設置工事などの初期投資が大きいのですが、大半の利益は製造企業のある地域外へ流出していくからです。また、10基の風力発電ファームを建設するのには、数十億円が必要です。これだけの資金を用意できる事業者は、大企業のみです。風力資源が豊富な農山漁村に立地しても、発電事業で稼いだお金は本社に流出してしまい、立地地域にはほとんど残りません。太陽光発電も同様の傾向がみられます。それに対して、バイオマス発電は、運転に必要な燃料供給を継続し常にメンテナンスが行われるため、地域内で燃料が調達できれば地域付加価値が大きくなります。ただし、ヤシがらなど海外調達のバイオマス燃料は自然破壊や長距離輸送という環境問題につながり、地域付加価値をほぼ生みません。

また、どの電源でも稼働が続く限り、管理やメンテナンスなどの事業を地域事業者に発注すれば、地域経済への波及効果を誘発します。そこに地域金融が関わることで、事業性をより確実にして安定した経営につながります。このように、地域協働型の再エネ事業は、農山村にも設計やエンジニアリング、金融や法律などの高度な専門職を創出することで[→図表5]、多様な労働者世帯が定住して過疎化・高齢化対策にもつながることが期待されます。　　　　　〈上園昌武〉

## 図表5　再エネ事業のステークホルダーと事業主体との関連性

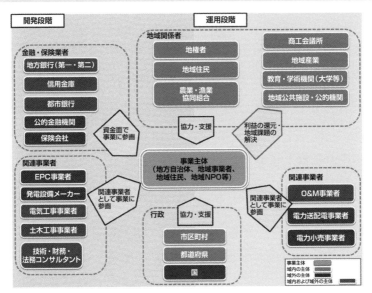

出典：三菱総合研究所（2016）、175頁。

再エネ事業の開発と運用段階には、各主体による資金面、関連事業等での参画が必要です。主体が地域事業者であれば、地域に経済的便益が生まれます。また、円滑な事業展開のためには、継続的に地域関係者の協力・支援を得ることが重要です。

［参考文献］

上園昌武［2021］「再生可能エネルギー普及と地域づくりの課題と展望」大島堅一編著『炭素排出ゼロ時代の地域分散型エネルギーシステム』日本評論社。

三菱総合研究所［2016］「平成27年度低炭素社会の実現に向けた中長期的再生可能エネルギー導入拡大方策検討調査委託業務報告書」。

# ㊸ 移行過程が引き起こす課題

脱炭素社会への移行に向けた社会・経済の大改革を、この30-50年の短期間に達成しなければなりません。多くの障壁を、いかにスムーズに乗り越え、公正かつ効果的に脱炭素社会に移行するかが問われています。

## ●脱炭素転換を確実・安全に進める

気候安定化のための科学的知見をまずまとめてみます。温室効果ガスを排出している限り温度は上昇します。生態系と人類が温度上昇に適応するには限界があり、いつまでも適応はできません。温度上昇を止めるにはGHG排出を実質ゼロにするしかないので、脱炭素社会への転換は不可避です。また、温度上昇はほぼ不可逆で、上昇が続くと気候システムの暴走も予想され、生態系・人類の生存が危ぶまれます。ですからその転換は、リスクをともなう手段を避け、確実なステップで進める必要があります[→コラム1]。

## ●脱炭素転換の背骨をつくる

上記の要求を実現する脱炭素社会の骨格は既存技術とその改良で実現可能です。エネルギー総需要の削減（節エネルギー）は、ZEB（ゼロエネルギー建物）と都市インフラの見直し、EVでの移動、製造プロセスの省エネ化、シェアリングなどの生活様式変容で進められます。エネルギーシステム変革の中核は、化石燃料での中央集中供給から太陽光と風力主体の自然エネルギーによる地域分散型供給へのシフトです。EVやZEBの蓄電機能を加えれば、需要側と供給側が送配電網で結ばれます（自立分散ネットワーク型エネルギーシステム）。熱エネルギーは電力によるグリーン水素をベースに供給されます。自然エネ

## コラム 1 なぜ対策が急がれるか

危険な温度上昇レベル（1.5-2℃）に達するまでに排出できる二酸化炭素総量（残り炭素予算＝カーボン・バジェット）は400-500Gtほど、今の排出の10-13年分しかありません。この10年のあいだに大幅な削減がないと目標達成は困難で、いっそうの危機的状況になります。自然エネルギーへの転換は、自国のエネルギーの安定確保になります。吸収源にもバイオエネルギーにもなる森林資源と土地の広さの維持が資産力になります。エネルギー需要は長期的には増加しますから、脱炭素化技術への研究開発は続けなければなりませんが、まだ確証が持てない技術をあてにした削減の引き延ばしは、きわめてリスクが高いといえます。

### 図表1　IEA2050ネットゼロに向けた セクター別ロードマップ

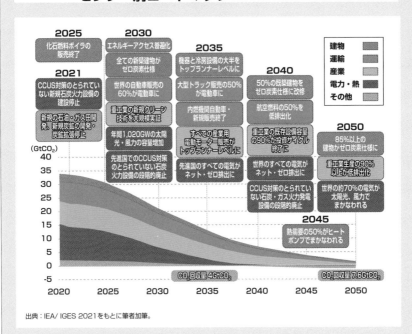

出典：IEA/ IGES 2021をもとに筆者加筆。

建物、運輸、産業、電力部門でのマイルストーンを設定し、そこに供給するための電力・熱の脱炭素マイルストーンもそれらに整合するように、2050年ゼロからバックキャストで設定されている。

2050年ネットゼロに向けては数多くのマイルストーンがあり、どれか1つでも遅れると本ロードマップで想定したネットゼロ実現が困難（不可能）になり得る。

ルギー供給とCO$_2$吸収源である土地・森林も、分散して地域社会により維持管理されます。

　国、自治体、企業などそれぞれの主体は、こうした骨格形成のため、みずからの活動計画と実行のロードマップをつくらなければなりません。

　世界のエネルギー部門でのロードマップの例を**図表1**に示します。

## ●脱炭素転換への障壁

　計画段階と実行段階、それぞれにある障壁を克服する必要があります。第1は、国や自治体の制度面での問題であり、第2は経済面にあります。じつは、社会文化面や技術面での困難さはあまりないのです。

## ●日本の場合の障壁は何か、どう乗り越えるべきか?

　脱炭素転換計画策定段階で政府の転換計画は国民が覚悟と信頼をもって転換に参加できるよう、しっかりした将来発展ビジョンに沿って、科学の結果をふまえて作られ、公平性を保ったうえでの効果的なものであるべきなのです。日本の現在の脱炭素関連3計画は、その点で多くの課題を抱えていて、計画自体が大きな障害になっているといえます。具体的には**コラム2**を参照してください。こうした齟齬は、根本的には政府の縦割り行政を引きずって、合理的・統合的な政策立案がなされていないことによります。

## ●移行段階でおこる摩擦や不測の事態への対応

　急激な経済社会変革は産業の盛衰、産業構造変化、地方経済への波及、雇用への波及が摩擦と変化への抵抗を生みます。変革が新たな格差を生んだり取り残される人たちが出ない「公正な移行」にするために、政府は衰退産業の早期引退補償策を設けたり、企業は新たな産業への転換に積極的に取り組んだり、円滑な雇用移動のための技術習得訓練機会を設けるべきでしょう。さらに、2022年春、コロナからの経済回復やウクライナ戦争で化石エネルギーがひっ迫し、

## 2　現在の日本の転換政策の問題点

まず削減目標が−1.5℃に向けた仕様になっていません。1.5℃目標での残り炭素予算（カーボン・バジェット）を世界人口で分けあうと日本の割り当ては約6.2-7.7Gt、2020年度二酸化炭素排出量1.16Gtの5-6年分しかないのです。今の日本の2050年直線降下で脱炭素という削減計画での累積排出量は約18Gtとなってしまうので、さらなる大幅削減が必要です。

次に、計画と政策の整合性がとれていません。自然エネルギーは、国産エネルギーとしてエネルギー安全保障を高めるし、IPCC/AR6で明解に経済性/ポテンシャルの優位性が示されているし、水素社会に必須のグリーン水素の供給源でもあり、RE100などでサプライチェーンでの需要が高まりつつあります。一方政府方針では自然エネルギー優先を掲げているものの、施策では十分な優先策がとられておらずクリーンエネルギー供給に不安があります。配電網の容量不足でRE電力がフルに利用できなかったり、太陽光発電立地での環境評価の不備などが続き、石炭火力の温存で貴重な炭素予算を浪費しています。また森林税が長期の吸収源保全にあてられる保証がないまま地域に交付されようとしています。これからの10年の削減が脱炭素化のカギであることを考慮すれば、不確実な「イノベーション技術」への過大な期待や新設原子力を想定した目標設定で、既存技術で可能なここ10年間の迅速な削減が先延ばしされています。原子力についてはその安全性・経済性・限られた時間内での実現可能性についての率直な熟議が転換論議と切り離してなされるべきでしょう。

脱炭素化への懸念が示される事態が生じています。UNFCCC（気候変動枠組条約）での国際協力枠組もまだ確固としたものではなく、科学的知見にも不確実性がありますから、転換計画も常に見直して柔軟に運営すべきであり、不測の事態を考えた対応方針も用意しておくべきでしょう。

〈西岡秀三〉

［参考文献］

明日香壽川[2021]『グリーン・ニューディール──世界を動かすガバニング・アジェンダ』岩波新書。

# 84 移行過程の課題への対応

化石エネルギーを軸にそれなりに最適化された現体制からの短期間で急速な脱炭素社会転換は、経済・社会に大きな摩擦を生みます。そのインパクトを予測評価し、適切な誘導策、緩和策を転換計画に組み入れなければなりません[→図表1]。

## ●効果的で公正な転換に向けての改革

　脱炭素転換には30年以上はかかります。しかし1.5℃目標達成にはこの10年での大幅削減が必要で、この短期間での大変化にともなう諸方面での摩擦は大きいでしょう。摩擦を最小に抑え、効率的迅速に転換を進めるために、転換にともなう諸変化を幅広く視野にいれた柔軟な転換計画の作成がすべてのレベルで必要です。

　日本では未だこの転換への明確な指針が示されていません。自然共生時代に向けたこの脱炭素社会への歴史的転換は、30年の間停滞気味の日本をよみがえらせる千載一遇の機会、新たな発展のチャンスでもあります。この転換が自然の理に則った必然であって、世紀をまたぐ長期にわたるものであることをふまえて、今のうちに根本からの見直しが必要で、そのためには、ポピュリズム型政治運営、縦割りで明治維新以来の中央集権上意下達行政、格差を生む経済体制などから距離をおいたところで転換を進める必要があります。にもかかわらず日本は、現状維持バイアス下の短期的視野からの発想での政策を小出しにしており、すでに世界の潮流に後れを取りつつあります。

　日本も縦割り行政から抜け出し、英国のような独立/中立の賢人たちによる気候委員会を設立し、専属のスタッフによる「転換計画」

## 図表1　脱炭素移行の概念

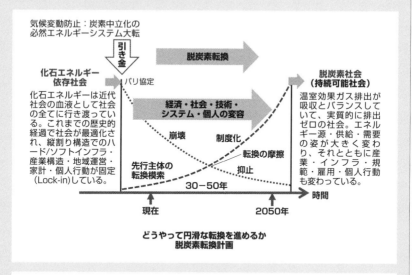

どうやって円滑な転換を進めるか
脱炭素転換計画

【脱炭素社会への移行のプロセス】
現代社会はさまざまな要素の分業で経済と社会が組み立てられており、いくつかの主要な軸でそれらが組み合わされ最適化されて機能を果たしています。いまの社会では化石エネルギーがその主要軸のひとつです。パリ協定が引き金になってその重要な一つの軸が抜けて、関連する要素が抜け落ち、再生可能エネルギーという新たな軸の下での新たな技術や企業の組み合わせの模索が始まります。当初はあちこちで試行錯誤の模索が始まり、だんだん古い化石エネルギー社会システムが崩壊してゆき、転換の摩擦を伴いながら新しい社会の姿が見えてきます。徐々に部分的最適化が進んでゆき産業構造や都市インフラが変わっていきます。やがて主流となる組み合わせが固まってきて社会に受容されていき、それが制度化されて、自然エネを軸としたあらたな脱炭素最適化社会に移行してゆきます。

をつくり、「炭素予算(カーボン・バジェット)」を各年政策予算に割り振り、長期にその管理を行う、温暖化対策推進法を脱炭素社会転換法に改定し、さらに総合的整合的法体系をつくる、自然を守る地域社会に権限を与え、地域が主体となって地域振興をめざした転換計画をつくる、供給側の目線だけでなく需要側からの取組みも並行して進めることの有効性がIPCCでも指摘されており、気候変動の原因者でもあり被害者でもあり一番の当事者である生活者市民の有志に自発的削減に取り組ませる、欧州での「気候市民会議」のように政策意思決定への市民参加をさせる、といった体制整備が必要でしょう。

## ●各主体が直面する移行摩擦と対応

UNFCCCでの国際約束をもとに各国政府は削減政策実施に向かっています。各国政府政策やそれを受けての産業の動きで国際・国内経済構造が変わります[→図表2]。まず脱炭素化は、国や産業の発展基盤を大きく変えます。自明なのは、産油国の油田・ガス田が最終的には無価値資産になることや、土地面積の広い国が太陽エネルギー受光や森林での炭素吸収やバイオマス供給で有利に立つことでしょう。日本の発展基盤だった化石エネ発電やガソリン/ディーゼルエンジン技術は不要になり、EVでの新興国自動車産業の新規参入が容易になってきています。鉄・セメント・プラスチックなどの素材産業は生産プロセス変更・技術革新・ビジネスモデル変容で産業構造が再構築され、地域産業や雇用へ影響してきます[→図表3]。

エネルギー転換にともなって、新たな組み合わせを求めて企業間の合従連衡の動きが高まり、企業はサプライチェーンを構築し直さねばならなくなってます。その結果、国・地域の産業構造が変わり、衰退産業から成長産業への雇用移転が必要になってきます。こうした諸変化を念頭に入れて、企業・産業・地域自治体はそれぞれに転換計画を用意しなければなりません。

〈西岡秀三〉

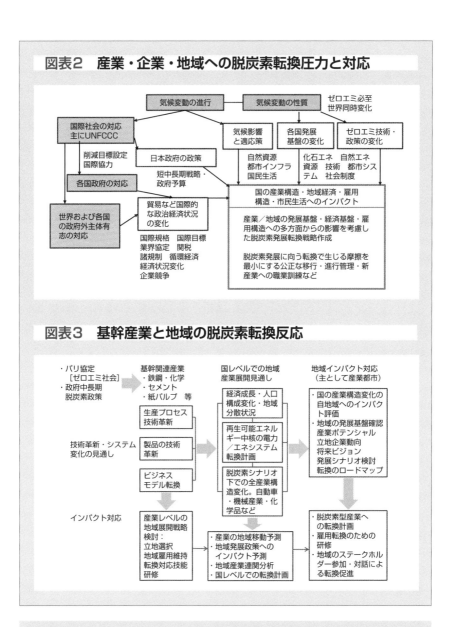

## 図表2　産業・企業・地域への脱炭素転換圧力と対応

気候変動の進行　気候変動の性質　ゼロエミ必至
世界同時変化

国際社会の対応
主にUNFCCC

気候影響
と適応策
各国発展
基盤の変化
ゼロエミ技術・
政策の変化

削減目標設定
国際協力

日本政府の政策

自然資源
都市インフラ
国民生活
化石エネ　自然エネ
資源　技術　都市シス
テム　社会制度

各国政府の対応

短中長期戦略・
政府予算

国の産業構造・地域経済・雇用
構造・市民生活へのインパクト

世界および各国
の政府外主体有
志の対応

貿易など国際的
な政治経済状況
の変化

産業／地域の発展基盤・経済基盤・雇
用構造の多方面からの影響を考慮し
た脱炭素発展転換戦略作成

国際規格　国際目標
業界協定　関税
諸規制　循環経済
経済状況変化
企業競争

脱炭素発展に向う転換で生じる摩擦を
最小にする公正な移行・進行管理・新
産業への職業訓練など

## 図表3　基幹産業と地域の脱炭素転換反応

・パリ協定
　［ゼロエミ社会］
・政府中長期
　脱炭素政策

基幹関連産業
・鉄鋼・化学
・セメント
・紙パルプ　等

国レベルでの地域
産業展開見通し

地域インパクト対応
（主として産業都市）

生産プロセス
技術革新

経済成長・人口
構成変化・地域
分散状況

・国の産業構造変化の
　自地域へのインパク
　ト評価
・地域の発展基盤確認
　産業ポテンシャル
　立地企業動向
　将来ビジョン
　発展シナリオ検討
　転換のロードマップ

技術革新・システム
変化の見通し

製品の技術
革新

再生可能エネル
ギー中核の電力
／エネシステム
転換計画

ビジネス
モデル転換

脱炭素シナリオ
下での全産業構
造変化。自動車
・機械産業・化
学品など

インパクト対応

産業レベルの
地域展開戦略
検討：
立地選択
地域雇用維持
転換対応技能
研修

・脱炭素型産業へ
　の転換計画
・雇用転換のための
　研修
・地域のステークホル
　ダー参加・対話によ
　る転換促進

・産業の地域移動予測
・地域発展政策への
　インパクト予測
・地域産業連関分析
・国レベルでの転換計画

［参考文献］
明日香壽川［2021］『グリーンニューディール――世界を動かすガバニング・アジェンダ』岩波新書。
三上直之［2021］『気候民主主義――次世代の政治の動かし方』岩波書店。
松本三和夫［2012］『構造災――科学技術社会にひそむ危機』岩波新書。

# （85）エネルギーシステム統合と統合コスト

VRE大量導入のためには要素技術の開発だけでなく、電力市場設計など経済や制度の改革も必要です。日本でも議論が進む電力市場のあり方はどうあるべきでしょうか。

## ●電力システムからエネルギーシステムへ

　再生可能エネルギー（VRE）の大量導入は、主に風力・太陽光発電によって牽引されるため[→㊾]、**図表1**に見るようにまず電力セクターから徐々に進み、2030年には電源構成における再エネの比率は約60％にまで達することが見込まれます（IEAによるネットゼロシナリオ）。一方、建築物や産業用の熱や運輸といったセクターでは、再エネの直接利用は現在の技術ではまだ難しく、従来化石燃料から生産していたエネルギーを電力に置き換える電化（エレクトリフィケーション）が進み、再エネの間接利用もともないながら徐々に増えることが予想されています。電化は、日本でかつて流行った「オール電化」とは異なり、むしろ熱や運輸といった他のセクターとのセクターカップリング（セクター間をまたいだエネルギーの授受、[→㊟]）を促進させるものであり、新たな柔軟性[→㊾]供給源を生み出すものでもあります。

　**図表2**に将来のエネルギーシステムとセクターカップリングの概念図を示します。現時点では再エネといえば暗黙のうちに再エネ電気を指しますが、将来は、再エネ熱（温水/冷水）や再エネ合成燃料の輸送・貯蔵システム全体を含めたエネルギーシステムの統合を考えなければなりません。同時に、制度設計も将来を見越して今から議

## 図表1　2050年までの各セクターにおける再エネ導入率

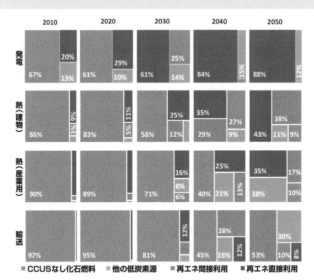

出典：IEA：Net Zero by 2050 - A Roadmap for the Global Energy Sector, 2021.

## 図表2　エネルギーシステムとセクターカップリング

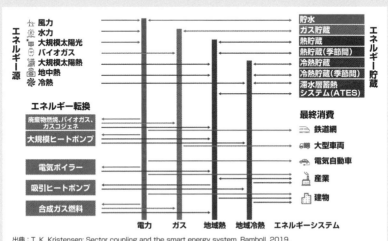

出典：T. K. Kristensen: Sector coupling and the smart energy system, Ramboll, 2019.

論を始めなければなりません。

## ●システム統合コスト

　再生可能エネルギー源を電力システムに（さらにはエネルギーシステムに）連系・統合する際に、従来の発電コスト（LCOE（均等化発電原価））だけでなく、電力システム側に発生する追加コスト（システム統合コスト）を試算することが2010年頃より国際的に議論され、すでに2013年の論文によって整理されています[※1]。日本でも経済産業省から2030年における試算結果が公開されています[→図表3]。

　**図表4**はシステム統合コストの概念図です。ある発電所を建設しそれを電力システムに系統連系（統合）するためには、一番左のLCOE（従来の発電コスト）だけを考えるのではなく、追加的なコストとして、①プロファイルコスト（供給信頼度維持や出力抑制、電力不足時の対策コスト）、②需給調整コスト、③系統増強コストを検討しなければならず、それらの和が（短期的な）システム統合コストとして計算されます。さらに④新たな柔軟性の選択などによりコストの低減を見越したものが（長期的な）システム統合コストとなります。

　ここで注意すべき点は、近年の国際調査ではシステム統合コストの試算にはVREの便益が過小評価されるなどの点で「重大な欠点がある」[※2]ことが指摘されていることです。システム統合コストの原論文[※1]でも、「このことは、特に気候変動などの負の外部性やVREの便益が内部化される場合、最適なVREシェアは低いということを意味するものではない」と明記されており、最新の議論では、「従来は、風力発電のいわゆる統合コストを試算するのが一般的だった。いずれの方式も重大な欠点があることがわかっている」と指摘され、「発電コスト（LCOE）にシステム統合コストを加えようとするのではなく、異なるシナリオについて電力システム全体のコストと便益を評価することが望ましい」と推奨されています[※2]。　　　　〈安田　陽〉

## 図表3　日本における統合コストの試算

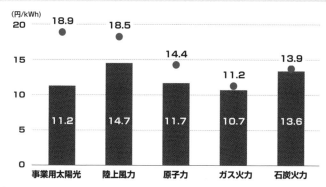

注：棒グラフ：発電コスト、●：発電コスト＋統合コスト
出典：経済産業省系統ワーキンググループ 第48回資料1、2021年8月4日。

## 図表4　システム統合コストの概念図

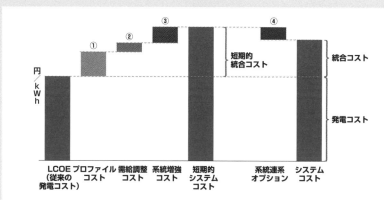

出典：F. Ueckerdt, L. Hirth et al.: System LCOE: What are the costs of variable renewables?, Energy, Vol.63,
pp.61-75 2013. をもとに筆者翻訳して作成。

［参考文献］
※1　F. Ueckerdt, L. Hirth et al.[2013] *System LCOE: What are the costs of variable renewables?, Energy*
Vol.63, pp.61-75.
※2　IEA Wind Task25[2023]『変動性電源大量導入時のエネルギーシステムの設計と運用　最終
報告書』NEDO。

# 86 電力市場と再エネ

VRE大量導入のためには要素技術の開発だけでなく、電力市場設計など経済や制度の改革も必要です。日本でも議論が進む電力市場のあり方はどうあるべきでしょうか。

## ●電力市場とは

ひと口に「電力市場」といっても付随市場も含め様々存在しますが、世界的に標準的な電力市場の構造は**図表1**に示すようなものです（米国の市場は例外。詳細は文献[※1]を参照）。スポット市場は、主に石炭火力の起動時間の観点から、実際の受渡の前日に取引が終了します（日本では前日朝10時）。一方、受渡までの時間帯に不測の事態（ボイラの故障や風力の予測修正など）のために、スポット市場でいったん約定した量を修正するために時間前市場が存在します。この2つの市場は民間が開設する市場（取引所）であり、透明性や非差別性が担保されながら不特定多数の匿名取引で量と価格に関する意思決定が行われる場です。

一方、需給調整市場はシングルバイヤーの特殊市場であり、多くの国では系統運用者が開設しています。この市場は時間前市場の閉場後、市場プレーヤーが出したインバランス（計画値と実値のずれ）や送電混雑による送電不能分を調整するために予備力（調整力）を取引する市場です。

## ●VREの予測誤差と電力市場設計

VRE（変動性再生可能エネルギー）が増加するとその変動性のため調整力がより必要となり火力発電もより多く必要になるという言説も過

## 図表1　標準的な電力市場の構造

## 図表2　ドイツのVRE導入率と応動予備力

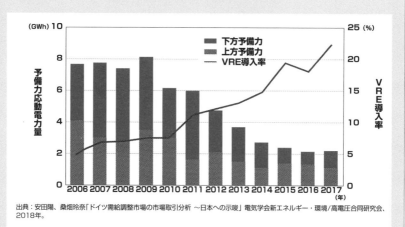

出典：安田陽、桑畑玲奈「ドイツ需給調整市場の市場取引分析 〜日本への示唆」電気学会新エネルギー・環境/高電圧合同研究会、2018年。

## 図表3　ドイツのスポット市場と時間前市場の取引量の推移

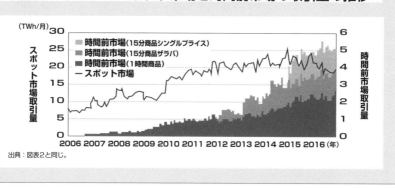

出典：図表2と同じ。

去にはありました。しかし欧州の実績では、VREの導入率が増えるにつれ需給調整市場で取引された（実際に応動した）予備力が逆に少なく済む現象が見られています[→図表2]。理由としては、時間前市場の閉場時刻を受渡時刻に近づけることで（ドイツ国内では受渡5分前まで取引可能）、時間前市場が活性化したこと[→図表3]があげられます。

　日本では「風力・太陽光は予測できない」との固定観念が多いですが、図表4からわかるように単基の風車よりも広域で複数の風力発電所を集合化[→⑲]すると誤差が大きく改善します。また予測誤差は受渡時間に近づくほど小さくなるため、前述のように市場閉場時刻を受渡に近くすることで誤差が大きく緩和されます。このように欧州では、技術開発だけでなく市場ルールの変更でVREの予測誤差が改善され、風力や太陽光も相当に予測しやすくなっています。

## ●再生可能エネルギーも需給調整に貢献する

　VRE導入が進む欧州では、需給調整市場でも再エネによる予備力の取引が進んでいます。図表5はスペインの需給調整市場における取引電力量（応動電力量）の推移を示していますが、水力・揚水といったもともと調整力を持つ再エネだけでなく風力発電も実績を伸ばしており、近年は再エネが過半数を占めていることがわかります。

　風力や太陽光は、供給が過剰な際に強制的に出力抑制が行われる場合もありますが[→図表6左図]、欧州では、風が吹きすぎてスポット価格が低下した際に自主的に出力を下げ、必要に応じてブレードのピッチ角を高速に制御することにより需給調整市場で上方予備力を提供して収益を得るという市場行動も生まれています[→図表6右図]。このように世界では、再エネの変動性を再エネ自身が助けるという状況が、市場取引を通じて実現されつつあります。〈安田　陽〉

［参考文献］
※1　安田陽［2020］『世界の再生可能エネルギーと電力システム　電力市場編』インプレスR&D。

## 図表4　ドイツにおける風力発電の予測誤差

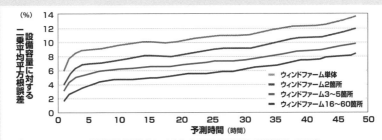

出典：IEA Wind Task25: 変動性電源大量導入時のエネルギーシステムの設計と運用 最終報告書、2022年。

## 図表5　スペインの需給調整市場（置換予備力）の取引電力量の推移

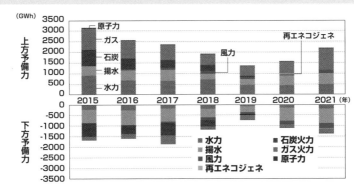

参考：C. Edumnd et al.: On the participation of wind energy in response and reserve markets in Great Britain and Spain, Renewable and Sustainable Energy Reviews, Vol.115, 109360, 2019.に最新データを追加して筆者作成。

## 図表6　風力発電が供給できる予備力（調整力）

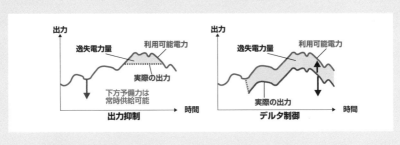

# ⑧⑦ 分散型電源とアグリゲーター

VER導入の柔軟性を供給するのは大規模集中電源だけではありません。配電レベルに接続する分散型電源も柔軟性を供給できます。それらをどのように効率的に利用するかのカギがアグリゲーターです。

## ●配電網における分散型電源

⑥⑨で紹介した通り、将来のVREの超大量導入を支えるカギとなる技術（および概念）は柔軟性です。そして柔軟性は従来型の大規模集中電源のみが供給できる能力ではなく、配電レベルに接続する小規模分散型電源も本来供給可能です。たとえば欧州では**図表1**に示す通り、潜在的な柔軟性供給源は大規模集中電源が接続される高圧だけでなく、配電レベルにも豊富にあると試算されています。たとえばデンマークでは2010年頃にはすでに風力とCHP（コジェネ）を中心に分散型電源が多数導入されていました。数百から数千の発電事業者を送電事業者が一手に管理することは非効率です。このように配電レベルに広く多数分散した小規模分散型電源からどのように効率的に柔軟性資源を利用すべきでしょうか。

## ●BRPとアグリゲーター

**図表2**に発送電分離前の給電システムの体制図（**左図**）と自由化市場における体制の概念図（**右図**）を示します。垂直統合の時代は「電力会社」の中央給電司令所を頂点としヒエラルキー構造で発電所や変電所の情報が収集され給電指令により発電の制御が行われていました。自由化市場では、需給制御は送電事業者と電力取引所の二頭体制となります。また、多数の小規模分散型電源は送電事業者と直接

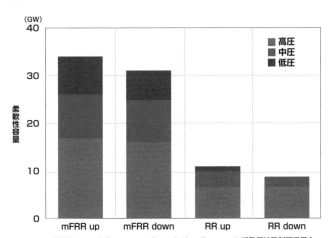

- mFRR(manual Frequency Restriction Reserve):手動周波数制限予備力
- RR(Replacement Reserve):置換予備力
- up: 上方予備力、down: 下方予備力

出典：ENTSO-E: Distributed Flexibility and the value of TSO/DSO cooperation, 2017.

## 図表2　発送電分離前と自由化後の給電体制

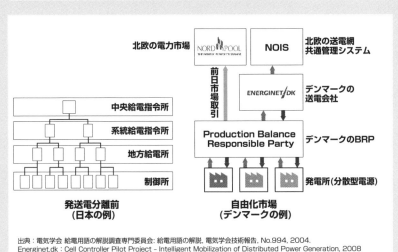

出典：電気学会 給電用語の解説調査専門委員会: 給電用語の解説, 電気学会技術報告, No.994, 2004.
Energinet.dk：Cell Controller Pilot Project – Intelligent Mobilization of Distributed Power Generation, 2008

情報をやりとりせず、あいだにBRP（需給責任会社）と呼ばれる「代行業者」が介在します。

　そこで小規模発電事業者は代行業者であるBRPと契約し、BRPが広域に分散した多数の発電所を集合化（アグリゲーション）して、送電事業者とのやりとりや市場入札を代行し、需給調整に責任を持ちます。このようにして小規模発電事業者も間接的に市場参加が可能となります。

　BRPは日本のバランシンググループ（BG）とほぼ同じですが、日本のBGの慣行のように特定の地域やグループ会社で固定化せず、契約によって選択可能です。欧州のBRPは広域に分散する様々な電源種でポートフォリオ（電源構成）を組みリスクヘッジするという金融取引に似た考え方で、市場取引を通じてインバランス料金（同時同量を達成できない場合のペナルティ）を最小化することで需給調整に責任を持ちます。

　日本では、アグリゲーターやVPP（仮想発電所）も技術開発の文脈で語られることが多いですが、先行する欧州ではBRPが市場取引を通じてVPP技術の担い手となっています【→図表3】。欧州のBRPの行動は、日本の今後の電力市場のあり方を議論するうえで参考となるでしょう。

### ●柔軟性市場

　欧州では、配電レベルに接続された小規模分散型電源から柔軟性を調達するために、**図表4**のような柔軟性市場の設立が検討されています。ここで欧州特有の問題として送電と配電で運用者が異なるという点があり、どちらの運用者が柔軟性市場を開設したほうが効率的かという議論が行われています。いずれの場合もアグリゲーターによる集合化がカギとなります。日本の場合は欧州とは異なり、一般送配電事業者として送配電が同じ事業者で一元管理できるため、この点はむしろ日本の方が有利です。小規模分散型電源からの柔軟

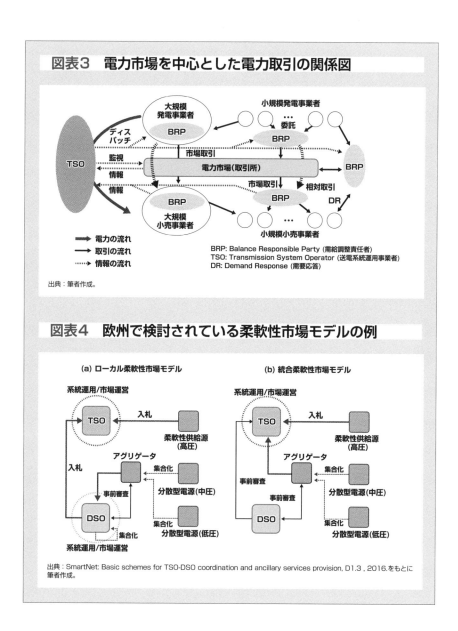

**図表3　電力市場を中心とした電力取引の関係図**

大規模
発電事業者
BRP

小規模発電事業者
・・・
委託
BRP

ディス
パッチ

TSO

監視
情報

情報

市場取引

電力市場（取引所）

BRP

BRP
大規模
小売事業者

市場取引

BRP

相対取引

DR

・・・
小規模小売事業者

➡ 電力の流れ
➡ 取引の流れ
┅➤ 情報の流れ

BRP: Balance Responsible Party (需給調整責任者)
TSO: Transmission System Operator (送電系統運用事業者)
DR: Demand Response (需要応答)

出典：筆者作成。

**図表4　欧州で検討されている柔軟性市場モデルの例**

(a) ローカル柔軟性市場モデル

系統運用/市場運営

TSO

入札

柔軟性供給源
（高圧）

アグリゲータ

集合化

入札

事前審査

分散型電源（中圧）

DSO

集合化

集合化

分散型電源（低圧）

系統運用/市場運営

(b) 統合柔軟性市場モデル

系統運用/市場運営

TSO

入札

柔軟性供給源
（高圧）

アグリゲータ

集合化

事前審査

分散型電源（中圧）

事前審査

DSO

集合化

分散型電源（低圧）

出典：SmartNet: Basic schemes for TSO-DSO coordination and ancillary services provision, D1.3 , 2016.をもとに
筆者作成。

性の調達やひいてはVRE大量導入にとって、日本こそ優位性があると言えるでしょう。　　　　　　　　　　　　　　　　　〈安田　陽〉

## ❷ 再エネの拡大にあわせた電力市場設計

# (88) エネルギーオンリー市場と容量メカニズム

電力市場ではkWhの商品が取引されますが、電力市場取引だけでは火力発電所の採算がとれず、電源の投資が進まずに供給安定度が脅かされるという言説があります。これを検証します。

### ●ミッシングマネー問題

⑧⑥で取り上げた電力市場（スポット市場、時間前市場）では、30分から1時間ごとの電力量（kWh）の商品が取引されます。とくにスポット市場ではシングルプライスオークションという入札方法がとられ、**図表1**の模式図のように、約定した入札者は入札価格に関わらずレントを上乗せした一律の約定価格を受け取ることができます（一物一価）。多くの発電所はレントによって固定費を回収しますが、約定量に至る直前の約定者（通常、ガス火力や石油火力）はレントを得ることができず、固定費を回収することができません。これは「ミッシングマネー問題」と呼ばれています。このような状況では将来の発電所に投資が進まなくなり、供給信頼度が低下する（ピーク時に電源が足りなくなる）可能性もあります。このような状況を回避するため、世界の各国や地域では①EOM（エネルギーオンリー市場）と②CRM（容量報酬メカニズム）の2つの異なる考え方が取られています。

### ●EOM（エネルギーオンリー市場）

電力市場は電力量（＝エネルギー）を取引しているため、しばしばエネルギー市場とも呼ばれます。エネルギーオンリー市場は、あくまでエネルギー市場のみで発電所の投資インセンティブを促す考え方であり、需給ひっ迫の際、市場価格は無制限に上昇します[→**図表2**

428

## 図表1　標準的な電力市場の構造

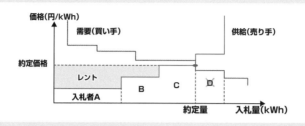

ここで右肩上がりの供給曲線は短期限界費用(≒変動費、燃料費)順に並べた発電所のリストであり、メリットオーダー曲線と呼ばれます。

## 図表2　容量メカニズムとエネルギーオンリー市場

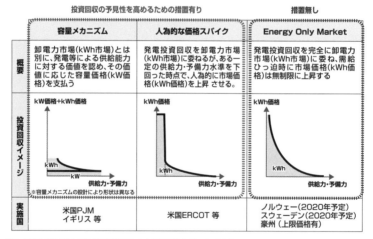

| | 投資回収の予見性を高めるための措置有り | | 措置無し |
|---|---|---|---|
| | **容量メカニズム** | **人為的な価格スパイク** | **Energy Only Market** |
| 概要 | 卸電力市場(kWh市場)とは別に、発電等による供給能力に対する価値を認め、その価値に応じた容量価格(kW価格)を支払う | 発電投資回収を卸電力市場(kWh市場)に委ねるが、ある一定の供給力・予備力水準を下回った時点で、人為的に市場価格(kWh価格)を上昇させる。 | 発電投資回収を完全に卸電力市場(kWh市場)に委ね、需給ひっ迫時に市場価格(kWh価格)は無制限に上昇する |
| 投資回収イメージ | kW価格+kWh価格 ※容量メカニズムの設計により形状は異なる | kWh価格 | kWh価格 |
| 実施国 | 米国PJM イギリス 等 | 米国ERCOT 等 | ノルウェー(2020年予定) スウェーデン(2020年予定) 豪州(上限価格有) |

出典：経済産業省：電力システム改革貫徹のための政策小委員会、第2回配布資料3，2016年11月11日。

---

**コラム**

### 1　容量市場

容量市場は、発電所の持つ発電能力(容量)に価値を付ける市場であり、需給調整市場[→⑱]と同じくシングルバイヤーの特殊市場です。容量市場は「結果的に、ミッシングマネーを取り戻そうとすることで、資金配分の失敗、すなわちある電源への過剰／過小な補償といった新たな問題が発生する」とも指摘されています[※3]。

**右図**]。服部(2015)は、「需給ひっ迫が生じる状態では、価格は限界費用を超えて高くなる必要がある。(中略)これにより、市場に参加する電源の固定費の回収が可能となる」と説明します。一方で、「このような極端に高い価格は、政治的に許容できないことや、限界費用を超えた価格設定には，市場支配力の行使が疑われるため、海外の卸電力市場では入札価格に一定の上限を設けているところが多い。(中略)こうした上限を設けることによって価格が抑制されれば、電源の固定費の回収は難しくなる」とも指摘しています[1]。

　なお、一定の予備力水準を下回った場合は人為的に市場価格を上昇させる制度[→**図表2中図**]を持つ場合もEOMに分類されることがあります。たとえば米国テキサス州のERCOT(テキサス信頼度協議会)では需給ひっ迫時には日本円で約1000円/kWhとなります[2]。

### ●CRM(容量報酬メカニズム)

　EOMでは電源投資のインセンティブが得られそうにない場合、何らかの規制的な枠組みで発電所の投資を促す必要があります[→**図表2左図**]。それが容量報酬メカニズム(CRM) あるいは容量メカニズムと呼ばれる制度です。CRMには、**図表3**に示すように様々な選択肢があり、とくに北米のいくつかのエリアや欧州の各国で採用されているのは容量市場(容量入札) [→**コラム1**]と戦略的予備力[→**コラム2**]です。

### ●どのように選ぶか?

　EOMかCRMか、CRMの中でも容量市場か戦略的予備力か、どの制度を選択すべきかは、複数のシナリオによる供給信頼度の予測や費用便益分析[→⑦]を用いた根拠にもとづくEBPM(証拠に基づく政策決定)を行うことが望ましいでしょう[5]。日本では十分なEBPMなく容量市場ありきで議論が進み、2016年から議論を始めたはずなのに結果的に2022-2023年の需給ひっ迫の懸念を招いてしまいました。この反省点に立ち、タブーのない抜本的な議論に戻る必要があります。

〈安田　陽〉

**2 戦略的予備力**

戦略的予備力は現在、ドイツ、スウェーデン、ベルギーなどでとられている方法で、「EOMの枠組みを最大限に活用しつつ，万が一に備えた電源を確保しておくことで安定供給に支障をきたさないようにする制度」です[*4]。この制度は「迅速に導入でき、短期的な電力安定供給の問題に対処し、高い信頼度レベルを確保することができる。しかしそれらは、kWh市場による長期的に十分な投資の実現を保証するものではない」とされます[*4]。

## 図表3　さまざまな容量メカニズムの種類

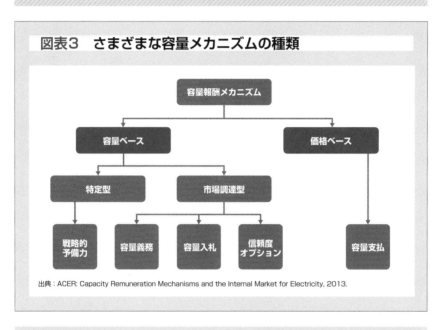

出典：ACER: Capacity Remuneration Mechanisms and the Internal Market for Electricity, 2013.

［参考文献］

※1　服部徹［2015］「容量メカニズムの選択と導入に関する考察―不確実性を伴う制度設計への対応策」『電力経済研究』61、1-16頁。

※2　山家公雄［2019］『テキサスに学ぶ脅威の電力システム―日本に容量市場・ベースロード市場は必要か？』インプレスR&D。

※3　M. Hogan［2017］*Follow the missing money : Ensuring reliability at least cost to consumers in the transition to a low-carbon power system, The Electricity Journal* Vol.30, pp.55-61,

※4　IEA［2016］「電力市場のリパワリング―低炭素電力システムへの移行期における市場設計と規制」NEDO（https://www.nedo.go.jp/content/100862107.pdf）

※5　金本良嗣［2020］「総説　EBPMを政策形成の現場で役立たせるために」大橋弘編著『EBPMの経済学―エビデンスを重視した政策立案』東京大学出版会。

**❸ 全分野で政策を進める**

# (89) 再エネ普及のための政策

FIT（固定価格買取制度）など再エネ普及政策を中心に、密接に関係する系統連系や電力自由化、そして今後のエネルギー転換に求められる政策を概説します。

## ●再エネ普及政策の体系

再エネ普及政策は、「供給（技術）プッシュ型」と「需要（市場）プル型」に大別されます[→図表1]。プッシュ型は研究開発や補助金などで、今なお多くの国で見られます。プル型は需要側から普及を促す政策で、FITやRPS（固定枠制度）などがあります。

FITは、再エネを一定の価格で長期間購入を義務づけるもので、2000年にドイツが導入したものが代表例です。1970年代に米国とデンマークで始まり、世界で約92ヵ国、日本は2011年に導入しました。現在、FIP（プレミアム支払い）への移行がみられます。

価格ではなく「一定量」の買取を義務づける政策（入札やRPS）も英国などで導入が始まり、再エネコストの低下につれて世界で約131ヵ国と近年は拡大しています[→図表2]。

## ●電力自由化と系統連系

再エネと電力自由化とは起源も異なり原動力も違いますが、時代的には相前後して相互に関連しつつ発展してきました。最初に電力会社が独占していた系統への連系が、再エネ普及に不可欠の政策として、1970年代の米国やデンマークで始まりました。その後、米国では系統への公平・中立な連系として「オープンアクセス」が確立し、欧州は優先接続・優先給電へと発展していきました。

## 図表1　再エネ普及政策

| 供給プッシュ型 | 需要プル型 |
|---|---|
| ・研究開発補助、実証事業<br>・設備補助金<br>・投資減税 | ・FIT(固定価格買取制度)<br>・入札<br>・RPS(固定枠買取制度)/クオータ制度<br>・FIP<br>・ネットメータリング/余剰電力購入<br>・発電減税<br>・公共調達 |

**再エネ普及政策小史**

| 年　代 | 主な出来事 |
|---|---|
| 1978 | 米国連邦公益事業規制法(PURPA)でIPPや系統連系の規定 |
| | デンマークで風力発電の系統連系、風力協同組合との固定買取3者協定 |
| 1983 | 米カリフォルニア州で固定価格と投資減税(ISO4) |
| 1990 | ドイツ電力供給法(EFL)で再エネを電気料金の90%買取規定 |
| | 英国で再エネ入札(NFFO)開始 |
| 1995 | 独アーヘン市による太陽光・風力の買取価格上乗せ(アーヘンモデル)開始 |
| 2002 | ドイツ固定価格買取制度(EEG)成立、英国固定枠制度(RO)開始 |
| 2005 | EU再生可能エネルギー指令(優先接続・優先給電・発電源証明など) |
| 2009 | 中国のFIT導入 |
| 2011 | 日本で太陽光のみの余剰電力FIT施行 |
| | 日本で全再エネのFIT成立・翌年施行 |

## 図表2　FITと入札(RPS含む)の導入国数の推移

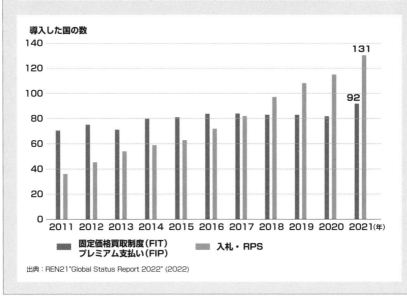

出典：REN21"Global Status Report 2022" (2022)

発送電分離が進み電力市場が確立されるとともに、再エネ（とくに風力発電と太陽光発電）の導入量も目に見えて増えてきました。燃料が不要な風力発電と太陽光発電（自然変動型電源VREともいいます）は限界費用が限りなくゼロに近く、電力市場には最優先して導入されます（メリットオーダー）。そのため従来の「ベースロード」という考え方に代わって、VREを電力系統に最大限受け入れるために系統の「柔軟性」が重要視されるようになってきました[→図表3、図表4]。

## ●日本の課題と世界の動向

　日本では、再エネ政策も電力自由化もそれぞれに課題があり、停滞しています。国はエネルギー基本計画で「再エネ主力電源化」や「再エネ最優先原則」を掲げたものの、現実の政策施行レベルには充分に反映されていません。再エネ目標値が消極的な水準、送電系統の空き容量不足による系統連系拒否や異様に高額な連系負担金が請求される、再エネ比率が低い段階での太陽光発電の出力抑制といった問題が多発しています。背景には、発送電分離が中途半端で旧一般電気事業者の支配が続いていること、公平で透明な電力市場が確立されていないことといった問題もあります。

　また日本では、土地利用規制がアンバランスで、開発プロセスで初期段階から市民参加が保証されておらず、急激に拡大した太陽光発電開発の一部が自然や景観破壊をもたらしたことで、全国各地で反発が高まっています。

　世界の主要国は、再エネ電力100%に向けて、次のステージの政策へ移行しつつあります。急激な低コスト化と普及拡大が進む蓄電池の統合も進み、それらを織り込んだ需要側応答（DR）など柔軟性の向上、再エネ電力（P）を温熱や水素等（X）に転換するP2X、そして電力以外のモビリティや製造業などの分野も再エネで100%化してゆく「セクター・カップリング」へと政策や市場が共進化しつつあります。

〈飯田哲也〉

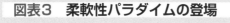

## 図表3　柔軟性パラダイムの登場

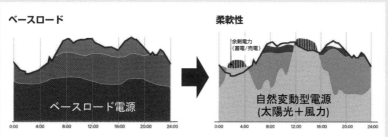

ベースロード　　　　　　　　　　　　　　柔軟性

ベースロード電源

余剰電力
(蓄電/売電)

自然変動型電源
(太陽光＋風力)

出典：REN21 "Renewables 2017 Global Status Report" (June 2017)

## 図表4　自然変動電源（太陽光＋風力）の比率と柔軟性段階

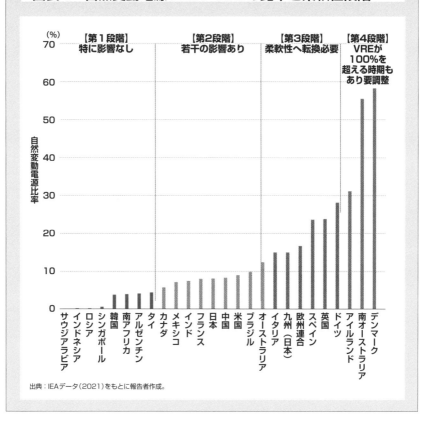

出典：IEAデータ（2021）をもとに報告者作成。

# ⑳ 建築部門の省エネ政策

建築物は一度建設されると長期間使用され、影響が持続する「ロックイン効果」が大きいため、高い性能を計画的に普及させる目標設定が不可欠です。ここでは日本における建築物・住宅の省エネ施策の経緯と課題を整理します。

## ●省エネの適合義務化が遅れた日本の建築行政

　日本の建物の省エネは、オイルショック直後の1979年に定められた「エネルギーの使用の合理化に関する法律」に始まり、当初は建築物は事務所の空調を対象に外皮と設備効率、住宅は断熱を規定したのみでした[→図表1]。その後、対象拡大とレベルの引き上げが徐々に行われ、2016年に「建築物のエネルギー消費性能の向上に関する法律」が新設され、建物のエネルギー消費量に書いた「一次エネルギー規制」に移行しました。設計する建物が基準仕様の建物よりもエネルギー消費量が少ない（BEI≦1以下）ことが求められました。ただし、この一次エネ規制が必須となる「適合義務化」が課されたのは棟数が少ない中規模・大規模の建築物のみで、またBEI≦1の達成も容易であり、省エネの実効性はごく限られたものでした[→図表2]。

## ●2030年・2050年の目標が策定されるが更なる強化は不可欠

　さらなる省エネ・省CO₂のため、2021年の「脱炭素社会に向けた住宅・建築物の省エネ対策等のあり方検討会」において、2030年・2050年にめざすべき目標が設定されました。ゼロエネルギーのZEH／ZEBをめざすとされていますが、太陽光発電など再エネの導入目標はあいまいで、根拠も不明確です。2050年の脱炭素化のためには、さらなる取組みの強化が不可欠です。　　　　〈前　真之〉

## 図表1　建築物の省エネ政策の経緯

| | 建築物（非住宅）の省エネ | 住宅の断熱・省エネ |
|---|---|---|
| 1979年<br>（昭和54年） | 「エネルギーの使用の合理化に関する法律」（通称：省エネ法）新設<br>対象（被義務者）①工場（事業者）②建築物（建築主）③機械器具（製造業者）<br>エネルギー消費の絶対量削減ではなくエネルギー使用の効率化を求める | |
| 1980年<br>（昭和55年） | 建築用途は事務所用途は空調のみ<br>PAL（年間熱負荷係数）　CEC（エネルギー消費効率） | 断熱等級2新設 |
| 1993年<br>（平成5年） | 空調以外の用途に換気・照明・給湯・エレベータ追加<br>CECはAC, V, L, HW, EVの5種類に　建物用途も追加 | 断熱等級3追加（1992年から） |
| 1999年<br>（平成11年） | PAL・CECの基準値改定10%程度小さく<br>建築物の省エネ措置の届出義務化2002年(H14)～<br>大規模修繕時の届出義務化義務化2005年(H17)～ | 断熱等級4追加　日射遮蔽新設<br>住宅の省エネ基準の届出義務化（小規模は対象外）<br>大規模2006年(H18)～中規模2010年(H22)～ |
| 2016年<br>（平成28年） | 「建築物のエネルギー消費性能の向上に関する法律」（通称：建築物省エネ法）新設<br>BEI(Building Energy Index)による1エネルギー規制メインに移行（設備の高効率化を重視） | |
| BEI=<br>Building Energy Index | $BEI = \dfrac{設計一次エネルギー消費量}{基準一次エネルギー消費量}$　・設計建物の外皮・設備を導入した際に予想されるエネルギー消費量（対象用途のみ）<br>　・基準仕様の外皮・設備を導入した際に予想されるエネルギー消費量（対象用途のみ） | |
| 2021年 | 脱炭素社会に向けた住宅・建築物の省エネ対策等のあり方検討会（国交省・経産省・環境省）<br>目標からの立案「バックキャスティング」により2030年・2050年に目指すべき住宅・建築物の姿を提示 | |
| 2025年 | 小規模住宅を含む全ての建築物で省エネ基準の適合義務化（BEI≦1.0が必須に） | |
| 2030年<br>目標 | (省エネ)新築建築物でZEB(BEI≦0.6/0.7)の省エネ性能　新築住宅でZEH(断熱等級4＋BEI≦0.8)を確保<br>(再エネ)新築戸建住宅の6割において太陽光発電設備が導入される | |
| 2050年<br>目標 | (省エネ)ストック平均でZEH・ZEB水準の省エネ性能が確保される<br>(再エネ)導入が合理的な住宅・建築物における太陽光発電設備等の再生可能エネルギー導入を一般的に | |
| | BEI=0.78(0.74)（ストック平均） | BEI=0.90(0.80)（ストック平均） |

注：機器更新を加味せず(機器更新を加味)

## 図表2　建築物・住宅（新築）の消費エネルギー量と着工棟数（2017）

| | 建築物（非住宅） | | |
|---|---|---|---|
| | 大規模 2000㎡以上 | 中規模 300～2000㎡ | 小規模 300㎡未満 |
| 1次エネ消費量（比率） | 22.0PJ(36.3%) | 9.6PJ(15.9%) | 4.0PJ(6.6%) |
| 着工棟数（比率） | 0.3万棟(0.6%) | 1.4万棟(2.8%) | 3.9万棟(7.7%) |

| | 住宅 | | |
|---|---|---|---|
| | 大規模 2000㎡以上 | 中規模 300～2000㎡ | 小規模 300㎡未満 |
| 1次エネ消費量（比率） | 3.1PJ(5.1%) | 4.5PJ(7.4%) | 17.4PJ(28.7%) |
| 着工棟数（比率） | 0.2万棟(0.3%) | 2.3万棟(4.6%) | 43万棟(7.7%) |

建築物・住宅の適合義務ではないものの、省エネ政策の問題点
・長期にわたり任意基準または届出義務にとどまり、実効性が限られていた
・棟数が少ない大規模・中規模の建築物が重視され、小規模建築物や住宅の対策は後回しとされた
・直近でできることだけ積み上げる「フォアキャスティング」がもっぱらで、長期の計画・目標がなかった
・2030年の2013年比CO₂削減目標　建築物51%・住宅66%に対し、2020年度の実績は22.4%、19.3%と停滞
・再エネを伴わない省エネのみの場合でも、ゼロエネルギー建築物（ZEB）・住宅（ZEH）という言葉を乱用している
・2050年導入のストック平均のBEI目標が、建築物・住宅の脱炭素に十分である根拠が示されていない
出典：国土交通省「規模・用途別のエネルギー消費量と着工棟数との関係(2017)」

［参考文献］
建築環境・省エネルギー機構『住宅の省エネルギー基準と計算の手引き』建築環境・省エネルギー機構。

# ⑨¹ 運輸部門の政策
## 電気自動車早期普及の必要性

運輸部門の政策では、BEV（バッテリー式電気自動車）の普及と再エネの利用を進めることが必要です。技術的見通しが立たないものや排出削減のポテンシャルが少ない政策を進めるのは、脱炭素を遅らせることになります。

## ●CO₂排出量9割を占める自動車の対策

　運輸部門のCO$_2$排出の約9割は自動車によるもので、その大半を乗用車とトラックが占めていますので[→図表1]、自動車の脱炭素を重点的に進めることが必要です。㊾のとおり乗用車はBEVへの転換が現実的ですが、「地球温暖化対策計画」（2021年）では、「次世代自動車」としてFCV（燃料電池車）、PHV（プラグインハイブリッド車）、HEV（ハイブリッド車）も普及拡大を進める内容になっています。

　水素の供給や取扱いに課題があるFCV[→コラム]と、低燃費でもガソリンのみを使用するHEVは現実的な選択肢とはいえません。その他交通流の円滑化やモーダルシフト（輸送手段の転換）も同計画にありますが、効果やポテンシャルの点から多くを期待できません。また、乗用車は廃車まで10年程度、トラックは15年程度使用されるので、新しい車両の導入を進めても、保有車両全体が入れ替わるには長期を要します。たとえば、CO$_2$排出ゼロのトラックが新車販売で100％になっても、全保有車両が排出ゼロになるにはその15年後です。

　政府はクリーンエネルギー車補助金として、BEV、PHV、FCVに対し最大で購入価格の15％程度を支給するほか、自動車税の減免措置を実施していますが在来車との価格差は未だ大きく、この差を極力埋められるような政策が求められます。　　　　　〈近江貴治〉

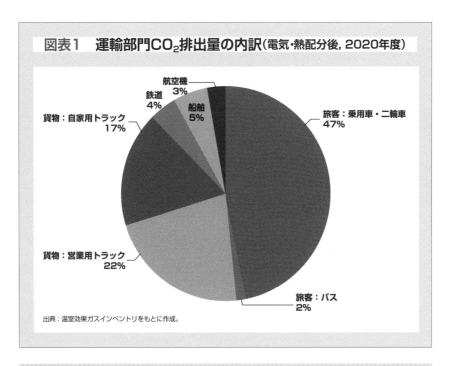

図表1　運輸部門CO₂排出量の内訳（電気・熱配分後, 2020年度）

- 航空機 3%
- 鉄道 4%
- 船舶 5%
- 貨物：自家用トラック 17%
- 旅客：乗用車・二輪車 47%
- 貨物：営業用トラック 22%
- 旅客：バス 2%

出典：温室効果ガスインベントリをもとに作成。

---

**コラム**　水素は、化石燃料からの改質（水蒸気と反応させる）か、水の電気分解によって製造されます。水素は常温常圧では非常に軽い気体なので、水素ステーションまで輸送する場合は高圧にして専用のタンクローリーで輸送されますが、高圧タンクにかなりのコストがかかるようです。水素を自動車の燃料タンクに充填する際も、高圧にする必要があります。トヨタの水素自動車「ミライ」は、充填気圧が700気圧（70MPa）で、水素ステーションもそれに対応するための整備費が3.5億円程度かかり、約1億円といわれるガソリンスタンドよりかなり高額です。高圧に圧縮するためにエネルギーも必要です。ちなみに、原子力発電の原子炉圧力容器の耐圧は沸騰水型で約90気圧、加圧水型で175気圧であり、「ミライ」の水素タンク圧力はこれらの約8倍または4倍ということになります。

一方、電気自動車は数百km走行分を充電するには数時間が必要ですが、水素はガソリンとほとんど変わりありません。交通流の円滑化によるCO₂削減は、あまり多くを期待できません。渋滞の解消によって燃費向上は期待できますが、一般には道路整備を行えば交通量も増加します。

---

［参考文献］

環境省[2021]「地球温暖化対策計画（令和3年10月22日閣議決定）」
　（http://www.env.go.jp/earth/ondanka/keikaku/211022.html）

近江貴治[2020]「地球温暖化対策計画」の貨物輸送に係る対策・目標値の妥当性」『日本物流学会誌』
　（28）、165-172頁。

経済産業省資源エネルギー庁水素・燃料電池戦略協議会[2019]『水素・燃料電池戦略ロードマップ』。

# ⑨2 農業農村部門の政策

農業農村部門のエネルギー転換を進めるためには、再生可能
エネルギーの導入拡大と食料生産とのバランスをとること、
農業の脱炭素化を進めることが重要です。

## ●再生可能エネルギーの導入拡大と食料生産

　農業農村部門のエネルギー転換を進めるためには、再生可能エネ
ルギーの導入拡大と食料生産とのバランスをとることが重要です。
たとえば太陽光発電についてみると、日本はすでに平地面積あたり
の導入量が世界一となっています[→図表1]。そのため今後、日本で
太陽光発電の導入拡大をさらに進めていくにあたって、適地不足が
大きな問題となっています。そのようななか、太陽光発電の適地の
1つとして期待されているのが農地です[→図表2]。しかし当然なが
ら、農地は食料生産のための重要な土地であり、農地での太陽光発
電の実施はエネルギーと食料との競合リスクを生じさせます。2021
年に決定された第6次エネルギー基本計画ではこの競合リスクを回
避するため、農地での太陽光発電の実施について、①将来的に営農
が見込まれない荒廃農地の利用、②営農型太陽光発電の実施の2つ
の方向性が提示されています。

## ●営農型太陽光発電と食料生産

　このうち営農型太陽光発電は、まだ歴史は浅いものの、再生可能
エネルギーの導入と食料生産を両立できる発電方式として期待され
ており、近年は海外でも注目を集めつつあります[※1]。ただし現時点
では日本での取組みは期待されているほどには広がっていません。

## 図表1　平地面積当たりの太陽光設備容量

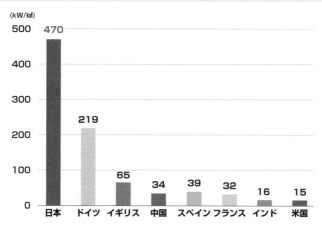

(kW/㎢)

| 日本 | ドイツ | イギリス | 中国 | スペイン | フランス | インド | 米国 |
|---|---|---|---|---|---|---|---|
| 470 | 219 | 65 | 34 | 39 | 32 | 16 | 15 |

出典：資源エネルギー庁（2022）「再生可能エネルギー発電設備の適正な導入及び管理のあり方に関する検討会について　参考資料1」

## 図表2　農山漁村における再エネ資源の賦存

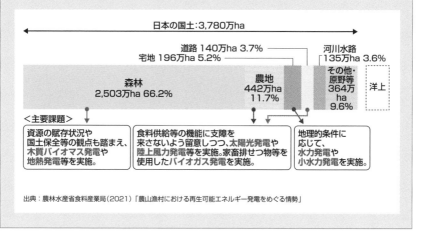

日本の国土：3,780万ha

道路 140万ha 3.7%
宅地 196万ha 5.2%
河川水路 135万ha 3.6%

森林 2,503万ha 66.2%

農地 442万ha 11.7%

その他・原野等 364万ha 9.6%

洋上

＜主要課題＞

資源の賦存状況や国土保全等の観点も踏まえ、木質バイオマス発電や地熱発電等を実施。

食料供給等の機能に支障を来さないよう留意しつつ、太陽光発電や陸上風力発電等を実施。家畜排せつ物等を使用したバイオガス発電を実施。

地理的条件に応じて、水力発電や小水力発電を実施。

出典：農林水産省食料産業局（2021）「農山漁村における再生可能エネルギー発電をめぐる情勢」

その大きな要因の１つが、新しい取組みであるために営農型太陽光発電の遮光による食料生産への影響に関する知見が不足していることです。しかし近年、いくつかの実証実験が実施されるようになり、例えば静岡県が行った実証実験[※2]では、ブルーベリーおよびキウイフルーツは30％程度の遮光、茶は50％程度の遮光でも収穫量や品質に影響がないとの結果が得られています。営農型太陽光発電の遮光の影響に対する農業現場の不安を払しょくするために、このような知見のさらなる蓄積が期待されます。

　なお、静岡県によるこの実証実験では営農型太陽光発電について、上空の太陽光発電設備によって日影ができて夏期の作業負担が減少する、冬期に茶の凍霜害が発生しにくくなるなどの副次的効果も報告されています[→図表3]。今後、気候変動による異常気象の増大が見込まれるなか、このような営農型太陽光発電による副次的効果はもっと注目されて良いでしょう。

## ●農業の脱炭素化

　日本の温室効果ガス排出量のうち、農林水産分野が占める割合は4.0％程度（2018年度）とそれほど多くありません。しかし温室効果ガスの増加に起因する気候変動は、高温による農産物の品質低下、集中豪雨による洪水被害など、農業に大きな影響をもたらします。このため、農林水産分野においても再生可能エネルギーの利用を拡大し、脱炭素化を進めることが重要です。しかし現状では、農業はエネルギー源のほとんどを化石燃料に依存しており、日本の農林水産分野の温室効果ガス排出量に占める燃料燃焼の割合も大きい状況にあります。農業の脱炭素化を実現するには、まずはその前提となる農業の電化を進め、並行して再生可能エネルギーの農業利用を拡大していくことが重要です。

〈野津　喬〉

## 図表3　静岡県の営農型太陽光発電実証事業の概要（抜粋）

| 品目 | 茶 | キウイフルーツ | ブルーベリー(露地) | ブルーベリー(施設) |
|---|---|---|---|---|
| 遮光率 | 50% | 36% | 36% | 22〜36% |
| 支柱高さ | 2.8m | 3m | 4m | 4m |
| 収穫量 | 慣行栽培と同等 | | | |
| 収穫物の品質 | 慣行栽培と同等 | | | |
| 作業環境 | 日陰ができて、特に夏季の作業環境が改善 | | | |
| その他の効果<br>(抜粋) | 上空のパネルにより熱が逃げにくく凍霜害が発生しにくい | 風雨に当たりにくく、果実軟腐病、傷果、汚れ果が減少 | 防鳥ネットの棚として利用の可能性あり | 発電設備と温室の構造を併用している |

出典：静岡県（2020）「営農型太陽光発電の高収益農業の実証試験 報告書」をもとに筆者作成。

［参考文献］
※1　Zainol Abidin, M. A., et al. [2021]. Solar Photovoltaic Architecture and Agronomic Management in Agrivoltaic Aystem: A Review. Sustainability, 13(14), 7846.
※2　静岡県［2020］「営農型太陽光発電の高収益農業の実証試験 報告書」(https://www.pref.shizuoka.jp/sangyou/sa-310/einou.html)

# (93) 森林吸収源と森づくり政策

森林を二酸化炭素吸収源と位置づけた気候変動枠組条約、京都議定書、パリ協定などは日本の森林整備に大きな役割を果たしました。それが近年は荒い間伐、短伐期皆伐など「山荒し」的な施業に結果しており、問題が多くなっています。

## ●気候変動枠組条約における森林吸収の扱いの変遷

森林は光合成機能により二酸化炭素を吸収し、樹体や土壌に炭素を蓄積しています【→⑥】。このように温暖化を防止する働きを森林は持っていますが、世界各地ではさまざまな理由で森林減少が続いてきました。この減少を食い止め、逆に増加させる方向を明示したのが、国連「気候変動枠組条約」(1992年採択、1994年発効)の大きな成果のひとつです【→⑯】。この条約で、森林は「温室効果ガスの吸収源及び貯蔵庫」としての重要な役割を持つことが正式に認められました。その後、COP3(第3回締約国会議)で京都議定書が採択され、その細目が2001年のマラケシュ合意で確定し、さらに2020年の京都議定書終了を受け2015年にパリ協定が採択されました。それまでの議論の経緯を**コラム1**に示します。

## ●日本の森づくり政策の問題点

30年間の森林吸収源に対する国際的議論はそれなりに重要な成果をあげたと評価できます。しかしながら、日本の森づくり政策にとっては決していい影響だけではありませんでした。

①京都議定書の批准に際して、3.9%分(1300万炭素トン)が日本の「森林管理」(≒間伐)に認められたために、間伐に対して大規模な予算が投じられ、それが木材生産推進と相まって「荒い間伐」(粗雑な選木、

**コラム**

### 1 森林吸収源の扱いの変遷

気候変動枠組条約の具体的な内容は、1997年開催のCOP3（第3回締約国会議）において京都議定書として決定され2005年に発効しました〔→**コラム2**〕。森林吸収源の取扱い方については、各国の利害が激しく対立しましたが、結局、「人為が加わった1990年以降の植林・再植林（以上、吸収）、森林減少（排出）に限定する」ことになりました。これは森林面積の大きい国が森林吸収源に依存して温室効果ガスの排出削減に取り組まないことを防止するためでした。なお、人為による「森林管理」の吸収源としての具体的な取扱いは今後の課題となりました。

2001年、モロッコのマラケシュで開催されたCOP7では、難航していた京都議定書の細目ルールが固まり、各国が議定書の締結作業に入ることを可能としました（マラケシュ合意〔→**コラム3**〕）。

この協議過程では、森林吸収源における「森林管理」について、非EU先進国グループ（日米加を含む）はできるだけ広汎に認めることを主張し、EUグループは制限を課すことを主張し、途上国は森林吸収源を認めないことを主張しました。結局、日本には「森林管理」による二酸化炭素吸収量について1,300万炭素トンが認められ、日本は約3.9%の森林吸収分をカウントできることになり、2002年に京都議定書を正式に批准しました。

2005年の京都議定書発効にともなう2008年の「京都議定書達成計画」での日本の森林吸収源に対する考え方をコラム4に示します。そのために新法を制定し、新たに毎年20万haの間伐等を追加することになりました。このことは、良い面だけでなく負の側面を持つことになります（本文参照）。

その後、2011年のCOP17で「伐採＝排出」という取扱いをやめ、「HWP（伐採木材製品）」については炭素を固定していると見なすことになりました（ダーバン合意）。

2015年のCOP21で、京都議定書（2020年まで）の後の仕組みとして「パリ協定」が採択されました。日本は、2020年に「2050年カーボンニュートラル」「2030年までに排出を2013年度比46%削減」を宣言した結果、2030年には森林とHWPで、約1,000万炭素トンを吸収するという高い目標を持つことになりました。

**コラム**

### 2 京都議定書での決定

1. 約束期間
　　第1期は、2008年から2012年の5年間。
2. 先進国及び市場経済移行国全体の目標
　　少なくとも5%削減。
3. 主要各国の削減率（全体を足し合わせると5.2%の削減）
　　日本：−6%　米国：−7%　EU：−8%　カナダ：−6%　ロシア：0%　豪州：＋8%　NZ：0%　ノルウェー：＋1%
4. 吸収源の扱い
　　土地利用の変化及び林業セクターにおける1990年以降の植林、再植林および森林減少に限定。農業土壌、土地利用変化および林業の詳細な扱いについては、議定書の第1回締約国会合あるいはそれ以降のできるかぎり早い時期に決定。

出典：外務省HP（https://www.mofa.go.jp/mofaj/gaiko/kankyo/kiko/cop3/k_koshi.html）

高い間伐率）を生み、かえって人工林を荒らす結果となりました。

　②また、2012年度の「森林・林業白書」で、森林吸収源対策として、初めて「森林資源の若返り」が提起されました。これは、若齢級の森林のほうが二酸化炭素をよく吸収し、高齢級化すると炭素固定量が減少するとして、50年生前後（若齢級）での皆伐を進めようとするものです。九州や東北地方を中心に全国に普及し、その結果、集材路からの土砂崩壊や再造林放棄による森林劣化などに帰結しており、再造林地も獣害対策に追われ、むしろ「山荒し」といってもよい施業となっています。

　さらに林野庁は、エリートツリーや自動化機械を活用した30年を伐期とする超短伐期皆伐再造林事業を推進しようとしていますが、これも同様な問題をはらんでいます。

　③森林について、二酸化炭素の吸収の側面のみに重きを置いたため、森林の成長（フロー）の速度だけが論点になり、炭素の貯蔵（ストック）の面からの議論が弱かったことが問題です。森林の地球温暖化防止機能を考える場合、成長量だけではなく、森林の炭素貯蔵量の維持または増大が重要です。森林は、地上部だけでなく、地下部さらに森林土壌に大量の炭素を貯蔵しています[→⑥-図表2]。この全体量をいかに維持し、増大させるかという観点からの森林の管理こそが重要です。森林の皆伐は、一定の期間に森林土壌や根系から炭素の排出を促進するため、できるだけ避けなければなりません。さらに短伐期というとその危険性を増大することになります。

　日本が長年かけて作り上げてきた長伐期多間伐施業は、炭素固定機能、生物多様性維持機能、さらに防災機能など、総合的に森林の持つ多くの機能を発揮する特徴があります。この点からすると、今の日本の森林整備の方向は成長だけを考えた短伐期という本来とは逆の方向へ向かっているといえます。　　　　　　〈泉　英二〉

### 3 マラケシュ合意における細目ルール

1. 第1約束期間における3条4項の対象となる活動は、「植生回復」、「森林管理」、「農地管理」、および「放牧地管理」から締約国が選択できる（選択した活動は第1約束期間中は変更できない）。

2. 第1約束期間において、3条3項の規定により排出を計上する締約国においては、森林経営による吸収量を用いて相殺できる（上限900万炭素トン）。

3. 森林経営による吸収量は、上記適用後の国内の吸収量と、国内での共同実施（JI）により獲得できる吸収量の合計に対する上限を国別に定め、この範囲内で吸収量を計上できる。（日本の上限量は、1,300万炭素t、基準年排出量の約3.9%）

出典：吸収源対策研究会編（2003）『温暖化対策交渉と森林』全国林業改良普及協会、113頁。

解説：第1約束期間とは、2008年から2012年まで。3条3項、3条4項とは京都議定書における条文を指す。3条4項は、「植林及び再植林」以外の「追加的人為的活動」について規定したものである。

### 4 京都議定書達成計画での日本の考え

1. 追加的な森林整備活動
　2007年から2012年までの7年間に毎年20万haの追加的な森林整備活動を実施する。

2. 法整備
　森林の間伐等の実施の促進に関する特別措置法の制定（2008年）

3. 国民運動
　「美しい森林づくり推進国民運動」を幅広い国民の理解と協力のもとに展開する。

4. 木材・木質バイオマス利用

出典：環境省［2008］『京都議定書目標達成計画』

［参考文献］
林野庁『森林・林業白書』（各年版）。
吸収源対策研究会編［2003］『温暖化対策交渉と森林』全国林業改良普及協会。

# ⑨④ 分析、情報提供、見える化

脱炭素化の分析データは国内のエネルギーの需給、再生可能エネルギー供給量、$CO_2$排出量の統計データが公開されています。しかし、脱炭素化の進展を示すデータは不十分でわかりにくいため効果的な情報提供が必要です。

## ●日本の$CO_2$排出量統計、エネルギー統計

　全国の温室効果ガスおよび$CO_2$排出量は環境省が部門別に毎年度公表[1]していますが[→図表1]、そこから按分された地方自治体別の排出量カルテもあります[2]。全国のエネルギー需給は総合エネルギー統計[3]や、それを按分した都道府県別のエネルギー消費統計[4]は毎年度、公表され、電気事業者の発電電力量と電力需要量などは電力調査統計[5]として月別に集計され、公表されています。環境エネルギー政策研究所(ISEP)や自然エネルギー財団では、これらのデータを見える化しています[6,8][→図表2]。都道府県の$CO_2$排出量とエネルギーは各都道府県が公表しています(エネルギーは一部)。国が公表する統計もありますが、国と県でデータの値が異なるものもあり、さらに市町村の$CO_2$排出量、エネルギー需給の分析が課題になっています。

## ●日本の再エネ情報の見える化

　再エネ発電のうち再エネ特措法(固定価格買取制度)の対象設備について、経済産業省が全国、都道府県、市町村の認定および導入設備容量を公表しており、一定規模(20 kW)以上の発電所の認定情報も公表しています[7]。自然エネルギー財団が全国について設備容量・発電量を種別に図示しています[8]。都道府県、市町村の再エネ供給

## 図表1　日本の温室効果ガス総排出量の推移

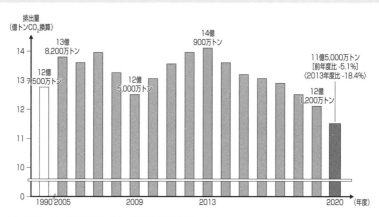

出典：環境省(2022)「温室効果ガス排出・吸収量算定結果」をもとに作成。

## 図表2　日本国内の電源構成

## 図表3　省エネ法指標による業種別エネルギー削減率

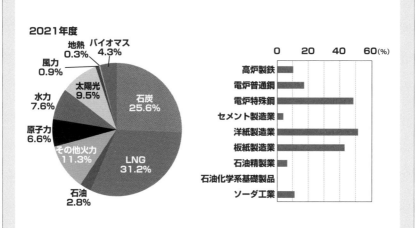

出典：ISEP特定非営利活動法人環境エネルギー政策研究所(2022)「2021年度の自然エネルギー電力の割合」をもとに作成。

量とエネルギー需要との地域的な割合が「エネルギー永続地帯」として情報提供されています[※9]。1時間ごとの電力需給については各電力供給エリアの一般送電会社が毎月、公表しており、1時間ごとの火力、原発、再エネの発電量がわかります。さらにこれを見える化するために、発電量の推移、再エネ割合、地域間連系線の時間ごとの利用などをグラフ化しています[※10,8]。

## ●電気事業者の再エネ割合とCO₂排出係数

電気を消費する企業や公共施設、家庭が電気を選ぶことができる小売電気事業者は全国に約700社あり、消費側が選んで脱炭素化するための情報が必要です。そのため電気事業者の$CO_2$排出係数（電力消費量あたり$CO_2$排出量）を環境省が公表しています[※11]。再エネ割合は国では集計していませんが、東京都、京都府、広島市は域内に供給する事業者の再エネ割合と$CO_2$排出係数を公表しています[※12,13,14]。

## ●省エネ対策指標

省エネ対策の目安になる指標も限定的に公表されています。経済産業省は素材製造業の生産量あたりエネルギー消費量を、鉄鋼業、セメント製造業、石油化学、ソーダ工業、洋紙製造業、板紙製造業などについて、業種平均値と偏差値60の優良レベルの値を公表しています[※15]。工場の個別値がわかれば平均などと比較でき、また業種の省エネ可能性の目安になります。東京都は床面積あたりエネルギー消費量と$CO_2$排出量について、業務部門の業種・用途別に上位15％、上位25％、平均レベルについて公表しています[※16]。同じ業種に属する事業所は自らの立ち位置、対策レベルの目安にできます。ただ、寒冷地の事業所は暖房エネルギーが多いため単純な比較はできません。省エネ対策進捗を測る指標としては他に、断熱建築の割合（2020年に住宅全体の13％のみ）、保有車や新車に占める電気自動車の割合などがあります。 〈歌川　学、松原弘直〉

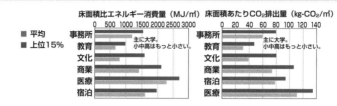

## 図表4　床面積あたりエネルギー消費量とCO₂排出量

床面積比エネルギー消費量（MJ/㎡）　床面積あたりCO₂排出量（kg-CO₂/㎡）

■ 平均
■ 上位15%

注1：上記は電力を一次エネルギー換算している。実際の電力消費のエネルギーはその40%のみ。
注2：電力消費量kwhあたりCO₂を0.489kg -CO₂/kwhで計算している。

［参考文献］

※1　環境省［2022a］「温室効果ガス排出・吸収量算定結果」　https://www.env.go.jp/earth/ondanka/ghg-mrv/emissions/

※2　環境省［2022b］「自治体排出量カルテ」　https://www.env.go.jp/policy/local_keikaku/tools/karte.html

※3　経済産業省［2022a］「総合エネルギー統計」　https://www.enecho.meti.go.jp/statistics/total_energy

※4　経済産業省［2022c］「都道府県別エネルギー消費統計」　https://www.enecho.meti.go.jp/statistics/total_energy

※5　経済産業省［2022d］「電力調査統計」　https://www.enecho.meti.go.jp/statistics/electric_power/ep002/

※6　環境エネルギー政策研究所（ISEP）［2022a］「国内の2021年度の自然エネルギー電力の割合と導入状況（速報）」　https://www.isep.or.jp/archives/library/14041

※7　経済産業省［2022e］「なっとく！再生可能エネルギー：設備導入状況の公表、事業計画認定情報の公表」　https://www.enecho.meti.go.jp/category/saving_and_new/saiene/index.html

※8　自然エネルギー財団［2022］「統計情報」　https://www.renewable-ei.org/statistics/

※9　千葉大・ISEP［2022］「永続地帯2021年度版報告書」　https://www.isep.or.jp/archives/library/13960

※10　環境エネルギー政策研究所（ISEP）［2022b］「ISEP Energy Chart」　https://isep-energychart.com

※11　環境省［2022c］「温室効果ガス排出量算定・報告・公表制度：電気業者別排出係数関連ページ」　https://ghg-santeikohyo.env.go.jp

※12　東京都［2022a］「エネルギー環境計画書制度、各電気事業者の実績値一覧表」　https://www.kankyo.metro.tokyo.lg.jp/climate/supplier/index.html

※13　京都府［2022］「電気事業者排出量削減計画書・報告書及び再生可能エネルギー供給拡大計画書・報告書」　https://www.pref.kyoto.jp/tikyu/electricity/kouhyou.html

※14 広島市［2022］「エネルギー環境計画書・報告書の公表」　https://www.city.hiroshima.lg.jp/site/ondankajorei/13513.html

※15　経済産業省［2022d］「エネルギーの使用の合理化等に関する法律に基づくベンチマーク指標の報告結果について」　https://www.enecho.meti.go.jp/category/saving_and_new/benchmark/

※16　東京都［2022b］「排出量取引制度実績、原単位推移や省エネ対策の実施状況等」　https://www.kankyo.metro.tokyo.lg.jp/climate/large_scale/data/index.html

# (95) 民間主導の取組み

温室効果ガスの大幅削減やエネルギー転換目標の設定については「現実路線」色が強い日本ですが、国際的に強まるRE100の流れにいち早く対応するために、民間ベースの枠組みづくりや活動が行われています。

脱炭素に向けた民間企業向けの国際イニシアティブとしては主に、企業の気候変動への取組み、影響に関する情報を開示する枠組みであるTCFD（Task Force on Climate-related Financial Disclosures）、企業の科学的な中長期の目標設定を促す枠組みであるSBT（Science Based Targets）、企業が事業活動に必要な電力の100％を再生可能エネルギー（再エネ）でまかなうことを目指す枠組みである、RE100（Renewable Energy 100）があります。これらに賛同し、脱炭素経営に取組むことは、企業の将来性を、財務情報だけではなく、環境・社会・ガバナンスなどの非財務情報でも評価するようになっている機関投資家、国際的な取引企業との関係においても重要性が増しています。そのため、日本企業の多くが参加し、世界でもトップクラスの企業数です。**[→図表1]**。

ただし、脱炭素は未知の経営課題ですので、企業単独で取組んでいくのは大変です。自然エネルギー財団は、東日本大震災と福島第一原子力発電事故を受け、自然エネルギーの普及推進を進めるために設立された公益財団法人です。調査報告・政策提言のみならず、民間企業によるイニシアティブを発揮するための、ビジネスモデルの提言や再エネ電力を調達するためのガイドブック、国内外の企業ネットワークづくり**[→図表2]**に存在感を発揮しています。**〈重藤さわ子〉**

## 図表1　企業の脱炭素経営への取り組み状況

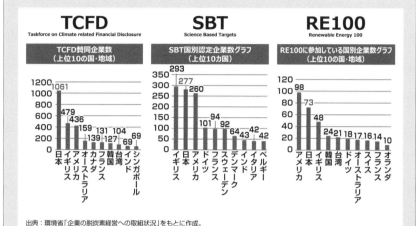

### TCFD
Taskforce on Climate related Financial Disclosure

**TCFD賛同企業数**
（上位10の国・地域）

| 国・地域 | 企業数 |
| --- | --- |
| 日本 | 1061 |
| イギリス | 479 |
| アメリカ | 436 |
| オーストラリア | 159 |
| カナダ | 139 |
| フランス | 131 |
| 韓国 | 127 |
| 台湾 | 104 |
| インド | 69 |
| シンガポール | 69 |

### SBT
Science Based Targets

**SBT国別認定企業数グラフ**
（上位10カ国）

| 国 | 企業数 |
| --- | --- |
| イギリス | 293 |
| 日本 | 277 |
| アメリカ | 260 |
| ドイツ | 101 |
| フランス | 94 |
| スウェーデン | 92 |
| デンマーク | 64 |
| インド | 43 |
| イタリア | 42 |
| ベルギー | 42 |

### RE100
Renewable Energy 100

**RE100に参加している国別企業数グラフ**
（上位10の国・地域）

| 国・地域 | 企業数 |
| --- | --- |
| アメリカ | 98 |
| 日本 | 73 |
| イギリス | 48 |
| 韓国 | 24 |
| 台湾 | 21 |
| ドイツ | 18 |
| オーストラリア | 17 |
| スイス | 16 |
| フランス | 14 |
| オランダ | 10 |

出典：環境省「企業の脱炭素経営への取組状況」をもとに作成。
(https://www.env.go.jp/earth/datsutansokeiei.html、2022年7月10日アクセス)

パリ協定を契機に、企業が脱炭素経営に取組む動きが進展し、日本での取組む企業数は、世界トップクラスとなっています。

## 図表2　自然エネルギー財団の自然エネルギーユーザーへの活動

電力調達ガイドブック 第5版（2022年版）
企業・自治体向け

出典：自然エネルギー財団ホームページ(https://www.renewable-ei.org/activities/reports/20220112.php、2022年7月11日アクセス)

# (96) 地域脱炭素プロジェクト企画とマネジメント

地域での脱炭素対策は、地域が抱える課題を解決し、生活の質を向上させる可能性があります。小規模自治体は、脱炭素対策を実施することが困難なので、中間支援組織によるサポートが必要です。

## ●建築物の断熱・省エネ対策と持続可能性

省エネ対策には様々な効果が期待できます。住宅の断熱化は、健康増進や医療費の削減、低所得者の光熱費削減、地域経済の活性化、地域雇用の創出などの多様なメリットをもたらします。

オーストリアには、新築および改修時に建築物の持続可能性を評価するクリマアクティブ(klimaaktiv)基準があります。これは高品質の対策を促して脱炭素を実現していく国の戦略です。2020年基準では、①立地、②エネルギーと供給、③建築材と建設、④快適性と室内換気が指標とされています。

クリマアクティブ基準を満たしたアパートや一軒家、学校や役所、オフィスビルなどが全国に1000軒以上あります。たとえば、2016年にグラーツ市の旧兵舎の跡地に6階建て木造アパートが4棟建設されました[→図表1]。また、2013年に建設されたツヴィッシェンヴァッサー村のエコ・省エネ幼稚園は、幼児の健康に配慮した無垢材がふんだんに使われた建築物です[→図表2]。いずれの建物も断熱性能が高く、快適に過ごすことができます。

また欧州では、光熱費の支出が生活を圧迫するエネルギー貧困が深刻な社会問題となっています。ドイツやフランスなどでは、低所得者向けの公共住宅団地を断熱改修することでエネルギー貧困を軽

## 図表1　パッシブハウスの木造集合住宅（グラーツ市）

撮影：久保田学氏（2018年9月1日）

## 図表2　エコ・省エネ幼稚園（フォアアールベルク州ツヴィッシェンヴァッサー村）

撮影：筆者（2017年9月8日）

**コラム**

**中間支援組織**
中間支援組織とは、「行政と地域・住民の間に立ち、様々な活動を支援する組織」のことです。オーストリアのKEMでは、専門的な知見を提供するエネルギー・エージェンシー、円滑なコミュニケーションを促進するKEMマネージャー、資金の事業化や融資をアドバイスする金融機関、コンサルタントや専門企業などが地域脱炭素を支えています。

減する取組みが増えています。化石燃料価格が高騰しており、日本でも社会的弱者を救済する福祉政策として取組むべきです。

## ●中間支援組織を介した地域主導の脱炭素対策

　小規模自治体は、脱炭素対策を自力で進めることが困難です。不足している力は、①知恵や知見（再エネや省エネ事業を適切に計画し、実施していくノウハウがない）、②人材（専門知識をもつ人。地域内で事業を進めていくうえで、住民や事業者、役所などと意見調整していくコーディネーター。みずから事業に関与・参加し、運営していく事業者や住民がいない）、③資金（再エネや省エネ事業を進めていくための資金調達が難しい）です。

　オーストリアでは、レベル別の支援プログラムが用意されており、どの自治体でも目的や能力に応じて選択できます[→**図表3**]。また、小規模自治体向けに、気候エネルギーモデル地域（KEM：Klima und Energie Modellregionen）という国の支援プログラムがあります。複数の自治体で構成されるKEM地域は、KEMマネージャーというコーディネーターを雇用できます。KEMマネージャーは、大勢のステークホルダーや住民に交渉・説明するため、柔軟で高いコミュニケーション能力が求められます[→**図表4**]。また、公的機関のエネルギー・エージェンシーは、脱炭素対策に必要となる専門的な知見を提供します。これらの中間支援組織[→**コラム**]が国や州の制度でつくられ、地域の取組みを下支えしています。さらに国などはこうした取組みに資金を提供して社会実装が進められています。

　それに対して日本では、一握りの優れた自治体が地域脱炭素先行地域などのプログラムに選定されて、トップランナーとして牽引することが期待されています。しかし、取組みに未着手の自治体が圧倒的に多いなかで、ボトムアップの取組みを増やしていくサポート役として、国や広域自治体による中間支援組織の設立と運営が求められます。　　　　　　　　　　　　　　　〈上園昌武〉

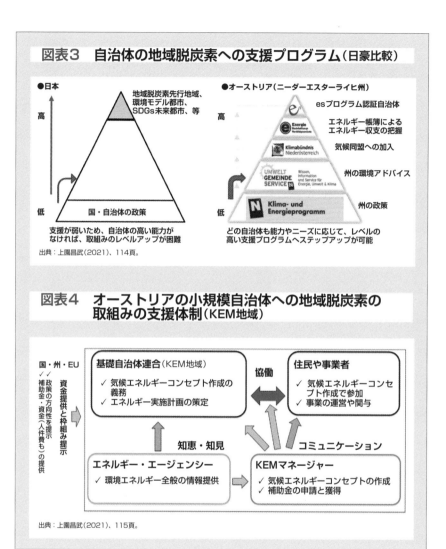

## 図表3　自治体の地域脱炭素への支援プログラム（日豪比較）

●日本

高

低

地域脱炭素先行地域、
環境モデル都市、
SDGs未来都市、等

国・自治体の政策

支援が弱いため、自治体の高い能力が
なければ、取組みのレベルアップが困難

●オーストリア（ニーダーエスターライヒ州）

高

低

esプログラム認証自治体

エネルギー帳簿による
エネルギー収支の把握

気候同盟への加入

州の環境アドバイス

州の政策

Energie
Buchhaltung
Nachhaltigkeit

Klimabündnis
Niederösterreich

UMWELT
GEMEINDE
SERVICE

Wissen,
Information
und Service für
Energie, Umwelt & Klima

Klima- und
Energieprogramm

どの自治体も能力やニーズに応じて、レベルの
高い支援プログラムへステップアップが可能

出典：上園昌武（2021）、114頁。

## 図表4　オーストリアの小規模自治体への地域脱炭素の取組みの支援体制（KEM地域）

国・州・EU
✓ 政策の方向性を提示
✓ 補助金・資金（人件費も）の提供

資金提供と枠組み提示

基礎自治体連合（KEM地域）
✓ 気候エネルギーコンセプト作成の
　義務
✓ エネルギー実施計画の策定

協働

住民や事業者
✓ 気候エネルギーコンセ
　プト作成で参加
✓ 事業の運営や関与

知恵・知見

コミュニケーション

エネルギー・エージェンシー
✓ 環境エネルギー全般の情報提供

KEMマネージャー
✓ 気候エネルギーコンセプトの作成
✓ 補助金の申請と獲得

出典：上園昌武（2021）、115頁。

［参考文献］

上園昌武［2021］「再生可能エネルギー普及と地域づくりの課題と展望」大島堅一編『炭素排出ゼロ
　時代の地域分散型エネルギーシステム』日本評論社。

上園昌武・久保田学［2021］「農山村のエネルギー自立と持続可能性」伊藤勝久編『農山村のオルタ
　ナティブ』日本林業調査会。

的場信敬・平岡俊一・上園昌武編［2021］『エネルギー自立と持続可能な地域づくり――環境先進
　国オーストリアに学ぶ』昭和堂。

# ⑨⑦ コミュニティ レベルからの挑戦

コミュニティレベルで脱炭素の取組みを進めるためには、地域において、①脱炭素に関する正しい情報を提供し、②個人が気候変動問題を自分ごと化し意識を高めたうえで、③その思いを地域運営に反映させる仕組みを構築することが重要です。

## ●コミュニティレベルでの課題

　日本における家庭部門の温室効果ガス排出量は、全体の16％となっており[→図表1]、まずはこの数字を個人やコミュニティレベルの取組みで削減していく必要があります。また、政治・経済・社会活動の担い手である個人の意識変革や行動変容は、その他の部門にも良い変化をもたらします。この人間社会全体の変革こそが脱炭素社会実現の要諦であり、ここに、個人やコミュニティの役割を意識する意義があります。

　日本の個人レベルの気候変動対策における特徴として、①国民全体の意識は高まっている一方、個人の取組みは限定的であること、②正しい情報を得られず何をすべきかわからないことが取組みの阻害要因となっていること、③国や自治体、企業が適応策の主体と考えている人が最も多いこと、といった点が明らかになっています[→図表2]※1。端的に言えば、気候変動問題が自分ごととして十分に認識されていないということです。

　これらの課題を1つの仕組みで解決するのは簡単ではありませんが、ここでは、コミュニティレベルの意思を地域社会の変革につなげる興味深い取組みを紹介します。

## 図表1　部門別最終エネルギー消費の推移（間接排出）

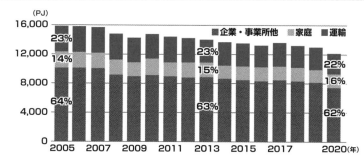

出典：資源エネルギー庁（2022）『令和2年度（2020年度）におけるエネルギー需給実績（確報）』7頁をもとに作成。

コロナ禍の影響で外出が制限されたことで、家庭部門の排出は近年わずかに増加しています。「企業・事業所他」「運輸」の部門についても、個人の意識変革により経済活動の選択がより持続可能な社会や脱炭素を意識したものに変化していけば、エネルギー消費の削減につながることが期待できます。

## 図表2　気候変動適応は誰が取り組むべきか

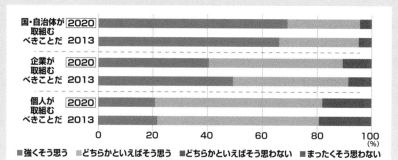

出典：みずほ情報総研（2020）『気候変動に関する国民の意識調査』12頁（https://www.mizuho-rt.co.jp/publication/report/2020/pdf/climate1222.pdf）をもとに作成。

気候変動の適応策について、「国・自治体が取組むべきことだ」に「強くそう思う」と回答したのが約7割に対し、「個人が取組むべきことだ」については約2割にとどまっています。気候変動問題の関心は高まっている一方で、それが個人の取組みに十分につながっていない現状が見て取れます。

## ●「ローカル・アジェンダ21ウィーン」の取組み

ローカル・アジェンダ21（以後、LA21）は、1992年の国連環境開発会議において合意された、持続可能な地域社会を実現するための参加型の戦略策定・実践プロセスです。日本では、京都市などごく一部の自治体を除いてほぼ見られなくなりましたが、国際的には、様々な国々で活発な実践が続いています。

オーストリア・ウィーン市では、市が推進サポート組織となるNPO「LA21ウィーン」を立ち上げ、運営予算の全額を拠出して活発に取り組んでいます。LA21ウィーンは、社会学、都市計画、コミュニケーションなどの専門家を雇用して、地域住民と区議会や市行政との結節点としてプロフェッショナルなサポートを提供しています。地域住民の思いがLA21ウィーンのサポートによってプロジェクトになり、区議会との折衝を通して実現しています[→図表3・4]。

このプロセスを通して、住民は地域の実情を知り、地域課題を自分ごととしてとらえ、その解決を他の利害関係者とともに自らも担っていく意識を醸成しています。それが地域全体のいわば「地域力」の向上につながっています[※2]。

## ●日本での実現に向けて

ウィーン市の事例のポイントは、①LA21ウィーンという中間支援組織の存在、②そのような組織の必要性を自治体が認識し、予算も含めて政治的にしっかりと位置づけていること、③プロセス全体が住民や関係者に大きな学びの機会となり、それが地域力全体の向上につながっていること、です。一見難しそうですが、日本の制度上、出来ないことは1つもありません。日本では、749自治体がゼロカーボンシティへの挑戦を表明しており、その人口カバー率は94％にのぼります[※3]。その実現に真摯に取り組んでいく自治体の姿勢が今求められていますが、その覚悟を高めていくのもまた、個人でありコミュニティからの働きかけであるといえます。　〈的場信敬〉

## 図表3　ウィーン市のローカル・アジェンダ21 プロセス

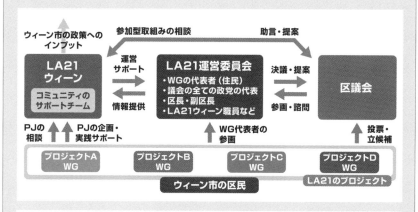

注目すべき点は、区のLA21の取組み全般を把握し意思決定するLA21運営委員会に、議会の構成員が所属するすべての政党の代表が参加していることです。

そのため、ここで議論・決議された内容は、区運営の最高意思決定機関である区議会においても、比較的スムーズに承認されることになります。既存の代表性民主主義を補完する参加型民主主義のしくみを包含した区運営が実現しています。

## 図表4　LA21 プロセスで実現した「パークレッツ（Parklets）」

パークレッツとは、欧米の道路によく見られる歩道に並行に設定された駐車場の一部を、コミュニティのために活用する取組みです。車中心の都市計画に異を唱えた住民の発案で実現し、現在はベンチや観葉植物が設置され地域住民の憩いの場となっています。

［参考文献］

※1　内閣府政府広報室『気候変動に関する世論調査』（https://survey.gov-online.go.jp/r02/r02-kikohendo/index.html　閲覧日 2022年6月30日）

※2　的場信敬・平岡俊一[2018]「地域で「協働」を推進する要素とは：ウィーンにおけるローカル・アジェンダ21の取り組みから」『龍谷政策学論集』7（1・2）。

※3　環境省「地方公共団体における2050年二酸化炭素排出実質ゼロ表明の状況」（https://www.env.go.jp/policy/zerocarbon.html　閲覧日 2022年6月30日）

# 世界と日本のエネルギーと温室効果ガスデータ

エネルギー供給量や消費量、温室効果ガス排出量、二酸化炭素（$CO_2$）排出量は、世界と日本で統計があり、あるものは決まった時期に発表されています。

## ●世界の$CO_2$排出量統計

　世界と国ごとの$CO_2$排出量（小さな国はまとめられている）は、ほぼ2年遅れでIEA（国際エネルギー機関）、BP（英国石油）などが毎年公表しています。IEAの統計が使われることが多いといえます。BPは早い時期に発表されます。

　先進国の温室効果ガス排出量、$CO_2$排出量は、気候変動枠組条約への各国報告が条約事務局より毎年発表されます。また、新興国・途上国の排出量については、数年に一度の国別報告書などで発表されます。

## ●世界のエネルギー統計

　世界と国ごとの一次エネルギー供給（供給合計とエネルギー種別の供給量、小さな国はまとめられている）は、毎年IEA、BPなどから発表されています。最終エネルギー消費（最終消費合計、部門別の消費量）は、IEAなどから発表されます。

　世界の再生可能エネルギー（再エネ）の統計は、IEA、BP、REN21から、再エネ電力についてはIRENA（国際再生可能エネルギー機関）が報告しています。

## ●日本の$CO_2$排出量統計

　全国の温室効果ガス排出量、$CO_2$排出量は環境省が発表していま

す。その詳細データ、部門・業種・運輸機関別排出量は国立環境研究所が発表しています。

　都道府県の温室効果ガス排出量、$CO_2$排出量は各都道府県が発表します。発表方法はホームページで排出量実績を公表するところと、県の環境白書や計画点検資料の中で公表するところなど様々です。

　市町村の排出量の発表はまだ一部です。このうち東京都と埼玉県はいずれも全市区町村の排出量統計が毎年発表されます。他の市町村については環境省と環境コンサルのE-konzalがそれぞれ推計値を発表しています。市町村の排出量は、国や県の排出量から按分で仮に求めている所が大部分で、域内へのエネルギー供給調査に基づかず、これでは対策結果が翌年の統計に反映されません。調査に基づく統計に変えていく必要があります。

## ●日本のエネルギー統計

　全国のエネルギーの供給・需要は経済産業省の総合エネルギー統計、発電量と電力消費量は電力調査統計で公表します。

　都道府県のエネルギー種別エネルギー消費量は、産業・業務・家庭部門の経済産業省の都道府県別エネルギー統計、自動車燃料消費量は国土交通省の自動車燃料消費統計があります。都道府県も一部はエネルギー消費量を発表しており、国の発表と異なるところもあります。

　再生可能エネルギー発電のうち固定価格買取制度対象について経済産業省が設備容量を公表しています。発電量は経済産業省の電力調査統計で全国および都道府県ごとに公表しています。統計は相互に違いがあることもあるので注意しましょう。送電線への発電種別の1時間ごとの電力受入量は、10の送電会社が公表しています。

　またそれら統計値を自然エネルギー財団とISEP（環境エネルギー政策研究所）が整理し、図示しています。再エネの統計は㉞、㉟、㉞をご覧下さい。

〈歌川　学〉

## 図表1　世界の温室効果ガス、CO₂排出量統計（代表的なもの）

| 発表機関 | 名称など | 内容と発表時期 |
|---|---|---|
| IEA<br>国際エネルギー機関 | GHGs highlight<br>https://www.iea.org/data-and-statistics | 世界および地域、各国データ（小さな国はまとめられている）（英語）ほぼ2年遅れで秋から冬に発表される。 |
| BP<br>英国石油 | Statistical Review of World Energy<br>https://www.bp.com | 世界および地域、各国データ（小さな国はまとめられている）（英語）ほぼ1年遅れで6〜7月に発表される。 |
| 米国国立<br>オークリッジ研究所 | Global, Regional, and National Fossil-Fuel CO₂ Emissions<br>https://data.ess-dive.lbl.github.io | 世界および地域、各国データ（英語）かつては国際統計の標準だった。今は2017年まで公表。 |
| 気候変動枠組条約 | National Inventory Submissions<br>https://unfccc.int/ghg-inventories-annex-i-parties/2022<br>国立環境研究所による和訳簡易版<br>https://www.nies.go.jp/gio/ | 先進国の1990年以降の温室効果ガス排出量の報告（英語）2年遅れで原則として4月15日に公表される。なお、国立環境研究所が日本語で掲載している。 |

## 図表2　世界のエネルギー統計（代表的なもの）

| 発表機関 | 名称など | 内容と発表時期 |
|---|---|---|
| IEA<br>国際エネルギー機関 | Explore energy data by category, indicator, country or region<br>https://www.iea.org/data-and-statistics | 世界および地域・各国の一次エネルギー供給および最終エネルギー消費、発電量（小さな国はまとめられている）（英語） |
| BP<br>英国石油 | Statistical Review of World Energy<br>https://www.bp.com/en/global/corporate/energy-economics/statistical-review-of-world-energy.html | 世界および地域・各国の一次エネルギー供給および発電量（小さな国はまとめられている）（英語）　ほぼ1年遅れで6〜7月に発表される。 |
| IRENA<br>国際再生可能<br>エネルギー機関 | Renewable Energy Statistics<br>Renewable Power Generation Costs<br>https://www.irena.org/publications | 世界の再生可能エネルギー発電量、発電コスト。毎年発表される。 |
| REN21<br>（Renewable energy policy network for the 21st century） | Renewables Global Status Report<br>https://www.ren21.net/reports/global-status-report/<br>ISEPによる和訳（2022年版）<br>https://www.isep.or.jp/archives/library/13975 | 世界の再生可能エネルギー供給量、発電量など。毎年発表される。ISEP（環境エネルギー政策研究所）が和訳している。 |

## 図表3　日本の温室効果ガス排出統計の例

| 発表機関 | 名称など | 内容と発表時期 |
|---|---|---|
| 環境省<br>国立環境研究所 | 温室効果ガス排出量 | 全国の温室効果ガス排出量、$CO_2$排出量の1990年以降の時系列について、1年半遅れで11月ごろに速報値、2年遅れで4月15日ごろに確報値が発表される。 |
| 都道府県 | 温室効果ガス排出量<br>(発表の仕方は都道府県により異なる) | 温室効果ガス排出量、$CO_2$排出量について各都道府県が発表している。 |
| みどり東京・温暖化<br>防止プロジェクト | 温室効果ガス排出量<br>https://all62.jp/jigyo/ghg.html | 東京都62市区町村の温室効果ガス排出量。 |
| 埼玉県 | 市町村温室効果ガス排出量 | 埼玉県の市町村の温室効果ガス排出量。 |
| 環境省 | 部門別$CO_2$排出量の現況推計<br>https://www.env.go.jp/policy/local_keikaku/tools/suikei.html | 全国の市区町村の$CO_2$排出量の推定値。 |
| e-konzal | 全基礎自治体のエネルギー消費量・エネルギー起源$CO_2$排出量データベース<br>https://www.e-konzal.co.jp/e-co2/ | 全国の市区町村の$CO_2$排出量の推定値。 |
| 環境省、経済産業省 | 排出量算定報告公表制度 | 排出量の大きい事業所および運輸事業者の温室効果ガス排出量。 |

## 図表4　日本のエネルギー需給に関する統計の例

| 発表機関 | 名称など | 内容と発表時期 |
|---|---|---|
| 経済産業省 | 総合エネルギー統計 | 全国のエネルギー供給量と消費量。 |
| 経済産業省 | 電力調査統計 | 全国と都道府県の発電量、電力量費量。発電事業者別の発電量。 |
| 都道府県 | エネルギー消費量 | 都道府県のエネルギー消費量。（都道府県の一部が発表） |
| 経済産業省 | 都道府県別エネルギー消費統計 | 都道府県の産業、業務、家庭部門のエネルギー消費量（$CO_2$もあり）。 |
| 国土交通省 | 自動車燃料消費統計 | 都道府県別の自動車燃料消費量。 |
| 経済産業省 | 設備導入状況の公表 | 固定価格買取制度対象の再エネ発電設備容量について、全国、都道府県別、市区町村別の認定量および導入量。 |
| 経済産業省 | 事業計画認定情報の公表 | 固定価格買取制度対象の再エネ発電設備容量について20kW以上太陽光など個別の発電所情報。 |
| 10の送電会社 | エリア需給実績 | 送電会社別の1時間ごとの送電線への電源種別受入量。 |
| 環境省 | 自治体再エネ情報カルテ | 自治体の再生可能エネルギー可能性について。 |

# 索　引

[編著]

## 一般社団法人　共生エネルギー社会実装研究所

[執筆者]（五十音順）　◆=編集主幹　★=編集幹事　●=編集委員

相曽一浩（OMソーラー（株）技術参与）

秋澤 淳（東京農工大学教授）★●

浅岡美恵（弁護士：気候ネットワーク代表）●

明日香壽川（東北大学教授）●

飯田哲也（環境エネルギー政策研究所所長）●

泉 英二（愛媛大学名誉教授）

板橋久雄（東京農工大学名誉教授）

上園昌武（北海学園大学教授）●

歌川 学（産業技術総合研究所主任研究員）★●

江守正多（東京大学教授）

近江貴治（久留米大学准教授）

大島堅一（龍谷大学教授）●

大林ミカ（自然エネルギー財団事業局長）●

亀山秀雄（東京農工大学名誉教授）

鬼頭秀一（東京大学名誉教授）

窪田ひろみ（電力中央研究所上席研究員）

桑江朝比呂（海上・港湾・航空技術研究所 港湾
　空港技術研究所領域長）

小島紀徳（マクロエンジニアリング研究機構
　代表理事）

小林 久（茨城大学名誉教授）

三枝信子（国立環境研究所領域長）

櫻井啓一郎（産業技術総合研究所主任研究員）

重藤さわ子（事業構想大学院大学教授）★●

白井信雄（武蔵野大学教授）

辻 佳子（東京大学教授）

泊みゆき（バイオマス産業社会ネットワー
　ク理事長）

豊田剛己（東京農工大学大学院教授）

中垣隆雄（早稲田大学教授）

西岡秀三（地球環境戦略研究機関参与）●

野津 喬（早稲田大学大学院准教授）

早川光俊（弁護士：地球環境市民会議専務
　理事）●

藤野純一（地球環境戦略研究機関上席研究員）

藤本穣彦（明治大学准教授）

堀尾正靱（東京農工大学名誉教授）◆★●

前 真之（東京大学大学院准教授）

松原弘直（環境エネルギー政策研究所主席
　研究員）

的場信敬（龍谷大学教授）

桃井貴子（気候ネットワーク東京事務所長）

安田 陽（京都大学大学院特任教授）●

山下英俊（一橋大学大学院准教授）●

［編著者紹介］

## 一般社団法人　共生エネルギー社会実装研究所

自然と共生し、持続可能性な「共生エネルギー社会」実現に寄与することを目的に2020年に設立。調査、研究開発、シンポジウム等、幅広い活動をおこなっている。

### 堀尾正靱

東京農工大学名誉教授。1974年名古屋大学大学院博士後期課程単位取得退学（博士（工学）、名古屋大学）。東京農工大学工学部、大学院BASE等で化学工学系の教鞭をとる。2020年より一般社団法人共生エネルギー社会実装研究所所長。20年以上「地域に根差した脱温暖化」を追及。

### 秋澤 淳

東京農工大学教授。1995年東京大学大学院博士課程修了（博士（工学）、東京大学）。東京農工大学工学部・大学院でエネルギーシステム工学等の教鞭をとる。排熱有効利用、分散型エネルギーシステム等の研究に従事。

### 歌川 学

産業技術総合研究所主任研究員。1989年東北大学大学院工学研究科博士前期課程修了（博士（工学）、名古屋大学）。産業技術総合研究所安全科学部門主任研究員。省エネ再エネ技術普及・脱炭素シナリオ研究に従事。

### 重藤さわ子

事業構想大学院大学教授。2000年京都大学大学院農学研究科生物資源経済学専攻修了、2006年英国ニューカッスル大学PhD取得（農業経済学）。専門は地域環境経済学で、持続可能な社会への移行に関する様々な研究に従事。

# 最新図説 脱炭素の論点 2023-2024

2023年6月1日　初版第1刷発行

| | |
|---|---|
| 編著者 | 共生エネルギー社会実装研究所／ |
| | 堀尾正靱／秋澤 淳／歌川 学／重藤さわ子 |
| ブックデザイン | 宮脇宗平 |
| 組版 | 株式会社創基 |
| 発行者 | 木内洋育 |
| 発行所 | 株式会社旬報社 |

〒162-0041
東京都新宿区早稲田鶴巻町544　中川ビル4F
TEL 03-5579-8973
FAX 03-5579-8975
HP https://www.junposha.com/

印刷製本━━━━━━中央精版印刷株式会社